Ernst Kunz

Algebra

vieweg studium
Aufbaukurs Mathematik

Herausgegeben von Gerd Fischer

Manfredo P. do Carmo
Differentialgeometrie von Kurven und Flächen

Wolfgang Fischer und Ingo Lieb
Funktionentheorie

Wolfgang Fischer und Ingo Lieb
Ausgewählte Kapitel aus der Funktionentheorie

Otto Forster
Analysis 3

Manfred Knebusch und Claus Scheiderer
Einführung in die reelle Algebra

Ernst Kunz
Algebra

Ulrich Krengel
Einführung in die Wahrscheinlichkeitstheorie und Statistik

Alexander Prestel
Einführung in die mathematische Logik und Modelltheorie

Joachim Hilgert und Karl-Hermann Neeb
Lie-Gruppen und Lie-Algebren

Advanced Lectures in Mathematics

Herausgegeben von Gerd Fischer

Johann Baumeister
Stable Solution of Inverse Problems

Manfred Denker
Asymptotic Distribution Theory in Nonparametric Statistics

Alexandru Dimca
Topics on Real and Complex Singularities
An Introduction

Francesco Guaraldo, Patrizia Macri und Alessandro Tancredi
Topics on Real Analytic Spaces

Heinrich von Weizsäcker und Gerhard Winkler
Stochastic Integrals
An Introduction

Jochen Werner
Optimization
Theory and Applications

Ernst Kunz

Algebra

Prof. Dr. Ernst Kunz
Fakultät für Mathematik
Universität Regensburg
Universitätsstraße 31
Postfach 3 97
8400 Regensburg

Die Deutsche Bibliothek - CIP-Einheitsaufnahme

Kunz, Ernst:
Algebra / Ernst Kunz. - Braunschweig: Vieweg, 1991
  (Vieweg-Studium; 43: Aufbaukurs Mathematik)

NE: GT

Alle Rechte vorbehalten
© Friedr. Vieweg & Sohn Verlagsgesellschaft mbH, Braunschweig / Wiesbaden 1991

Der Verlag Vieweg ist ein Unternehmen der Verlagsgruppe Bertelsmann International.

Das Werk einschließlich aller seiner Teile ist urheberrechtlich geschützt. Jede Verwertung außerhalb der engen Grenzen des Urheberrechtsgesetzes ist ohne Zustimmung des Verlags unzulässig und strafbar. Das gilt insbesondere für Vervielfältigungen, Übersetzungen, Mikroverfilmungen und die Einspeicherung und Verarbeitung in elektronischen Systemen.

Satz: Vieweg, Braunschweig

Gedruckt auf säurefreiem Papier

ISBN-13: 978-3-528-07243-8   e-ISBN-13: 978-3-322-85355-4
DOI: 10.1007/978-3-322-85355-4

Inhaltsverzeichnis

Vorwort	VII
Vereinbarungen	IX
§ 1 Konstruktion mit Zirkel und Lineal	1
§ 2 Auflösung algebraischer Gleichungen	16
§ 3 Algebraische und transzendente Körpererweiterungen	24
§ 4 Teilbarkeit in Ringen	33
§ 5 Irreduzibilitätskriterien	56
§ 6 Ideale und Restklassenringe	64
§ 7 Fortsetzung der Körpertheorie	88
§ 8 Separable und inseparable algebraische Körpererweiterungen	102
§ 9 Normale und galoissche Körpererweiterungen	111
§ 10 Der Hauptsatz der Galoistheorie	117
§ 11 Gruppentheorie	127
§ 12 Fortsetzung der Galoistheorie	166
§ 13 Einheitswurzelkörper (Kreisteilungskörper)	179
§ 14 Endliche Körper (Galois-Felder)	185
§ 15 Auflösung algebraischer Gleichungen durch Radikale	191
Hinweise zu den Übungsaufgaben	196
Literatur	244
Sachwortverzeichnis	245
Symbolverzeichnis	253

Vorwort

Der Text ist eine erweiterte Fassung einer Algebravorlesung, die ich im Wintersemester 1971/72 und dann noch einmal im Wintersemester 1990/91 an der Universität Regensburg gehalten habe. Diese Vorlesung richtete sich hauptsächlich an Studenten im dritten Fachsemester. Es waren Vorlesungen "Lineare Algebra I und II" vorausgegangen, die schon so angelegt waren, daß anschließend in einem einsemestrigen Kurs die Algebra bis zu den Grundzügen der Galoistheorie entwickelt werden konnte. Die "Lineare Algebra I" behandelte i.w. den Inhalt des Buches [F] von Gerd Fischer, also Vektorräume, lineare Abbildungen, Matrizen und Determinanten einschließlich der einfachsten Tatsachen über Gruppen und Ringe. Die "Lineare Algebra II" war auf die beabsichtigte Fortsetzung in der Algebra-Vorlesung zugeschnitten. Sie enthielt u.a. die Teilbarkeitstheorie in Ringen, die den jetzigen § 4 ausmacht, ferner die lineare Algebra für Moduln über kommutativen Ringen bis hin zum Hauptsatz für Moduln über Hauptidealringen. Vom Leser dieses Textes wird daher erwartet, daß er schon etwas mit Ringen und Moduln umgehen kann.

Im Gegensatz zu vielen Lehrbüchern der Algebra ist der Stoff nicht nach dem Schema "Gruppen-Ringe-Körper" organisiert. Vielmehr wollte ich eine wohlmotivierte Einführung in die Körper- und Galoistheorie geben, die besonders auch die Interessen der Lehramtsstudenten berücksichtigt, und in der jeweils der nächste Schritt durch den vorhergehenden nahegelegt wird. Ich beginne, dem Beispiel meines Lehrers F.K. Schmidt folgend, mit den klassischen Problemen der Konstruktion mit Zirkel und Lineal und der Auflösung algebraischer Gleichungen durch Radikale, die ja über zwei Jahrtausende hinweg starke Anstöße für die Entwicklung der heutigen Algebra gewesen sind. Der Fortschritt des Textes wird häufig daran gemessen, was die dargestellten Sätze zur Lösung dieser leicht verständlichen Probleme beitragen. Die Stoffauswahl ist unter diesem Gesichtspunkt getroffen worden. Die meisten der behandelten algebraischen Begriffe waren bereits in den zwanziger Jahren geprägt, als van der Waerdens "Algebra" [vdW$_1$] (damals "Moderne Algebra") veröffentlicht wurde, und die Sätze dieses Buches waren zum größten Teil zu dieser Zeit schon bekannt; allerdings wurden für manche von ihnen später einfachere Beweise gefunden. Natürlich gibt es auch ganz anders aufgebaute Einführungen in die Algebra, etwa solche, die von Anfang an mehr auf die algebraische Geometrie hinzielen und in denen moderne Konzepte der Algebra stärker zur Geltung kommen.

Die Zahlentheorie wird in diesem Text häufig angesprochen, aber nicht systematisch entwickelt, sondern zur Illustration algebraischer Gesetzmäßigkeiten in Beispielen verwendet. Die Gruppentheorie kommt erst spät vor und nur etwa in dem Maße, wie sie für die Galoistheorie benötigt wird. Dafür sind aber die Aufgaben zur Gruppentheorie besonders zahlreich. Kurze Beweise des Hilbertschen Basissatzes und des Hilbertschen Nullstellensatzes bereiten auf die algebraische Geometrie vor.

Der Inhalt einschließlich der Übungsaufgaben entspricht ungefähr dem, was in den letzten 20 Jahren in den bayerischen Staatsexamina für Gymnasiallehrer von den Kandidaten an Kenntnissen in Algebra erwartet wurde. Eine große Zahl von Aufgaben entstammt dieser Quelle; den bayerischen Kollegen, die zu diesem Fundus beigetragen haben, sei an dieser Stelle gedankt. Anhand der Aufgaben kann der Leser seine Beherrschung des Stoffes überprüfen, andererseits enthalten sie aber auch viel zusätzliches Material, zusammengenommen vielleicht mehr als der eigentliche Text selbst. Ich stelle mir vor, daß der Leser sie zunächst so zu lösen versucht, wie sie gegeben sind. Am Ende des Buches sind Hinweise zusammengestellt, die Hilfen zum Lösen der Aufgaben oder zum Kontrollieren der eigenen Lösung anbieten.

Meine Vorlesung im WS 90/91 war von einem Proseminar begleitet, in dem zusätzlich zu den regulären Übungen einige der umfangreicheren Aufgaben vorgetragen wurden, z.B. die über die Transzendenz von π (§ 10, Aufgabe 10)). Herr Wolfgang Rauscher, der für den Übungsbetrieb zuständig war, hat alle Aufgaben durchgearbeitet und viele Verbesserungsvorschläge gemacht. Er hat mich ebenso wie Herr Dr. Reinhold Hübl bei den Korrekturen unterstützt. Das Manuskript ist von Frau Eva Rütz mit großem Geschick hergestellt worden. Das Computerprogramm "Word" hat den Text nach orthographischen Fehlern abgesucht und gelegentlich originelle Verbesserungsvorschläge gemacht, z.B. "Körperbehinderung" für "Körperereiterung". Den Studenten, die auf klareren oder ausführlicheren Beweisen bestanden, sowie allen Mitarbeitern danke ich für ihre Hilfe sehr herzlich.

Regensburg, im März 1991   Ernst Kunz

Vereinbarungen

Der Leser soll schon einen Kurs über lineare Algebra absolviert haben und dort mit Grundbegriffen der Algebra wie "Gruppe", "Ring", "Modul" und "Körper" vertraut geworden sein, vor allem auch mit dem Körper C der komplexen Zahlen. Ohne nähere Erläuterung werden Begriffe wie "Erzeugendensystem eines Moduls", "Basis und Dimension eines Vektorraums", "Matrizen" und "Determinanten" etc. benutzt. Unter einem **Ring** soll ein assoziativer kommutativer Ring mit 1 verstanden werden, wenn nicht ausdrücklich etwas anderes gesagt wird. Für zwei Ringe R und S ist ein **Ringhomomorphismus** $h: R \to S$ eine Abbildung mit $h(r+s) = h(r) + h(s)$, $h(r \cdot s) = h(r) \cdot h(s)$ für alle $r, s \in R$ und $h(1) = 1$. Ist h überdies bijektiv, so heißt h ein **Ringisomorphismus**.

$R[X]$ bezeichnet den **Polynomring** in der Unbestimmten X über dem Ring R. Seine Elemente f sind von der Form

$$f = \sum_{\nu \in \mathbb{N}} a_\nu X^\nu \quad (a_\nu \in R,\ a_\nu \neq 0 \text{ nur für endlich viele } \nu \in \mathbb{N})$$

Es wird als bekannt vorausgesetzt, wie Polynome addiert und multipliziert werden und was, zumindest wenn R ein Körper ist, unter der "Polynomdivision mit Rest" zu verstehen ist. $\deg f$ bezeichnet den **Grad** eines Polynoms f, d.h. das Maximum aller $\nu \in \mathbb{N}$ mit $a_\nu \neq 0$, wenn $f \neq 0$ ist. Das Nullpolynom soll jeden Grad besitzen. Ist $d := \deg f$, so heißt a_d der **Gradkoeffizient** von f, ferner heißt a_0 das **konstante Glied** von f.

Früh tritt auch schon der Polynomring $R[X_1, \ldots, X_n]$ in endlich vielen Unbestimmten $X_1, \ldots, X_n$ über R auf. Er kann induktiv durch die Formel

$$R[X_1, \ldots, X_n] := (R[X_1, \ldots, X_{n-1}])[X_n]$$

definiert werden. Seine Elemente f sind von der Form

(1) $\quad f = \sum_{\nu_1, \ldots, \nu_n \in \mathbb{N}} a_{\nu_1 \cdots \nu_n} X_1^{\nu_1} \cdots X_n^{\nu_n} \quad (a_{\nu_1 \cdots \nu_n} \in R,\ \text{nur endlich viele } a_{\nu_1 \cdots \nu_n} \neq 0)$

und man rechnet mit ihnen wie man das aus der Analysis mit Funktionen in mehreren Variablen ja schon gewohnt ist. Wir wollen Polynome aber nicht als Funktionen betrachten, sondern als Ausdrücke, mit denen nach formalen Regeln gerechnet wird.

Verzichtet man in (1) auf die Endlichkeitsbedingung, so erhält man **formale Potenzreihen** und den Ring $R[[X_1, \ldots, X_n]]$ der formalen Potenzreihen in Unbestimmten $X_1 \ldots, X_n$ über R, der jedoch in diesem Text nicht auftreten wird. Für eine (unendliche) Familie $\{X_\lambda\}_{\lambda \in \Lambda}$ von Unbestimmten ist der Polynomring $R[\{X_\lambda\}_{\lambda \in \Lambda}]$

erklärt als die Vereinigung der Polynomringe $R[X_{\lambda_1},\ldots,X_{\lambda_n}]$ in je endlich vielen Unbestimmten aus $\{X_\lambda\}_{\lambda\in\Lambda}$.

Was aus der Gruppentheorie bekannt sein soll, wird im Vorspann zu § 11 gesagt und in den Übungsaufgaben 1)-8) zu § 11 wiederholt. Für ein Element x aus einer additiven Gruppe und ein $n \in \mathbb{N}$ ist definitionsgemäß $n \cdot x := \underbrace{x + \cdots + x}_{n}$ und $(-n) \cdot x := -(n \cdot x)$. Insbesondere gilt dies für die additive Gruppe eines Rings oder Körpers. Entsprechend ist in einer multiplikativen Gruppe $x^n = \underbrace{x \cdot \ldots \cdot x}_{n}$ und $x^{-n} = (x^n)^{-1}$.

Für eine komplexe Zahl a bezeichnet $\sqrt[n]{a}$ eine der n-ten Wurzeln von a. Ist $a \in \mathbb{R}_+$, so soll $\sqrt[n]{a}$ stillschweigend die reelle Wurzel > 0 sein. **Primzahlen** sind natürliche Zahlen $p > 1$, die keine echten Teiler in $\mathbb{N}$ besitzen. Jede natürliche Zahl > 1 ist Produkt von endlich vielen Primzahlen.

§ 1. Konstruktion mit Zirkel und Lineal

Dieses Thema ist durch seine klassische Herkunft aus der griechischen Mathematik des Altertums und durch die Beiträge bedeutender Mathematiker geheiligt, wenn es auch in der heutigen Forschung kaum noch eine Rolle spielt. Für den historischen Ursprung der Konstruktionsprobleme siehe Tropfke [T_4]. Wir wünschen uns eine Methode, die es ermöglichen soll, von jeder geforderten Konstruktionsaufgabe mit Zirkel und Lineal zu entscheiden, ob sie durchführbar ist oder nicht. Noch lieber wäre es uns, wenn uns die Methode im Fall einer positiven Antwort auch gleich ein Verfahren zur Lösung der Aufgabe anbieten würde, denn Konstruktionsaufgaben können sehr vertrackt sein. Zunächst werden wir exakt beschreiben, was wir unter Konstruktion mit Zirkel und Lineal verstehen wollen. Dann werden wir das Konstruktionsproblem in eine Aufgabe der Algebra verwandeln, die wir zu lösen hoffen, wenn nur die Algebra weit genug entwickelt ist.

1.I. Formulierung des Konstruktionsproblems. Beispiele

M sei eine nichtleere Menge von Punkten in der Ebene, $G(M)$ die Menge aller Geraden, die zwei verschiedene Punkte von M enthalten, und $K(M)$ die Menge aller Kreise, deren Mittelpunkt ein Punkt von M und deren Radius gleich dem Abstand zweier verschiedener Punkte von M ist. Zu gegebenem M wollen wir annehmen, daß wir mit Lineal und Zirkel jede Gerade aus $G(M)$ und jeden Kreis aus $K(M)$ konstruieren können.

Ist umgekehrt eine "elementargeometrische Figur" vorgelegt, d.h. eine Menge von Punkten, Geraden und Kreisen der Ebene, so sind uns die Geraden durch zwei ihrer Punkte und die Kreise durch ihren Mittelpunkt und ihren Radius gegeben, welcher als der Abstand zweier gegebener Punkte aufgefaßt werden kann. Um zu untersuchen, welche Figuren man, ausgehend von einer vorgelegten Figur, konstruieren kann, genügt es zu prüfen, welche Punkte man aus einer gegebenen Punktmenge M mit Zirkel und Lineal konstruieren kann. Durch folgende Operationen können wir Punkte erhalten, die nicht in M zu liegen brauchen:

O1) Schnitt zweier Geraden aus $G(M)$.

O2) Schnitt einer Geraden aus $G(M)$ mit einem Kreis aus $K(M)$.

O3) Schnitt zweier Kreise aus $K(M)$.

Besteht M nur aus einem Punkt, so sind $G(M)$ und $K(M)$ leer und wir können keine weiteren Punkte konstruieren. Wir setzen deshalb voraus, daß M mindestens zwei verschiedene Punkte enthält. M' sei dann die Menge aller Punkte der Ebene, die durch Anwendung einer der Operationen O1) – O3) aus M gewonnen werden können.

Sei $M_0 := M$ und sei M_n für $n \geq 0$ schon definiert. Dann setzen wir

$$M_{n+1} := (M_n)'$$

M_{n+1} entsteht also durch Anwendung der Operationen $O1) - O3)$ auf M_n. Man erhält so eine Kette von Punktmengen in der Ebene

$$M = M_0 \subset M_1 \subset \cdots \subset M_n \subset M_{n+1} \subset \cdots$$

1.1. DEFINITION: $\hat{M} := \bigcup_{n=0}^{\infty} M_n$ heißt die Menge aller aus M mit Zirkel und Lineal konstruierbaren Punkte.

Jedes $P \in \hat{M}$ liegt schon in M_n für ein $n \in \mathbb{N}$, daher ist klar, daß P durch endlichfache Anwendung der Operationen $O1) - O3)$ aus M konstruiert werden kann. Ferner ist $(\hat{M})' = \hat{M}$, denn bei der Konstruktion eines Punktes P aus $(\hat{M})'$ geht man von endlich vielen Punkten aus $\hat{M}$ aus; diese liegen schon in einer Menge M_n und es ist dann $P \in M_{n+1} \subset \hat{M}$.

1.2. BEISPIELE:

a) Dreieckskonstruktionen

Gegeben sind meistens 3 Bestimmungsstücke eines Dreiecks. Dies können Strecken (Kanten, Seitenhalbierende, Höhen, Winkelhalbierende, Mittelsenkrechte, Inkreisradius, Umkreisradius etc.) oder Winkel sein. Die Strecken können auf einer Geraden g von einem Punkt O aus abgetragen werden. Winkel werden durch den Scheitel O und einen Punkt $\neq O$ auf jedem Schenkel gegeben, wobei g als ein Schenkel genommen werden kann.

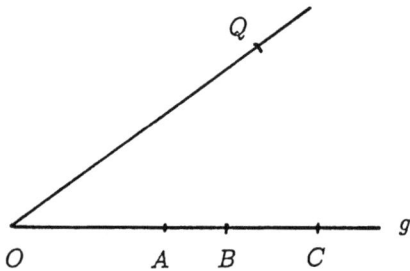

Dann sind die 3 Bestimmungsstücke durch eine Punktmenge M gegeben. Die Frage nach der Konstruierbarkeit des Dreiecks aus den Bestimmungsstücken ist äquivalent damit, ob es in $\hat{M}$ drei Punkte gibt, die ein zu dem Ausgangsdreieck kongruentes Dreieck bestimmen.

Es wird hier also von vornherein vorausgesetzt, daß ein Dreieck mit den gewünschten Bestimmungsstücken bereits existiert und es geht um die Frage, ob es dann auch konstruiert werden kann. Daneben kann man die Frage nach einem generellen Konstruktionsverfahren für Aufgaben gleichen Typs erörtern.

Bei der Konstruktion eines Dreiecks aus seinen Kanten sind diese durch die Strecken OA, OB und OC auf g gegeben. Es ist hier $M = \{O, A, B, C\}$. Bekanntlich erhält man die Lösung des Problems sofort, indem man um O einen Kreis mit dem Radius OB schlägt, um A einen Kreis mit dem Radius OC, und indem man die Kreise zum Schnitt bringt (sie schneiden sich, weil die Existenz eines Dreiecks mit den gewünschten Kanten vorausgesetzt wurde).

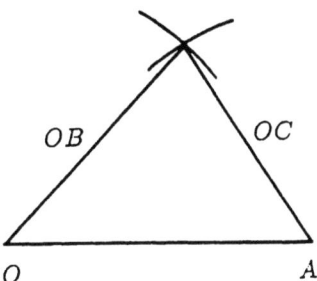

b) **Delisches Problem der Würfelverdoppelung**

Zu einem gegebenen Würfel soll ein Würfel doppelten Volumens konstruiert werden.

M besteht hier aus 2 Punkten P, Q, deren Abstand die Kantenlänge des Würfels ist. Die Frage lautet dann, ob der Punkt Q' der folgenden Zeichnung, der von P den Abstand $\sqrt[3]{2} \cdot a$ besitzt, zu $\hat{M}$ gehört?

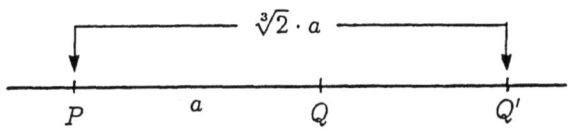

c) **Dreiteilung des Winkels**

Zu einem Winkel mit der Öffnung φ soll ein Winkel mit der Öffnung $\frac{\varphi}{3}$ konstruiert werden.

Der Winkel ist durch $M = \{O, P_1, P_2\}$ gemäß der folgenden Zeichnung gegeben.

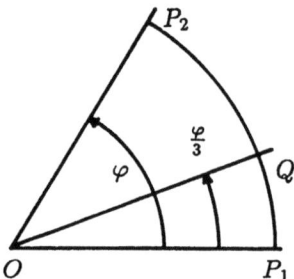

Das Problem besteht darin zu entscheiden, ob $Q \in \hat{M}$. Für spezielle φ ist die Dreiteilung des Winkels sicher möglich, die Frage ist aber, ob es immer geht.

d) **Quadratur des Kreises**

Zu einem gegebenen Kreis soll ein flächengleiches Quadrat konstruiert werden.

M besteht aus zwei Punkten O, P, deren Abstand gleich dem Radius r des Kreises ist. Man hat zu entscheiden, ob der Punkt Q der folgenden Zeichnung, der von O den Abstand $r\sqrt{\pi}$ besitzt, zu $\hat{M}$ gehört.

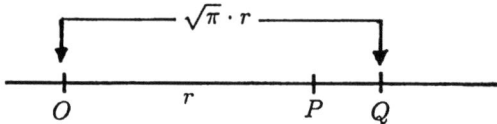

e) **Konstruktion des regulären n-Ecks**

Einem Kreis soll ein reguläres n-Eck einbeschrieben werden.

M besteht aus 2 Punkten O, P und man hat zu entscheiden, ob der Punkt Q der folgenden Zeichnung zu $\hat{M}$ gehört.

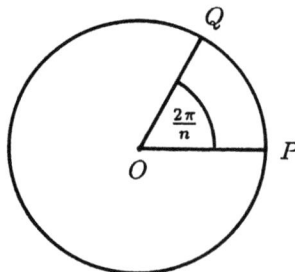

Genauer interessiert man sich dafür, für welche n dies der Fall ist. Den griechischen Mathematikern des Altertum ist die Konstruktion für $n = 3, 4, 5$ gelungen ($n = 5$:

goldener Schnitt) und damit für alle Zahlen der Form $2^k n$ ($n \in \{2,3,5\}, k \in \mathbb{N}$). Der 18-jährige Gauß konnte das reguläre 17-Eck konstruieren und die Konstruktionsaufgabe auf ein zahlentheoretisches Problem zurückführen, auf das wir später noch kommen werden (13.8). Da dieses noch nicht völlig geklärt ist, ist auch die Frage nach der Konstruierbarkeit von regulären n-Ecken noch nicht vollständig beantwortet.

1.II. Algebraisierung des Konstruktionsproblems

Wir denken uns in der Ebene kartesische Koordinaten eingeführt. Das Koordinatensystem soll so gewählt sein, daß die Punkte mit den Koordinaten $(0,0)$ und $(1,0)$ zu M gehören. Wir identifizieren dann die Punkte der "Zeichenebene" mit $\mathbb{R}^2$. Noch zweckmäßiger ist es, die Ebene sogleich als "Gaußsche Zahlenebene" zu betrachten, d.h. die Punkte $(x,y) \in \mathbb{R}^2$ mit den komplexen Zahlen $x + iy$ zu identifizieren. M ist dann eine Menge von komplexen Zahlen mit $0 \in M$, $1 \in M$, und es kommt uns darauf an, die Menge $\hat{M}$ aller aus M konstruierbaren Zahlen zu beschreiben.

1.3. SATZ. *Sei M eine Menge von komplexen Zahlen mit $0 \in M$, $1 \in M$. Die Menge $\hat{M}$ aller aus M konstruierbaren Zahlen ist ein Teilkörper des Körpers $\mathbb{C}$ der komplexen Zahlen.*

BEWEIS: Es ist zu zeigen, daß für $z_1, z_2 \in \hat{M}$ auch die Zahlen $z_1 + z_2$, $z_1 - z_2$, $z_1 \cdot z_2$ und, falls $z_2 \neq 0$ ist, auch $\frac{z_1}{z_2}$ konstruierbar sind.

a) Die Addition komplexer Zahlen entspricht der "Vektoraddition". Sie kann mit dem Zirkel allein durchgeführt werden:

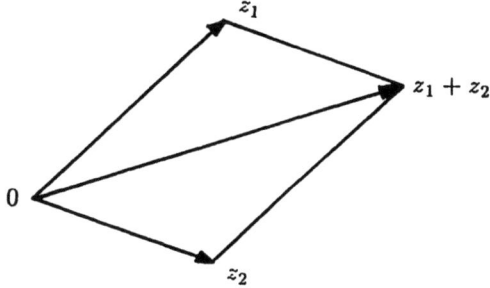

b) Zu $z_2 \in \hat{M}$ ist auch $-z_2$ konstruierbar und folglich $z_1 - z_2$.

c) Zur Konstruktion des Produktes betrachten wir zunächst zwei positive reelle Zahlen $r_1, r_2 \in \hat{M}$. Ist $g \in G(\hat{M})$ und $z \in \hat{M}$, $z \in g$, so ist auch die zu g

orthogonale Gerade g' durch z konstruierbar:

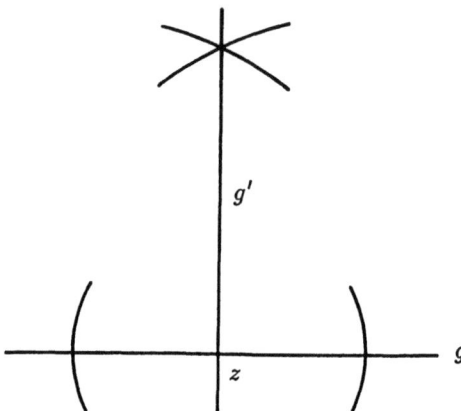

Daher läßt sich die folgende Figur konstruieren:

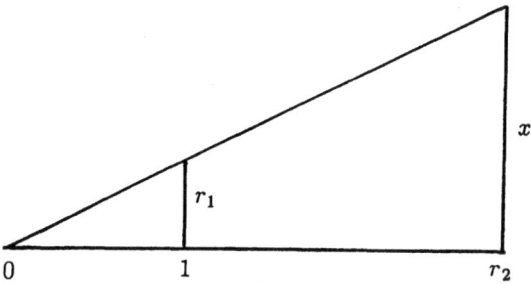

und es ist $x = r_1 \cdot r_2$. Trägt man diese Strecke mit dem Zirkel von 0 aus auf der reellen Achse ab, so erhält man, daß $r_1 r_2 \in \hat{M}$.

Sind nun $z_1, z_2 \in \hat{M}$ durch Polarkoordinaten

$$z_k = r_k(\cos\varphi_k + i \cdot \sin\varphi_k) = r_k e^{i\varphi_k} \quad (k = 1, 2)$$

gegeben, so ist

$$z_1 z_2 = r_1 r_2 \cdot (\cos(\varphi_1 + \varphi_2) + i \cdot \sin(\varphi_1 + \varphi_2)) = r_1 r_2 e^{i(\varphi_1 + \varphi_2)}$$

r_k ist die Länge des zu z_k gehörigen Ortsvektors und φ_k dessen Winkel zur reellen Achse. Da man von z_k das Lot auf die reelle Achse fällen kann ($k = 1, 2$), ergibt sich, daß $r_1, r_2 \in \hat{M}$ und somit $r_1 r_2 \in \hat{M}$. Außerdem können zwei Winkel mit Zirkel und Lineal addiert werden:

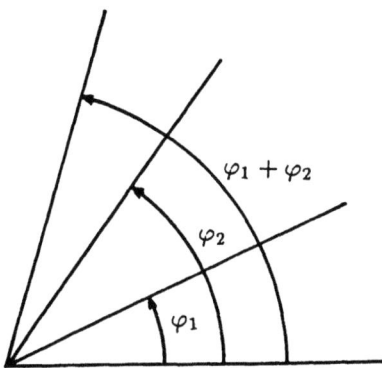

Trägt man $r_1 r_2$ auf dem zu $\varphi_1 + \varphi_2$ gehörigen Strahl ab, so erhält man $z_1 z_2$.

d) Es genügt jetzt zu zeigen: Ist $z_2 \in \hat{M}$, $z_2 \neq 0$, so ist auch $\frac{1}{z_2} \in \hat{M}$. Da

$$\frac{1}{z_2} = \frac{1}{r_2} \cdot (\cos(-\varphi_2) + i \cdot \sin(-\varphi_2)) = r_2^{-1} \cdot e^{-i\varphi_2}$$

und da man die Spiegelung eines Winkels an der reellen Achse sicher mit Zirkel und Lineal durchführen kann, genügt es nachzuweisen, daß $r_2^{-1} \in \hat{M}$. Dies ergibt sich mit der folgenden Konstruktion:

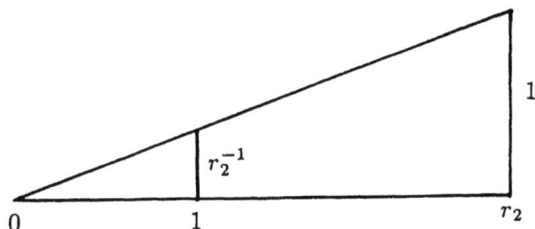

Damit ist gezeigt, daß $\hat{M}$ ein Teilkörper von $\mathbf{C}$ ist.

1.4. BEMERKUNG: Jeder Teilkörper K von $\mathbf{C}$ enthält den Körper $\mathbf{Q}$ der rationalen Zahlen, denn mit $1 \in K$ ist auch $n = \underbrace{1 + \cdots + 1}_{n \text{ mal}}$ für jedes $n \in \mathbf{N}$ in K enthalten, folglich auch $-n$. Für $p, q \in \mathbf{Z}$, $q \neq 0$ ist $p, q \in K$ und somit auch $\frac{p}{q} \in K$. Insbesondere sind alle rationalen Zahlen mit Zirkel und Lineal konstruierbar.

Für eine komplexe Zahl $z = r \cdot (\cos \varphi + i \sin \varphi)$ mit $r \in \mathbf{R}_+$, $-\pi < \varphi \leq \pi$ ist eine Quadratwurzel $\sqrt{z}$ gegeben durch

$$\sqrt{z} = \sqrt{r} \cdot (\cos \frac{\varphi}{2} + i \sin \frac{\varphi}{2})$$

1.5.SATZ. *Für $z \in \hat{M}$ ist auch $\sqrt{z} \in \hat{M}$.*

BEWEIS: Da man die Winkelhalbierende mit Zirkel und Lineal konstruieren kann, genügt es zu zeigen, daß $\sqrt{r} \in \hat{M}$. Dies wird durch die folgende Figur bewerkstelligt:

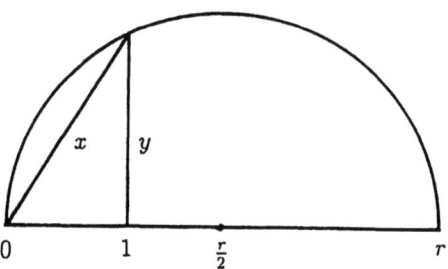

Es ist $x = \sqrt{1+y^2}$ nach Pythagoras. Da $(1,y)$ auf dem Kreis mit der Gleichung $(X - \frac{r}{2})^2 + Y^2 = (\frac{r}{2})^2$ liegt, ist $1 - r + (\frac{r}{2})^2 + y^2 = (\frac{r}{2})^2$, folglich $r = 1 + y^2$ und $x = \sqrt{r}$.

1.6.DEFINITION: Ein Teilkörper K von $\mathbb{C}$ heißt **quadratisch abgeschlossen**, wenn für jedes $z \in K$ auch $\sqrt{z} \in K$.

Nach 1.5 ist $\hat{M}$ ein quadratisch abgeschlossener Teilkörper von $\mathbb{C}$. Bevor wir weitere Eigenschaften von $\hat{M}$ ermitteln, wollen wir einige Begriffe aus der Körpertheorie einführen.

1.7.LEMMA. *Sei $\{K_\lambda\}_{\lambda \in \Lambda}$ eine Familie von Teilkörpern eines Körpers K. Dann ist auch $\bigcap_{\lambda \in \Lambda} K_\lambda$ ein Teilkörper von K.*

Dies ist klar, weil mit $x, y \in \bigcap K_\lambda$ auch $x+y$, $x-y$, $x \cdot y$ und, falls $y \neq 0$ ist, auch $\frac{x}{y}$ zu $\bigcap K_\lambda$ gehört.

1.8.DEFINITION: Sei M eine Teilmenge eines Körpers K.
a) Der **von M erzeugte Teilkörper** von K ist der Durchschnitt aller M enthaltenden Teilkörper von K. Wir bezeichnen ihn mit (M).
b) Für einen Teilkörper $K_0 \subset K$ bezeichne $K_0(M)$ den von $K_0 \cup M$ erzeugten Teilkörper von K. Wir sagen $K_0(M)$ entstehe aus K_0 **durch Adjunktion von** M.
c) Der von $M = \{0, 1\}$ erzeugte Teilkörper P von K heißt der **Primkörper** von K.

Der Primkörper P ist in jedem Teilkörper von K enthalten und für jedes $M \subset K$ ist $(M) = P(M)$. Der Primkörper von $\mathbb{C}$ ist natürlich $\mathbb{Q}$. Gilt in einem Körper

$1+1 = 0$, so ist $P := \{0,1\}$ schon ein Teilkörper und notwendigerweise der Primkörper. In der Situation von 1.8b) besteht $K_0(M)$ aus allen Elementen der Form
$$\frac{f(x_1,\ldots,x_n)}{g(y_1,\ldots,y_m)} \in K \qquad (g(y_1,\ldots,y_m) \neq 0)$$
wobei f und g Polynome mit Koeffizienten aus K_0 sind und $x_1,\ldots,x_n,y_1,\ldots,y_m \in M$. Diese Elemente sind nämlich in jedem Teilkörper von K enthalten, der K_0 und M enthält, und die Gesamtheit dieser Elemente ist selbst ein Körper, weil Summe, Produkt etc. zweier Elemente wieder von der gleichen Bauart sind. Für $d \in \mathbf{Q}$ ist
$$\mathbf{Q}(\{\sqrt{d}\}) = \{a + b\sqrt{d} \mid a, b \in \mathbf{Q}\}$$
denn die Zahlen $a + b\sqrt{d}$ bilden selbst schon einen Körper, der $\mathbf{Q}$ und $\sqrt{d}$ enthält.

Sei nun wieder M eine Teilmenge von $\mathbf{C}$ mit $0 \in M$, $1 \in M$ und sei $\hat{M}$ der Körper aller aus M konstruierbaren Zahlen. Mit $\overline{M}$ bezeichnen wir die konjugiert-komplexen der Zahlen aus M. Diese entstehen aus M durch Spiegelung an der reellen Achse und sind daher ebenfalls konstruierbar: $\overline{M} \subset \hat{M}$. Somit gilt $K_0 := \mathbf{Q}(M \cup \overline{M}) \subset \hat{M}$.

1.9. LEMMA. *Es ist* $\overline{K_0} = K_0$.

BEWEIS: Wir verwenden, daß der Übergang zum Konjugiert-komplexen ein involutorischer Automorphismus von $\mathbf{C}$ ist, d.h. daß die Regeln
$$\overline{z_1 + z_2} = \overline{z}_1 + \overline{z}_2, \quad \overline{z_1 \cdot z_2} = \overline{z}_1 \cdot \overline{z}_2, \quad \overline{\overline{z}} = z \quad \text{für } z_1, z_2, z \in \mathbf{C}$$
gelten. Aus ihnen folgt zunächst, daß $\overline{K_0} := \{\overline{z} \mid z \in K_0\}$ ebenfalls ein Teilkörper von $\mathbf{C}$ ist. Aus $M, \overline{M} \subset K_0$ ergibt sich dann $\overline{M}, M \subset \overline{K_0}$ und folglich $K_0 \subset \overline{K_0}$. Dann ist aber auch $\overline{K_0} \subset \overline{\overline{K_0}} = K_0$ und somit $K_0 = \overline{K_0}$.

Sei jetzt L ein beliebiger Teilkörper von $\mathbf{C}$ mit $\overline{L} = L$, sei $G(L)$ die Menge aller Geraden durch zwei verschiedene Punkte von L und $K(L)$ die Menge aller Kreise, deren Mittelpunkt zu L gehört und deren Radius ein Element von L ist. Wegen $\overline{L} = L$ gehören mit $z \in L$ auch der Real- und der Imaginärteil von z zu L.

1.10. LEMMA. *Ist z Schnittpunkt zweier verschiedener Geraden aus $G(L)$, so ist $z \in L$.*

BEWEIS: Die beiden Geraden sind Punktmengen der Form
$$\begin{aligned} z_0 + \lambda z_1 &\quad (z_0, z_1 \in L, z_k = x_k + iy_k) \\ z_0' + \mu z_1' &\quad (z_0', z_1' \in L, z_k' = x_k' + iy_k') \end{aligned}$$

wobei λ und μ ganz **R** durchlaufen. Um den Schnittpunkt z zu bestimmen, hat man λ und μ so zu wählen, daß $z_0 + \lambda z_1 = z_0' + \mu z_1'$. Zerlegt man in Real- und Imaginärteil, so erhält man ein lineares Gleichungssystem der Form

$$x_0 + \lambda x_1 = x_0' + \mu x_1'$$
$$(iy_0) + \lambda(iy_1) = (iy_0') + \mu(iy_1')$$

in dem x_k, x_k', iy_k, iy_k' zu L gehören ($k = 1, 2$). Es folgt dann $\lambda, \mu \in L$ und damit $z = z_0 + \lambda z_1 \in L$.

1.11. LEMMA. *Ist z Schnittpunkt einer Geraden aus $G(L)$ mit einem Kreis aus $K(L)$, dann gibt es ein $w \in L$, so daß $z \in L(\sqrt{w})$.*

BEWEIS: Die Gerade sei durch

$$z_0 + \lambda z_1 \quad (z_0 = x_0 + iy_0 \in L, z_1 = x_1 + iy_1 \in L, \lambda \in \mathbf{R})$$

gegeben. Der Kreis habe den Mittelpunkt $z_2 = x_2 + iy_2 \in L$ und den Radius r. Hierbei ist $r \in L$. Die Punkte $x + iy$ des Kreises erfüllen dann die Gleichung

$$(x - x_2)^2 - (iy - iy_2)^2 = r^2$$

Speziell ergibt sich für den Schnittpunkt $z = z_0 + \lambda z_1$ die Gleichung

$$(\lambda x_1 + x_0 - x_2)^2 - (\lambda \cdot (iy_1) + (iy_0) - (iy_2))^2 = r^2$$

Dies ist entweder eine lineare oder eine quadratische Gleichung für λ. Im ersten Fall ist $\lambda \in L$ und $z \in L$. Im zweiten Fall erhält man eine Gleichung

$$\lambda^2 + p\lambda + q = 0 \quad (p, q \in L)$$

und es ist dann

$$\lambda = -\frac{p}{2} \pm \sqrt{\frac{p^2}{4} - q}$$

Mit $w := \frac{p^2}{4} - q$ folgt $z \in L(\sqrt{w})$.

1.12. LEMMA. *Ist z Schnittpunkt zweier verschiedener Kreise aus $K(L)$, dann gibt es ein $w \in L$ mit $z \in L(\sqrt{w})$.*

Algebraisierung des Konstruktionsproblems

BEWEIS: Die Kreise seien durch die Gleichungen

$$(x - x_0)^2 - (iy - iy_0)^2 = r_0^2$$
$$(x - x_1)^2 - (iy - iy_1)^2 = r_1^2$$

gegeben. Durch Differenzbildung erhält man eine lineare Gleichung

$$ax + b(iy) = c \quad (a, b, c \in L)$$

wobei $(a, b) \neq (0, 0)$, weil wir von verschiedenen Kreisen ausgegangen sind, die sich schneiden sollten. Die lineare Gleichung beschreibt eine Gerade aus $G(L)$ und z ist Schnittpunkt dieser Gerade mit den Kreisen. Nun kann man 1.11 anwenden.

Die Lemmata gestatten nun eine algebraische Beschreibung der aus M konstruierbaren Punkte.

1.13. DEFINITION: Sei K ein Teilkörper eines Körpers L. Wir sagen, daß L aus K durch **sukzessive Adjunktion von Quadratwurzeln** entsteht, wenn es Elemente $w_1, \ldots, w_n \in L$ gibt, so daß gilt:
a) $L = K(\{w_1, \ldots, w_n\})$.
b) $w_1^2 \in K$, $w_{i+1}^2 \in K(\{w_1, \ldots, w_i\})$ für $i = 1, \ldots, n-1$.

1.14. SATZ. Genau dann ist $z \in \mathbb{C}$ aus M mit Zirkel und Lineal konstruierbar, wenn z in einem Teilkörper L von $\mathbb{C}$ enthalten ist, der aus $K_0 = \mathbb{Q}(M \cup \overline{M})$ durch sukzessive Adjunktion von Quadratwurzeln hervorgeht.

BEWEIS: Da $\hat{M}$ nach 1.5 quadratisch abgeschlossen ist, enthält $\hat{M}$ jeden Körper L, der aus K_0 durch sukzessive Adjunktion von Quadratwurzeln hervorgeht.

Entsteht umgekehrt $z \in \mathbb{C}$ aus K_0 durch Anwendung einer der Operationen $O1) - O3)$, so zeigen die Lemmata 1.10-1.12, daß ein $w \in K_0$ existiert mit $z \in K_0(\sqrt{w})$. Da auch $\overline{w} \in K_0$ gilt, entsteht $K_1 := K_0(\sqrt{w}, \sqrt{\overline{w}})$ aus K_0 durch sukzessive Adjunktion von Quadratwurzeln. Ferner ist $\overline{K_1} = K_1$.

Da ein beliebiger Punkt $z \in \hat{M}$ durch endlichfache Anwendung der Operationen $O1) - O3)$ gewonnen wird, folgt die Behauptung nun durch Induktion, q.e.d.

Hat man für $z \in \hat{M}$ einen Körper $L = K_0(\{w_1, \ldots, w_n\})$ wie in 1.13 gefunden, so gibt es Punkte $z_1, \ldots, z_m \in M \cup \overline{M}$ und Gleichungen

$$w_i^2 = \frac{f_i(z_1, \ldots, z_m, w_1, \ldots, w_{i-1})}{g_i(z_1, \ldots, z_m, w_1, \ldots, w_{i-1})} \quad (i = 1, \ldots, n)$$

(1)
$$z = \frac{f(z_1, \ldots, z_m, w_1, \ldots, w_n)}{g(z_1, \ldots, z_m, w_1, \ldots, w_n)}$$

wobei die f_i, g_i, f und g Polynome mit Koeffizienten aus $\mathbf{Q}$ sind. Sind diese Gleichungen explizit bekannt, so ist durch sie ein Konstruktionsverfahren für z aus $z_1, \ldots, z_m$ gegeben, weil man die rationalen Rechenoperationen nach 1.3 und das Quadratwurzelziehen nach 1.5 mit Zirkel und Lineal durchführen kann.

Für einen Teilkörper $K \subset \mathbf{C}$ bezeichne $\sqrt{K}$ die Menge aller Quadratwurzeln von Elementen aus K. Der Körper $\hat{M}$ läßt sich wie folgt beschreiben:

1.15. KOROLLAR. *Sei $K_0 := \mathbf{Q}(M \cup \overline{M})$. Ist K_n für ein $n \in \mathbf{N}$ schon definiert, so sei $K_{n+1} := K_n(\sqrt{K_n})$. Dann gilt*

$$\hat{M} = \bigcup_{n=0}^{\infty} K_n$$

$\hat{M}$ ist der Durchschnitt aller quadratisch abgeschlossenen Teilkörper von $\mathbf{C}$, welche K_0 umfassen.

BEWEIS: Da $\hat{M}$ quadratisch abgeschlossen ist und K_0 enthält, ist $\bigcup_{n=0}^{\infty} K_n \subset \hat{M}$. Umgekehrt hat man für $z \in \hat{M}$ Gleichungen der Form (1), aus denen sich ergibt, daß $z \in K_n$.

Jeder quadratisch abgeschlossene Teilkörper, welcher K_0 enthält, umfaßt auch alle K_n ($n \in \mathbf{N}$) und damit $\hat{M}$, q.e.d.

Die obige Diskussion ist vielleicht etwas langatmig, dient aber der Klarstellung des Problems. Man kann das Wesentliche kurz wie folgt ausdrücken:

Genau dann ist ein Punkt von $\mathbf{R}^2$ aus M mit Zirkel und Lineal konstruierbar, wenn seine Koordinaten aus den Koordinaten der Punkte von M konstruierbar sind. Mit Zirkel und Lineal kann man Summe, Differenz, Produkt und Quotient zweier schon konstruierten komplexen Zahlen konstruieren und Quadratwurzeln aus einer solchen Zahl. Eine Zahl, die durch endlichfache Anwendung dieser Operationen zu gewinnen ist, kann sicher konstruiert werden. Andere Zahlen kann man nicht konstruieren, denn das Schneiden von schon konstruierten Geraden und Kreisen führt nur zu Punkten, die sich aus schon gewonnenen Zahlen durch Anwendung der rationalen Rechenoperationen und Ziehen von Quadratwurzeln ergeben.

1.16. BEISPIELE:

a) Dreieckskonstruktionen. Wenn ein Dreieck konstruierbar ist, dann sind auch alle seine in 1.2a) genannten Bestimmungsstücke wie Winkel, Winkelhalbierende etc. konstruierbar. Um die Unmöglichkeit einer Dreieckskonstruktion nachzuweisen, genügt es daher, für ein Bestimmungsstück des Dreiecks zu zeigen, daß es nicht konstruiert werden kann.

Algebraisierung des Konstruktionsproblems

b) Würfelverdoppelung. Man kann $M = \{0,1\}$ annehmen und es ist dann $\sqrt[3]{2}$ zu konstruieren. Das Problem ist damit äquivalent, ob $\sqrt[3]{2}$ in einem Teilkörper von $\mathbf{C}$ enthalten ist, der aus $\mathbf{Q}$ durch sukzessive Adjunktion von Quadratwurzeln hervorgeht?

c) Dreiteilung des Winkels. M besteht hier aus 3 Punkten. Wir dürfen annehmen, daß es die Punkte $0, 1$ und $e^{i\varphi}$ sind, wobei φ die Öffnung des zu betrachteten Winkels im Bogenmaß ist. Hier ist $K_0 = \mathbf{Q}(e^{i\varphi}, e^{-i\varphi}) = \mathbf{Q}(e^{i\varphi})$ und es ist die Frage, ob $e^{i\frac{\varphi}{3}}$ in einem Teilkörper von $\mathbf{C}$ enthalten ist, der aus $\mathbf{Q}(e^{i\varphi})$ durch sukzessive Adjunktion von Quadratwurzeln entsteht?

Für $\varphi = \frac{\pi}{2}$ ist die Winkeldreiteilung bekanntlich möglich. Da $z = e^{i\frac{\pi}{6}}$ die quadratische Gleichung
$$X^2 - iX - 1 = 0$$
löst, steht das im Einklang mit der oben entwickelten Theorie: $z = \frac{1}{2}(i + \sqrt{3})$ ist konstruierbar.

d) Quadratur des Kreises. Es ist $M = \{0,1\}$ und es ist $\sqrt{\pi}$ zu konstruieren. Die Quadratur ist genau dann möglich, wenn π in einem Körper enthalten ist, der aus $\mathbf{Q}$ durch sukzessive Adjunktion von Quadratwurzeln hervorgeht, denn dann ist auch $\sqrt{\pi}$ in einem solchen Körper enthalten.

e) Konstruktion des regulären n-Ecks. Es ist $M = \{0,1\}$ und es ist $z_n := e^{\frac{2\pi i}{n}}$ zu konstruieren. Wir zeigen mit Hilfe der oben dargestellten Theorie die bekannte Tatsache, daß man reguläre Fünfecke mit Zirkel und Lineal konstruieren kann.

Sei $\zeta := z_5$. Wegen $0 = \zeta^5 - 1 = (\zeta - 1) \cdot (\zeta^4 + \zeta^3 + \zeta^2 + \zeta + 1)$ ist
$$\zeta^4 + \zeta^3 + \zeta^2 + \zeta + 1 = 0$$
und somit

(2) $$\zeta^2 + \zeta \cdot (\zeta^3 + \zeta^2 + 1) + 1 = 0$$

Andererseits ist
$$(\zeta + \zeta^{-1})^2 = \zeta^2 + \zeta^{-2} + 2 = \zeta^2 + \zeta^3 + 2 = -(\zeta + \zeta^{-1}) + 1$$
und damit
$$(\zeta + \zeta^{-1})^2 + (\zeta + \zeta^{-1}) - 1 = 0$$
also
$$\zeta + \zeta^{-1} = -\frac{1}{2}(1 - \sqrt{5}) \quad \text{und} \quad \zeta^2 + \zeta^3 + 1 = \frac{1}{2}(1 - \sqrt{5})$$

Aus (2) folgt nun
$$\zeta^2 + \frac{1}{2}(1 - \sqrt{5})\zeta + 1 = 0$$

Löst man diese Gleichung auf, so erhält man eine Darstellung von ζ durch rationale Zahlen und Quadratwurzeln, mit deren Hilfe man ζ dann auch konstruieren kann:

$$\zeta = \frac{1}{4}\left(\sqrt{5} - 1 + \sqrt{-10 - 2\sqrt{5}}\right)$$

So wird man vorgehen, wenn man die elegante Konstruktion des regulären Fünfecks vergessen hat, die eigentlich eine Konstruktion des regulären 10-Ecks ist:

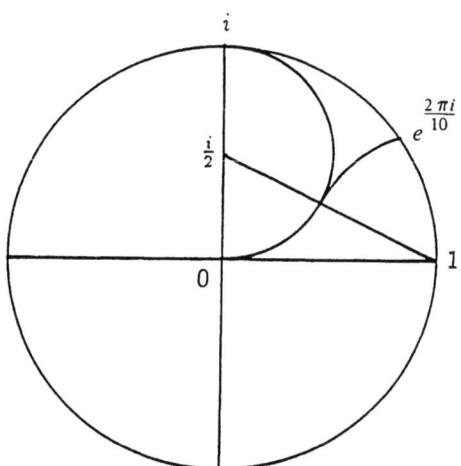

ÜBUNGEN:
1) Ist $M \subset \mathbf{C}$ eine abzählbare Menge, so ist die Menge $\hat{M}$ aller aus M mit Zirkel und Lineal konstruierbaren Punkte abzählbar.
2)
   a) Es ist $\mathbf{Q}(\sqrt{a}, \sqrt{b}) = \mathbf{Q}(\sqrt{a} + \sqrt{b})$ für alle $a, b \in \mathbf{Q}$.
   b) Gilt auch $\mathbf{Q}(\sqrt{2}, \sqrt{3}, \sqrt{5}) = \mathbf{Q}(\sqrt{2} + \sqrt{3} + \sqrt{5})$?
3) Sei M die Menge aller Zahlen $\sqrt{1 - a^2}$ mit $a \in \mathbf{Q}$ und W die Menge aller Zahlen $\sqrt{r}$ mit $r \in \mathbf{Q}$. Dann ist $\mathbf{Q}(M) = \mathbf{Q}(W)$.
4) **Konstruktion mit dem Lineal allein.** Gegeben sei eine Menge $M \subset \mathbf{C}$ mit $\{0, 1, i, 1+i\} \subset M$. Darüberhinaus möge noch ein Punkt $z \in M$ gegeben sein mit $z \notin \{0, 1, i, 1+i, \frac{1}{2}(1+i)\}$. Es soll die Menge M_L aller aus M mit dem Lineal allein konstruierbaren Punkte beschrieben werden. Die erlaubten Operationen sind die Konstruktion von Geraden durch zwei schon konstruierte Punkte und der Schnitt zweier schon konstruierten Geraden.
Die Theorie beruht auf dem folgenden elementargeometrischen Sachverhalt: In der

Figur

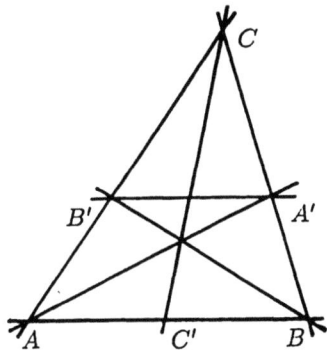

ist die Gerade durch A', B' genau dann parallel zur Geraden durch A, B, wenn C' der Mittelpunkt der Strecke $\overline{AB}$ ist.

a) Geben Sie einen (elementargeometrischen) Beweis für diese Aussage.
b) Zeigen Sie, daß die folgenden "Fundamentalkonstruktionen" mit dem Lineal durchführbar sind:
Konstruktion einer Parallelen zu einer der Koordinatenachsen durch einen Punkt (und damit Konstruktion der Koordinaten des Punktes).
Übertragung einer Strecke von der X-Achse auf die Y-Achse.
Addition und Subtraktion reeller Zahlen.
Multiplikation reeller Zahlen.
Konstruktion des Reziproken einer reellen Zahl $a \neq 0$.
c) Sei $\overline{M}$ die Menge aller konjugiert-komplexen der Zahlen aus M. Dann ist $M_L = \mathbb{Q}(M \cup \overline{M})$ der von $M \cup \overline{M}$ erzeugte Teilkörper von $\mathbb{C}$.
d) Folgern Sie nun (algebraisch), daß man zu einem Punkt $P \in M_L$ und zu einer schon konstruierten Geraden auch die Parallele zu g durch P und das Lot von P auf g mit dem Lineal allein konstruieren kann.

5) $M \subset \mathbb{C}$ sei eine Punktmenge, mit $\{0, 1, i, 1+i\} \subset M$. Ferner liege der Kreis K mit dem Mittelpunkt 0 und dem Radius 1 gezeichnet vor. Für schon konstruierte Geraden g sollen auch die Schnittpunkte von g mit K als konstruiert gelten. Zeigen Sie, daß man dann mit dem Lineal allein alle Punkte konstruieren kann, die aus M mit Zirkel und Lineal konstruierbar sind.

§ 2. Auflösung algebraischer Gleichungen

Das Wort "Algebra" stammt aus dem Arabischen und bedeutet so etwas wie "Auflösen von Gleichungen" (Tropfke [T_1],S.3). Es soll hier ein kurzer Überblick über die Gebiete der Mathematik gegeben werden, die sich mit den Lösungen algebraischer Gleichungen und Gleichungssysteme befassen, und ein Ausblick, was davon in diesem Text behandelt werden soll. Im Gegensatz zur Konstruktion mit Zirkel und Lineal ist die Theorie der algebraischen Gleichungen ein höchst lebendiges Gebiet der aktuellen Forschung.

Systeme linearer Gleichungen $\sum_{k=1}^{n} a_{ik}X_k = b_i$ $(i = 1,\ldots,m)$ sind in der Mathematik schon vor Jahrtausenden aufgetreten. Ihre Lösungstheorie ist Teil der **linearen Algebra**, sie braucht hier nicht aufgerollt zu werden. Die Theorie algebraischer Gleichungssysteme

(1) $$f_i(X_1,\ldots,X_n) = 0 \qquad (i = 1,\ldots,m)$$

mit beliebigen Polynomen f_i ist Gegenstand der **algebraischen Geometrie**. Diese reicht über eine Einführung in die Algebra weit hinaus. Immerhin werden wir ein grundlegendes Theorem dieser Theorie beweisen können, den **Hilbertschen Nullstellensatz**, der sich als eine Aussage der Körpertheorie auffassen läßt (7.15, 7.26).

Noch recht übersichtlich ist die Situation, wenn das System (1) aus einer einzigen Gleichung $f(X,Y) = 0$ in zwei Unbekannten besteht. Dann läßt sich die Lösungsmenge als eine Kurve in der Ebene betrachten. So liefert etwa die Gleichung $(X^2 + Y^2)^5 - 16X^2Y^2(X^2 - Y^2)^2 = 0$ die folgende Kurve

Algebraische Gleichungssysteme 17

Die Lösungsmengen der Gleichungen $f(X,Y) = 0$ vom Grad 2 sind bekanntlich die Kegelschnitte. Besteht (1) aus zwei Gleichungen in zwei Unbekannten

$$f(X,Y) = 0,\ g(X,Y) = 0$$

so ist die Lösungsmenge die Schnittpunktmenge der zu f und g gehörigen Kurven. Sind dies Geraden oder Kreise, so haben wir schon in § 1 diskutiert, was dabei herauskommt. Im allgemeinen Fall ist die Lage natürlich viel komplizierter

und es ist schwieriger, zu allgemeinen Aussagen über die Lösungsmengen zu kommen, von ihrer Berechnung ganz zu schweigen. Auch dies wird nicht Gegenstand des jetzigen Textes sein (vgl. jedoch § 5, Aufg. 25)).

Betrachtet man in (1) Polynome $f_i \in \mathbf{Z}[X_1,\ldots,X_n]$ oder $f_i \in \mathbf{Q}[X_1,\ldots,X_n]$, so kann man nach der Lösbarkeit und den Lösungen des Systems in $\mathbf{Z}^n$ bzw. $\mathbf{Q}^n$ fragen (vgl. Aufg. 9) und 10), sowie § 4, Aufg. 9) für einfache Situationen dieser Art). Dies ist das Thema der **arithmetischen** (oder **diophantischen**) **Geometrie**, die eng mit der Zahlentheorie verwoben ist, und die zum Schwierigsten gehört, was die Mathematik hervorgebracht hat. Das **Fermatproblem** aus dem Jahre 1637, ob die Gleichung

$$X^n + Y^n = Z^n$$

für $n \geq 3$ ganzzahlige Lösungen außer den offensichtlichen besitzt, ist ein berühmtes ungelöstes Problem aus diesem Gebiet. Faltings hat 1983 gezeigt, daß es nur endlich viele solche Lösungen geben kann.

Zu den Hauptgegenständen der meisten Einführungen in die Algebra gehört die Diskussion algebraischer Gleichungen

(2) $$a_n X^n + a_{n-1} X^{n-1} + \cdots + a_1 X + a_0 = 0 \qquad (a_i \in \mathbb{C})$$

in **einer** Variablen. Der **Fundamentalsatz der Algebra** (der gewöhnlich in der Funktionentheorie bewiesen wird) besagt, daß Gleichungen (2) vom Grad $n > 0$ ($a_n \neq 0$) immer eine Lösung in $\mathbb{C}$ besitzen und daß es n Lösungen gibt, wenn man diese noch mit geeigneten Vielfachheiten zählt. Bis zum Beweis dieses Satzes im Jahr 1799 durch Gauß mußte ein langer Weg zurückgelegt werden, der in Tropfkes Geschichte der Elementarmathematik ([T_1],3.3) mit großer Genauigkeit beschrieben ist.

Es ist ein uraltes Problem, Formeln aufzustellen, welche bei einer gegebenen Gleichung (2) die Lösungen aus den Koeffizienten $a_0, \ldots, a_n$ der Gleichung auszurechnen gestatten. Bei quadratischen Gleichungen

$$a_2 X^2 + a_1 X + a_0 = 0 \qquad (a_2 \neq 0)$$

erhält man nach Division durch a_2 eine Gleichung der Form

$$X^2 + pX + q = 0$$

für welche die Lösungsformel

$$x_{1/2} = -\frac{p}{2} \pm \sqrt{\frac{p^2}{4} - q}$$

seit den ältesten Zeiten der Mathematik bekannt ist.

Bei Gleichungen 3. Grades

$$a_3 X^3 + a_2 X^2 + a_1 X + a_0 = 0 \qquad (a_3 \neq 0)$$

kann man nach Division durch a_3 annehmen, daß $a_3 = 1$ ist. Dann führt die Substitution $X \mapsto X - \frac{a_2}{3}$ (Tschirnhausen-Transformation) zum Verschwinden von a_2. Es genügt daher, Gleichungen der Form

(3) $$X^3 + pX + q = 0 \qquad (p, q \in \mathbb{C})$$

zu betrachten.

Man definiert die "Diskriminante" D der Gleichung durch
$$D := -(4p^3 + 27q^2)$$
und setzt
$$A := \sqrt[3]{-\tfrac{27}{2}q + \tfrac{3}{2}\sqrt{-3D}}$$
$$B := \sqrt[3]{-\tfrac{27}{2}q - \tfrac{3}{2}\sqrt{-3D}}$$

Dabei sollen die komplexen 3. Wurzeln so bestimmt sein, daß $A \cdot B = -3p$ wird. Mit den 3-ten Einheitswurzeln
$$\rho := e^{\frac{2\pi i}{3}} = \tfrac{1}{2}(-1+\sqrt{-3}),\ \bar{\rho} = \tfrac{1}{2}(-1-\sqrt{-3})$$
erhält man dann die Lösungen von (3) in der Form
$$x_1 = \tfrac{1}{3}(A+B)$$
$$x_2 = \tfrac{1}{3}(\rho^2 A + \rho B) = \tfrac{1}{3}(\bar{\rho}\cdot A + \rho B)$$
$$x_3 = \tfrac{1}{3}(\rho A + \rho^2 B) = \tfrac{1}{3}(\rho \cdot A + \bar{\rho}\cdot B)$$

Dies sind die **Cardanoschen Formeln**, die 1545 in Nürnberg veröffentlicht wurden. Zur Geschichte ihrer Entdeckung siehe [T_1],3.3 oder [vdW$_3$], Chap.2.C. Man prüft durch Einsetzen in (3) und eine etwas längere Rechnung nach, daß es sich in der Tat um Lösungen handelt. Eine andere Frage ist es, wie man auf solche Formeln kommt. Die Galoistheorie kann dies einsichtig machen.

Wenden wir uns nun den Gleichungen 4. Grades
$$a_4 X^4 + a_3 X^3 + a_2 X^2 + a_1 X + a_0 = 0 \quad (a_4 \neq 0)$$
zu. Man kann $a_4 = 1$ annehmen. Nach der Tschirnhausen-Substitution $X \mapsto X - \tfrac{a_3}{4}$ erhält man eine Gleichung der Form

(4) $$X^4 + pX^2 + qX + r = 0 \quad (p,q,r \in \mathbb{C})$$

Ferrari, ein Schüler Cardanos, hat für diesen Fall Lösungsformeln gefunden. Man bildet zunächst die **kubische Resolvente** der Gleichung (4), nämlich die Gleichung

(5) $$X^3 - 2pX^2 + (p^2 - 4r)X + q^2 = 0$$

Für diese kann man mit Hilfe der Cardanoschen Formeln die Lösungen y_1, y_2, y_3 finden. Die Lösungen von (4) werden dann durch die folgenden Formeln gegeben.

(6)
$$x_1 = \tfrac{1}{2}(\sqrt{-y_1} + \sqrt{-y_2} + \sqrt{-y_3})$$
$$x_2 = \tfrac{1}{2}(\sqrt{-y_1} - \sqrt{-y_2} - \sqrt{-y_3})$$
$$x_3 = \tfrac{1}{2}(-\sqrt{-y_1} + \sqrt{-y_2} - \sqrt{-y_3})$$
$$x_4 = \tfrac{1}{2}(-\sqrt{-y_1} - \sqrt{-y_2} + \sqrt{-y_3})$$

wobei die Nebenbedingung $\sqrt{-y_1} \cdot \sqrt{-y_2} \cdot \sqrt{-y_3} = -q$ für die Wahl der Wurzeln erfüllt sein muß. Wieder kann man durch eine noch kompliziertere Rechnung als bei Gleichungen 3. Grades nachprüfen, daß es sich um Lösungen handelt. Für eine ausführliche Behandlung der algebraischen Gleichungen bis zum Grad 4 und zur numerischen Lösung algebraischer Gleichungen siehe Perron [P], Kap. I u. II.

In den Formeln (6) werden die Lösungen durch "Wurzelausdrücke" gegeben, die aus den Koeffizienten der Gleichungen gebildet werden. Solche Ausdrücke nennt man "Radikale". Genauer:

2.1. DEFINITION: Es seien $K \subset L$ zwei Körper. L heißt **Radikalerweiterung** von K, wenn gilt:
a) Es gibt Elemente $w_1, \ldots, w_n \in L$ mit $L = K(w_1, \ldots, w_n)$.
b) Es gibt Zahlen $r_1, \ldots, r_n \in \mathbb{N}_+$, so daß
$$w_1^{r_1} \in K, \ w_{i+1}^{r_{i+1}} \in K(w_1, \ldots, w_i) \qquad (i = 1, \ldots, n-1)$$

Mit andern Worten: L entsteht aus K durch sukzessive Adjunktion von Wurzeln.

2.2. DEFINITION: Für ein Polynom $f \in K[X]$ sagt man, die Gleichung $f = 0$ sei **durch Radikale auflösbar**, wenn es eine Radikalerweiterung L von K gibt, so daß f in L eine Nullstelle besitzt.

Betrachtet man die Polynome $f := \sum_{i=0}^{n} a_i X^i$ aus (2) als Elemente des Polynomrings über $K := \mathbb{Q}(a_0, \ldots, a_n)$, so sind bis zum Grad $n = 4$ alle Gleichungen $f = 0$ durch Radikale auflösbar und es gibt sogar allgemeine Lösungsformeln, in die man nur die Koeffizienten a_i einsetzen muß, um die Lösungen zu erhalten. Abel hat gezeigt (15.6), daß es solche Lösungsformeln ab dem Grad $n = 5$ nicht geben kann, und Galois hat konkrete Gleichungen 5. Grades angegeben, die nicht durch Radikale auflösbar sind (15.7).

Das Problem, ob eine gegebene algebraische Gleichung durch Radikale auflösbar ist, ist sehr ähnlich zu der Aufgabe, eine Konstruktion mit Zirkel und Lineal durchzuführen. Wie wir in § 1 gesehen haben, handelt es sich bei dem Konstruktionsproblem darum, festzustellen ob die zu konstruierenden Punkte $z \in \mathbb{C}$ Elemente spezieller Radikalerweiterungen sind, nämlich von Körpererweiterungen, die durch sukzessive Adjunktion von **Quadratwurzeln** aus einem Grundkörper gewonnen werden können, der durch die Konstruktionsdaten bestimmt ist. Zu beiden Problemen wird die **Galoistheorie** die entscheidenden Aussagen liefern.

In ihrer heutigen Form ist die Galoistheorie eine Theorie algebraischer Körpererweiterungen. Das Interesse an der Galoistheorie hat sich von der Gleichungstheorie mehr auf die Körpertheorie und dort vor allem auf die algebraische Zahlentheorie verlagert. Im nächsten Paragraphen werden wir mit dem Studium der algebraischen

Körpererweiterungen beginnen. Schon nach wenigen Schritten wird sich das Konstruktionsproblem neu interpretieren lassen.

ÜBUNGEN:
1) Geben Sie die Nullstellen von $X^4 + X - \frac{1}{4}$ mit Hilfe der Cardanoschen Formeln an. Welche Nullstellen sind reell? Analog für $X^3 - 4X + 2$ und $X^3 + 3X^2 - 2X + 1$.
2)
   a) Sei $f = a_0 + a_1 X + \cdots + a_n X^n \in \mathbb{Z}[X]$ ein Polynom vom Grad n und sei $\frac{p}{q}$ eine rationale Nullstelle von f ($p, q \in \mathbb{Z}$ teilerfremd). Dann ist p ein Teiler von a_0 und q ein Teiler von a_n.
   b) Das Polynom
   $$4X^8 - 12X^7 - 5X^6 + 6X^5 + 5X^4 - 9X^3 + 8X^2 - 15X + 4$$
   besitzt keine Nullstelle in $\mathbb{Q}$.
   c) Bestimmen Sie alle rationalen Nullstellen von $3X^4 + 4X^3 - 12X^2 + 4X - 15$.
   d) Seien p und q zwei verschiedene Primzahlen. Besitzt $qX^3 - p$ eine rationale Nullstelle?
3) In der Gaußschen Zahlenebene liege die Parabel $P: Y = X^2$ gezeichnet vor, d.h. die Menge aller $x + iy \in \mathbb{C}$ mit $y = x^2$. Zusätzlich zu den Operationen $O1) - O3)$ aus § 1 sollen jetzt auch noch die folgenden beiden Operationen zu konstruierbaren Punkten führen:
$O4)$ Schnitt einer schon konstruierten Gerade mit P.
$O5)$ Schnitt eines schon konstruierten Kreises mit P.
Zeigen Sie, daß mit den Operationen $O1) - O5)$ folgende Konstruktionsaufgaben durchführbar sind:
   a) Konstruktion der 3. Wurzel aus einer schon konstruierten reellen Zahl.
   b) Dreiteilung jedes schon konstruierten Winkels.
   c) Konstruktion der 3. Wurzeln aus einer schon konstruierten komplexen Zahl.
4) Sei $M \subset \mathbb{C}$ eine Teilmenge mit $0, 1 \in M$ und sei $K_0 := \mathbb{Q}(M \cup \overline{M})$. Zeigen Sie, daß ein Punkt $z \in \mathbb{C}$ genau dann mit Hilfe der Operationen $O1) - O5)$ aus M konstruierbar ist, wenn z in einem Erweiterungskörper L von K_0 enthalten ist, der aus K_0 durch sukzessive Adjunktion von Quadratwurzeln und 3. Wurzeln hervorgeht. (Hinweis: Verwenden Sie die Auflösungsformeln für die Gleichungen 3. und 4. Grades).
5) Sei $M := \{0, 1\}$. Zeigen Sie, daß mit Hilfe der Operationen $O1) - O5)$ aus M ein reguläres 7-Eck konstruiert werden kann (schon Archimedes hat eine solche Konstruktion angegeben, s. Tropfke [T$_1$], S.429-431. Lassen Sie sich von 1.16e) inspirieren).

6) Seien $a_0,\ldots,a_n$ paarweise verschiedene Elemente aus einem Körper K und $b_0,\ldots,b_n \in K$ beliebige Elemente.
   a) Dann existiert ein $f \in K[X]$ mit $f(a_i) = b_i$ ($i = 0,\ldots,n$).
   b) Ist K ein endlicher Körper und $g: K \to K$ eine beliebige Abbildung, dann existiert ein $f \in K[X]$ mit $f(a) = g(a)$ für alle $a \in K$.
7) Sei K ein endlicher Körper und $(a_1,\ldots,a_n) \in K^n$. Es gibt dann ein Polynom f in n Variablen mit Koeffizienten aus K, so daß $f(a_1,\ldots,a_n) = 1$, $f(x_1,\ldots,x_n) = 0$ für $(x_1,\ldots,x_n) \in K^n \setminus \{(a_1,\ldots,a_n)\}$. Zu jeder Abbildung $g: K^n \to K$ gibt es ein Polynom f wie oben, so daß $g(x_1,\ldots,x_n) = f(x_1,\ldots,x_n)$ für alle $(x_1,\ldots,x_n) \in K^n$.
8) Für $n \in \mathbb{N}$ ist $\binom{X}{n} \in \mathbb{Q}[X]$ das Polynom
$$\binom{X}{n} := \frac{1}{n!} X \cdot (X-1) \cdot \ldots \cdot (X-n+1), \quad \text{speziell} \quad \binom{X}{0} = 1$$
   a) Jedes $f \in \mathbb{Q}[X]$ mit $\deg f = n$ läßt sich eindeutig in der Form
$$f = \sum_{i=0}^{n} c_i \binom{X}{i} \quad (c_i \in \mathbb{Q}, \, i = 0,\ldots,n)$$
darstellen.
   b) Für das durch $\Delta f(X) = f(X+1) - f(X)$ definierte Polynom Δf gilt dann
$$\Delta f = \sum_{i=1}^{n} c_i \binom{X}{i-1}$$
   c) Für $f \in \mathbb{Q}[X]$ existiere ein $k_0 \in \mathbb{N}$, so daß $f(k) \in \mathbb{Z}$ für alle ganzzahligen $k \geq k_0$. Schreibt man f wie in a), so gilt $c_0,\ldots,c_n \in \mathbb{Z}$. Ferner ist $f(k) \in \mathbb{Z}$ für alle $k \in \mathbb{Z}$.
9) **Die rationalen Lösungen der Gleichung** $X_1^2 + \cdots + X_n^2 = 1$ ($n \geq 2$).
   Sei $S^{n-1}(\mathbb{Q})$ die Lösungsmenge der Gleichung in $\mathbb{Q}^n$.
   a) Die Punkte $(x_1,\ldots,x_n) \in S^{n-1}(\mathbb{Q}) \setminus \{0,\ldots,0,-1)\}$ entsprechen eineindeutig den Geraden von $\mathbb{Q}^n$ durch $(0,\ldots,0,-1)$, welche nicht in der Hyperebene $X_n = -1$ enthalten sind. Es sind dies die Geraden mit der Parameterdarstellung
$$(0,\ldots,0,-1) + \lambda(t_1,\ldots,t_{n-1},1) \quad \text{für} \quad (t_1,\ldots,t_{n-1}) \in \mathbb{Q}^{n-1}$$
   b) Durch die Parameterdarstellung
$$x_i = \frac{2t_i}{1+\sum_{j=1}^{n-1} t_j^2} (i = 1,\ldots,n-1), \quad x_n = \frac{1-\sum_{j=1}^{n-1} t_j^2}{1+\sum_{j=1}^{n-1} t_j^2}$$

werden für $(t_1, \ldots, t_{n-1}) \in \mathbf{Q}^{n-1}$ alle Punkte von $S^{n-1}(\mathbf{Q}) \setminus \{(0, \ldots, 0, -1)\}$ gegeben.

c) Die Aussagen gelten analog, wenn man statt $\mathbf{Q}$ irgendeinen Teilkörper $K \subset \mathbf{R}$ nimmt.

10) Die Gleichung $X^2 + Y^2 = 3$ besitzt keine Lösung in $\mathbf{Q}^2$.

§ 3. Algebraische und transzendente Körpererweiterungen

Es beginnt nun der systematische Teil des Textes mit den ersten Aussagen der "Körpertheorie".

Gegeben sei ein Körper L und ein Teilkörper $K \subset L$. Wir nennen dann L auch einen **Erweiterungskörper** von K und sagen, daß eine **Körpererweiterung** L/K gegeben sei: Wir können L insbesondere als einen Vektorraum über K betrachten und Ergebnisse der linearen Algebra anwenden.

3.1. DEFINITION: Ein Element $x \in L$ heißt **algebraisch** über K, wenn es ein Polynom $f \in K[X] \setminus \{0\}$ gibt, so daß $f(x) = 0$ ist. Wenn x nicht algebraisch über K ist, dann heißt es ein über K **transzendentes Element**.

Ist $L = \mathbb{C}$ und $K = \mathbb{Q}$, so heißen die algebraischen Elemente von L/K **algebraische Zahlen**, die transzendenten Elemente **transzendente Zahlen**. Da $\sqrt[3]{2}$ Nullstelle des Polynoms $X^3 - 2$ ist, ist $\sqrt[3]{2}$ eine algebraische Zahl, entsprechendes gilt natürlich für alle Wurzeln aus rationalen Zahlen. Die n-ten **Einheitswurzeln** $e^{\frac{2\pi i}{n}\nu}$ ($\nu = 0, \ldots, n-1$) sind algebraische Zahlen, denn es sind die Nullstellen des Polynoms $X^n - 1$.

3.2. SATZ. *Die Menge aller algebraischen Zahlen ist abzählbar.*

BEWEIS: Bekanntlich ist $\mathbb{Q}$ abzählbar und nach einem bekannten Schluß ist dann auch $\mathbb{Q}^n$ abzählbar. Die Elemente von $\mathbb{Q}^n$ entsprechen eineindeutig den Polynomen aus $\mathbb{Q}[X]$ vom Grad $\leq n-1$. Da eine Vereinigung von abzählbar vielen abzählbaren Mengen wieder abzählbar ist, ist $\mathbb{Q}[X]$ abzählbar. Jedes Polynom aus $\mathbb{Q}[X]$ hat nur endlich viele Nullstellen in $\mathbb{C}$. Die Gesamtheit dieser Nullstellen, d.h. die Menge aller algebraischen Zahlen ist daher ebenfalls abzählbar.

Da die Menge der Zahlen eines nichtleeren offenen Intervalls von $\mathbb{R}$ nicht abzählbar ist, ergibt sich

3.3. KOROLLAR. *Jedes nichtleere offene Intervall von $\mathbb{R}$ enthält überabzählbar viele transzendente Zahlen.*

Es sei jetzt wieder L/K eine beliebige Körpererweiterung. Ist $x \in L$ algebraisch über K, so gibt es ein nichtkonstantes Polynom niedrigsten Grades aus $K[X]$, von dem x eine Nullstelle ist. Wir können annehmen, daß dieses Polynom "normiert" ist, d.h. den Gradkoeffizienten 1 besitzt, denn andernfalls können wird das Polynom noch durch diesen Koeffizienten dividieren. Ein nichtkonstantes normiertes Polynom kleinsten Grades mit der Nullstelle x ist durch x eindeutig bestimmt, denn gäbe es zwei solche Polynome, so würde die Differenzbildung zu einem Polynom kleineren Grades mit der Nullstelle x führen.

3.4. DEFINITION: Ist $x \in L$ algebraisch über K, so heißt das normierte Polynom kleinsten Grades aus $K[X] \setminus \{0\}$ mit der Nullstelle x das **Minimalpolynom** von x über K. Sein Grad heißt auch der **Grad** von x über K, geschrieben $[x : K]$. Ist $x \in L$ transzendent über K, so ordnet man x das Minimalpolynom 0 und den Grad ∞ zu.

3.5. BEISPIELE:
a) Genau dann gilt $[x : K] = 1$, wenn $x \in K$.
b) Es ist $[\sqrt[3]{2} : \mathbf{Q}] \leq 3$; wir wissen aber noch nicht, ob das Gleichheitszeichen gilt, denn es könnte ein Polynom vom Grad < 3 geben, von dem $\sqrt[3]{2}$ eine Nullstelle ist.
c) Ist x eine n-te Einheitswurzel ($n \geq 2$), so gilt

$$[x : \mathbf{Q}] \leq n - 1$$

denn es ist $X^n - 1 = (X - 1)(X^{n-1} + \cdots + X + 1)$.

3.6. DEFINITION:
a) Die Vektorraumdimension von L über K heißt der **Grad** von L/K, geschrieben $[L : K]$.
b) L heißt **algebraisch** über K (oder L/K eine **algebraische Körpererweiterung**), wenn jedes $x \in L$ über K algebraisch ist.
  Ist L/K nicht algebraisch, so heißt L/K eine **transzendente Körpererweiterung**. Nach 3.3 sind $\mathbf{R}$ und $\mathbf{C}$ transzendente Erweiterungskörper von $\mathbf{Q}$. Dagegen ist $\mathbf{C}/\mathbf{R}$ algebraisch, denn jede komplexe Zahl $z = a + bi$ ($a, b \in \mathbf{R}$) ist Nullstelle eines Polynoms

$$(X - a + bi)(X - a - bi) = X^2 - 2aX + a^2 + b^2 \in \mathbf{R}[X]$$

Ferner ist $[\mathbf{C} : \mathbf{R}] = 2$, $[\mathbf{R} : \mathbf{Q}] = \infty$.

3.7. BEMERKUNG. *Ist $[L : K] < \infty$, so ist L/K algebraisch. Es ist dann $[x : K] \leq [L : K]$ für jedes $x \in L$.*

BEWEIS: Sei $[L : K] := n$. Für jedes $x \in L$ sind dann die Elemente $1, x, \ldots, x^n$ linear abhängig über K, d.h. es gibt ein Polynom aus $K[X] \setminus \{0\}$ mit der Nullstelle x.

Erweiterungskörper $L = K(x)$, die aus K durch Adjunktion (vgl. 1.8b) eines einzigen Elements entstehen, heißen **einfache Körpererweiterungen**. Für sie gilt die folgende wichtige Tatsache:

3.8. SATZ. Ist $L = K(x)$ ein einfacher Erweiterungskörper von K, so ist
$$[L : K] = [x : K]$$

BEWEIS: Ist x über K transzendent, so ergibt sich aus 3.7, daß $[K(x) : K] = \infty = [x : K]$. Sei also x über K algebraisch mit $[x : K] =: n$. Ferner sei f das Minimalpolynom von x über K.

Die Elemente $1, x, \ldots, x^{n-1}$ sind linear unabhängig über K, da f den Grad n besitzt. Setze
$$\tilde{K} := K + K \cdot x + \cdots + K \cdot x^{n-1} := \{\kappa_0 + \kappa_1 x + \cdots + \kappa_{n-1} x^{n-1} \mid \kappa_0, \ldots, \kappa_{n-1} \in K\}$$

Wir werden zeigen, daß $\tilde{K}$ ein Körper ist. Da $K \subset \tilde{K}$ und $x \in \tilde{K}$, folgt $K(x) = \tilde{K}$. Weil $[\tilde{K} : K] = n$ ist, haben wir dann den Satz bewiesen.

Das Produkt zweier Elemente von $\tilde{K}$ gehört zu $\tilde{K}$, wenn $x^i \cdot x^j \in \tilde{K}$ für $i, j = 0, \ldots, n-1$. Wir dividieren das Polynom X^{i+j} durch f mit Rest:

(1) $$X^{i+j} = q \cdot f + r \quad (q, r \in K[X], 0 \le \deg r \le n-1)$$

Ist $r = \rho_0 + \rho_1 X + \cdots + \rho_{n-1} X^{n-1}$ ($\rho_0, \ldots, \rho_{n-1} \in K$), so ergibt sich nach Einsetzen von x in die Gleichung (1)
$$x^i \cdot x^j = x^{i+j} = \rho_0 + \rho_1 x + \cdots + \rho_{n-1} x^{n-1} \in \tilde{K}$$

Sei jetzt $y \in \tilde{K}$, $y \ne 0$. Dann ist auch y algebraisch über K, denn $\tilde{K}$ ist ein Vektorraum der Dimension n über K und enthält $1, y, y^2, \ldots$. Sei
$$X^m + c_1 X^{m-1} + \cdots + c_m \quad (c_1, \ldots, c_m \in K)$$

das Minimalpolynom von y über K. Dann ist $c_m \ne 0$, denn andernfalls könnte man das Polynom durch X teilen und erhielte ein Polynom kleineren Grades mit der Nullstelle y. Aus der Gleichung
$$y^m + c_1 y^{m-1} + \cdots + c_m = 0$$

ergibt sich dann die folgende **Formel für das Inverse** von y

(2) $$\frac{1}{y} = -\frac{1}{c_m} \cdot (y^{m-1} + c_1 y^{m-2} + \cdots + c_{m-1})$$

und man sieht, daß $\frac{1}{y} \in \tilde{K}$. Damit ist $\tilde{K}$ ein Teilkörper von L, q.e.d.

3.9. KOROLLAR. Ist $[x : K] = n$, so gilt $K(x) = K + Kx + \cdots + Kx^{n-1}$ und $K(x)/K$ ist algebraisch.

3.10.BEISPIEL: Ist K ein Teilkörper von $\mathbb{C}$, $a \in K$ und $x = \sqrt{a}$, so ist

$$[K(x) : K] = \begin{cases} 1 & \text{falls } x \in K \\ 2 & \text{falls } x \notin K \end{cases}$$

Wenn umgekehrt $L \subset \mathbb{C}$ ein Erweiterungskörper von K ist mit $[L : K] = 2$, dann entsteht L aus K durch Adjunktion einer Quadratwurzel. Ist nämlich $x \in L \setminus K$, dann hat man eine Gleichung

$$x^2 + a_1 x + a_0 = 0 \qquad (a_0, a_1 \in K)$$

und es folgt $x = -\frac{1}{2}(a_1 \pm \sqrt{a_1^2 - 4a_0})$. Es ist dann $w := \sqrt{a_1^2 - 4a_0} \in L \setminus K$ und damit $L = K(w)$.

Unter einem **Zwischenkörper** von L/K versteht man einen Teilkörper $Z \subset L$ mit $K \subset Z$. Die folgende Formel wird sehr oft angewandt:

3.11.GRADFORMEL. *Für jeden Zwischenkörper Z von L/K gilt*

$$[L : K] = [L : Z] \cdot [Z : K]$$

BEWEIS: Sei zunächst $[L : Z] =: r < \infty$ und $[Z : K] =: s < \infty$. $\{w_1, \ldots, w_r\}$ sei eine Basis von L als Z-Vektorraum und $\{v_1, \ldots, v_s\}$ eine Basis von Z als K-Vektorraum. Jedes $y \in L$ schreibt sich dann eindeutig in der Form

$$y = \lambda_1 w_1 + \cdots + \lambda_r w_r \qquad (\lambda_1, \ldots, \lambda_r \in Z)$$

und jedes λ_i ist von der Form

$$\lambda_i = \kappa_{i1} v_1 + \cdots + \kappa_{is} v_s \qquad (\kappa_{i_1}, \ldots, \kappa_{i_s} \in K)$$

Man erhält

$$y = \sum_{\substack{i=1,\ldots,r \\ j=1,\ldots,s}} \kappa_{ij} v_j w_i$$

Somit ist $\{v_j w_i \mid 1 \leq i \leq r, 1 \leq j \leq s\}$ ein Erzeugendensystem von L als K-Vektorraum. Das System ist aber auch linear unabhängig, denn aus

$$\sum_{i,j} \alpha_{ij} v_j w_i = 0 \qquad (\alpha_{ij} \in K)$$

folgt zunächst $\sum_{j=1}^{s} \alpha_{ij} v_j = 0$ ($i = 1, \ldots, r$), weil $\{w_1, \ldots, w_r\}$ linear unabhängig über Z ist, und dann $\alpha_{ij} = 0$ ($i = 1, \ldots, r; j = 1, \ldots, s$), weil $\{v_1, \ldots, v_s\}$ linear unabhängig über K ist. Somit gilt

$$[L : K] = r \cdot s = [L : Z] \cdot [Z : K]$$

Ist $[Z : K] = \infty$ oder $[L : Z] = \infty$, so ist erst recht $[L : K] = \infty$. Die Gradformel bleibt richtig, wenn man sie so interpretiert, daß $\infty \cdot n = \infty$ für alle $n \in \mathbb{N}_+$.

3.12. KOROLLAR. *Ist $[L:K] < \infty$ und $x \in L$, so ist $[x:K]$ ein Teiler von $[L:K]$.*

BEWEIS: $Z := K(x)$ ist ein Zwischenkörper von L/K und $[x:K] = [Z:K]$.

3.13. DEFINITION: Eine Körpererweiterung L/K heißt **endlich**, wenn $[L:K] < \infty$.

Die endlichen Körpererweiterungen lassen sich wie folgt charakterisieren:

3.14. SATZ. *Folgende Aussagen sind äquivalent:*
a) $[L:K] < \infty$.
b) *L/K ist algebraisch und es gibt Elemente $a_1, \ldots, a_n \in L$ mit $L = K(a_1, \ldots, a_n)$.*
c) *Es gibt Elemente $a_1, \ldots, a_n \in L$ mit $L = K(a_1, \ldots, a_n)$, wobei a_1 über K und a_{i+1} über $K(a_1, \ldots, a_i)$ algebraisch ist ($i = 1, \ldots, n-1$).*

BEWEIS: a) $\to$ b). Wenn $[L:K] < \infty$ ist, so ist $[x:K] < \infty$ für jedes $x \in L$, d.h. L/K ist algebraisch.

Ist $L = K$, so ist nichts mehr zu zeigen. Andernfalls gibt es ein $a_1 \in L \setminus K$ und es ist $n_1 := [K(a_1):K] > 1$. Ist $L = K(a_1)$, so ist man wieder fertig. Ist $L \neq K(a_1)$, so gilt mit $a_2 \in L \setminus K(a_1)$

$$n_2 := [K(a_1, a_2) : K(a_1)] > 1 \quad \text{und} \quad [K(a_1, a_2) : K] = n_1 \cdot n_2 > n_1$$

Das Verfahren muß nach endlich vielen Schritten abbrechen, da bei jedem Schritt der Grad zunimmt, aber durch $[L:K] < \infty$ beschränkt ist.

Da b) $\to$ c) trivial ist, muß nur noch c) $\to$ a) gezeigt werden. Sei $L = K(a_1, \ldots, a_n)$ wie in c). Setze $K_0 := K$ und $K_i := K(a_1, \ldots, a_i)$ für $i = 1, \ldots, n$. Aus $K_{i+1} = K_i(a_{i+1})$ ergibt sich, weil a_{i+1} über K_i algebraisch ist

$$n_i := [K_{i+1} : K_i] < \infty$$

Nach der Gradformel ist $[L:K] = \prod_{i=0}^{n-1} n_i < \infty$, q.e.d.

3.15. KOROLLAR. *Sei L/K eine beliebige Körpererweiterung. Die Menge $\overline{K}$ aller über K algebraischen Elemente von L ist ein Zwischenkörper von L/K.*

BEWEIS: Es ist zu zeigen: Für Elemente $x, y \in \overline{K}$ sind auch $x+y, x-y, x \cdot y$ und, falls $y \neq 0$, auch $x \cdot y^{-1}$ über K algebraisch. Alle diese Elemente sind in $K(x,y)$ enthalten und nach 3.14 ist $[K(x,y):K] < \infty$. Dann sind alle Elemente von $K(x,y)$ über K algebraisch.

3.16. DEFINITION: Der Körper $\overline{K}$ aller über K algebraischen Elemente von L heißt der **algebraische Abschluß** von K in L.

Insbesondere hat sich ergeben, daß die Menge $\overline{\mathbf{Q}}$ aller algebraischen Zahlen ein Teilkörper von $\mathbf{C}$ ist, der **Körper aller algebraischen Zahlen**. Mit ihm beschäftigt sich vor allem die algebraische Zahlentheorie.

Wir wollen nun die bisherigen Betrachtungen auf die Konstruktion mit Zirkel und Lineal anwenden und eine einfache notwendige Bedingung für die Konstruierbarkeit angeben.

Ist wie in § 1 eine Menge M von komplexen Zahlen gegeben mit $0 \in M$, $1 \in M$ und ist $K_0 := \mathbf{Q}(M \cup \overline{M})$, so ist $z \in \mathbf{C}$ nach 1.14 genau dann aus M mit Zirkel und Lineal konstruierbar, wenn es Zahlen $w_1, \ldots, w_n \in \mathbf{C}$ gibt, so daß $z \in K_0(w_1, \ldots, w_n)$, wobei $w_1^2 \in K_0$, $w_i^2 \in K_0(w_1, \ldots, w_{i-1})$ für $i = 2, \ldots, n$. Sei nun $K_i := K_0(w_1, \ldots, w_i)$ ($i = 1, \ldots, n$) und $Z := K_0(z)$. Dann ist $[K_i : K_{i-1}]$ entweder 2 oder 1 ($i = 1, \ldots, n$) und aus der Gradformel folgt, daß $[K_0(w_1, \ldots, w_n) : K_0]$ eine Potenz von 2 ist. Notwendigerweise ist dann auch $[Z : K_0]$ als Teiler dieser Zahl eine Potenz von 2. Wir haben damit gezeigt:

3.17. SATZ. *Ist $z \in \mathbf{C}$ aus M mit Zirkel und Lineal konstruierbar, dann ist $K_0(z)/K_0$ eine algebraische Körpererweiterung und es gilt $[z : K_0] = [K_0(z) : K_0] = 2^m$ mit einem $m \in \mathbf{N}$.*

Dieser Satz ermöglicht in vielen Fällen den Nachweis, daß eine Konstruktion mit Zirkel und Lineal undurchführbar ist. Die Bedingung $[K_0(z) : K_0] = 2^m$ ist allerdings nicht hinreichend für die Konstruierbarkeit von z (§ 12, Aufg.7)). Im Rahmen der Galoistheorie wird auch eine **hinreichende** Bedingung für die Konstruierbarkeit von z aus M gegeben werden (vgl. 12.12).

3.18. BEISPIELE:
a) **Würfelverdoppelung.** Es ist $\sqrt[3]{2}$ irrational und daher
$$[\mathbf{Q}(\sqrt[3]{2}) : \mathbf{Q}] = \begin{cases} 3, & \text{wenn } X^3 - 2 \text{ das Minimalpolynom von } \sqrt[3]{2} \text{ über } \mathbf{Q} \text{ ist} \\ 2 & \text{sonst} \end{cases}$$

Im ersten Fall ist die Würfelverdoppelung nicht möglich. In § 5 wird gezeigt, daß der zweite Fall nicht eintreten kann. Man kann aber auch leicht direkt beweisen, daß $\sqrt[3]{2}$ nicht Nullstelle eines quadratischen Polynoms sein kann (wie ?).

b) **Dreiteilung des Winkels.** Wir haben $[K_0(e^{i\frac{\varphi}{3}}) : K_0]$ für $K_0 := \mathbf{Q}(e^{i\varphi})$ zu bestimmen. Da $e^{i\frac{\varphi}{3}}$ Nullstelle des Polynoms $X^3 - e^{i\varphi} \in K_0[X]$ ist, kommen für $[K_0(e^{i\frac{\varphi}{3}}) : K_0]$ nur die Werte $1, 2$ und 3 in Frage. In den beiden ersten Fällen ist die Konstruktion durchführbar, im letzten nicht.

c) **Quadratur des Kreises.** Man kann zeigen, daß π eine transzendente Zahl ist. Daher ist die Quadratur des Kreises mit Zirkel und Lineal nicht möglich.

Die Transzendenz von π wurde 1882 von F. Lindemann bewiesen. Obwohl der Beweis in der Folge stark vereinfacht wurde, ist er noch immer nicht leicht. Er benutzt analytische Hilfsmittel und führt daher aus der Algebra heraus. Ein elementarer, aber nicht leicht zu motivierender Beweis für die Transzendenz von π ist in der Übungsaufgabe 10) zu § 10 enthalten. Zur 4000-jährigen intensiven Beschäftigung der Mathematiker mit der Zahl π s. Tropfke [T_4], 260-310.

d) **Konstruktion des regulären n-Ecks** ($n \geq 3$). Wir haben $[\mathbf{Q}(e^{\frac{2\pi i}{n}}) : \mathbf{Q}]$ zu bestimmen. Nach 3.5 wissen wir vorläufig nur, daß

$$1 < [\mathbf{Q}(e^{\frac{2\pi i}{n}}) : \mathbf{Q}] \leq n - 1$$

aber wir kennen noch nicht den genauen Wert des Grades, da wir noch nicht entscheiden können, ob $X^{n-1} + \cdots + X + 1$ das Minimalpolynom von $e^{\frac{2\pi i}{n}}$ über $\mathbf{Q}$ ist.

Satz 3.17 und die Beispiele machen deutlich, daß wir uns um Methoden bemühen müssen, von einem gegebenen Polynom festzustellen, ob es das Minimalpolynom eines Elements ist oder nicht. Diese Aufgabe werden wir im nächsten Paragraphen systematisch in Angriff nehmen. Sind f, g zwei Polynome aus dem Polynomring $K[X]$ über einem Körper K, so kann man g durch f mit Rest dividieren: $g = q \cdot f + r$ ($q, r \in K[X]; \deg r < \deg f$). Ist a eine Nullstelle von g und f das Minimalpolynom von a, so ergibt sich $r(a) = 0$ und wegen $\deg r < \deg f$ folgt $r = 0$, also $g = q \cdot f$. Man findet das Minimalpolynom von a also unter den Teilern von g, wenn man schon ein Polynom g mit $g(a) = 0$ gefunden hat.

ÜBUNGEN:

1) Ist $z = a + bi$ ($a, b \in \mathbf{R}$) eine algebraische Zahl, so sind auch a und b algebraisch.
2) Sei $z \in \mathbf{C}$ eine Quadratwurzel von $2i$. Welchen Grad besitzt z über $\mathbf{Q}$?
3) Welchen Grad besitzt $\mathbf{Q}(\sqrt{2}, i)$ über $\mathbf{Q}$? Bestimmen Sie das Minimalpolynom von $i + \sqrt{2}$ über $\mathbf{Q}$.
4) Jede Körpererweiterung vom Primzahlgrad ist einfach. Sie besitzt keine echten Zwischenkörper.
5) Sei L/K eine algebraische Körpererweiterung und $R \subset L$ ein Unterring mit $K \subset R$. Dann ist R ein Teilkörper von L.
6) Jede Radikalerweiterung L/K ist algebraisch. Mit den Bezeichnungen von Definition 2.1 gilt $[L:K] \leq \prod_{i=1}^{n} r_i$.
7) Ist n gerade und > 2, so läßt sich $X^{n-1} + \cdots + X + 1$ in zwei Faktoren vom Grad > 0 zerlegen.

8)
   a) Das Polynom $f := X^3 - X + 1 \in \mathbf{Q}[X]$ besitzt keine Nullstelle in $\mathbf{Q}$.
   b) Sei z eine Nullstelle von f in $\mathbf{C}$ und $a := 2 - 3z + 2z^2$. Zeigen Sie, daß $a \neq 0$ ist und stellen Sie a^{-1} als eine Linearkombination der Potenzen von z mit Koeffizienten aus $\mathbf{Q}$ dar.
   c) Stellen Sie z^6 und z^4 als Linearkombination von $\{1, z, z^2\}$ dar und bestimmen Sie das Minimalpolynom von z^2 über $\mathbf{Q}$.

9) (Körperkompositum) Sei L/K eine Körpererweiterung. Für zwei Zwischenkörper Z_1, Z_2 von L/K ist deren **Kompositum** $Z_1 \cdot Z_2$ definiert als der von $Z_1 \cup Z_2$ erzeugte Teilkörper von L.
   a) $Z_1 \cdot Z_2 = Z_1(Z_2) = Z_2(Z_1)$.
   b) Ist Z_i/K algebraisch ($i = 1, 2$), so auch $Z_1 \cdot Z_2/K$.
   c) Ist $n_i := [Z_i : K] < \infty$ ($i = 1, 2$), so gilt $[Z_1 \cdot Z_2 : K] \leq n_1 \cdot n_2$. Sind n_1 und n_2 teilerfremd, so gilt $[Z_1 \cdot Z_2 : K] = n_1 \cdot n_2$.

10) Sei L/K eine Körpererweiterung, Z ein Zwischenkörper von L/K und $x \in L$. Ist $[Z : K] < \infty$, so ist $[Z(x) : K(x)] \leq [Z : K]$.

11) K sei der Erweiterungskörper von $\mathbf{Q}$, der aus $\mathbf{Q}$ durch Adjunktion aller Nullstellen in $\mathbf{C}$ aller Polynome $X^2 + aX + b$ ($a, b \in \mathbf{Q}$) hervorgeht. Ferner sei M die Menge aller Quadratwurzeln $\sqrt{p}$, wobei $p = -1$ oder p eine Primzahl ist.
   a) $K = \mathbf{Q}(M)$
   b) Für jeden Zwischenkörper Z von $K/\mathbf{Q}$ mit $[Z : \mathbf{Q}] < \infty$ gibt es Elemente $\sqrt{p_1}, \ldots, \sqrt{p_n} \in M$ mit $Z \subset \mathbf{Q}(\sqrt{p_1}, \ldots, \sqrt{p_n})$.
   c) Für jedes solche Z ist $[Z : \mathbf{Q}]$ eine Potenz von 2.

12) Seien $a, b \in \mathbf{Q}$. Geben Sie notwendige und hinreichende Bedingungen dafür an, daß $\mathbf{Q}(\sqrt{a}) = \mathbf{Q}(\sqrt{b})$.

13) Sei p eine Primzahl. Ist $\{a + b\sqrt[3]{p} \mid a, b \in \mathbf{Q}\}$ ein Teilkörper von $\mathbf{R}$?

14) **Die reguläre Darstellung einer endlichen Körpererweiterung.** Sei L/K eine endliche Körpererweiterung und $a \in L$.
   a) $\mu_a : L \to L$ ($\mu_a(x) = ax$ für $x \in L$) ist ein Endomorphismus des K-Vektorraums L und
   $$r : L \to \text{End}_K(L) \qquad (a \mapsto \mu_a)$$
   ein injektiver Ringhomomorphismus (d.h. $\mu_{a+b} = \mu_a + \mu_b$, $\mu_{ab} = \mu_a \circ \mu_b$ für $a, b \in L$). r heißt die **reguläre Darstellung** von L/K.
   b) Sei $\chi_a \in K[X]$ das charakteristische Polynom von μ_a. Man nennt es auch das **charakteristische Polynom** von a. Es gilt $\chi_a(a) = 0$.
   c) Sei $\{w_1, \ldots, w_n\}$ eine Basis von L/K und sei
   $$aw_i = \sum_{j=1}^{n} \alpha_{ij} w_j \qquad (i = 1, \ldots, n; \alpha_{ij} \in K)$$

Dann ist $\chi_a = \det(XE_n - (\alpha_{ij}))$, wobei E_n die n-reihige Einheitsmatrix bezeichnet.

d) Ist $L = K(a)$, so ist χ_a das Minimalpolynom von a über K. Allgemeiner gilt:

e) Ist $[L : K(a)] = m$ und f_a das Minimalpolynom von a über K, so ist $\chi_a = f_a^m$.

15) **Spur und Norm einer endlichen Körpererweiterung.** Unter den Voraussetzungen von Aufgabe 14) sei $\mathrm{Sp}_{L/K}(a)$ die Spur des Endomorphismus μ_a und $N_{L/K}(a) := \det \mu_a$. Die Abbildungen

$$\mathrm{Sp}_{L/K} : L \to K, \ N_{L/K} : L \to K$$

heißen **Spur** bzw. **Norm** der endlichen Körpererweiterung L/K.

a) In der Situation von Aufgabe 14c) ist

$$\mathrm{Sp}_{L/K}(a) = \sum_{i=1}^{n} \alpha_{ii}, \ N_{L/K}(a) = \det(\alpha_{ij})$$

b) $\mathrm{Sp}_{L/K}$ ist K-linear und $N_{L/K}$ multiplikativ, d.h. $N_{L/K}(ab) = N_{L/K}(a) \cdot N_{L/K}(b)$.

c) Ist $\chi_a = X^t + \alpha_{t-1} X^{t-1} + \cdots + \alpha_0$, so ist

$$\mathrm{Sp}_{L/K}(a) = -\alpha_{t-1}, \ N_{L/K}(a) = (-1)^t \alpha_0$$

d) Ist $f_a = X^n + \beta_{n-1} X^{n-1} + \cdots + \beta_0$ ($\beta_i \in K$) das Minimalpolynom von a über K und $[L : K(a)] =: m$, $[L : K] =: t$, so gilt

$$\mathrm{Sp}_{L/K}(a) = -m \cdot \beta_{n-1}, \ N_{L/K}(a) = (-1)^t \beta_0^m$$

16) Sei $K = \mathbb{Q}(\sqrt{d})$ mit $d \in \mathbb{Q}$. Für $a = \alpha_0 + \alpha_1 \sqrt{d}$ ($\alpha_i \in \mathbb{Q}$) berechne man χ_a, $\mathrm{Sp}_{K/\mathbb{Q}}(a)$ und $N_{K/\mathbb{Q}}(a)$ als Funktionen von α_0 und α_1.

§ 4. Teilbarkeit in Ringen

Am Ende von § 3 hat sich gezeigt, daß wir uns mit der Teilbarkeit in Polynomringen befassen müssen. Wir werden gleich allgemeiner die Teilbarkeitstheorie in beliebigen Ringen entwickeln, da die Betrachtungen über Polynomringe ohnehin aus diesen herausführen und weil die Teilbarkeitstheorie zum grundlegenden Rüstzeug der Algebra und Zahlentheorie gehört. Das Ziel ist es, den "Hauptsatz der elementaren Zahlentheorie", den Satz von der eindeutigen Primzahlzerlegung in $\mathbb{Z}$, auf weitere Ringe zu verallgemeinern.

4.I. Die Einheitengruppe eines Rings

Im Unterschied zu einem Körper braucht in einem Ring nicht jedes Element $a \neq 0$ ein Inverses zu besitzen und ein Ring kann Nullteiler haben. Im folgenden sei R ein Ring.

4.1. DEFINITION: $a \in R$ heißt ein **Nullteiler** von R, wenn ein $b \in R \setminus \{0\}$ existiert, so daß $a \cdot b = 0$ ist. Ein Ring, in dem 0 der einzige Nullteiler ist, heißt **Integritätsring**.

Der Nullring ist gemäß dieser Definition kein Integritätsring, denn in ihm ist 0 kein Nullteiler.

4.2. BEMERKUNG: $R \neq \{0\}$ ist genau dann ein Integritätsring, wenn in R die **Kürzungsregel** gilt: Für $a \in R \setminus \{0\}$ und $b, c \in R$ folgt aus $ab = ac$ stets $b = c$.

BEWEIS: Aus $ab = ac$ folgt $a(b - c) = 0$ und in einem Integritätsring ergibt sich $b = c$. Gilt umgekehrt die Kürzungsregel und ist $a \cdot b = 0$, $a \neq 0$, so folgt aus $a \cdot b = a \cdot 0$, daß $b = 0$ ist.

4.3. DEFINITION: Ein Element $r \in R$ heißt **Einheit** (oder **invertierbar**), wenn es ein $r' \in R$ gibt mit $r \cdot r' = 1$.

Wenn r' existiert, so ist es durch r eindeutig bestimmt. Man setzt $r' =: r^{-1}$. Offensichtlich ist auch r^{-1} eine Einheit von R und $(r^{-1})^{-1} = r$.

4.4. SATZ. *Die Einheiten von R bilden bzgl. der Multiplikation eine (abelsche) Gruppe.*

BEWEIS: Es ist nur zu zeigen, daß für Einheiten $r_1, r_2 \in R$ auch $r_1 r_2$ eine Einheit ist. Sei $r_i r_i' = 1$ ($r_i' \in R, i = 1, 2$). Dann ist $(r_1 r_2)(r_1' r_2') = 1$.

Wir bezeichnen die **Einheitengruppe** von R in Zukunft mit $E(R)$.

4.5. BEISPIELE:
a) $E(\mathbb{Z}) = \{+1, -1\}$
b) Ist K ein Körper, so ist $E(K) = K^* := \{x \in K \mid x \neq 0\}$ die multiplikative Gruppe von K.
c) Sei M eine nichtleere Menge, R ein Ring und $F := \text{Abb}(M, R)$ die Menge aller Abbildungen $f: M \to R$. Wenn man in F die Addition und Multiplikation wie üblich durch die Formeln

$$(f + g)(x) = f(x) + g(x), \, (f \cdot g)(x) = f(x) \cdot g(x) \qquad (x \in M)$$

definiert, so wird F zu einem Ring. Seine Einheitengruppe besteht aus den $f \in F$, für die $f(x) \in E(R)$ für alle $x \in M$. Ist $R = K$ ein Körper, so besteht $E(F)$ gerade aus den Funktionen ohne Nullstelle.
d) Sei R ein Integritätsring. Für Polynome $f, g \in R[X]$ gilt

$$\deg(f \cdot g) = \deg f + \deg g$$

denn ist

$$f = \sum_{i=0}^{n} r_i X^i, \, g = \sum_{j=0}^{m} s_j X^j \qquad (r_n \neq 0, s_m \neq 0)$$

so ist

$$f \cdot g = r_0 s_0 + (r_0 s_1 + r_1 s_0) X + \cdots + r_n s_m X^{n+m}$$

und es ist $r_n s_m \neq 0$, weil R ein Integritätsring ist. Es ergibt sich, daß auch $R[X]$ ein Integritätsring ist. Ferner gilt

$$E(R[X]) = E(R)$$

denn aus einer Gleichung $f \cdot g = 1$ folgt $\deg f = \deg g = 0$ und f, g sind konstante Polynome aus $E(R)$. Durch Induktion erhält man, daß auch $R[X_1, \ldots, X_n]$ ein Integritätsring ist mit

$$E(R[X_1, \ldots, X_n]) = E(R)$$

Speziell ist

$$E(K[X_1, \ldots, X_n]) = K^*$$

für jeden Körper K und

$$E(\mathbb{Z}[X_1, \ldots, X_n]) = \{+1, -1\}$$

Ist R kein Integritätsring, so braucht die Formel $\deg(f \cdot g) = \deg f + \deg g$ nicht zu gelten. Sie ist aber sicher richtig, wenn der Gradkoeffizient von f oder g eine Einheit ist, speziell wenn f oder g normiert ist.

4.II. Teilbarkeit. Irreduzible Elemente. Primelemente.

In einem Ring R seien Elemente r und s gegeben.

4.6. DEFINITION: r heißt **Teiler** von s (oder s **Vielfaches** von r), wenn ein $q \in R$ existiert mit $s = r \cdot q$. Man schreibt dann $r|s$.

Aus der Definition erhält man leicht:

4.7. GRUNDREGELN DER TEILBARKEIT: Für Elemente aus R gilt:

a) $r|r$ und $r|0$. Ferner ist 0 nur ein Teiler von 0.
b) Aus $r|s_1$ und $r|s_2$ folgt $r|s_1 \pm s_2$.
c) Aus $r|s_1$ und $r|s_1 + s_2$ folgt $r|s_2$.
d) Transitivität: Aus $r|s$ und $s|t$ folgt $r|t$.
e) Aus $r|s$ und $u|v$ folgt $ru|sv$.
f) Jeder Teiler einer Einheit von R ist selbst eine Einheit. Eine Einheit teilt jedes $r \in R$.
g) Ist ε eine Einheit aus R und gilt $r|s$, so gilt auch $\varepsilon r|s$.

Im Ring $\mathbf{Z}$ kann man mit dem Divisionsalgorithmus für je zwei Elemente $r, s \in \mathbf{Z}$ entscheiden, ob r ein Teiler von s ist oder nicht. Sind in $R[X]$ zwei Polynome f und g gegeben und ist f von der Form

$$f = r_0 + r_1 X + \cdots + r_d X^d \qquad (r_i \in R)$$

wobei der Gradkoeffizient r_d eine Einheit von R ist, so läßt sich die "Polynomdivision" von g durch f mit Rest durchführen, d.h. es gibt Polynome $q, r \in R[X]$ mit $\deg r < d$, so daß $g = q \cdot f + r$. Man kann also auch in diesem Fall entscheiden, ob f Teiler von g ist oder nicht. Insbesondere gilt dies, wenn f normiert ist. Speziell ist die Polynomdivision mit Rest für beliebige $f, g \in K[X]$ möglich, wenn K ein Körper ist und $f \neq 0$.

4.8. DEFINITION: r und s heißen **assoziiert**, wenn $r|s$ und $s|r$. Wir schreiben dann $r \sim s$.

Man prüft mittels der Regeln 4.7 sofort nach, daß $\sim$ eine Äquivalenzrelation ist. Die Einheiten von R sind gerade die zu 1 assoziierten Elemente. Zu 0 ist nur 0 assoziiert. In Integritätsringen kann man folgende Charakterisierung assoziierter Elemente geben:

4.9. SATZ. *In einem Integritätsring R sind für $r, s \in R$ folgende Aussagen äquivalent:*
a) $r \sim s$.
b) Es gibt eine Einheit $\varepsilon \in E(R)$ mit $s = \varepsilon \cdot r$.

BEWEIS: Für $r = 0$ ist nichts zu zeigen. Wir setzen daher $r \neq 0$ voraus.

a) $\to$ b). Nach Definition gilt $r|s$ und $s|r$, also $r = \varepsilon \cdot s$ und $s = \varepsilon' \cdot r$ mit Elementen $\varepsilon, \varepsilon' \in R$. Es folgt $r = \varepsilon \cdot \varepsilon' \cdot r$. Da R Integritätsring und $r \neq 0$ ist, ergibt sich $\varepsilon \cdot \varepsilon' = 1$, also $\varepsilon \in E(R)$.

b) $\to$ a). Aus $s = \varepsilon \cdot r$ folgt $r|s$ und aus $r = \varepsilon^{-1}s$ ergibt sich $s|r$, also $r \sim s$.

Für den Rest des Abschnitts 4.II soll R immer ein Integritätsring sein. Wie bei den ganzen Zahlen sind nur die echten Teiler eines Elements wirklich von Interesse:

4.10. DEFINITION: r heißt **echter Teiler** von s, wenn gilt: $r|s$, $r \notin E(R)$ und r ist nicht assoziiert zu s. Wir schreiben dann $r||s$.

4.11. BEISPIELE:

a) $r \in \mathbf{Z}$ ist genau dann ein echter Teiler von $s \in \mathbf{Z}$, wenn gilt: $r|s$ und $1 < |r| < |s|$.

b) Im Polynomring $R[X]$ über dem Integritätsring R sei $f = r_0 + r_1 X + \cdots + r_m X^m$ ein Teiler von $g = s_0 + s_1 X + \cdots + s_n X^n$ ($r_i, s_j \in R, r_m \neq 0, s_n \neq 0$). Dann gilt

$$\deg f \leq \deg g,\, r_0|s_0 \quad \text{und} \quad r_m|s_n$$

Aus $f||g$ folgt: Entweder ist $\deg f < \deg g$ oder es ist $\deg f = \deg g$ und $r_m||s_n$ oder $r_m \in E(R)$. Ist speziell R ein Körper, so ist f genau dann ein echter Teiler von g, wenn f Teiler von g ist, f nicht konstant ist und $\deg f < \deg g$ gilt.

4.12. REGELN FÜR ECHTE TEILER:

a) 0 ist niemals ein echter Teiler

b) Aus $r||s$ und $s|t$ folgt $r||t$

c) Aus $r||s$ und $u|v$ folgt $ru||sv$

d) Ist $s = r \cdot q$ mit einem $q \in R$ und gilt $r||s$, so gilt auch $q||s$.

Durch Aufsuchen echter Teiler will man Elemente in eventuell einfachere zerlegen. Dies versucht man so lange fortzusetzen, bis es keine echten Teiler mehr gibt.

4.13. DEFINITION: Ein Element $r \in R$ heißt **irreduzibel**, wenn $r \neq 0$, $r \notin E(R)$ und wenn r keinen echten Teiler besitzt.

Die irreduziblen Elemente von $\mathbf{Z}$ sind die Zahlen $\pm p$, wobei p eine Primzahl ist. Wir sind vor allem an den irreduziblen Elementen des Polynomrings $K[X]$ über einem Körper interessiert, weil die Minimalpolynome der über K algebraischen Elemente irreduzibel sind: Sei nämlich L/K eine Körpererweiterung, $x \in L$ ein über K algebraisches Element und $f \in K[X]$ sein Minimalpolynom. Angenommen, f besitze einen echten Teiler $g \in K[X]$. Dann wäre $f = q \cdot g$ mit einem $q \in K[X]$ und $\deg g < \deg f$, $\deg q < \deg f$. Aus $0 = f(x) = q(x) \cdot g(x)$ würde folgen, daß $g(x) = 0$ oder $q(x) = 0$, im Widerspruch zur Minimalität des Grades von f.

Einfach zu zeigen sind folgende Tatsachen:

4.14. REGELN FÜR IRREDUZIBLE ELEMENTE:
a) Ist r irreduzibel und $r \sim s$, dann ist auch s irreduzibel.
b) Sind r und s irreduzibel und gilt $r|s$, so ist $r \sim s$.

Analog zur Primzahlzerlegung der natürlichen Zahlen, die auf die griechische Mathematik des Altertums zurückgeht (vgl. Tropfke [T_1], S. 249ff), versucht man, die Elemente eines beliebigen Integritätsbereichs als Produkte irreduzibler Elemente zu schreiben. Dazu muß eine Zusatzbedingung erfüllt sein.

4.15. DEFINITION: Eine **Teilerkette** in R ist eine Folge $\{r_n\}_{n\in\mathbb{N}}$ von Elementen $r_n \in R$ mit $r_{n+1}|r_n$ für alle $n \in \mathbb{N}$. In R gilt der **Teilerkettensatz für Elemente**, wenn für jede Teilerkette $\{r_n\}$ aus R ein $n_0 \in \mathbb{N}$ existiert, so daß $r_{n+1} \sim r_n$ für alle $n \geq n_0$.

Mit anderen Worten: Die schärfere Bedingung $r_{n+1}||r_n$ gilt nur für endlich viele $n \in \mathbb{N}$. Neben dem Teilerkettensatz für Elemente ist auch der für Ideale sehr bedeutsam. Auf diesen werden wir später zurückkommen (6.5).

In $\mathbb{Z}$ gilt der Teilerkettensatz für Elemente, denn ist $\{r_n\}_{n\in\mathbb{Z}}$ eine Teilerkette in $\mathbb{Z}$, so ist

$$|r_0| \geq |r_1| \geq \ldots$$

und $r_{n+1}||r_n$ zieht $|r_n| > |r_{n+1}|$ nach sich. Analog zeigt man mit Hilfe des Grades anstelle des Absolutbetrags, daß auch im Polynomring $K[X]$ über einem Körper K der Teilerkettensatz für Elemente gilt. Allgemeiner:

4.16. SATZ. *Gilt in R der Teilerkettensatz für Elemente, so auch in $R[X_1, \ldots, X_n]$.*

BEWEIS: Es genügt, $R[X]$ zu betrachten, der allgemeine Fall ergibt sich dann durch Induktion.

Ist $\{r_n\}_{n\in\mathbb{N}}$ eine Teilerkette in $R[X]$, so hat man

$$\deg r_0 \geq \deg r_1 \geq \ldots$$

Für jedes $n \in \mathbb{N}$ sei ρ_n der Gradkoeffizient von r_n. Dann ist $\{\rho_n\}_{n\in\mathbb{N}}$ eine Teilerkette in R (4.11b)). Nach Voraussetzung existiert ein $n_0 \in \mathbb{N}$, so daß $\rho_{n+1} \sim \rho_n$ für alle $n \geq n_0$. Ferner gibt es ein $m_0 \in \mathbb{N}$, so daß $\deg r_{n+1} = \deg r_n$ für alle $n \geq m_0$. Für $n \geq \text{Max}(m_0, n_0)$ ist dann $r_{n+1} \sim r_n$.

Es gibt wichtige Integritätsringe, in denen der Teilerkettensatz für Elemente nicht gilt (s. Aufgabe 9)). Ist er aber erfüllt, so erhält man:

4.17. SATZ. *(Euklid) Gilt in R der Teilerkettensatz für Elemente, so läßt sich jede Nichteinheit $r \in R \setminus \{0\}$ als Produkt von endlich vielen irreduziblen Elementen p_i schreiben:*

$$r = p_1 \cdot \ldots \cdot p_n$$

BEWEIS: Ist M eine nichtleere Teilmenge von R, so folgt aus dem Teilerkettensatz, daß es ein $r \in M$ mit folgender Eigenschaft gibt: Kein Element von M ist ein echter Teiler von r. Andernfalls könnte man in M eine Teilerkette $\{r_n\}_{n \in \mathbb{N}}$ konstruieren mit $r_{n+1} \| r_n$ für alle $n \in \mathbb{N}$.

Angenommen, es gäbe eine Nichteinheit $r \in R \setminus \{0\}$, die nicht als Produkt von endlich vielen irreduziblen Elementen geschrieben werden kann. Wir bezeichnen die Menge aller solchen Elemente mit M. Wie oben gezeigt, gibt es ein $r \in M$, das kein anderes Element von M als echten Teiler besitzt. Dieses r kann nicht irreduzibel sein, denn sonst wäre $r = r$ eine Darstellung als Produkt irreduzibler Elemente. Es gilt also $r = r_1 \cdot r_2$, wobei r_1, r_2 echte Teiler von r sind. Nach der Wahl von r gehören r_1 und r_2 nicht zu M, sind also endliche Produkte irreduzibler Elemente. Dann ist aber auch r ein endliches Produkt irreduzibler Elemente, im Widerspruch zur Voraussetzung.

Da die Annahme, es gäbe eine Nichteinheit $r \in R \setminus \{0\}$, die nicht Produkt irreduzibler Elemente ist, zu einem Widerspruch geführt hat, ist der Satz bewiesen.

Man nennt die im Beweis angewandte Schlußweise das Verfahren der **Noetherschen Rekursion**. Es tritt auch in anderen Zusammenhängen auf.

Wir wenden uns nun der Frage nach der Eindeutigkeit der Produktzerlegung von Elementen in irreduzible zu. Zwei Darstellungen

$$r = p_1 \cdot \ldots \cdot p_m = q_1 \cdot \ldots \cdot q_n$$

von r als Produkte irreduzibler Elemente p_i, q_j heißen **äquivalent**, wenn $m = n$ ist und eine Permutation π von $\{1, \ldots, n\}$ existiert, so daß $p_i \sim q_{\pi(i)}$ für $i = 1, \ldots, n$. Beispielsweise sind in $\mathbb{Z}$

$$6 = 2 \cdot 3 = (-2) \cdot (-3)$$

äquivalente Zerlegungen von 6 in irreduzible Elemente. Mehr als Eindeutigkeit bis auf Äquivalenz kann man also nicht erwarten. Es gibt allerdings Beispiele von Integritätsringen mit Teilerkettensatz, in denen die Zerlegung nicht für alle Elemente in diesem Sinne eindeutig ist (s. Aufg. 16)). Um Eindeutigkeit zu erzwingen, benötigt man eine Verschärfung des Begriffs eines irreduziblen Elements.

4.18. DEFINITION: Ein Element $p \in R \setminus \{0\}$ heißt **Primelement**, wenn $p \notin E(R)$ ist und wenn für alle $a, b \in R$ gilt: Aus $p | a \cdot b$ folgt $p | a$ oder $p | b$.

4.19. BEISPIEL: Schon Euklid hat ausgeführt, daß die Primzahlen p Primelemente von $\mathbb{Z}$ sind, ohne jedoch die Eindeutigkeit der Primzahlzerlegung (Satz 4.21) zu folgern. Der Beweis ist nichttrivial:

Angenommen, es gibt eine Primzahl p und Zahlen $a, b \in \mathbb{Z}$ mit $p \nmid a$, $p \nmid b$, aber $p|ab$. Sei p die kleinste Primzahl mit dieser Eigenschaft. Schreibe

$$a = q_1 \cdot p + a', \; b = q_2 \cdot p + b' \qquad (q_1, q_2 \in \mathbb{Z}, \; 0 < a' < p, \; 0 < b' < p)$$

Dann ist $ab = (q_1 q_2 p + a' q_2 + b' q_1) p + a' b'$ und es folgt $p | a'b'$. Es ist $a' > 1$ und $b' > 1$, denn andernfalls würde p entweder a oder b teilen. Wir betrachten das kleinste Produkt ab mit folgenden Eigenschaften: $p | ab$, $1 < a < p$, $1 < b < p$.

Sei $ab = ph$ mit $h \in \mathbb{Z}$. Dann ist $1 < h < p$. Für jede Primzahl p', welche h teilt, gilt $p' < p$. Aus $p'|ab$ folgt daher $p'|a$ oder $p'|b$.

Sei $h = h'p'$ mit $h' \in \mathbb{Z}$ und etwa $a = a'p'$ mit $a' \in \mathbb{Z}$. Dann ist $ph' = a'b$. Wäre $a' = 1$, so würde $p|b$ folgen, daher ist $a' > 1$. Da $a'b < ab$ ist, hat sich ein Widerspruch ergeben: ab ist nicht das kleinste Produkt mit $p|ab$, $1 < a < p$, $1 < b < p$.

Es folgt, daß alle Primzahlen Primelemente von $\mathbb{Z}$ sind. Auf völlig analoge Weise läßt sich zeigen, daß alle irreduziblen Polynome aus $K[X]$, wenn K ein Körper ist, Primelemente von $K[X]$ sind. Man argumentiert mit Polynomdivision und dem Grad der Polynome statt mit der Größe ganzer Zahlen. Im Abschnitt 4.IV werden wir auch noch einen anderen Beweis kennenlernen.

4.20. REGELN FÜR PRIMELEMENTE:

a) Jedes Primelement ist irreduzibel: Aus $p = a \cdot b$ folgt $p|a$ oder $p|b$, also $a \sim p$ oder $b \sim p$.

b) Ist p ein Primelement und $s \sim p$, so ist auch s ein Primelement.

c) Sind p, q Primelemente und gilt $p|q$, so ist $p \sim q$.

d) Ist p ein Primelement und gilt $p | a_1 \cdot \ldots \cdot a_n$ ($a_i \in R, i = 1, \ldots, n$), so gibt es ein $i \in \{1, \ldots, n\}$ mit $p | a_i$. Dies folgt aus der Definition 4.18 durch Induktion nach n.

Wir zeigen nun, daß die Zerlegung eines Elements in Primelemente, wenn eine solche existiert, im wesentlichen eindeutig ist:

4.21. SATZ. Seien $r, s \in R$ Elemente, die sich als Produkte von Primelementen schreiben lassen:
$r = p_1 \cdot \ldots \cdot p_m$, $s = q_1 \cdot \ldots \cdot q_n$ mit Primelementen $p_i (i = 1, \ldots, m)$, $q_j (j = 1, \ldots, n)$
a) Gilt $r|s$, so ist $m \leq n$.
b) Gilt $r \| s$, so ist $m < n$.
c) (Eindeutigkeit der Primelementzerlegung) Ist $r = s$, so ist $m = n$ und bei geeigneter Numerierung gilt $p_i \sim q_i$ ($i = 1, \ldots, m$).

BEWEIS: a) Sei $s = h \cdot r$ ($h \in R$). Aus $p_1 | s$ folgt $p_1 | q_j$ für geeignetes $j \in \{1, \ldots, n\}$ und damit $p_1 \sim q_j$ (4.20c)). Nach Umnumerierung können wir $j = 1$ annehmen: $q_1 = \varepsilon \cdot p_1$ ($\varepsilon \in E(R)$). Aus $s = h \cdot r$ folgt dann nach Kürzung von p_1

(1) $$\varepsilon \cdot q_2 \cdot \ldots \cdot q_n = h \cdot p_2 \cdot \ldots \cdot p_m$$

und durch Induktion ergibt sich $m \leq n$.

b) Gilt $r \| s$, so ist h keine Einheit von R und aus (1) folgt $p_2 \cdot \ldots \cdot p_m \| q_2 \cdot \ldots \cdot q_n$. Wieder durch Induktion ergibt sich $m < n$.

c) Ist $r = s$, so folgt aus a), daß $m = n$ ist. Ferner gilt (1) mit $h = 1$. Durch Induktion folgt $p_i \sim q_i$ ($i = 2, \ldots, m$) bei geeigneter Numerierung der q_j ($j = 2, \ldots, m$),
q.e.d.

Es ist jetzt auch der **Hauptsatz der elementaren Zahlentheorie**, der Satz von der eindeutigen Primzahlzerlegung in **Z** bewiesen: In **Z** ist jede Zahl $a \neq 0$, $a \neq \pm 1$ als Produkt von Primelementen darstellbar und die dabei auftretenden Primelemente sind durch a bis auf das Vorzeichen eindeutig bestimmt. Denn nach 4.17 ist a Produkt irreduzibler Elemente von **Z**, die nach 4.19 Primelemente von **Z** sind. Die Eindeutigkeitsaussage ist durch 4.21c) gezeigt.

Entsprechend sind in der Zerlegung eines nichtkonstanten Polynoms f aus $K[X]$ (wenn K ein Körper ist) in irreduzible Polynome die irreduziblen Faktoren bis auf Multiplikation mit Konstanten eindeutig durch f bestimmt.

4.III. Faktorielle Ringe

4.22.DEFINITION: Ein **faktorieller Ring** (oder ZPE-Ring) ist ein Integritätsring mit folgender Eigenschaft: Jede Nichteinheit $r \in R \setminus \{0\}$ läßt sich als (endliches) Produkt von Primelementen aus R schreiben.

Beispiele für faktorielle Ringe sind nach dem oben Gesagten **Z** und $K[X]$, wenn K ein Körper ist. Trivialerweise ist jeder Körper ein faktorieller Ring.

4.23.SATZ. *Folgende Aussagen sind äquivalent:*

a) R ist ein faktorieller Ring.

b) R ist ein Integritätsring, in dem der Teilerkettensatz für Elemente gilt und jedes irreduzible Element Primelement ist.

c) R ist ein Integritätsring, in dem der Teilerkettensatz für Elemente gilt und folgende Bedingung erfüllt ist: Schreibt man eine Nichteinheit $r \in R \setminus \{0\}$ auf zwei Arten als Produkt irreduzibler Elemente, so sind die beiden Darstellungen äquivalent, d.h. es treten gleichviele Faktoren auf und bei geeigneter Numerierung sind entsprechende Faktoren zueinander assoziiert.

Faktorielle Ringe 41

BEWEIS: a) → b). Sei $\{a_n\}_{n\in\mathbb{N}}$ eine Teilerkette in R. Ist a_{n_0} für ein $n_0 \in \mathbb{N}$ eine Einheit in R, so ist $a_n \in E(R)$ für alle $n \geq n_0$ und es ist nichts zu zeigen. Seien also alle a_n Nichteinheiten. Sie sind dann endliche Produkte von Primelementen. Nach 4.21a) nimmt die Anzahl der Faktoren von a_n bei wachsendem n nicht zu. Nach 4.21a) kann in der Folge $\{a_n\}$ nur endlich oft echte Teilbarkeit $a_{n+1}||a_n$ vorliegen, d.h. die Teilerkettenbedingung ist erfüllt.

Sei nun $r \in R$ irreduzibel und $r = p_1 \cdot \ldots \cdot p_n$ eine Zerlegung von r in Primelemente p_i $(i = 1, \ldots, n)$. Dann muß $n = 1$ sein, sonst hätte r echte Teiler, also ist $r = p_1$ ein Primelement.

b) → c) ergibt sich aus 4.21c), da nach b) irreduzible Elemente Primelemente sind.

c) → a). Nach 4.17 ist jede Nichteinheit $r \in R \setminus \{0\}$ Produkt irreduzibler Elemente. Es bleibt also zu zeigen, daß irreduzible Elemente unter der Voraussetzung c) sogar Primelemente sind.

Sei $p \in R$ irreduzibel, $p | a \cdot b$ mit $a, b \in R$. Schreibe $a \cdot b = p \cdot h$, $a = p_1 \cdot \ldots \cdot p_m$, $b = p'_1 \cdot \ldots \cdot p'_n$ mit irreduziblen Elementen p_i, p'_j $(i = 1, \ldots, m, j = 1, \ldots, n)$. Es gilt dann
$$p_1 \cdot \ldots \cdot p_m p'_1 \cdot \ldots \cdot p'_n = p \cdot h$$
wobei h eine Einheit oder ein Produkt irreduzibler Elemente ist. Nach der Eindeutigkeitsaussage in c) folgt, daß ein $i \in \{1, \ldots, m\}$ existiert mit $p \sim p_i$ oder ein $j \in \{1, \ldots, n\}$ mit $p \sim p'_j$. Daher gilt $p|a$ oder $p|b$, d.h. p ist ein Primelement.

Im folgenden sei R ein faktorieller Ring. Nach 4.20b) zerfällt die Menge aller Primelemente von R in Klassen assoziierter Primelemente. Sei P ein Repräsentantensystem für diese Klassen. In $\mathbb{Z}$ können wir die Primelemente durch die Primzahlen repräsentieren, im Polynomring $K[X]$ über einem Körper K durch die normierten irreduziblen Polynome.

Ist eine Nichteinheit $r \in R \setminus \{0\}$ als Produkt $r = q_1 \cdot \ldots \cdot q_n$ von Primelementen q_i geschrieben, so gilt $q_i = \varepsilon_i \cdot p_i$ mit $p_i \in P$ und $\varepsilon_i \in E(R)$ $(i = 1, \ldots, n)$. Faßt man nun die ε_i zu einer Einheit ε zusammen und mehrfach auftretende p_i zu Potenzen, so erhält man eine Darstellung
$$r = \varepsilon \cdot p_1^{\nu_1} \cdot \ldots \cdot p_m^{\nu_m} \qquad (\varepsilon \in E(R), p_i \in P, \nu_i \in \mathbb{N}_+)$$
wobei $p_i \neq p_j$ für $i \neq j$. Wir setzen $\nu_i =: \nu_{p_i}(r)$ $(i = 1, \ldots, m)$ und $\nu_p(r) = 0$ für alle $p \in P$ mit $p \nmid r$. Dann können wir schreiben

(2)
$$r = \varepsilon \cdot \prod_{p \in P} p^{\nu_p(r)}$$

Eine solche Darstellung hat man auch für die Einheiten $r \in R$, wenn man $\nu_p(r) = 0$ setzt für alle $p \in P$. Es ist $\nu_p(r)$ der Exponent der höchsten Potenz von p, welche

r teilt. Man nennt $\nu_p(r)$ auch die **Ordnung** von r an der Stelle p und (2) heißt die **normierte Primelementzerlegung** von r zum Repräsentantensystem P. Nach dem Eindeutigkeitssatz 4.21c) sind ε und die $\nu_p(r)$ durch r eindeutig bestimmt. Mittels der Exponenten $\nu_p(r)$ lassen sich die Teilbarkeitsverhältnisse in R übersichtlich beschreiben:

4.24. REGELN: Seien $r, s \in R \setminus \{0\}$.

a) Genau dann gilt $r|s$, wenn $\nu_p(r) \leq \nu_p(s)$ für alle $p \in P$. Ferner ist $\prod_{p \in P}(1 + \nu_p(r))$ die Zahl der Klassen assoziierter Teiler von r.

b) Genau dann ist $r \sim s$, wenn $\nu_p(r) = \nu_p(s)$ für alle $p \in P$.

c) Genau dann gilt $r \| s$, wenn $r|s$ und $\nu_p(r) < \nu_p(s)$ für mindestens ein $p \in P$.

d) Genau dann ist $r \in E(R)$, wenn $\nu_p(r) = 0$ für alle $p \in P$.

e) Es gilt $\nu_p(r \cdot s) = \nu_p(r) + \nu_p(s)$ für alle $p \in P$.

f) Ist $r + s \neq 0$ und $p \in P$, so gilt

$$\nu_p(r + s) \geq \text{Min}\{\nu_p(r), \nu_p(s)\}$$

Ist $\nu_p(r) < \nu_p(s)$, so ist $\nu_p(r + s) = \nu_p(r)$.

Zum Beweis von f) schreiben wir $r = \varepsilon \cdot \prod_{p \in P} p^{\nu_p(r)}$, $s = \varepsilon' \cdot \prod_{p \in P} p^{\nu_p(s)}$ mit $\varepsilon, \varepsilon' \in E(R)$. Dann gilt mit $\mu_p := \text{Min}\{\nu_p(r), \nu_p(s)\}$

$$r + s = \prod_{p \in P} p^{\mu_p} \cdot (\varepsilon \cdot \prod_{p \in P} p^{\nu_p(r) - \mu_p} + \varepsilon' \cdot \prod_{p \in P} p^{\nu_p(s) - \mu_p})$$

und damit $\nu_p(r+s) \geq \mu_p$ für alle $p \in P$. Ist $\nu_p(r) < \nu_p(s)$ für ein $p \in P$, so ist $\mu_p = \nu_p(r)$ und $\varepsilon \cdot \prod_{p \in P} p^{\nu_p(r) - \mu_p}$ ist nicht durch p teilbar, während $\varepsilon' \cdot \prod_{p \in P} p^{\nu_p(s) - \mu_p}$ es ist. Es folgt $\nu_p(r + s) = \nu_p(r)$.

Sei nun R wieder ein beliebiger Ring $\neq \{0\}$ und seien $r, s \in R \setminus \{0\}$.

4.25. DEFINITION:

a) $g \in R$ heißt **größter gemeinsamer Teiler** von r und s, wenn gilt:
   α) $g|r$ und $g|s$
   β) Für jedes $t \in R$ mit $t|r$ und $t|s$ ist $t|g$.

b) $v \in R$ heißt **kleinstes gemeinsames Vielfaches** von r und s, wenn gilt:
   α) $r|v$ und $s|v$.
   β) Für jedes $t \in R$ mit $r|t$ und $s|t$ ist $v|t$.

Wenn ein größter gemeinsamer Teiler g von r und s existiert (ein kleinstes gemeinsames Vielfaches v), so schreiben wir

$$g = \text{ggT}(r, s), \quad v = \text{kgV}(r, s)$$

Es ist klar, daß ggT(r,s) und kgV(r,s) nur bis auf Assoziiertenbildung eindeutig sind. Natürlich definiert man für beliebige Elemente $r_1, \ldots, r_n \in R \setminus \{0\}$ ($n \geq 2$) den ggT$(r_1, \ldots, r_n)$ und das kgV$(r_1, \ldots, r_n)$ völlig analog wie in 4.25.

In einen beliebigen Ring brauchen der größte gemeinsame Teiler (das kleinste gemeinsame Vielfache) nicht zu existieren (s. Aufg.16.c). Jedoch gilt:

4.26.SATZ. *Sei R ein faktorieller Ring und P ein Repräsentantensystem für die Klassen assoziierter Primelemente von R. Für $r,s \in R \setminus \{0\}$ existiert* ggT(r,s) *sowie* kgV(r,s), *und es gilt:*

$$\mathrm{ggT}(r,s) = \prod_{p \in P} p^{\mathrm{Min}\{\nu_p(r), \nu_p(s)\}}$$
$$\mathrm{kgV}(r,s) = \prod_{p \in P} p^{\mathrm{Max}\{\nu_p(r), \nu_p(s)\}}$$
$$r \cdot s \sim \mathrm{ggT}(r,s) \cdot \mathrm{kgV}(r,s)$$

Der Beweis ergibt sich unmittelbar aus der Definition 4.25 und den Regeln 4.24.

Zwei Elemente r,s mit ggT$(r,s) = 1$ heißen **teilerfremd**. In einem faktoriellen Ring gilt ggT$(r,s) = 1$ genau dann, wenn für jedes $p \in P$ entweder $\nu_p(r) = 0$ oder $\nu_p(s) = 0$ ist.

Häufig ist es wichtig, den größten gemeinsamen Teiler zweier Elemente explizit zu bestimmen. In $\mathbb{Z}$, im Polynomring $K[X]$ über einem Körper K, und in einigen weiteren Ringen (vgl. Aufg. 17-20) ist dies mit Hilfe des **Euklidischen Algorithmus** möglich. Wir beschreiben den Algorithmus für $K[X]$. In $\mathbb{Z}$ ersetzt man Grad-Argumente durch entsprechende Argumente für den Absolutbetrag.

Für $f, g \in K[X] \setminus \{0\}$ hat man eine Kette von Gleichungen, die sich jeweils durch Division mit Rest ergeben:

(3)
$$\begin{aligned}
f &= q_1 \cdot g + r_1 & \deg r_1 &< \deg g \\
g &= q_2 \cdot r_1 + r_2 & \deg r_2 &< \deg r_1 \\
r_1 &= q_3 \cdot r_2 + r_3 & \deg r_3 &< \deg r_2 \\
&\vdots & &\vdots \\
r_{n-2} &= q_n \cdot r_{n-1} + r_n & \deg r_n &< \deg r_{n-1} \\
r_{n-1} &= q_{n+1} \cdot r_n
\end{aligned}$$

Da der Grad des Divisionsrestes bei jedem Schritt abnimmt, muß die Division nach endlich vielen Schritten schließlich aufgehen.

4.27.SATZ. $r_n = \mathrm{ggT}(f,g)$.

BEWEIS: Ist t ein gemeinsamer Teiler von f und g, so zeigt die erste Gleichung von (3), daß $t|r_1$. Aus der zweiten folgt dann $t|r_2$ usw. Die vorletzte Gleichung ergibt $t|r_n$.

Umgekehrt besagt die letzte Gleichung von (3), daß $r_n|r_{n-1}$. Aus der vorletzten folgt dann $r_n|r_{n-2}$ usw. Schließlich erhält man aus den beiden ersten, daß $r_n|g$ und $r_n|f$.

In einem beliebigen Ring R kann man $\mathrm{ggT}(a_1,\ldots,a_n)$ für $a_1,\ldots,a_n \in R \setminus \{0\}$ ($n \geq 2$) auf den größten gemeinsamen Teiler von 2 Elementen zurückführen:

4.28. REGEL. *Es existiere $g_{n-1} := \mathrm{ggT}(a_1,\ldots,a_{n-1})$ und $\mathrm{ggT}(g_{n-1},a_n)$. Dann gilt*

$$\mathrm{ggT}(a_1,\ldots,a_n) = \mathrm{ggT}(g_{n-1},a_n)$$

BEWEIS: Jeder gemeinsame Teiler t von $a_1,\ldots,a_n$ teilt g_{n-1} und damit auch $\mathrm{ggT}(g_{n-1},a_n)$. Sei $g := \mathrm{ggT}(g_{n-1},a_n)$. Dann gilt $g|g_{n-1}$ und $g|a_n$, folglich $g|a_i$ ($i = 1,\ldots,n$).

4.29. SATZ. *Für $f_1,\ldots,f_n \in K[X] \setminus \{0\}$ ($n \geq 2$) sei $g := \mathrm{ggT}(f_1,\ldots,f_n)$. Dann gibt es Polynome $g_1,\ldots,g_n \in K[X]$, so daß*

$$g = g_1 f_1 + \cdots + g_n f_n$$

BEWEIS: Aus 4.28 sieht man, daß es genügt, den Fall $n = 2$ zu betrachten. In diesem Fall schreiben wir $f_1 = f$, $f_2 = g$ und betrachten die Gleichungen (3). Aus der vorletzten Gleichung in (3) erhält man

$$r_n = r_{n-2} - q_n \cdot r_{n-1}$$

Für r_{n-1} kann man den Ausdruck einsetzen, der sich aus der drittletzten Gleichung durch Auflösen nach r_{n-1} ergibt, usw. Schließlich erhält man eine Darstellung von $r_n = \mathrm{ggT}(f,g)$ als Linearkombination von f und g mit Koeffizienten aus $K[X]$,
q.e.d.

Natürlich gilt Satz 4.29 auch entsprechend im Ring $\mathbf{Z}$. Als Konsequenz erhält man: Eine lineare (diophantische) Gleichung

$$a_1 X_1 + \cdots + a_n X_n = b \qquad (a_1,\ldots,a_n, b \in \mathbf{Z})$$

besitzt genau dann eine Lösung $(x_1,\ldots,x_n) \in \mathbf{Z}^n$, wenn $g := \mathrm{ggT}(a_1,\ldots,a_n)$ ein Teiler von b ist. Es ist klar, daß dies eine notwendige Bedingung ist. Wenn sie erfüllt ist, dann schreibe man $b = b'g$ ($b' \in \mathbf{Z}$) und gemäß 4.29

$$g = a_1 b_1 + \cdots + a_n b_n \qquad (b_1,\ldots,b_n \in \mathbf{Z})$$

Es ist dann $(b_1 b',\ldots,b_n b')$ eine Lösung der Gleichung.

4.IV. Polynomringe über faktoriellen Ringen

Es ist ein wichtiges Thema der Algebra zu ermitteln, welche Eigenschaften eines Rings R sich auf den Polynomring $R[X]$ vererben.

4.30.SATZ. *Ist p ein Primelement eines Rings R, dann ist p auch in $R[X]$ ein Primelement.*

BEWEIS: Nach 4.5d) ist p auch in $R[X]$ keine Einheit. Ferner teilt p genau dann ein Polynom $f \in R[X]$, wenn p alle Koeffizienten von f teilt.
Seien
$$f = \alpha_0 + \alpha_1 X + \cdots + \alpha_r X^r \quad \text{und} \quad g = \beta_0 + \beta_1 X + \cdots + \beta_s X^s$$
zwei Polynome ($\alpha_i, \beta_j \in R$), die nicht von p geteilt werden. Es gelte
$$p|\alpha_0, \ldots, p|\alpha_{i-1}, p \nmid \alpha_i \quad (i \leq r)$$
$$p|\beta_0, \ldots, p|\beta_{j-1}, p \nmid \beta_j \quad (j \leq s)$$

Der Koeffizient von X^{i+j} in fg ist $\sum_{\rho+\sigma=i+j} \alpha_\rho \beta_\sigma$. Da p in dieser Summe alle Summanden bis auf $\alpha_i \beta_j$ teilt, ist p kein Teiler der Summe und es folgt $p \nmid fg$. Somit ist p auch in $R[X]$ ein Primelement.

Es folgt der wichtigste Satz dieses Paragraphen:

4.31.THEOREM. *(Gauß). Ist R ein faktorieller Ring, dann auch $R[X_1, \ldots, X_n]$.*

BEWEIS: Es genügt, den Beweis für $R[X]$ zu führen, der allgemeine Fall ergibt sich dann durch Induktion. Angenommen, $R[X]$ sei nicht faktoriell. Da in $R[X]$ der Teilerkettensatz für Elemente gilt (4.16), muß es nach 4.23 ein Polynom $r \in R[X]$ geben, das zwei nicht äquivalente Darstellungen
$$r = p_1 \cdot \ldots \cdot p_m = q_1 \cdot \ldots \cdot q_n$$
als Produkt irreduzibler Polynome p_i, q_j besitzt. Unter allen Polynomen dieser Art sei r eines von kleinstem Grad. Notwendigerweise ist $m > 1$ und $n > 1$. Ferner gilt $\deg r > 0$, denn andernfalls wären die p_i und q_j konstant und man erhielte mittels 4.23 einen Widerspruch zur Voraussetzung, daß R faktoriell ist.

Wir denken uns die Numerierung so gewählt, daß
$$s := \deg p_1 \geq \deg p_2 \geq \cdots \geq \deg p_m$$
$$t := \deg q_1 \geq \deg q_2 \geq \cdots \geq \deg q_n$$

und wir können $t \geq s > 0$ annehmen. Ist a der Gradkoeffizient von p_1 und b der von q_1, so definieren wir das Polynom f durch

$$f := a \cdot r - bp_1 X^{t-s} q_2 \cdot \ldots \cdot q_n$$

Es besitzt die Faktorzerlegungen

$$f = ap_1 \cdot \ldots \cdot p_m - bp_1 X^{t-s} q_2 \cdot \ldots \cdot q_n = p_1(ap_2 \cdot \ldots \cdot p_m - bX^{t-s} q_2 \cdot \ldots \cdot q_n)$$

und

$$f = aq_1 \cdot \ldots \cdot q_n - bp_1 X^{t-s} q_2 \cdot \ldots \cdot q_n = (aq_1 - bp_1 X^{t-s}) \cdot q_2 \cdot \ldots \cdot q_n$$

Ist $f = 0$, so folgt $aq_1 = bp_1 X^{t-s}$. Ist $f \neq 0$, so ist $\deg f < \deg r$, und die beiden Faktorzerlegungen müssen sich nach Wahl von r zu äquivalenten Zerlegungen von f als Produkt irreduzibler Elemente verfeinern lassen.

Das Polynom p_1 ist zu keinem q_j ($j = 1, \ldots, n$) assoziiert, denn sonst könnte man es in den beiden Darstellungen von r kürzen und erhielte ein Polynom kleineren Grades mit zwei nicht äquivalenten Darstellungen. Aus den beiden Darstellungen für f ergibt sich, daß p_1 ein Teiler von $aq_1 - bp_1 X^{t-s}$ sein muß, also von aq_1. Man hat also, gleichgültig, ob $f = 0$ oder $f \neq 0$ ist, eine Gleichung $aq_1 = hp_1$ mit einem $h \in R[X]$.

Die Primelemente p aus R, welche a teilen, müssen nach 4.30 Teiler von h oder p_1 sein. Da p_1 irreduzibel ist, ist $p|p_1$ unmöglich, und es folgt $p|h$. Alle Primteiler von a lassen sich somit aus h kürzen und man erhält schließlich eine Gleichung $q_1 = h^* p_1$ mit $h^* \in R[X]$. Da q_1 irreduzibel ist, ergibt sich $q_1 \sim p_1$. Dies ist aber ein Widerspruch, da p_1 zu keinem q_j assoziiert war, q.e.d.

4.32. KOROLLAR.
a) $\mathbb{Z}[X_1, \ldots, X_n]$ *ist ein faktorieller Ring.*
b) *Für jeden Körper K ist $K[X_1, \ldots, X_n]$ faktoriell.*

4.V. Quotientenringe

Die Bildung von Quotientenringen ist eine Verallgemeinerung der Konstruktion der rationalen aus den ganzen Zahlen. Es entstehen zahlreiche neue Ringe, unter denen auch viele faktoriell sind.

Eine Teilmenge N eines Rings R heißt **multiplikativ abgeschlossen**, wenn gilt: Es ist $1 \in N$ und für alle $a, b \in N$ ist auch $a \cdot b \in N$. Beispiele multiplikativ abgeschlossener Teilmengen von R sind:
a) Die Menge der Einheiten von R.
b) Die Menge der Potenzen f^n ($n \in \mathbb{N}$) eines Elements $f \in R$.

Quotientenringe

c) Die Menge aller Nichtnullteiler von R, speziell -wenn R ein Integritätsring ist- die Menge $R \setminus \{0\}$.

d) Für ein Primelement p von R die Menge aller $a \in R$, die nicht durch p teilbar sind.

Man wünscht sich einen "Erweiterungsring" von R, in dem die Elemente von N zu Einheiten werden, und wo man dann Gleichungen $aX = b$ $(a \in N, b \in R)$ lösen kann. Dies läßt sich bei Anwesenheit von Nullteilern in N nicht erreichen, doch kann man die Forderungen der nachfolgenden Definition erfüllen.

4.33. DEFINITION: Ein **Quotientenring von R zur Nennermenge N** ist ein Paar (R_N, i), wobei R_N ein Ring ist, $i \colon R \to R_N$ ein Ringhomomorphismus und wobei gilt:

a) Für jedes $r \in N$ ist $i(r)$ eine Einheit in R_N.

b) Ist $j \colon R \to S$ ein Homomorphismus von R in einen Ring S und ist $j(r)$ eine Einheit von S für jedes $r \in N$, dann gibt es genau einen Ringhomomorphismus $h \colon R_N \to S$ mit $j = h \circ i$

$$\begin{array}{ccc} & & R_N \\ & \nearrow^{i} & \\ R & & \downarrow \exists! h \\ & \searrow_{j} & \\ & & S \end{array}$$

Man nennt auch einfach R_N den Quotientenring und i die **kanonische Abbildung in den Quotientenring**.

Quotientenringe werden hier durch eine "universelle Eigenschaft" definiert. Ein so definiertes Objekt ist, wenn es existiert, in gewissem Sinne eindeutig. Für Quotientenringe sieht das wie folgt aus: Angenommen, neben (R_N, i) sei noch ein weiterer Quotientenring (Q, i') vorhanden. Dann existiert nach 4.33b) ein Ringhomomorphismus $h \colon R_N \to Q$ mit $i' = h \circ i$ und mit dem gleichen Recht ein Ringhomomorphismus $h' \colon Q \to R_N$ mit $i = h' \circ i'$. Es ist dann

$$i = (h' \circ h) \circ i \quad \text{und} \quad i' = (h \circ h') \circ i'$$

Andererseits ist aber auch

$$i = \mathrm{id}_{R_N} \circ i \quad \text{und} \quad i' = \mathrm{id}_Q \circ i'$$

Aus der Eindeutigkeitsforderung in 4.33b) (für $i = j$ bzw. $i = j = i'$) ergibt sich $h' \circ h = \mathrm{id}_{R_N}$, $h \circ h' = \mathrm{id}_Q$, d.h. h und h' sind zueinander inverse Isomorphismen. Man spricht daher von **dem** Quotientenring (R_N, i) von R zur Nennermenge N. Immer, wenn ein mathematisches Objekt durch eine universelle Eigenschaft definiert ist, hat man einen Eindeutigkeitsbeweis, der so abläuft wie der eben geführte. Später werden wir ihn nicht mehr ausführlich wiederholen.

Jetzt ist noch die Existenzfrage zu klären. Die **Konstruktion des Quotientenrings** (R_N, i) ist ähnlich zur Konstruktion der rationalen aus den ganzen Zahlen. Sei M die Menge aller Paare (r, s) mit $r \in R$, $s \in N$. Man definiert für (r, s), $(r', s') \in M$

(4) $$(r, s) \sim (r', s') \Leftrightarrow \exists_{t \in N} t \cdot (s'r - sr') = 0$$

Es ist leicht nachzuprüfen, daß hierdurch eine Äquivalenzrelation auf M gegeben wird. Die Äquivalenzklasse von $(r, s) \in M$ wird mit $\frac{r}{s}$ bezeichnet. Sie heißt der **Bruch***) mit dem **Zähler** r und dem **Nenner** s. Es sei R_N die Menge aller solchen Brüche $\frac{r}{s}$. Aus (4) ergibt sich dann für die **Gleichheit von Brüchen**

(5) $$\frac{r}{s} = \frac{r'}{s'} \Leftrightarrow \exists_{t \in N} t \cdot (s'r - sr') = 0$$

Insbesondere gilt

$$\frac{r}{s} = \frac{rs'}{ss'} \quad \text{für} \quad \frac{r}{s} \in R_N, s' \in N$$

(**Erweiterung von Brüchen**).
Besteht N aus lauter Nichtnullteilern von R, so folgt aus der Bedingung in (5), daß $s'r = sr'$ ist, d.h. es handelt sich um die übliche Gleichheit von Brüchen.

Für $\frac{r}{s}, \frac{r'}{s'} \in R_N$ definiert man die Summe und das Produkt gemäß den **Bruchrechnungsregeln** durch

$$\frac{r}{s} + \frac{r'}{s'} := \frac{rs' + r's}{ss'}, \quad \frac{r}{s} \cdot \frac{r'}{s'} := \frac{rr'}{ss'}$$

Man rechnet leicht nach, daß Summe und Produkt nicht von der Bruchdarstellung der Elemente abhängen und daß R_N mit dieser Addition und Multiplikation zu einem assoziativen kommutativen Ring mit Eins wird. Dabei ist $\frac{0}{1} =: 0$ das neutrale Element der Addition und $\frac{1}{1} =: 1$ das der Multiplikation.

Die Abbildung $i: R \to R_N$, die jedem $r \in R$ den "unechten Bruch" $\frac{r}{1}$ zuordnet, ist ersichtlich ein Ringhomomorphismus, und für $s \in N$ ist $\frac{s}{1}$ eine Einheit in R_N, denn $\frac{s}{1} \cdot \frac{1}{s} = \frac{s}{s} = \frac{1}{1} = 1$.

Ist nun $j: R \to S$ ein beliebiger Ringhomomorphismus, so daß $j(s)$ für jedes $s \in N$ eine Einheit in S ist, so setzt man für $\frac{r}{s} \in R_N$

$$h(\frac{r}{s}) := j(r) \cdot j(s)^{-1}$$

---

*)Das deutsche Wort "Bruch" scheint zum ersten Mal im "Algorismus Ratisbonensis" verwendet worden zu sein, einem im Kloster St. Emmeram zu Regensburg etwa 1450 geschriebenen Rechenbuch, das weite Verbreitung fand (vgl. Tropfke [T_1])

Wieder ist leicht nachzuprüfen, daß die rechte Seite nicht von der speziellen Darstellung des Bruchs $\frac{r}{s}$ abhängt. Durch h wird ein Ringhomomorphismus $h\colon R_N \to S$ gegeben und offensichtlich ist $j = h \circ i$. Es gibt auch nur einen Ringhomomorphismus mit dieser Eigenschaft, denn für $s \in N$ muß $h(\frac{1}{s}) \cdot h(\frac{s}{1}) = h(1) = 1$, also $h(\frac{1}{s}) \cdot j(s) = 1$ und $h(\frac{1}{s}) = j(s)^{-1}$ gelten. Es folgt $h(\frac{r}{s}) = h(\frac{r}{1})h(\frac{1}{s}) = j(r) \cdot j(s)^{-1}$.

Damit ist gezeigt, daß (R_N, i) alle Forderungen der Definition 4.33 erfüllt, und die Existenz des Quotientenrings ist bewiesen. Unter R_N kann man sich immer den gerade konstruierten Ring vorstellen.

4.34.REGEL: $\operatorname{Kern}(i) = \{r \in R \mid \underset{s \in N}{\exists}\, sr = 0\}$

BEWEIS: Es gilt $i(r) = \frac{r}{1} = 0 = \frac{0}{1}$ nach der Gleichheitsdefinition der Brüche genau dann, wenn ein $s \in N$ existiert mit $s(r \cdot 1 - 0 \cdot 1) = 0$, also $sr = 0$.

Insbesondere ist i genau dann injektiv, wenn N keine Nullteiler von R enthält. Ist dies der Fall, kann man R_N als einen Erweiterungsring von R betrachten: Es ist $R \subset R_N$, wenn man R mit seinem Bild bei der kanonischen Abbildung i identifiziert.

Ist N die Menge aller Nichtnullteiler von R, so schreibt man $R_N =: Q(R)$ und nennt $Q(R)$ den **vollen Quotientenring von** R. In diesem Fall gilt $R \subset Q(R)$. Wenn R ein Integritätsring ist, so ist $Q(R)$ ein Körper, denn jedes $\frac{r}{s} \in Q(R) \setminus \{0\}$ besitzt $\frac{s}{r}$ als Inverses. Er heißt der **Quotientenkörper von** R.

Sei nun R ein faktorieller Ring und P ein Repräsentantensystem für die Klassen assoziierter Primelemente von R. Ferner sei eine multiplikativ abgeschlossene Teilmenge $N \subset R$ gegeben. $P(N)$ bezeichne die Menge der $p \in P$, die mindestens ein Element von N teilen, und es sei $Q := P \setminus P(N)$. Da R ein Integritätsring ist, gilt $R \subset R_N$. Wir wollen zeigen:

4.35.SATZ. R_N ist ein faktorieller Ring und Q ist ein Repräsentantensystem für die Klassen assoziierter Primelemente von R_N.

BEWEIS: Sei N_* die Menge aller Elemente der Form

$$\varepsilon \cdot p_1^{\nu_1} \cdot \ldots \cdot p_t^{\nu_t} \quad \text{mit} \quad \varepsilon \in E(R),\ p_i \in P(N),\ \nu_i \in \mathbb{N}_+ \quad (i = 1, \ldots, t)$$

Dann ist N_* multiplikativ abgeschlossen und $N \subset N_*$. Der kanonische Homomorphismus $i_*\colon R \to R_{N_*}$ induziert einen kanonischen Homomorphismus $h\colon R_N \to R_{N_*}$. Dabei geht $\frac{r}{s} \in R_N$ in den ebenso bezeichneten Bruch aus R_{N_*} über. Es ist klar, daß h injektiv ist. Aber h ist auch surjektiv: Ist $\frac{r}{x} \in R_{N_*}$ gegeben ($r \in R$, $x \in N_*$) und ist $x = \varepsilon \cdot p_1^{\nu_1} \cdots p_t^{\nu_t}$ wie oben, so wähle man für $i = 1, \ldots, t$ ein $s_i \in N$ der Form $s_i = p_i \cdot r_i$. Dann ist

$$\frac{r}{x} = h\left(\frac{r \cdot r_1^{\nu_1} \cdots r_t^{\nu_t}}{\varepsilon s_1^{\nu_1} \cdots s_t^{\nu_t}}\right)$$

denn $r_1^{\nu_1}\cdots r_t^{\nu_t}$ läßt sich in R_{N_*} kürzen.

Wir können jetzt R_N mit R_{N_*} identifizieren. Jedes Element von $\frac{r}{s} \in R_N$ schreibt sich in der Form

(6) $$\frac{r}{s} = \varepsilon \cdot \prod_{p \in P(N)} p^{\nu_p} \cdot \prod_{q \in Q} q^{\mu_q} \qquad (\varepsilon \in E(R), \nu_p \in \mathbf{Z}, \mu_q \in \mathbf{N})$$

wobei nur endlich viele ν_p und μ_q von 0 verschieden sind. Die $p \in P(N)$ sind offensichtlich Einheiten von R_N. Damit ein beliebiges Primelement p von R in R_N eine Einheit wird, muß ein $\frac{r}{s} \in R_N$ existieren mit $\frac{p}{1} \cdot \frac{r}{s} = 1$, d.h. es muß p ein Teiler eines $s \in N$ sein. Die $q \in Q$ sind daher keine Einheiten in R_N. Sei $q \in Q$ ein Teiler von $\frac{r}{s} \in R_N$ in R_N, also $\frac{r}{s} = \frac{q}{1} \cdot \frac{r'}{s'}$ ($r' \in R, s' \in N$). Aus $rs' = qr's$ und $q \nmid s'$ ergibt sich $q|r$ in R. Hieraus folgt, daß q auch in R_N ein Primelement ist, denn teilt q ein Produkt, so teilt es das Produkt der Zähler und damit einen der Zähler. Auf Grund von (6) ist jetzt auch gezeigt, daß R_N faktoriell ist.

Für $q, q' \in Q$ gilt $q \sim q'$ in R_N genau dann, wenn $q|q'$ und $q'|q$ in R, d.h. wenn q und q' in R assoziiert sind, also wenn $q = q'$ gilt. Der Satz ist damit bewiesen.

Aufgrund der Eindeutigkeit der Faktorzerlegung in R ergibt sich, daß auch die Darstellung der Elemente von R_N in der Form (6) eindeutig ist. Insbesondere besitzt jedes $\frac{r}{s}$ aus dem Quotientenkörper $Q(R)$ von R eine Darstellung

(7) $$\frac{r}{s} = \varepsilon \cdot \prod_{p \in P} p^{\nu_p}$$

mit einem eindeutigen $\varepsilon \in E(R)$ und eindeutigen $\nu_p \in \mathbf{Z}$. Die in (2) eingeführten Abbildungen ν_p lassen sich erweitern zu Abbildungen $\nu_p : Q(R) \setminus \{0\} \to \mathbf{Z}$ und die Regeln 4.24e) und f) gelten entsprechend auch für die erweiterte Abbildung. Die Abbildung ν_p heißt die zum Primelement p gehörige **diskrete Bewertung** von $Q(R)$ oder die **Ordnungsfunktion** an der Stelle p. Sie entspricht der Nullstellen- bzw. Polordnung bei Funktionen.

Allgemein ist eine (diskrete) **Bewertung** auf einem Körper K eine Abbildung $\nu : K \to \mathbf{Z} \cup \{\infty\}$ mit den Eigenschaften
a) $\nu(0) = \infty$, $\nu(a) < \infty$ für $a \in K \setminus \{0\}$,
b) $\nu(ab) = \nu(a) + \nu(b)$ für $a, b \in K$,
c) $\nu(a+b) \geq \mathrm{Min}\,\{\nu(a), \nu(b)\}$ für $a, b \in K$.
Die Untersuchung dieser Abbildungen ist Gegenstand der **Bewertungstheorie**, die für Algebra und Zahlentheorie bedeutsam ist.

Die Primzahlen < 2400

2	3	5	7	11	13	17	19	23	29	31	37	41
43	47	53	59	61	67	71	73	79	83	89	97	101
103	107	109	113	127	131	137	139	149	151	157	163	167
173	179	181	191	193	197	199	211	223	227	229	233	239
241	251	257	263	269	271	277	281	283	293	307	311	313
317	331	337	347	349	353	359	367	373	379	383	389	397
401	409	419	421	431	433	439	443	449	457	461	463	467
479	487	491	499	503	509	521	523	541	547	557	563	569
571	577	587	593	599	601	607	613	617	619	631	641	643
647	653	659	661	673	677	683	691	701	709	719	727	733
739	743	751	757	761	769	773	787	797	809	811	821	823
827	829	839	853	857	859	863	877	881	883	887	907	911
919	929	937	941	947	953	967	971	977	983	991	997	
1009	1013	1019	1021	1031	1033	1039	1049	1051	1061	1063	1069	1087
1091	1093	1097	1103	1109	1117	1123	1129	1151	1153	1163	1171	1181
1187	1193	1201	1213	1217	1223	1229	1231	1237	1249	1259	1277	1279
1283	1289	1291	1297	1301	1303	1307	1319	1321	1327	1361	1367	1373
1381	1399	1409	1423	1427	1429	1433	1439	1447	1451	1453	1459	1471
1481	1483	1487	1489	1493	1499	1511	1523	1531	1543	1549	1553	1559
1567	1571	1579	1583	1597	1601	1607	1609	1613	1619	1621	1627	1637
1657	1663	1667	1669	1693	1697	1699	1709	1721	1723	1733	1741	1747
1753	1759	1777	1783	1787	1789	1801	1811	1823	1831	1847	1861	1867
1871	1873	1877	1879	1889	1901	1907	1913	1931	1933	1949	1951	1973
1979	1987	1993	1997	1999	2003	2011	2017	2027	2029	2039	2053	2063
2069	2081	2083	2087	2089	2099	2111	2113	2129	2131	2137	2141	2143
2153	2161	2179	2203	2207	2213	2221	2237	2239	2243	2251	2267	2269
2273	2281	2287	2293	2297	2309	2311	2333	2339	2341	2347	2351	2357
2371	2377	2381	2383	2389	2393	2399						

ÜBUNGEN:

1) Sei $M_2(K)$ der Ring der zweireihigen quadratischen Matrizen mit Koeffizienten aus einem Körper K.

   a) Zeigen Sie, daß die Matrizen der Form $\begin{bmatrix} a & b \\ 0 & a \end{bmatrix}$ einen kommutativen Unterring R von $M_2(K)$ bilden.

   b) Bestimmen Sie die Nullteiler und Einheiten dieses Rings.

   c) Zeigen Sie, daß es in $R[X]$ Polynome vom Grad ≥ 1 gibt, die Einheiten sind.

2) Sei $R = C(a, b)$ der Ring der auf dem Intervall $(a, b) \subset \mathbf{R}$ stetigen reellwertigen Funktionen. Für $f \in R$ sei $N_f = \{x | x \in (a, b), f(x) = 0\}$ die Nullstellenmenge von f. Genau dann ist f ein Nullteiler in R, wenn N_f ein nichtleeres offenes Intervall enthält. Gibt es C^∞-Funktionen $\neq 0$, die Nullteiler in R sind?

3)
   a) In jedem (kommutativen) Ring R gilt die **binomische Formel**
      $(a+b)^n = \sum_{k=0}^{n} \binom{n}{k} a^k b^{n-k}$ für $a, b \in R$.
   b) Berechnen Sie in $\mathbb{Z}[X]$ mit Hilfe der binomischen Formel $(1+X)^{n+m}$ ($n, m \in \mathbb{N}$) auf zwei Arten und leiten Sie für $k \in \mathbb{N}$ die Formel
      $$\binom{m+n}{k} = \sum_{i=0}^{k} \binom{m}{i}\binom{n}{k-i}$$
      her.

4) Sei R ein kommutativer Ring mit 1. Ein Element $x \in R$ heißt **nilpotent**, wenn ein $n \in \mathbb{N}_+$ existiert, so daß $x^n = 0$ ist. $\text{Nil}(R)$ bezeichne die Menge aller nilpotenten Elemente von R.
   a) $(\text{Nil}(R), +)$ ist eine Untergruppe von $(R, +)$.
   b) Für $\varepsilon \in E(R)$ und $x \in \text{Nil}(R)$ ist $\varepsilon + x \in E(R)$.
   c) Sei $f = \sum_{i=0}^{n} r_i X^i \in R[X]$. Genau dann ist $f \in \text{Nil}(R[X])$, wenn $r_i \in \text{Nil}(R)$ für $i = 0, \ldots, n$.

5) Sei R ein kommutativer nullteilerfreier Ring, der keine Eins besitzen muß. Gibt es aber Elemente $a, b \in R$ mit $a \neq 0$ und $ab = a$, dann hat R ein Einselement.

6) Zeigen Sie, daß es im Polynomring $K[X]$ über einem beliebigen Körper K unendlich viele paarweise nicht assoziierte irreduzible Polynome gibt.
   (Hinweis: K kann endlich sein. Verallgemeinern Sie den bekannten Schluß von Euklid, daß es unendlich viele Primzahlen gibt).

7) Sei $n \in \mathbb{N}_+$.
   a) Ist $2^n - 1$ eine Primzahl, so auch n.
   b) Ist $2^n + 1$ eine Primzahl, dann ist n eine Potenz von 2.
   c) Für $m, n \in \mathbb{N}$ mit $m \neq n$ sind die Zahlen $2^{2^m} + 1$ und $2^{2^n} + 1$ teilerfremd.

8) Seien $p_1, \ldots, p_r$ paarweise verschiedene Primzahlen und $m \in \mathbb{N}$, $m \geq 2$. Zeigen Sie, daß $\sqrt[m]{p_1 \cdot \ldots \cdot p_r}$ irrational ist.

9) Diese Aufgabe setzt Grundkenntnisse aus der Funktionentheorie voraus. Sei R der Ring der in der komplexen Ebene holomorphen Funktionen (der Ring der "ganzen" Funktionen). Zeigen Sie:
   a) $E(R)$ besteht aus den Funktionen, die keine Nullstelle besitzen.
   b) $E(R) \neq \mathbb{C}^*$.
   c) Die irreduziblen Elemente von R sind die Funktionen, welche genau eine Nullstelle 1. Ordnung besitzen. Diese Elemente sind Primelemente.
   d) In R gilt der Teilerkettensatz für Elemente nicht (Hinweis: Betrachten Sie eine Funktion mit unendlich vielen Nullstellen).

Übungen

10) Betrachten Sie

$$f := X^5 + X^4 + X^3 + X^2 + X + 1 \quad \text{und} \quad g := X^4 - X^3 - X + 1$$

als Polynome in $\mathbf{Q}[X]$ und in $\mathbf{F}_2[X]$. Bestimmen Sie jeweils ihren größten gemeinsamen Teiler und schreiben Sie diesen als Linearkombination von f und g.

11) Zeigen Sie, daß die Polynome

$$X^3 + 2X^2 - X - 1 \quad \text{und} \quad X^2 + X - 3$$

keine gemeinsame Nullstelle in $\mathbf{C}$ besitzen, ohne die Nullstellen zu berechnen.

12) Sei K ein Teilkörper von $\mathbf{C}$ und $f \in K[X]$ ein Polynom, das in $\mathbf{C}$ eine mehrfache Nullstelle a besitzt, d.h. in $\mathbf{C}[X]$ von $(X-a)^2$ geteilt wird. Zeigen Sie, daß f in $K[X]$ reduzibel ist.

13) **Die Möbiussche Funktion** $\mu : \mathbf{N}_+ \to \mathbf{Z}$ ist wie folgt definiert: Es ist

$$\mu(n) = \begin{cases} 1 & \text{für } n = 1 \\ (-1)^r & \text{wenn } n \text{ Produkt von } r \text{ verschiedenen Primzahlen ist} \\ 0 & \text{wenn } n \text{ durch das Quadrat einer Primzahl teilbar ist} \end{cases}$$

a) Zeigen Sie für $n > 1$ die Formel $\sum_{d|n} \mu(d) = 0$ (d durchläuft die positiven Teiler von n).

b) Zeigen Sie für Abbildungen $f, g : \mathbf{N}_+ \to \mathbf{C}$, daß folgende Aussagen äquivalent sind:

$\alpha)$ $g(n) = \sum_{d|n} f(d)$ für $n \in \mathbf{N}_+$

$\beta)$ $f(n) = \sum_{d|n} \mu(d) \cdot g(\frac{n}{d})$ für $n \in \mathbf{N}_+$.

14) **Parameterdarstellung der pythagoräischen Zahlentripel.**
Ein Tripel $(a,b,c) \in \mathbf{Z}^3$ heißt "pythagoräisch", wenn $a^2 + b^2 = c^2$. Im folgenden sei (a,b,c) ein pythagoräisches Tripel, wobei $a,b,c \in \mathbf{Z} \setminus \{0\}$ teilerfremd sind. Zeigen Sie:

a) a und b sind nicht beide gerade und nicht beide ungerade.

b) Ist a gerade und $c > 0$, so gibt es Zahlen $u, v \in \mathbf{Z}$ mit

$$(a,b,c) = (2uv, u^2 - v^2, u^2 + v^2)$$

c) Jedes Tripel $(2uv, u^2 - v^2, u^2 + v^2)$ mit $u, v \in \mathbf{Z}$ ist pythagoräisch.
Hinweis: In § 2, Aufg. 9 wurden die rationalen Lösungen der Gleichung $a^2 + b^2 = c^2$ diskutiert.

15) Sei $n \in \mathbf{Z}$ kein Quadrat einer Zahl aus $\mathbf{Z}$ und sei

$$Q_n := \{a + b\sqrt{n} \mid a, b \in \mathbf{Q}\}, \quad R_n := \{a + b\sqrt{n} \mid a, b \in \mathbf{Z}\}$$

Für $x = a + b\sqrt{n} \in Q_n$ ist die **Norm** $N(x)$ von x gegeben durch
$$N(x) := a^2 - nb^2$$

a) R_n ist bzgl. der Addition und Multiplikation von komplexen Zahlen ein Integritätsring und Q_n ist der Quotientenkörper von R_n.

b) $x \in R_n$ ist genau dann eine Einheit in R_n, wenn $N(x) = \pm 1$ ist.
Illustrieren Sie die Bedingung in b) durch eine Skizze in der (komplexen) Ebene. Bestimmen Sie $E(R_n)$ für $n < 0$.

16) In R_{-5} gilt $6 = 2 \cdot 3 = (1 + \sqrt{-5})(1 - \sqrt{-5})$.

a) $2, 3, 1 + \sqrt{-5}$ und $1 - \sqrt{-5}$ sind in R_{-5} irreduzibel und keine zwei dieser Elemente sind zueinander assoziiert.

b) In R_{-5} ist jedes Element ein Produkt irreduzibler Elemente, aber R_{-5} ist nicht faktoriell.

c) In R_{-5} besitzen die Zahlen $2 \cdot (1 + \sqrt{-5})$ und 6 keinen größten gemeinsamen Teiler.

17) Ein **euklidischer Ring** ist ein Paar (R, φ), wobei R ein kommutativer Ring mit 1 ist und $\varphi: R \setminus \{0\} \to \mathbb{N}$ eine Abbildung mit folgender Eigenschaft: Zu je zwei Elementen $a, b \in R \setminus \{0\}$ gibt es Elemente $q, r \in R$ mit $a = q \cdot b + r$, wobei $r = 0$ oder $\varphi(r) < \varphi(b)$ ist. Zeigen Sie:

a) In einem euklidischen Ring R existiert für je zwei Elemente deren größter gemeinsamer Teiler.

b) Ist R euklidisch und ein Integritätsring, in dem der Teilerkettensatz für Elemente gilt, dann ist R faktoriell.

18) Sei $\mathbb{Z}[i] := \{a + bi \mid a, b \in \mathbb{Z}\}$ der Ring der **ganzen Gaußschen Zahlen** ($\mathbb{Z}[i] = R_{-1}$ in der Notation von Aufgabe 15) und N die zugehörige Normabbildung. Zeigen Sie

a) $(\mathbb{Z}[i], N)$ ist ein euklidischer Ring.

b) $\mathbb{Z}[i]$ ist faktoriell.

c) Eine Primzahl $p \in \mathbb{Z}$ ist genau dann in $\mathbb{Z}[i]$ reduzibel, wenn sie Summe von 2 Quadraten ist, d.h. $p = a^2 + b^2$ mit $a, b \in \mathbb{Z}$.

d) Zerlegen Sie 210 in Primelemente von $\mathbb{Z}[i]$.

19)

a) Zeigen Sie, daß zu jedem $x \in Q_{-2}$ ein $y \in R_{-2}$ existiert mit $N(x - y) \leq \frac{3}{4}$.

b) Folgern Sie, daß (R_{-2}, N) ein euklidischer Ring und faktoriell ist.

c) Bestimmen Sie eine Zerlegung von 19 in ein Produkt von Primelementen aus R_{-2}.

20) Sei $\rho := \frac{-1+\sqrt{-3}}{2}$ und $\mathbb{Z}[\rho] := \{a + b\rho \mid a, b \in \mathbb{Z}\}$. Die **Norm** $N(x)$ von $x = a + b\rho \in \mathbb{Z}[\rho]$ ist hier definiert durch
$$N(x) = a^2 - ab + b^2$$

a) Zeigen Sie: x ist genau dann Einheit in $\mathbb{Z}[\rho]$, wenn $N(x) = 1$ gilt. Bestimmen Sie $E(\mathbb{Z}[\rho])$.

b) $(\mathbb{Z}[\rho], N)$ ist ein euklidischer Ring.

c) Ist $x \in \mathbb{Z}[\rho]$ ein Primelement, so gibt es eine Primzahl $p \in \mathbb{Z}$ mit $N(x) = p$ oder $N(x) = p^2$. Im zweiten Fall ist x zu p assoziiert, im ersten Fall ist x zu keiner Primzahl assoziiert.

d) Ist $x \in \mathbb{Z}[\rho]$ ein beliebiges Element, für das $N(x) = p$ eine Primzahl ist, so ist x ein Primelement von $\mathbb{Z}[\rho]$.

e) Ist p eine Primzahl, für die $p - 2$ durch 3 teilbar ist, dann ist p auch in $\mathbb{Z}[\rho]$ ein Primelement.

21) Untersuchen Sie, ob die Ringe R_{-3} oder R_{10} faktoriell sind.

22) Geben sie einen faktoriellen Ring an, der bis auf Assoziiertenbildung genau n Primelemente besitzt ($n \in \mathbb{N}$).

23) Sei R ein Ring und $f = \Sigma a_{\nu_1 \cdots \nu_n} X_1^{\nu_1} \cdots X_n^{\nu_n} \in R[X_1, \ldots, X_n]$ ein nicht verschwindendes Polynom. Sei n **Grad** (Totalgrad) ist definiert durch

$$\deg f := \mathrm{Max}\{\sum_{i=1}^{n} \nu_i \mid a_{\nu_1 \cdots \nu_n} \neq 0\}$$

Das Nullpolynom hat jede ganze Zahl als Grad. Zeigen Sie: Ist R ein Integritätsring, so gilt $\deg(f \cdot g) = \deg f + \deg g$ für alle $f, g \in R[X_1, \ldots, X_n]$.

24) Seien $a_1, \ldots, a_t \in \mathbb{N}_+$ teilerfremd ($t > 1$). Die von $a_1, \ldots, a_t$ erzeugte **numerische Halbgruppe** $H = \langle a_1, \ldots, a_t \rangle$ ist die Menge aller Linearkombinationen $\sum_{i=1}^{t} n_i a_i$ mit $n_i \in \mathbb{N}$ ($i = 1, \ldots, t$).

a) Jedes $x \in \mathbb{Z}$ besitzt eine Darstellung

$$x = \sum_{i=1}^{t} z_i a_i \qquad (z_1 \in \mathbb{Z}, z_2, \ldots, z_t \in \mathbb{N})$$

b) Es gibt ein $c \in H$ mit $c + \mathbb{N} \subset H$.

c) Im Fall $t = 2$ ist $c := (a_1 - 1)(a_2 - 1)$ die kleinste Zahl aus H mit $c + \mathbb{N} \subset H$. Genau dann gehört $x \in \mathbb{Z}$ zu H, wenn $c - 1 - x \notin H$.

§ 5. Irreduzibilitätskriterien

Im allgemeinen ist es nicht leicht festzustellen, ob ein Polynom f aus dem Polynomring $K[X]$ über einem Körper K irreduzibel ist, auch nicht, ob eine Zahl Primzahl ist, wenn die Zahl sehr groß ist. Manchmal liegt folgende Situation vor: f hat Koeffizienten aus einem faktoriellen Ring R, von dem K der Quotientenkörper ist. Gelingt es, die Irreduzibilität von f in $R[X]$ zu beweisen, so ergibt sie sich auch in $K[X]$ nach einem Satz von Gauß (5.4). Wir wollen in diesem Paragraphen nach Methoden suchen, die Irreduzibilität von Polynomen aus $R[X]$ (R faktoriell) zu beweisen, und dann den Gaußschen Satz herleiten.

5.I. Das Eisensteinkriterium

Sei R ein faktorieller Ring. Ein konstantes Polynom r ist genau dann irreduzibel in $R[X]$, wenn r irreduzibel in R ist. Ein lineares Polynom $r_0 X + r_1$ ($r_0 \neq 0$) ist genau dann irreduzibel in $R[X]$, wenn entweder $r_1 = 0$ und $r_0 \in E(R)$ oder $r_1 \neq 0$ und $\mathrm{ggT}(r_0, r_1) = 1$ ist. Seien nun

$$f = a_0 + a_1 X + \cdots + a_n X^n, \; g = b_0 + b_1 X + \cdots + b_m X^m$$

zwei beliebige Polynome aus $R[X]$. Aus $g|f$ folgt $b_0|a_0$ und $b_m|a_n$. Für Polynome vom Grad 2 oder 3 aus $R[X]$ kann man diese Tatsache häufig zu einem Irreduzibilitätsbeweis benutzen, indem man zeigt, daß sie keine Teiler vom Grad 0 oder 1 besitzen. Bei Polynomen vom Grad 4 oder 5 hat man auch mögliche quadratische Teiler in Betracht zu ziehen. Insbesondere für $R = \mathbb{Z}$ und Polynome "kleinen Grades" ist das eine wirkungsvolle Methode. Ein allgemeines Resultat in dieser Richtung ist

5.1.SATZ. (Eisenstein) *Sei $f = a_0 + a_1 X + \cdots + a_n X^n \in R[X]$ vom Grad $n > 0$ und sei $\mathrm{ggT}(a_0, a_1, \ldots, a_n) = 1$. Es existiere ein Primelement p von R mit*

$$p | a_i \; (i = 0, \ldots, n-1), \quad p^2 \nmid a_0$$

Dann ist f irreduzibel in $R[X]$.

BEWEIS: Da $\mathrm{ggT}(a_0, \ldots, a_n) = 1$ ist, kann p kein Teiler von a_n sein. Angenommen, f wäre reduzibel:

$$f = g \cdot h \quad \text{mit} \quad g = \sum_{\nu=0}^{m} b_\nu X^\nu, \; h = \sum_{\mu=0}^{\ell} c_\mu X^\mu \quad (m, \ell > 0, b_m \neq 0, c_\ell \neq 0)$$

Wegen $a_0 = b_0 c_0$ ist p ein Teiler von b_0 oder von c_0. Da $p^2 \nmid a_0$ gilt, kann p aber nicht b_0 und c_0 teilen. Wir können daher annehmen, daß $p | b_0$, $p \nmid c_0$.

Nicht alle Koeffizienten von g können durch p teilbar sein, sonst wären es auch alle Koeffizienten von f. Es gelte

$$p|b_o,\ldots,p|b_{i-1} \quad \text{und} \quad p \nmid b_i \quad (i \leq m < n)$$

Nun ist aber

$$a_i = b_0 c_i + b_1 c_{i-1} + \cdots + b_{i-1} c_1 + b_i c_0$$

und $p|b_j c_{i-j}$ $(j = 0,\ldots,i-1)$, $p \nmid b_i c_0$. Es folgt $p \nmid a_i$, im Widerspruch zur Voraussetzung. Daher kann f nicht zerlegbar sein.

Ein Polynom von der im Satz beschriebenen Bauart heißt **Eisensteinpolynom**. Zu diesen gehören die Polynome $X^n - r$ $(n > 0)$, wenn $r \in R$ durch ein Primelement p, aber nicht durch p^2 teilbar ist. Speziell ist für jede Primzahl p das Polynom $X^n - p$ in $Z[X]$ irreduzibel, insbesondere also $X^3 - 2$. Dies sagt aber noch nicht unbedingt, daß es auch in $Q[X]$ irreduzibel ist.

Ein Polynom in m Variablen der Form $X_1^n - g(X_2,\ldots,X_m)$ $(n > 0)$ ist sicher irreduzibel, wenn etwa g in $R[X_2,\ldots,X_m]$ irreduzibel ist.

5.II. Anwendung von Ringhomomorphismen

Manchmal läßt sich ein Polynom f durch eine "Variablentransformation" in eines verwandeln, dessen Irreduzibilität schon bekannt ist, woraus dann auch die von f folgt. Eine andere Methode besteht in der "Reduktion der Koeffizienten" von f modulo einem Ideal von R, worauf wir im nächsten Paragraphen noch zurückkommen werden. Beiden Methoden liegt ein einfacher Sachverhalt zugrunde, der jetzt besprochen wird.

5.2. LEMMA. *Sei R ein faktorieller Ring, S ein beliebiger Integritätsring und $\varphi: R[X] \to S$ ein Ringhomomorphismus, der kein Polynom positiven Grades auf eine Einheit von S abbildet. Ferner sei $f \in R[X]$ vom Grad > 0 und habe teilerfremde Koeffizienten. Ist $\varphi(f)$ in S irreduzibel, so ist f in $R[X]$ irreduzibel.*

BEWEIS: Angenommen, f wäre in $R[X]$ reduzibel: $f = g \cdot h$, wobei $g, h \in R[X]$ keine Einheiten sind. Nach der Voraussetzung über die Koeffizienten von f sind g und h von positivem Grad. Aus $\varphi(f) = \varphi(g) \cdot \varphi(h)$ und der Tatsache, daß $\varphi(g), \varphi(h)$ keine Einheiten sind, würde folgen, daß $\varphi(f)$ in S reduzibel wäre.

Ringhomomorphismen von der im Lemma betrachteten Art können wie folgt entstehen:

a) **Anwendung von Ringhomomorphismen auf die Koeffizienten von Polynomen**: Ist $\varphi: R \to R'$ ein Ringhomomorphismus, so ist auch

$$\phi: R[X] \to R'[X] \quad \text{mit} \quad \phi(\Sigma a_\nu X^\nu) = \Sigma \varphi(a_\nu) X^\nu$$

ein Ringhomomorphismus, wie man leicht prüft.
b) **Einsetzungshomomorphismen**: Sei $\varphi\colon R \to S$ ein Ringhomomorphismus und $a \in S$. Dann ist auch

$$\phi\colon R[X] \to S \quad \text{mit} \quad \phi(\Sigma a_\nu X^\nu) = \Sigma \varphi(a_\nu) \cdot a^\nu$$

ein Ringhomomorphismus, wie ebenfalls leicht festzustellen ist. Ist beispielsweise $S = R[X]$ und $\varphi\colon R \to R[X]$ der Homomorphismus, der $r \in R$ auf das konstante Polynom $r \in R[X]$ abbildet, so wird für jedes $a \in R$ durch die Formel

$$\phi(\Sigma a_\nu X^\nu) = \Sigma a_\nu (X-a)^\nu \qquad (\text{kurz}: X \mapsto X - a)$$

ein Ringhomomorphismus $\phi\colon R[X] \to R[X]$ gegeben, der sogar ein Isomorphismus ist, weil er durch die Substitution $X \mapsto X + a$ wieder rückgängig gemacht werden kann.

5.3. BEISPIEL: Sei p eine Primzahl und

$$f = X^{p-1} + X^{p-2} + \cdots + X + 1 \in \mathbf{Z}[X]$$

Wende auf $\mathbf{Z}[X]$ den Einsetzungshomomorphismus $\phi\colon X \mapsto X+1$ an. In $\mathbf{Z}[X]$ gilt $(X-1)f = X^p - 1$ und daher $X \cdot \phi(f) = (X+1)^p - 1 = \sum_{\nu=0}^{p} \binom{p}{\nu} X^\nu - 1$, also

$$\phi(f) = \sum_{\nu=1}^{p} \binom{p}{\nu} X^{\nu-1}$$

Dies ist ein Eisensteinpolynom, denn $\binom{p}{\nu}$ ist für $\nu < p$ durch p teilbar, $\binom{p}{1}$ ist nicht durch p^2 teilbar und $\binom{p}{p} = 1$. Nach 5.2 ergibt sich, daß f in $\mathbf{Z}[X]$ irreduzibel ist.

5.III. Der Satz von Gauß über irreduzible Polynome

Es handelt sich um folgende Tatsache. Sei R ein faktorieller Ring, $N \subset R$ eine multiplikativ abgeschlossene Teilmenge. Dann gilt

5.4. SATZ. *Ist $f \in R[X]$ ein irreduzibles Polynom vom Grad > 0, dann ist f auch in $R_N[X]$ irreduzibel.*

BEWEIS: Es genügt zu zeigen, daß f in $K[X]$ irreduzibel ist, wenn $K := Q(R)$, denn es ist $R_N \subset K$. Schreibe

$$f = r_0 + r_1 X + \cdots + r_n X^n \qquad (r_i \in R, r_n \neq 0)$$

Der Satz von Gauß

Nach Voraussetzung ist $n > 0$ und $\text{ggT}(r_0, \ldots, r_n) = 1$, weil f in $R[X]$ irreduzibel ist.

Angenommen, es wäre $f = g \cdot h$, wobei $g, h \in K[X]$ Polynome vom Grad > 0 sind. Sei
$$g = a_0 + a_1 X + \cdots + a_m X^m \quad (a_i \in K)$$
und sei P ein Repräsentantensystem für die Klassen assoziierter Primelemente von R. Jeder Koeffizient $a_i \neq 0$ von g besitzt eine eindeutige Darstellung (4.V,(7))
$$a_i = \varepsilon_i \cdot \prod_{p \in P} p^{\nu_{p,i}} \quad (\varepsilon_i \in E(R), \nu_{p,i} \in \mathbb{Z})$$
Setze $\mu_p := \text{Max}\{-\nu_{p,i} \mid a_i \neq 0\}$ für jedes $p \in P$ und
$$a := \prod_{p \in P} p^{\mu_p}$$
Dann ist $a \cdot a_i \in R$ $(i = 0, \ldots, m)$ und $\text{ggT}(aa_0, \ldots, aa_m) = 1$, denn für jedes $p \in P$ gibt es ein $i \in \{0, \ldots, m\}$, so daß p in aa_i nur in der 0-ten Potenz auftritt. Wir haben damit gezeigt:

5.5.LEMMA. *Zu jedem $g \in K[X] \setminus \{0\}$ existiert ein $a \in K \setminus \{0\}$ mit $ag \in R[X]$, so daß der größte gemeinsame Teiler der Koeffizienten von ag gleich Eins ist.*

Wähle nun für h ein entsprechendes Element $b \in K \setminus \{0\}$. Dann ist
$$abf = (ag) \cdot (bh) \quad \text{mit} \quad ag, bh \in R[X]$$
Aus $abf \in R[X]$ folgt, daß $ab \in R$, denn für jedes $p \in P$ gibt es einen Koeffizienten r_i von f, so daß $p \nmid r_i$. Wegen $abr_i \in R$ kann p in ab nicht mit negativem Exponenten auftreten. Da es kein Primelement von R gibt, das sämtliche Koeffizienten von ag oder bh teilt, gibt es nach 4.30 auch kein Primelement, das sämtliche Koeffizienten von abf teilt, d.h. es ist $ab \in E(R)$. Dann ist aber
$$f = (ab)^{-1}(ag) \cdot (bh)$$
eine Faktorzerlegung von f in $R[X]$, im Widerspruch zur Irreduzibilität von f in $R[X]$. Mithin muß f auch in $K[X]$ irreduzibel sein, \hfill q.e.d.

5.IV. Anwendung auf die Konstruktion mit Zirkel und Lineal
a) Verdoppelung des Würfels

Nach dem Kriterium von Eisenstein (5.1) ist $X^3 - 2$ in $\mathbb{Z}[X]$ irreduzibel und nach dem Gaußschen Satz (5.4) auch in $\mathbb{Q}[X]$. Es folgt $[\mathbb{Q}(\sqrt[3]{2}) : \mathbb{Q}] = 3$ und daher nach 3.18a), daß die Würfelverdoppelung mit Zirkel und Lineal nicht durchführbar ist.

b) Dreiteilung des Winkels

Der Quotientenkörper eines Polynomrings $K[X]$ über einem Körper K wird mit $K(X)$ bezeichnet. Er heißt der **Körper der rationalen Funktionen** in der Unbestimmten X über K. Wir benötigen

5.6. LEMMA. *Sei $L = K(x)$ ein Erweiterungskörper von K, der von einem über K transzendenten Element x erzeugt wird. Dann gibt es einen Isomorphismus $h\colon K(X) \xrightarrow{\sim} K(x)$ mit $h|_K = \mathrm{id}_K$, $h(X) = x$.*

BEWEIS: $\psi\colon K[X] \to K(x)$ sei der Substitutionshomomorphismus mit $\psi|_K = \mathrm{id}_K$, $\psi(X) = x$. Weil x über K transzendent ist, ist ψ injektiv. Da $K(X)$ der Quotientenkörper von $K[X]$ ist, läßt sich ψ nach der universellen Eigenschaft des Quotientenkörpers zu einem Homomorphismus $h\colon K(X) \to K(x)$ fortsetzen. Dann ist auch h injektiv, denn würde h ein Element $r \in K(X) \setminus \{0\}$ auf Null abbilden, dann wäre h die Nullabbildung, da jedes Element aus $K(X)$ Vielfaches der Einheit r ist.

h ist aber auch surjektiv, denn sowohl K wie auch x liegen im Bild von h. Somit ist h ein Isomorphismus.

Wir betrachten nun einen Winkel mit der Öffnung φ im Bogenmaß, $0 \leq \varphi < 2\pi$. Nach der Theorie aus § 3 ist zu untersuchen, wann das Polynom $X^3 - e^{i\varphi}$ über $\mathbf{Q}(e^{i\varphi})$ irreduzibel ist (3.18b).

5.7. SATZ. *Für alle φ mit $0 < \varphi < 2\pi$, für die $e^{i\varphi}$ eine transzendente Zahl ist, ist die Dreiteilung des Winkels mit Zirkel und Lineal nicht möglich. Die Menge dieser φ ist dicht im Intervall $(0, 2\pi)$. Insbesondere gibt es keine generelle Konstruktion für die Dreiteilung des Winkels.*

BEWEIS: Wenn $e^{i\varphi}$ transzendent über $\mathbf{Q}$ ist, dann existiert nach 5.6 ein Isomorphismus

$$h\colon \mathbf{Q}(t) \xrightarrow{\sim} \mathbf{Q}(e^{i\varphi}) \quad \text{mit} \quad h|_\mathbf{Q} = \mathrm{id}_\mathbf{Q},\ h(t) = e^{i\varphi}$$

wobei $\mathbf{Q}(t)$ der Körper der rationalen Funktionen in der Unbestimmten t über $\mathbf{Q}$ ist. Man hat daher auch einen Ringisomorphismus $\mathbf{Q}(t)[X] \xrightarrow{\sim} \mathbf{Q}(e^{i\varphi})[X]$, welcher $X^3 - t$ auf $X^3 - e^{i\varphi}$ abbildet. Nach dem Eisensteinschen Kriterium 5.1 ist $X^3 - t$ in $\mathbf{Q}[t][X]$ irreduzibel, denn t ist ein Primelement des Polynomrings $\mathbf{Q}[t]$. Nach dem Satz von Gauß (5.4) ist $X^3 - t$ dann auch in $\mathbf{Q}(t)[X]$ irreduzibel. Es folgt die Irreduzibilität von $X^3 - e^{i\varphi}$ in $\mathbf{Q}(e^{i\varphi})[X]$. Somit ist $[\mathbf{Q}(e^{i\frac{\varphi}{3}}) : \mathbf{Q}(e^{i\varphi})] = 3$ und die Dreiteilung des Winkels ist nicht möglich.

Wenn für ein $\varphi \in (0, 2\pi)$ die Zahl $z = e^{i\varphi}$ über $\mathbf{Q}$ algebraisch ist, dann ist es auch $\bar{z} = e^{-i\varphi}$. Dies sieht man, indem man in einer algebraischen Gleichung für z über $\mathbf{Q}$ zum Konjugiert-Komplexen übergeht. Dann ist aber auch der Realteil $\frac{1}{2}(z + \bar{z})$ von z über $\mathbf{Q}$ algebraisch (3.15). Nach 3.3 folgt, daß die Menge der $\varphi \in (0, 2\pi)$, für die $e^{i\varphi}$ transzendent ist, dicht in $(0, 2\pi)$ ist, **q.e.d.**

Da die Menge aller algebraischen Zahlen abzählbar ist (3.2) ist die Dreiteilung des Winkels höchstens für abzählbar viele $\varphi \in (0, 2\pi)$ möglich. Man sieht leicht, daß sie für $\varphi = \frac{\pi}{2^k}$ ($k = 1, 2, \ldots$) durchführbar ist, und man folgert, daß auch die Menge der $\varphi \in (0, 2\pi)$, für welche die Dreiteilung möglich ist, dicht in $(0, 2\pi)$ ist.

c) Konstruktion des regulären p-Ecks

Wenn p eine Primzahl ist, so ist nach 5.3 das Polynom $X^{p-1} + X^{p-2} + \cdots + X + 1$ über $\mathbb{Z}$ irreduzibel. Nach Gauß ist es dann auch über $\mathbb{Q}$ irreduzibel und folglich

$$[\mathbb{Q}(e^{\frac{2\pi i}{p}}) : \mathbb{Q}] = p - 1$$

Wir erhalten somit nach 3.17:

5.8.SATZ. *Die Konstruktion des regulären p-Ecks mit Zirkel und Lineal ist sicher nicht möglich, wenn p eine Primzahl ist, für die $p - 1$ keine Potenz von 2 ist.*

Primzahlen dieser Art sind z.B. $7, 11, 13, 19, 23$. Es ist klar, daß die Konstruktion eines n-Ecks auch dann nicht möglich ist, wenn n von einer der Primzahlen aus Satz 5.8 geteilt wird. Zu positiven Aussagen über die Konstruierbarkeit von n-Ecken werden wir im Rahmen der Galoistheorie gelangen (13.8).

Die bisher dargestellten Methoden erlauben auch den Nachweis für die Unmöglichkeit vieler Dreieckskonstruktionen, siehe Krötenheerdt [Kr].

ÜBUNGEN:
1) Beweisen Sie die Irreduzibilität der folgenden Polynome aus $\mathbb{Z}[X]$, indem Sie zeigen, daß sie keinen echten Teiler vom Grad ≤ 2 besitzen:

$$X^5 - X^2 + 1, \ X^5 - X - 1, \ X^4 + 2X^2 + X + 3$$

2) Zeigen Sie die Irreduzibilität der folgenden Polynome über $\mathbb{Q}$:
   a) $X^2 + n_1 X + n_2 \in \mathbb{Z}[X]$ mit ungeraden Zahlen n_1, n_2.
   b) $X^4 + n_1 X^3 + n_2 X^2 + n_3 X + n_4 \in \mathbb{Z}$ mit geraden Zahlen n_2, n_3 und ungeraden Zahlen n_1, n_4.
3) Für welche $n \in \mathbb{Z}$ ist das Polynom $X^4 + nX^3 + X^2 + X + 1$ über $\mathbb{Q}$ reduzibel?
4) Bestimmen Sie alle irreduziblen Polynome in $\mathbb{R}[X]$.
5) Sei $\mathbb{F}_2$ der Körper mit 2 Elementen. Bestimmen Sie alle irreduziblen Polynome aus $\mathbb{F}_2[X]$ vom Grad ≤ 5.
6) Untersuchen Sie die folgenden Polynome aus $\mathbb{Q}[X]$ auf Irreduzibilität:

$$X^4 + 1, \ X^4 + X + 1, \ X^4 - 6X^2 + 5, \ X^4 + 6X^2 + 1$$
$$X^3 + 2X^2 + 3X + 3, \ 8X^3 - 6X - 1, \ X^3 + 6X^2 + 8X + 4$$
$$X^5 - 10X^4 + 10X^3 - 80X^2 + 75X - 17$$

Gleiche Aufgabe für die folgenden Polynome aus $\mathbb{Q}[X, Y]$:

$$X - Y, \ Y^3 + X^2 + 2, \ X^3 - Y^3, \ Y^4 + (X+1)^2 Y^2 + X^2 - 1$$

7) Geben Sie ein irreduzibles Polynom 5. Grades aus $\mathbf{Q}[X]$ an, welches
   a) genau eine reelle Nullstelle
   b) genau drei reelle Nullstellen
   c) genau fünf reelle Nullstellen
   besitzt.

8) Im Polynomring $\mathbf{C}[X_1, \ldots, X_n]$ sei ein Polynom der Form
$$f = a_1 X_1^{m_1} + \cdots + a_n X_n^{m_n} + 1 \quad (a_i \in \mathbf{C}, m_i \in \mathbf{N}_+)$$
gegeben, wobei mindestens zwei der a_i nicht verschwinden. Zeigen Sie mit Hilfe des Eisensteinschen Kriteriums, daß f irreduzibel ist. Geben Sie einige "prominente" Polynome an, die hiernach irreduzibel sind.

9) Sei K ein Körper und seien X, Y, Z Unbestimmte. Zeigen Sie, daß $Z^n + Y^3 + X^2$ in $K(X, Y)[Z]$ irreduzibel ist ($n \in \mathbf{N}$).

10) Sei $f \in \mathbf{Q}[X]$ ein irreduzibles Polynom vom Grad > 1, das eine Nullstelle $z \in \mathbf{C}$ mit $|z| = 1$ besitzt. Zeigen Sie:
   a) $\frac{1}{z}$ ist eine Nullstelle von f.
   b) $\deg f$ ist eine gerade Zahl.

11) Sei R ein faktorieller Ring mit dem Quotientenkörper K. Für $f \in R[X] \setminus \{0\}$ heißt der größte gemeinsame Teiler der Koeffizienten von f das **Gewicht** $G(f)$ von f.
   a) Für $f, g \in R[X] \setminus \{0\}$ ist $G(fg) = G(f) \cdot G(g)$.
   b) Besitzt f in $K[X]$ einen echten Teiler, dann auch in $R[X]$.
   c) Sind $f, g \in R[X] \setminus \{0\}$ in $R[X]$ teilerfremd, dann sind sie es auch in $K[X]$.
   d) Besitzt f in K eine Nullstelle x_0 und ist f normiert, so ist $x_0 \in R$.

12) Sei $K := \mathbf{Q}(\sqrt{2})$. Zeigen Sie, daß $X^3 - 3$ in $K[X]$ irreduzibel ist.

13) Zeigen Sie, daß das Polynom $X^4 - 16X^2 + 4$ über $\mathbf{Q}(\sqrt{3})$, $\mathbf{Q}(\sqrt{5})$ und $\mathbf{Q}(\sqrt{15})$ reduzibel ist, aber über keiner anderen quadratischen Erweiterung von $\mathbf{Q}$.

14) Für jeden Körper K ist jedes Polynom
$$X_1^{\alpha_1} \cdots X_n^{\alpha_n} - 1 \in K[X_1, \ldots, X_n] \quad \text{mit} \quad \text{ggT}(\alpha_1, \ldots, \alpha_n) = 1$$
irreduzibel. (Verwenden Sie eine geeignete Substitution).

15) Zeigen Sie für das Polynom $f = X^6 + aX^3 + b \in \mathbf{Z}[X]$: Ist f reduzibel, so ist entweder $Y^2 + aY + b$ reduzibel über $\mathbf{Z}$ oder f hat einen Faktor vom Grad 2 und b ist eine dritte Potenz in $\mathbf{Z}$ (Anleitung: Studieren Sie zuerst das Zerlegungsverhalten von f über $\mathbf{Q}(\rho)$ mit $\rho := e^{\frac{2\pi i}{3}}$. Beachten Sie, daß $f(\rho X) = f(X)$).

16) Sei $f := Y^3 + X^2 Y + 3Y^2 + X^2 + 3Y + X + 1 \in \mathbf{Z}[X, Y]$
   a) f ist irreduzibel in $\mathbf{Z}[X, Y]$.
   b) Für jede Primzahl p ist $f(p, Y)$ irreduzibel in $\mathbf{Q}[Y]$.

Übungen

17) Gibt es irreduzible Polynome jeden positiven Grades in $\mathbf{Q}[X]$?

18) Bestimmen Sie die Minimalpolynome von $\sqrt{2}+\sqrt{3}$ und $\frac{1+\sqrt[3]{2}}{1-\sqrt[3]{2}}$ über $\mathbf{Q}$.

19) Für $f := X^n + \sum_{i=0}^{n-1} a_i X^i \in \mathbf{Z}[X]$ sei a_0 eine Primzahl. Dann hat f höchstens 3 rationale Nullstellen. Schätzen Sie die Anzahl der rationalen Nullstellen für beliebiges a_0 ab.

20) Sei K ein Körper und $L := K(X)$ der Körper der rationalen Funktionen in einer Unbestimmten X über K.
   a) Jedes über K algebraische Element aus L gehört schon zu K.
   b) Es gibt unendlich viele verschiedene Körper Z mit $K \subset Z \subset L$.

21) $f \in \mathbf{Q}[X]$ sei normiert und irreduzibel. Für zwei Nullstellen $z_1, z_2 \in \mathbf{C}$ von f sei $z_1 - z_2 =: q \in \mathbf{Q}$. Für $n \in \mathbf{N}$ sei f_n das durch $f_n(X) = f(X + nq)$ definierte Polynom.
   a) f_1 ist irreduzibel.
   b) $f_n = f$ für alle $n \in \mathbf{N}$.
   c) $z_1 = z_2$.

22) Sei R ein faktorieller Ring und $f = a_0 + a_1 X + \cdots + a_n X^n$ ein Polynom aus $R[X]$ mit $\mathrm{ggT}(a_0, \ldots, a_n) = 1$. Für ein Primelement p von R gelte $p | a_i$ ($i = 1, \ldots, n$), $p^2 \nmid a_n$. Dann ist f irreduzibel.

23) Das Polynom $f := X^4 - X - 1 \in \mathbf{Q}[X]$ ist irreduzibel. Für eine Nullstelle $a \in \mathbf{C}$ von f sei $b := (1 + a^2)^{-1}$. Schreiben Sie b als Polynom in a und bestimmen Sie das Minimalpolynom von b über $\mathbf{Q}$.

24) Lösen Sie Aufg. 8) aus § 4 erneut mit Hilfe des Eisenstein-Kriteriums und des Gaußschen Satzes.

25) In dieser Aufgabe soll gezeigt werden, daß für zwei teilerfremde Polynome $f, g \in \mathbf{C}[X, Y]$ die Lösungsmenge des algebraischen Gleichungssystems

$$f(X, Y) = 0, \ g(X, Y) = 0$$

in $\mathbf{C}^2$ endlich ist. Wir überlegen dazu folgendes:
   a) Es genügt, zwei nichtassoziierte irreduzible Polynome f, g zu betrachten.
   b) Da f und g dann in $\mathbf{C}(X)[Y]$ teilerfremd sind, gibt es Polynome $A, B \in \mathbf{C}[X, Y]$ und $D \in \mathbf{C}[X] \setminus \{0\}$, so daß gilt

$$D = A \cdot f + B \cdot g$$

   c) Jetzt ergibt sich, daß die X-Koordinaten der Lösungen eine endliche Menge bilden. Folgern Sie, daß es überhaupt nur endlich viele Lösungen gibt.

§ 6. Ideale und Restklassenringe

Die Theorie der Restklassenringe ist äquivalent zu der der "Kongruenzen nach Idealen". Im Ring $\mathbb{Z}$ sind dies die Kongruenzen nach ganzen Zahlen und hier berühren sich Algebra und elementare Zahlentheorie eng. Viele Körper entstehen als Restklassenringe gut verstandener Ringe, daher ist die Restklassenbildung auch grundlegend für die Körpertheorie. Ein weiterer wichtiger Aspekt ist die in § 5 angesprochene Methode, Polynome durch Reduktion ihrer Koeffizienten auf Irreduziblität zu untersuchen.

6.I. Ideale

Von einem **Ring** $(R, +, \cdot)$ wollen wir vorerst nur verlangen, daß $(R, +)$ eine abelsche Gruppe ist und daß die beiden Distributivgesetze

$$a \cdot (b + c) = a \cdot b + a \cdot c, \ (b + c) \cdot a = b \cdot a + c \cdot a$$

für $a, b, c \in R$ erfüllt sind. Wir verzichten also vorerst auf das Assoziativ- bzw. Kommutativgesetz der Multiplikation und die Existenz einer Eins. Ein **Ringhomomorphismus** $\varphi \colon R \to S$ ist mit der Addition und Multiplikation verträglich: $\varphi(a+b) = \varphi(a) + \varphi(b)$, $\varphi(a \cdot b) = \varphi(a) \cdot \varphi(b)$ für $a, b \in R$. Sein **Kern** I ist die Menge aller $a \in R$ mit $\varphi(a) = 0$. Wir schreiben $I =: \ker \varphi$. Offensichtlich ist $(I, +)$ eine Untergruppe von $(R, +)$ und für $x \in I$ und $a \in R$ gilt

$$a \cdot x \in I, \ x \cdot a \in I$$

6.1. DEFINITION: Eine Untergruppe $(I, +)$ von $(R, +)$ heißt
a) **Linksideal**, wenn $a \cdot x \in I$ für alle $a \in R$ und $x \in I$.
b) **Rechtsideal**, wenn $x \cdot a \in I$ für alle $a \in R$ und $x \in I$.
c) **beidseitiges (oder zweiseitiges) Ideal**, wenn $(I, +)$ sowohl Rechts- wie Linksideal ist.

Der Kern eines Ringhomomorphismus $\varphi \colon R \to S$ ist ein beidseitiges Ideal von R. In kommutativen Ringen fallen die Begriffe 6.1,a)-c) zusammen und man spricht dort einfach von **Idealen**. Faßt man in diesem Fall R als ein R-Modul auf, so sind die Ideale nichts anderes als die Untermoduln von R. Historisch gesehen sind die Ideale von Dedekind als "ideale Zahlen" eingeführt worden, um der Probleme in nicht faktoriellen Ringen Herr zu werden.

Ideale

6.2. BEISPIELE VON IDEALEN:

a) In jedem Ring R sind $I = R$ und $I = \{0\}$ beidseitige Ideale. Ist R ein Körper, so sind das auch schon alle Ideale: Ist $I \neq \{0\}$ ein Ideal und $x \in I \setminus \{0\}$, so ist $1 = x^{-1} \cdot x \in I$ und damit $r = r \cdot 1 \in I$ für alle $r \in R$. Hierdurch wird noch einmal bewiesen, daß ein Ringhomomorphismus eines Körpers K in einen Ring S entweder injektiv oder die Nullabbildung ist, denn sein Kern kann nur $\{0\}$ oder K sein.

b) Sei R ein assoziativer Ring und $\{a_\lambda\}_{\lambda \in \Lambda}$ eine Familie von Elementen aus R. Die Menge
$$r_1 a_{\lambda_1} + \cdots + r_n a_{\lambda_n} \quad (n \in \mathbb{N}, r_1, \ldots, r_n \in R)$$
aller Linkslinearkombinationen der a_λ ist ein Linksideal von R, das mit $\sum_{\lambda \in \Lambda} R a_\lambda$ bezeichnet wird. Entsprechend ist die Menge $\sum_{\lambda \in \Lambda} a_\lambda R$ aller Rechtslinearkombinationen ein Rechtsideal von R. In kommutativen Ringen schreibt man $(\{a_\lambda\}_{\lambda \in \Lambda})$ für dieses Ideal und nennt es auch das von $\{a_\lambda\}_{\lambda \in \Lambda}$ **erzeugte oder aufgespannte Ideal**. Speziell bezeichnet $(a_1, \ldots, a_n)$ das von endlich vielen Elementen $a_1, \ldots, a_n \in R$ erzeugte Ideal. Ein beliebiges Ideal I heißt **endlich erzeugt**, wenn es Elemente $a_1, \ldots, a_n \in I$ gibt mit $I = (a_1, \ldots, a_n)$.

c) Für $a \in R$ heißt $R \cdot a = \{r \cdot a \mid r \in R\}$ das von a erzeugte **Linkshauptideal**. Entsprechend sind Rechtshauptideale $a \cdot R$ definiert. In Matrizenringen findet man leicht Beispiele von Linkshauptidealen, die keine Rechtsideale sind. In einem kommutativen Ring R bezeichnet man das von $a \in R$ erzeugte Hauptideal mit (a). Für $a_1, a_2 \in R$ gilt dann
$$\begin{aligned}(a_1) &\subset (a_2) &\Leftrightarrow\quad a_2 | a_1 \\ (a_1) &= (a_2) &\Leftrightarrow\quad a_1 \sim a_2\end{aligned}$$
Die Hauptideale entsprechen eineindeutig den Klassen assoziierter Elemente von R und spiegeln die Teilbarkeitsverhältnisse im Ring R wieder.

Für den Rest von 6.I sei R ein assoziativer kommutativer Ring mit Eins.

6.3. DEFINITION:

a) R heißt **Hauptidealring**, wenn jedes Ideal von R ein Hauptideal ist.

b) R heißt ein **noetherscher Ring**, wenn jedes Ideal von R endlich erzeugt ist.

Natürlich sind Hauptidealringe noethersch.

6.4. SATZ.
a) $\mathbb{Z}$ ist ein Hauptidealring.

b) Für jeden Körper K ist der Polynomring $K[X]$ ein Hauptidealring.

BEWEIS: a) Sei $I \subset \mathbb{Z}$ ein Ideal. Für $I = (0)$ ist nichts zu zeigen. Ist $I \neq (0)$ und $x \in I \setminus \{0\}$, so ist auch $-x \in I$. Daher enthält I eine positive ganze Zahl und folglich

auch eine kleinste positive ganze Zahl a. Ist nun $x \in I$ beliebig, so dividieren wir x durch a mit Rest
$$x = q \cdot a + r \qquad (q, r \in \mathbf{Z}, \, 0 \leq r < a)$$
Es ist dann $r = x - q \cdot a \in I$, da $x \in I$ und $q \cdot a \in I$. Da aber $r < a$ ist, muß $r = 0$ sein und somit $x \in (a)$. Es ist also $I \subset (a)$. Da $(a) \subset I$ klar ist, haben wir gezeigt, daß $\mathbf{Z}$ ein Hauptidealring ist.
b) Den Beweis führt man analog, indem man in jedem Ideal $I \neq (0)$ aus $K[X]$ ein Polynom kleinsten Grades wählt. I wird von diesem erzeugt.

Es ist ein wichtiges Thema der Algebra und anderer Teile der Mathematik festzustellen, welche Ringe noethersch sind, da dies für viele Anwendungen von Interesse ist.

6.5. SATZ. *Folgende Aussagen sind äquivalent:*
a) R ist ein noetherscher Ring.
b) In R gilt der **Teilerkettensatz für Ideale**, *d.h. jede aufsteigende Folge $I_0 \subset I_1 \subset \cdots \subset I_n \subset \ldots$ von Idealen wird stationär.*
c) In R gilt die **Maximalbedingung für Ideale**: *Jede nichtleere Menge von Idealen aus R enthält ein maximales Element bzgl. der Inklusion.*

BEWEIS: a) $\to$ b). Für eine Idealkette wie in b) ist $I := \bigcup_{k=0}^{\infty} I_k$ ebenfalls ein Ideal von R. Es ist nach Voraussetzung a) endlich erzeugt: $I = (a_1, \ldots, a_n)$, $a_i \in R$. Für genügend großes k ist dann $a_i \in I_k$ für $i = 1, \ldots, n$ und es folgt $I_k = I_{k+1} = \ldots$.
b) $\to$ c). Angenommen, es gäbe eine nichtleere Menge M von Idealen aus R ohne maximales Element. Für jedes $I_0 \in M$ gibt es dann ein $I_1 \in M$ mit $I_0 \subset I_1$, $I_0 \neq I_1$. Ist $I_n \in M$ schon gefunden, so gibt es ein $I_{n+1} \in M$ mit $I_n \subset I_{n+1}$, $I_n \neq I_{n+1}$. Dann wäre für die "Teilerkette" $I_0 \subset I_1 \subset \ldots$ die Bedingung b) verletzt.
c) $\to$ a). Sei $I \subset R$ ein Ideal und M die Menge aller endlich erzeugten Ideale von R, die in I enthalten sind. Sei $(a_1, \ldots, a_n)$ ein maximales Element von M. Dann ist $I = (a_1, \ldots, a_n)$, denn sonst gäbe es ein $b \in I$, $b \notin (a_1, \ldots, a_n)$ und es wäre $(a_1, \ldots, a_n) \subset (a_1, \ldots, a_n, b) \subset I$, $(a_1, \ldots, a_n) \neq (a_1, \ldots, a_n, b)$.

Aus dem folgenden Satz gewinnt man viele noethersche Ringe:

6.6. HILBERTSCHER BASISSATZ. *Ist R ein noetherscher Ring, so auch der Polynomring $R[X]$.*

BEWEIS: Man zeigt: Wenn $R[X]$ nicht noethersch ist, dann kann es auch R nicht sein. Sei I ein Ideal in $R[X]$, das nicht endlich erzeugbar ist. Sei $f_1 \in I$ ein Polynom kleinsten Grades. Ist $f_k \in I$ für $k \geq 1$ schon gewählt, so sei f_{k+1} ein Polynom kleinsten Grades aus $I \setminus (f_1, \ldots, f_k)$. Sei $n_k := \deg f_k$ und sei a_k der Gradkoeffizient von f_k ($k = 1, 2, \ldots$). Dann ist $n_1 \leq n_2 \leq \ldots$ und $(a_1) \subset (a_1, a_2) \subset \ldots$ ist eine Idealkette in R, von der wir zeigen, daß sie nicht stationär wird:

Wäre $(a_1, \ldots, a_k) = (a_1, \ldots, a_{k+1})$, so hätte man eine Gleichung $a_{k+1} = \sum_{i=1}^{k} b_i a_i$ ($b_i \in R$) und es wäre $g := f_{k+1} - \sum_{i=1}^{k} b_i X^{n_{k+1}-n_i} f_i \in I \setminus (f_1, \ldots, f_k)$, aber von kleinerem Grad als f_{k+1}, im Widerspruch zur Wahl von f_{k+1}, q.e.d.

Durch Induktion ergibt sich aus 6.6, daß für jeden noetherschen Ring R auch $R[X_1, \ldots, X_n]$ noethersch ist. Speziell gilt dies, wenn R Hauptidealring ist. Folglich sind $\mathbf{Z}[X_1, \ldots, X_n]$ und $K[X_1, \ldots, X_n]$ für jeden Körper K noethersche Ringe. Dagegen ist ein Polynomring in unendlich vielen Variablen über einem Körper nicht noethersch.

Gilt in einem Ring der Teilersatz für Ideale, so gilt auch der für Elemente, wie man sieht, wenn man die Teilerkettenbedingung auf Hauptideale anwendet. In einem nullteilerfreien Hauptidealring R gilt daher der Teilerkettensatz für Elemente und jede Nichteinheit aus $R \setminus \{0\}$ ist somit Produkt irreduzibler Elemente (4.17).

6.7. SATZ. *Jeder nullteilerfreie Hauptidealring R ist ein faktorieller Ring.*

BEWEIS: Es ist noch zu zeigen, daß jedes irreduzible Element p von R ein Primelement ist. Für $a, b \in R \setminus \{0\}$ gelte $p \nmid a$, $p \nmid b$. Das Ideal (p, a) ist ein Hauptideal (c). Als Teiler von p kann c nur zu p assoziiert oder eine Einheit sein. Der erste Fall kann nicht eintreten, da c auch a teilt. Somit ist $(p, a) = (1)$ und entsprechend $(p, b) = (1)$. Man hat also Gleichungen $1 = r_1 p + r_2 a = s_1 p + s_2 b$ ($r_i, s_i \in R, i = 1, 2$). Dann ist auch $1 = (r_1 s_1 p + r_1 s_2 b + r_2 s_1 a) \cdot p + r_2 s_2 ab$ und es folgt $p \nmid ab$, da sonst p ein Teiler von 1 wäre.

6.II. Konstruktion und erste Eigenschaften von Restklassenringen

Wie zu Beginn von 6.I sei nun R wieder ein beliebiger Ring. Für eine Untergruppe $(I, +)$ von $(R, +)$ ist die **Kongruenz modulo** I wie folgt definiert: $a \in R$ heißt kongruent zu $b \in R$ modulo I, wenn $a - b \in I$. Man schreibt dann $a \equiv b \bmod I$.

Es ist sofort zu sehen, daß die Kongruenz eine Äquivalenzrelation auf R ist. Die Menge der Äquivalenzklassen bzgl. dieser Relation wird mit R/I bezeichnet. Man betrachtet also zwei Elemente $a, b \in R$ als "gleich", wenn sie sich nur um ein Element aus I unterscheiden. Für $a \in R$ ist

$$a + I := \{a + x \mid x \in I\}$$

gerade die Äquivalenzklasse modulo I, der a angehört. Es gilt

$$a + I = b + I \Leftrightarrow a \equiv b \bmod I$$

$a + I$ heißt die **Restklasse von** a **modulo** I und a ist ein "Repräsentant" dieser Restklasse. Die Menge R/I besteht gerade aus allen diesen Restklassen.

Aus der elementaren Gruppentheorie und der Vektorraumtheorie dürfte ja schon bekannt sein, daß man R/I zu einer (abelschen) Gruppe machen kann. Hier kommt es uns aber darauf an, daß R/I manchmal sogar ein Ring ist, nämlich dann, wenn I ein beidseitiges Ideal von R ist, was wir jetzt voraussetzen wollen. Wir definieren dann die Addition und Multiplikation in R/I durch die Formeln

(1) $\qquad (a + I) + (b + I) = (a + b) + I, (a + I) \cdot (b + I) = a \cdot b + I$

Damit dies sinnvoll ist, muß gezeigt werden, daß die Operationen nicht von der Wahl der Repräsentanten der Restklassen abhängen: Sei etwa $a + I = a' + I$ mit $a, a' \in R$. Dann ist $a - a' \in I$, also auch $(a+b) - (a'+b) \in I$ und somit $(a+b) + I = (a'+b) + I$. Ferner ist $(a - a')b \in I$, da I ein Rechtsideal ist, und es folgt $a \cdot b + I = a' \cdot b + I$. Beim entsprechenden Nachweis, daß $a \cdot b + I$ auch nicht vom Repräsentanten b von $b + I$ abhängt, benutzt man, daß I auch ein Linksideal ist.

6.8.SATZ. a) $(R/I, +, \cdot)$ *ist ein Ring. Ist R assoziativ (kommutativ, ein Ring mit Eins), so auch R/I.*
b) *Die Abbildung* $\varepsilon: R \to R/I$ *mit* $\varepsilon(a) = a + I$ *ist ein surjektiver Ringhomomorphismus mit* $\ker \varepsilon = I$.

BEWEIS: a) ist auf Grund der Definition von Addition und Multiplikation in R/I klar, denn die entsprechenden Axiome sind in R/I erfüllt, weil sie in R gelten. Insbesondere ist $0 + I = I$ die Null von R/I und $(-a) + I$ das Negative von $a + I$. Ferner ist $1 + I$ die Eins von R/I, wenn 1 die Eins von R ist.
b) Daß ε ein Ringhomomorphismus ist, folgt aus den Formeln (1). Die Surjektivität von ε ist klar. Ferner ist $\ker \varepsilon = \{a \in R \mid a + I = 0 + I\} = I$.

$(R/I, +, \cdot)$ heißt der **Restklassenring** von R nach dem (beidseitigen) Ideal I und $\varepsilon: R \to R/I$ der **kanonische Epimorphismus** auf den Restklassenring.

6.9.BEISPIELE:
a) Für $R = \mathbb{Z}$ und $I = (n)$ mit $n \in \mathbb{N}_+$ ist $\mathbb{Z}/(n)$ ein Ring mit genau n Elementen, nämlich

$$0 + I, 1 + I, \ldots, n - 1 + I$$

Zur Restklasse $k + I$ gehören gerade die ganzen Zahlen, die bei der Division durch n den Rest k lassen; daher kommt der Name "Restklasse".
b) Ist K ein Körper und $f \in K[X]$ ein Polynom vom Grad $n > 0$, so besitzt $K[X]/(f)$ die Restklassen $g + (f)$, wobei g alle Polynome vom Grad $< n$ durchläuft,

denn dies sind gerade die Reste bei der Polynomdivision durch f. Man hat Ringhomomorphismen $K \xrightarrow{i} K[X] \xrightarrow{\varepsilon} K[X]/(f)$, wobei i die kanonische Injektion ist, die jedes $a \in K$ mit dem konstanten Polynom a identifiziert, und wobei ε der kanonische Epimorphismus ist. $\varepsilon \circ i$ ist injektiv und man darf daher K als Unterring von $K[X]/(f)$ betrachten.

Man kann $K[X]/(f)$ als einen Vektorraum über K auffassen. Als solcher besitzt er die Restklassen

$$1+(f), X+(f), \ldots, X^{n-1}+(f)$$

als eine Basis, insbesondere ist

$$\dim_K K[X]/(f) = n$$

6.10. UNIVERSELLE EIGENSCHAFT DES RESTKLASSENRINGS: Ist $\psi \colon R \to S$ irgendein Ringhomomorphismus mit $I \subset \ker \psi$, dann gibt es genau einen Ringhomomorphismus $h\colon R/I \to S$ mit $\psi = h \circ \varepsilon$

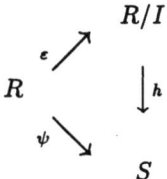

BEWEIS: Wenn h existiert, muß

(2) $\qquad h(a+I) = \psi(a) \quad \text{für alle} \quad a \in R$

gelten. h ist somit sicher eindeutig. Wir versuchen, h durch (2) zu definieren: Ist $a + I = a' + I$ $(a, a' \in R)$, so ist $a - a' \in I$ und $\psi(a) = \psi(a')$, da $I \subset \ker \psi$. Somit definiert (2) in der Tat eine Abbildung von R/I in S. Daß h ein Ringhomomorphismus ist, ergibt sich, weil ψ einer ist:

$$h((a+I) + (b+I)) = \psi(a+b) = \psi(a) + \psi(b) = h(a+I) + h(b+I)$$

Entsprechend erhält man, daß $h((a+I) \cdot (b+I)) = h(a+I) \cdot h(b+I)$.

Analog zum Quotientenring hätten wir den Restklassenring definieren können als ein Paar $(R/I, \varepsilon)$, wobei R/I ein Ring ist, $\varepsilon\colon R \to R/I$ ein Ringhomomorphismus mit $\ker \varepsilon = I$, und wobei die universelle Eigenschaft 6.10 erfüllt ist. Wie früher ist dieses Objekt dann (bis auf Isomorphie) eindeutig und die obige Konstruktion beweist seine Existenz. Die in 6.10 vorkommende Abbildung h heißt der **durch ψ auf R/I induzierte Homomorphismus**. Als Korollar aus 6.10 ergibt sich

6.11. HOMOMORPHIESATZ FÜR RINGE. Ist $\psi\colon R\to S$ ein surjektiver Ringhomomorphismus, dann ist der induzierte Homomorphismus

$$h\colon R/\ker\psi \to S \qquad (a+\ker\psi \mapsto \psi(a))$$

ein Isomorphismus.

BEWEIS: Da ψ surjektiv ist, ist es auch h. Ferner ist $h(a+\ker\psi)=\psi(a)=0$ genau dann, wenn $a\in\ker\psi$, also wenn $a+\ker\psi=0+\ker\psi$ ist. Somit ist h auch injektiv und folglich ein Isomorphismus.

Der Homomorphiesatz zeigt, daß die homomorphen Bilder von R bis auf Isomorphie gerade die Restklassenringe R/I nach den beidseitigen Idealen I von R sind. Die Restklassenringe $\mathbb{Z}/(a)$ für $a\in\mathbb{Z}$ gehören zu den wichtigsten Studienobjekten der elementaren Zahlentheorie. Sie treten auch in folgendem Zusammenhang auf.

6.12. SATZ. Ist R ein Ring mit einem Einselement 1_R, so gibt es genau einen Ringhomomorphismus $\rho\colon\mathbb{Z}\to R$ mit $\rho(1)=1_R$.

BEWEIS: a) Es gibt höchstens einen solchen Homomorphismus ρ, denn er muß für $n\in\mathbb{N}$ die Bedingung

$$\rho(n)=\rho(\underbrace{1+\cdots+1}_{n})=\underbrace{\rho(1)+\cdots+\rho(1)}_{n}=n\cdot 1_R$$

und

$$\rho(-n)=-\rho(n)=-(n\cdot 1_R)$$

erfüllen.

b) Wir definieren $\rho\colon\mathbb{Z}\to R$ durch $\rho(n)=n\cdot 1_R$ für $n\in\mathbb{N}$ und $\rho(-n)=-(n\cdot 1_R)$. Für $n_1,n_2\in\mathbb{Z}$ ist jetzt nachzurechnen, daß

$$\rho(n_1+n_2)=\rho(n_1)+\rho(n_2),\rho(n_1\cdot n_2)=\rho(n_1)\cdot\rho(n_2)$$

gilt, was einige Fallunterscheidungen erfordert, aber keine wesentliche Mühe macht.

Die Abbildung $\rho\colon\mathbb{Z}\to R$ heißt der **kanonische Homomorphismus** von $\mathbb{Z}$ in R. Der Unterring $\rho(\mathbb{Z})\subset R$ ist der Durchschnitt aller 1_R enthaltenden Unterringe von R. Er heißt der **Primring** von R. Seine Elemente sind

$$n\cdot 1_R \quad\text{und}\quad -(n\cdot 1_R)=:(-n)\cdot 1_R \quad\text{für}\quad n\in\mathbb{N}$$

Der Kern I des kanonischen Homomorphismus $\rho\colon\mathbb{Z}\to R$ ist ein Hauptideal von $\mathbb{Z}$. Wir können annehmen, daß $I=(n)$ mit einem $n\in\mathbb{N}$ ist. Diese Zahl ist eindeutig durch I und damit durch R bestimmt. Nach dem Homomorphiesatz gilt für den Primring von R

$$\rho(\mathbb{Z})\cong\mathbb{Z}/(n)$$

Ist ρ injektiv, so ist $n=0$ und $\rho(\mathbb{Z})\cong\mathbb{Z}$. Ist ρ nicht injektiv, so ist n die kleinste Zahl >0 mit $n\cdot 1_R=0$.

6.13. DEFINITION: Sei R ein Ring mit einer Eins und $\rho: \mathbb{Z} \to R$ der kanonische Homomorphismus. Die **Charakteristik** Char R von R ist die Zahl $n \in \mathbb{N}$ mit ker $\rho = (n)$.

6.14. SATZ. *Die Charakteristik eines Integritätsrings mit einer Eins ist 0 oder eine Primzahl.*

BEWEIS: Sei R ein Integritätsring mit der Eins 1_R und sei Char $R =: n > 0$. Wäre $n = n_1 \cdot n_2$ mit Zahlen $n_i \in \mathbb{N}$, $0 < n_i < n$ ($i = 1, 2$), so wäre

$$0 = n \cdot 1_R = (n_1 \cdot n_2) \cdot 1_R = (n_1 \cdot 1_R) \cdot (n_2 \cdot 1_R)$$

und es würde $n_1 \cdot 1_R = 0$ oder $n_2 \cdot 1_R = 0$ folgen, weil R Integritätsring ist. Dies wäre ein Widerspruch, weil n die kleinste Zahl mit $n \cdot 1_R = 0$ war.

Insbesondere ist die Charakteristik eines Schiefkörpers K entweder 0 oder eine Primzahl p. Im ersten Fall ist (bis auf Isomorphie) $\mathbb{Z} \subset K$ und damit $\mathbb{Q} \subset K$. Der Schiefkörper besitzt dann einen zu $\mathbb{Q}$ isomorphen **Primkörper** (1.8c). Im zweiten Fall ist $\mathbb{Z}/(p) \subset K$. Wir werden bald sehen, daß $\mathbb{Z}/(p)$ ein Körper ist, was ja ohnehin schon bekannt sein dürfte. K besitzt dann einen zu $\mathbb{Z}/(p)$ isomorphen Primkörper.

Sei nun L/K eine Körpererweiterung und $x \in L$ ein über K algebraisches Element mit dem Minimalpolynom f. Man hat einen Ringhomomorphismus (Einsetzungshomomorphismus)

$$\psi: K[X] \to K(x) \qquad (g \mapsto g(x))$$

der surjektiv ist, weil $\{1, x, x^2, \ldots, x^{n-1}\}$ mit $n := \deg f$ eine Basis von $K(x)$ über K ist, wie im Beweis von 3.8 gezeigt wurde. Ferner ist ker $\psi = (f)$ und nach dem Homomorphiesatz hat man einen Isomorphismus

(3) $$h: K[X]/(f) \xrightarrow{\sim} K(x)$$

Hierbei wird der in $K[X]/(f)$ enthaltene Körper K identisch abgebildet.

6.III. Ideale und Ringhomomorphismen

Wir wollen uns jetzt mit der wichtigen Frage beschäftigen, wie die Ideale eines Rings mit denen eines Restklassenrings zusammenhängen. R und S seien beliebige Ringe wie zu Beginn von 6.I und $\varphi: R \to S$ sei ein Ringhomomorphismus.

6.15. SATZ. *a) Ist I ein (Links-, Rechts-, beidseitiges) Ideal von S, so ist $\varphi^{-1}(I)$ ein solches Ideal in R.*
b) Ist φ surjektiv und I ein (Links-, Rechts-, beidseitiges) Ideal von R, so ist $\varphi(I)$ ein solches Ideal in S.
c) Ist φ surjektiv, so definiert die Zuordnung $I \mapsto \varphi^{-1}(I)$ eine Bijektion der Menge aller (Links-, Rechts-, beidseitigen) Ideale $I \subset S$ auf die Menge aller (Links-, Rechts-, beidseitigen) Ideale von R, welche $\ker \varphi$ umfassen.
d) Sei φ surjektiv, I ein beidseitiges Ideal von S und $\varepsilon \colon S \to S/I$ der kanonische Epimorphismus. Dann induziert der Homomorphismus $R \xrightarrow{\varphi} S \xrightarrow{\varepsilon} S/I$ einen Ringisomorphismus

$$R/\varphi^{-1}(I) \xrightarrow{\sim} S/I \qquad (a + \varphi^{-1}(I) \mapsto \varphi(a) + I)$$

BEWEIS: Wir führen den Beweis von a)-c) für Linksideale, für die übrigen Idealtypen ist er analog.
a) Für $a_1, a_2 \in \varphi^{-1}(I)$ ist $\varphi(a_1 - a_2) = \varphi(a_1) - \varphi(a_2) \in I$ und damit $a_1 - a_2 \in \varphi^{-1}(I)$. Somit ist $(\varphi^{-1}(I), +)$ eine Untergruppe von $(R, +)$. Für $r \in R$ und $a \in \varphi^{-1}(I)$ ist $\varphi(ra) = \varphi(r) \cdot \varphi(a) \in I$ und damit $ra \in \varphi^{-1}(I)$, also $\varphi^{-1}(I)$ ein Linksideal in R.
b) Es ist klar, daß $(\varphi(I), +)$ eine Untergruppe von $(S, +)$ ist. Sei nun $s \in S$, $b \in \varphi(I)$ gegeben. Schreibe $s = \varphi(r)$, $b = \varphi(a)$ mit $r \in R$, $a \in I$. Dann ist

$$s \cdot b = \varphi(r) \cdot \varphi(a) = \varphi(ra) \in \varphi(I)$$

und $\varphi(I)$ ist ein Linksideal von S.
c) Für jedes Linksideal I von S ist $\varphi^{-1}(I)$ ein $\ker \varphi$ umfassendes Linksideal von R und es ist $\varphi(\varphi^{-1}(I)) = I$ wegen der Surjektivität von φ. Ferner gilt für jedes $\ker \varphi$ umfassende Linksideal J von R die Beziehung $\varphi^{-1}(\varphi(J)) = J$. Hieraus folgt c).
d) Die zusammengesetzte Abbildung $R \xrightarrow{\varphi} S \xrightarrow{\varepsilon} S/I$ ist surjektiv und $\varphi^{-1}(I)$ ist ihr Kern. Die Behauptung ergibt sich daher aus dem Homomorphiesatz.

6.16. KOROLLAR. *Sei R ein kommutativer Ring mit Eins und $\varphi \colon R \to S$ ein surjektiver Ringhomomorphismus. Ist R ein Hauptidealring (noetherscher Ring), so auch S. Insbesondere sind Restklassenringe von Hauptidealringen (noetherschen Ringen) wieder solche.*

BEWEIS: Ist I ein Ideal von S und $\varphi^{-1}(I) = (a_1, \ldots, a_n)$, so gilt $I = (\varphi(a_1), \ldots, \varphi(a_n))$.

Wir wenden jetzt die obigen Betrachtungen auf den kanonischen Epimorphismus $\varepsilon \colon R \to R/I$ an, wobei I ein beidseitiges Ideal von R ist. Jedes beidseitige Ideal von

R/I ist nach 6.15 von der Form $\varepsilon(J)$, wobei J ein I umfassendes Ideal von R ist. Es ist

$$\varepsilon(J) = \{x + I \in R/I \mid x \in J\}$$

die Menge aller Restklassen von Elementen $x \in J$. Wir führen daher die Schreibweise $J/I := \varepsilon(J)$ ein.

6.17. KOROLLAR. *Die beidseitigen Ideale von R/I sind die Ideale J/I, wobei J die beidseitigen Ideale von R mit $I \subset J$ durchläuft (Entsprechendes gilt auch für Links- und Rechtsideale).*

Für ein beidseitiges Ideal J mit $I \subset J$ betrachten wir die durch Zusammensetzung der kanonischen Epimorphismen $R \xrightarrow{e} R/I \to R/I/J/I$ gegebene Abbildung $\eta: R \to R/I/J/I$. Es gilt der folgende Satz über die Transitivität der Restklassenbildung.

6.18. NOETHERSCHER ISOMORPHIESATZ. *Es ist $\ker \eta = J$ und η induziert einen Isomorphismus*

$$R/J \xrightarrow{\sim} R/I/J/I$$

BEWEIS: Für $a \in R$ ist $\eta(a) = 0$ genau dann, wenn $a + I \in J/I$ ist, d.h. wenn $a \in J$. Da η surjektiv ist, folgt die Behauptung nun aus dem Homomorphiesatz.

6.IV. Primideale und maximale Ideale

Im folgenden sei nun wieder R ein assoziativer, kommutativer Ring mit 1. Die Analoga zu den Primelementen sind in der Idealtheorie die Primideale:

6.19. DEFINITION:
a) Ein Ideal $\mathfrak{P}$ von R heißt **Primideal**, wenn $\mathfrak{P} \neq R$ ist und wenn gilt: Sind $a, b \in R \setminus \mathfrak{P}$, so ist $a \cdot b \in R \setminus \mathfrak{P}$ (Mit andern Worten: Die Menge $R \setminus \mathfrak{P}$ ist multiplikativ abgeschlossen).
b) Ein Ideal $\mathfrak{M}$ von R heißt **maximales Ideal**, wenn $\mathfrak{M} \neq R$ ist und für jedes Ideal I mit $\mathfrak{M} \subset I \subset R$, $\mathfrak{M} \neq I$ folgt, daß $I = R$ ist.

Die Menge der Primideale $\mathfrak{P}$ von R wird mit Spec R bezeichnet (**Spektrum von R**), die Menge aller maximalen Ideale mit Max R (**Maximalspektrum von R**). Primideale und maximale Ideale lassen sich auch wie folgt charakterisieren:

6.20. SATZ.
a) *Ein Ideal $\mathfrak{P}$ von R ist genau dann ein Primideal, wenn $R/\mathfrak{P}$ ein Integritätsring ist.*
b) *Ein Ideal $\mathfrak{M}$ von R ist genau dann maximal, wenn $R/\mathfrak{M}$ ein Körper ist.*

BEWEIS: a) Ist $\mathfrak{P}$ ein Primideal und sind $a + \mathfrak{P}$, $b + \mathfrak{P}$ zwei Restklassen $\neq 0$ in $R/\mathfrak{P}$, so sind $a, b \notin \mathfrak{P}$ und somit $a \cdot b \notin \mathfrak{P}$. Es folgt

$$(a + \mathfrak{P}) \cdot (b + \mathfrak{P}) = a \cdot b + \mathfrak{P} \neq 0$$

und somit ist $R/\mathfrak{P}$ ein Integritätsring.

Umgekehrt: Ist $R/\mathfrak{P}$ ein Integritätsring, so sind für $a, b \in R \setminus \mathfrak{P}$ die Restklassen $a + \mathfrak{P}$ und $b + \mathfrak{P}$ von Null verschieden und daher ist auch $a \cdot b + \mathfrak{P} = (a + \mathfrak{P})(b + \mathfrak{P}) \neq 0$, folglich $a \cdot b \in R \setminus \mathfrak{P}$.

b) Sei $\mathfrak{M} \in \text{Max } R$. Wir haben zu zeigen, daß jedes Element $a + \mathfrak{M}$ mit $a \in R \setminus \mathfrak{M}$ in $R/\mathfrak{M}$ ein Inverses besitzt. Es sei $I := (\mathfrak{M}, a)$ das von $\mathfrak{M}$ und a erzeugte Ideal von R. Seine Elemente sind von der Form $x + r \cdot a$ mit $x \in \mathfrak{M}$ und $r \in R$. Da $a \notin \mathfrak{M}$ ist und da $\mathfrak{M}$ ein maximales Ideal ist, muß $I = R$ sein, folglich $1 \in I$. Es gibt somit ein $x \in \mathfrak{M}$ und ein $b \in R$ mit $1 = x + a \cdot b$. In $R/\mathfrak{M}$ gilt dann

$$(a + \mathfrak{M})(b + \mathfrak{M}) = a \cdot b + \mathfrak{M} = (a \cdot b + x) + \mathfrak{M} = 1 + \mathfrak{M}$$

und somit ist $b + \mathfrak{M}$ ein Inverses zu $a + \mathfrak{M}$.

Sei nun $R/\mathfrak{M}$ ein Körper. Dann ist $\mathfrak{M} \neq R$. Die einzigen Ideale von $R/\mathfrak{M}$ sind das Nullideal und $R/\mathfrak{M}$ selbst. Aus 6.15c) folgt, daß R das einzige Ideal von R ist, welches $\mathfrak{M}$ echt umfaßt.

6.21.KOROLLAR. $\text{Max } R \subset \text{Spec } R$.

Durch Aufsuchen von Primidealen (maximalen Idealen) in Ringen können wir Integritätsringe und Körper konstruieren, nämlich die Restklassenringe dieser Ideale.

6.22.SATZ. *In einem Integritätsring R ist ein Hauptideal (p) genau dann Primideal, wenn entweder $p = 0$ oder p ein Primelement ist.*

BEWEIS: Sei $p \neq 0$. Für $a \in R \setminus \{0\}$ gilt $a \in (p)$ genau dann, wenn $p \mid a$. Es ist daher klar, daß (p) genau dann Primideal von R ist, wenn p ein Primelement ist.

6.23.KOROLLAR.

a) *Die Primideale von $\mathbb{Z}$ sind außer (0) die von Primzahlen p erzeugten Hauptideale (p). Diese sind maximale Ideale und für jede Primzahl p ist $\mathsf{F}_p := \mathbb{Z}/(p)$ ein Körper mit p Elementen.*

b) *Die Primideale des Polynomrings $K[X]$ über einem Körper K sind außer (0) die von den irreduziblen Polynomen $f \in K[X]$ erzeugten Hauptideale. Diese sind maximale Ideale und $L := K[X]/(f)$ ist für jedes irreduzible Polynom f ein Körper.*

BEWEIS: Daß die angegebenen Ideale Primideale sind, folgt aus 6.22. Für Primelemente p und q ergibt sich aus $(p) \subset (q)$, daß $p \sim q$, daher sind die von den Primelementen erzeugten Ideale in unseren Ringen maximal und ihre Restklassenringe sind Körper.

6.24.KOROLLAR. *Sei p eine Primzahl. Jeder Körper K mit p Elementen ist isomorph zu F_p.*

BEWEIS: Die Charakteristik von K ist nach 6.14 eine Primzahl q. Der kanonische Homomorphismus $\mathsf{Z} \to K$ (6.12) induziert eine Injektion $\mathsf{Z}/(q) \to K$. Daher kann K als Erweiterungskörper von F_q betrachtet werden. Ist $[K : \mathsf{F}_q] =: m$, so besitzt K genau $q^m = p$ Elemente. Dies ist nur mit $m = 1$, $q = p$ möglich, also ist $K \cong \mathsf{F}_p$.

Für $f \in \mathsf{Z}[X]$ und eine Primzahl p sei $\overline{f}$ das Bild von f beim kanonischen Epimorphismus $\mathsf{Z}[X] \to \mathsf{F}_p[X]$ (Reduktion der Koeffizienten modulo p). Ist f normiert und $\overline{f}$ in $\mathsf{F}_p[X]$ irreduzibel, dann ist f natürlich in $\mathsf{Z}[X]$ irreduzibel. Da $\overline{f}$ nur endlich viele mögliche Teiler besitzt, kann die Irreduziblität von $\overline{f}$ in endlich vielen Schritten überprüft werden. Man kann f auch modulo zweier (oder mehrerer) Primzahlen p und q reduzieren. Unter Umständen kann man aus dem Zerlegungsverhalten der reduzierten Polynome auf die Irreduziblität von f schließen, dann nämlich, wenn die reduzierten Polynome zwar zerfallen, aber so, daß die Zerlegungen nicht von einer Zerlegung von f in $\mathsf{Z}[X]$ "herkommen" können (vgl. Aufgabe 9b)).

Wir zeigen noch

6.25.SATZ. *(Krull) Ist $I \subset R$ ein Ideal mit $I \neq R$, so gibt es ein $\mathfrak{M} \in \mathrm{Max}\, R$ mit $I \subset \mathfrak{M}$.*

BEWEIS: Die Menge M aller Ideale J von R mit $I \subset J$ und $J \neq R$ ist nicht leer, denn I gehört zu M. Durch die Inklusion wird M zu einer teilweise geordneten Menge. Ist $\{J_\lambda\}_{\lambda \in \Lambda}$ eine vollständig geordnete Familie von Elementen aus M, so ist $J := \bigcup_{\lambda \in \Lambda} J_\lambda$ sicher ein Ideal von R mit $I \subset J$. Wäre $J = R$, so wäre $1 \in J$ und damit $1 \in J_\lambda$ für ein $\lambda \in \Lambda$, was nicht sein kann. Damit ist $J \in M$ und J ist eine obere Schranke für $\{J_\lambda\}_{\lambda \in \Lambda}$. Nach dem Zornschen Lemma besitzt M ein maximales Element $\mathfrak{M}$. Notwendigerweise ist dann $\mathfrak{M} \in \mathrm{Max}\, R$ und $I \subset \mathfrak{M}$.

Für noethersche Ringe folgt der Satz auch unmittelbar aus der Maximalbedingung für Ideale.

6.V. Der chinesische Restsatz

Dieser Satz handelt von der Lösung "simultaner Kongruenzen". Er ergibt sich aus einem Resultat über Restklassenringe. Zur Geschichte dieses Satzes, s. [vdW$_2$], S. 121-122 und [T$_1$], 4.2.5.

In diesem Abschnitt ist R ein kommutativer Ring mit Eins. Für Ideale $I_1, \ldots, I_n \subset R$ ist auch der Durchschnitt $\bigcap_{k=1}^{n} I_k$ und die **Summe**

$$\sum_{k=1}^{n} I_k := \{a_1 + \cdots + a_n \mid a_k \in I_k \quad (k = 1, \ldots, n)\}$$

ein Ideal von R.

6.26. DEFINITION: Die Ideale $I_1, \ldots, I_n \subset R$ heißen **teilerfremd**, wenn $\sum_{k=1}^{n} I_k = R$ ist.

Äquivalent mit dieser Bedingung ist nach 6.25, daß kein maximales Ideal von R alle Ideale I_k $(k = 1, \ldots, n)$ umfaßt. Wir benötigen zwei Lemmata.

6.27. LEMMA. *Seien $I_1, \ldots, I_n \subset R$ Ideale und $\mathfrak{P}$ ein Primideal von R. Gilt $\bigcap_{k=1}^{n} I_k \subset \mathfrak{P}$, so gibt es ein $k \in \{1, \ldots, n\}$ mit $I_k \subset \mathfrak{P}$.*

BEWEIS: Gäbe es ein $a_k \in I_k \setminus \mathfrak{P}$ für $k = 1, \ldots, n$, so wäre $a_1 \cdot \ldots \cdot a_n \in \bigcap_{k=1}^{n} I_k$, aber $a_1 \cdot \ldots \cdot a_n \notin \mathfrak{P}$, ein Widerspruch.

6.28. LEMMA. *Seien $I_1, \ldots, I_n \subset R$ $(n \geq 2)$ paarweise teilerfremde Ideale, d.h. es ist $I_k + I_\ell = R$ für $k \neq \ell$. Dann sind die Ideale $J_k := \bigcap_{\ell \neq k} I_\ell$ $(k = 1, \ldots, n)$ teilerfremd.*

BEWEIS: Angenommen, es gäbe ein maximales Ideal $\mathfrak{M}$ mit $J_k \subset \mathfrak{M}$ für $k = 1, \ldots, n$. Nach 6.27 gibt es dann ein $\ell \in \{1, \ldots, n-1\}$, so daß $I_\ell \subset \mathfrak{M}$. Aus $J_\ell \subset \mathfrak{M}$ folgt nach 6.27 die Existenz eines $k \neq \ell$ mit $I_k \subset \mathfrak{M}$ und das ist ein Widerspruch zur Teilerfremdheit von I_k und I_ℓ.

Im folgenden betrachten wir das kartesische Produkt von Ringen als einen Ring mit komponentenweiser Addition und Multiplikation (direktes Produkt von Ringen).

6.29. SATZ. *Seien $I_1, \ldots, I_n \subset R$ $(n \geq 2)$ paarweise teilerfremde Ideale. Dann ist der kanonische Ringhomomorphismus*

$$\alpha \colon R \to R/I_1 \times \cdots \times R/I_n \qquad (r \mapsto (r + I_1, \ldots, r + I_n))$$

ein Epimorphismus mit $\ker \alpha = \bigcap_{k=1}^{n} I_k$.

BEWEIS: Die Aussage über den Kern von α folgt unmittelbar aus der Definition von α und der eines direkten Produkts von Ringen. Zum Nachweis der Surjektivität von α bilden wir die Ideale $J_k := \bigcap_{\ell \neq k} I_\ell$ $(k = 1, \ldots, n)$, die nach 6.28 teilerfremd sind. Man hat daher eine Gleichung

(4) $\qquad 1 = a_1 + \cdots + a_n \quad \text{mit} \quad a_k \in J_k \quad (k = 1, \ldots, n)$

und es gilt $a_k \equiv 1 \bmod I_k$, $a_k \equiv 0 \bmod I_\ell$ für $\ell \neq k$. Sei nun $(r_1 + I_1, \ldots, r_n + I_n) \in R/I_1 \times \cdots \times R/I_n$ gegeben. Setzt man $r := \sum_{k=1}^{n} r_k a_k$, so gilt $\alpha(r) = (r_1 + I_1, \ldots, r_n + I_n)$.

Aus dem Homomorphiesatz folgt nun

6.30. KOROLLAR. *(Chinesischer Restsatz)*

$$R / \bigcap_{k=1}^{n} I_k \cong R/I_1 \times \cdots \times R/I_n$$

Der chinesische Restsatz besagt mit andern Worten, daß für paarweise teilerfremde Ideale $I_1, \ldots, I_n$ $(n \geq 2)$ und beliebige Elemente $r_1, \ldots, r_n \in R$ das Kongruenzensystem

(5)
$$\begin{aligned} X &\equiv r_1 \quad \bmod \quad I_1 \\ &\vdots \\ X &\equiv r_n \quad \bmod \quad I_n \end{aligned}$$

immer lösbar ist und daß für eine Lösung r die Restklasse $r + \bigcap_{k=1}^{n} I_k$ die Menge aller Lösungen ist. Um eine Lösung r zu berechnen, versucht man, eine Gleichung (4) zu bestimmen. Die gesuchte Lösung von (5) ist dann $r := \sum_{k=1}^{n} r_k a_k$. Im Ring $\mathbf{Z}$ findet man (4) immer mit Hilfe des euklidischen Algorithmus (vgl. § 4.IV).

6.31. BEISPIEL: Simultane Kongruenzen in $\mathbf{Z}$.

Seien $m_1, \ldots, m_n \in \mathbf{Z}$ $(n \geq 2)$ paarweise teilerfremd und sei $q_k := \prod_{\ell \neq k} m_\ell$ $(k = 1, \ldots, n)$. Setzt man $I_\ell := (m_\ell)$ $(\ell = 1, \ldots, n)$, so ist $\bigcap_{\ell \neq k} I_\ell = (q_k)$ das obige Ideal J_k. Die Zahlen $q_1, \ldots, q_n$ sind teilerfremd und man findet sukzessive mit Hilfe des euklidischen Algorithmus eine Gleichung

$$1 = a_1 q_1 + \cdots + a_n q_n \qquad (a_i \in \mathbf{Z})$$

Für ein Kongruenzensystem

$$X \equiv r_1 \mod m_1$$
$$\vdots$$
$$X \equiv r_n \mod m_n$$

wird durch $r := \sum_{k=1}^{n} r_k a_k q_k$ eine Lösung gegeben und $r + (m_1 \cdot \ldots \cdot m_n)$ ist die Menge aller Lösungen, denn $\bigcap_{\ell=1}^{n} I_\ell = (m_1 \cdot \ldots \cdot m_n)$.

Eine anschaulichere Beschreibung des Kongruenzensystems ist die folgende: Es seien r Gegenstände gegeben. Ordnet man sie in Reihen zu je m_k Stück an, so bleiben r_k Stück übrig ($k = 1, \ldots, n$). Wie groß ist r?

Wir wollen uns jetzt noch mit der Einheitengruppe eines Restklassenrings R/I befassen.

6.32. SATZ. *Eine Restklasse $r + I \in R/I$ ist genau dann eine Einheit von R/I, wenn (r) und I teilerfremd sind.*

BEWEIS: Ist $r + I \in E(R/I)$, so gibt es ein $r' + I \in R/I$ mit $rr' + I = 1 + I$. Es ist dann $1 \in (r) + I$, d.h. (r) und I sind teilerfremd. Umgekehrt, sind (r) und I teilerfremd, so gilt $(r) + I = R$. Es gibt daher ein $r' \in R$ und ein $a \in I$, so daß

$$rr' + a = 1$$

ist. Dann ist $r' + I$ invers zu $r + I$.

6.33. DEFINITION: Für $n \in \mathbb{Z}$, $n > 1$ heißt $E(\mathbb{Z}/(n))$ die **prime Restklassengruppe modulo n**.

Man kann die Ordnung dieser Gruppe leicht bestimmen. Die **Eulersche φ-Funktion** $\varphi: \mathbb{N}_+ \to \mathbb{N}$ ist wie folgt erklärt: Für $n \in \mathbb{N}_+$ ist $\varphi(n)$ die Anzahl der zu n teilerfremden Zahlen aus $\{1, \ldots, n\}$. Es ist also $\varphi(1) = 1$ und für eine Primzahl p

(6) $$\varphi(p^\alpha) = (p-1)p^{\alpha-1}$$

denn $p, 2p, \ldots, p^{\alpha-1} \cdot p$ sind gerade die Zahlen aus $\{1, \ldots, p^\alpha\}$, die mit p^α einen echten Teiler gemeinsam haben.

Aus 6.32 ergibt sich unmittelbar

6.34. KOROLLAR. *Für $n \in \mathbb{Z}$, $n > 1$ besitzt $E(\mathbb{Z}/(n))$ die Ordnung $\varphi(n)$.*

Eine Formel für $\varphi(n)$ bei beliebigem $n > 1$ erhält man aus dem chinesischen Restsatz:

Algebren

6.35.SATZ. Sei $n = p_1^{\alpha_1} \cdot \ldots \cdot p_m^{\alpha_m}$ die Primzahlzerlegung einer ganzen Zahl $n > 1$. Dann gilt
$$\varphi(n) = \prod_{k=1}^{m} (p_k - 1) p_k^{\alpha_k - 1}$$

BEWEIS: Nach dem chinesischen Restsatz ist

(7) $\qquad \mathbb{Z}/(n) \cong \mathbb{Z}/(p_1^{\alpha_1}) \times \cdots \times \mathbb{Z}/(p_m^{\alpha_m})$

Ein Element eines direkten Produkts von Ringen ist genau dann eine Einheit, wenn alle seine Komponenten Einheiten sind in den jeweiligen Faktoren des Produkts. Daher wird durch (7) ein Gruppenisomorphismus

$$E(\mathbb{Z}/(n)) \cong E(\mathbb{Z}/(p_1^{\alpha_1})) \times \cdots \times E(\mathbb{Z}/(p_m^{\alpha_m}))$$

induziert. Die Ordnung von $E(\mathbb{Z}/(p_k^{\alpha_k}))$ ist durch 6.34 und (6) explizit bekannt. Aus
$$\varphi(n) = \operatorname{ord} E(\mathbb{Z}/(n)) = \prod_{k=1}^{m} E(\mathbb{Z}/(p_k^{\alpha_k})) = \prod_{k=1}^{m} (p_k - 1) \cdot p_k^{\alpha_k - 1}$$

ergibt sich die Behauptung.

Hier wurde durch ringtheoretische Betrachtungen eine Formel der elementaren Zahlentheorie bewiesen. Die Eulersche φ-Funktion wird später (13.7) in anderem Zusammenhang erneut auftreten: Es ist $[e^{\frac{2\pi i}{n}} : \mathbb{Q}] = \varphi(n)$. Für ihre gruppentheoretische Bedeutung siehe auch 11.21b).

6.VI. Kommutative Algebren

Sind R und S zwei kommutative Ringe mit Eins und ist $\rho: R \to S$ ein Ringhomomorphismus mit $\rho(1_R) = 1_S$, so sagen wir auch, es sei eine (kommutative) **Algebra** S/R gegeben und ρ sei ihr **Strukturhomomorphismus**. Beispielsweise ist jeder kommutative Ring R mit Eins eine $\mathbb{Z}$-Algebra mit dem durch 6.12 gegebenen Strukturhomomorphismus $\rho: \mathbb{Z} \to R$. Ist S ein Erweiterungsring von R, so ist S/R eine Algebra bzgl. der Inklusion $R \subset S$. Ein Beispiel dieser Art ist die **Polynomalgebra** $S = R[\{X_\lambda\}_{\lambda \in \Lambda}]$ in einer Familie von Unbestimmten $\{X_\lambda\}_{\lambda \in \Lambda}$. Ihre Elemente sind die Polynome, in denen jeweils nur endlich viele der X_λ auftreten.

Sind S/R und T/R zwei Algebren mit den Strukturhomomorphismen $\rho: R \to S$, $\rho': R \to T$, so versteht man unter einem **Algebrenhomomorphismus** (R-**Homomorphismus**) einen Ringhomomorphismus $\varphi: S \to T$ mit $\varphi \circ \rho = \rho'$. Ist S/R eine Algebra, $I \subset S$ ein Ideal, so ist S/I eine R-Algebra bzgl. der Zusammensetzung $R \xrightarrow{\rho} S \xrightarrow{\varepsilon} S/I$, wenn ε den kanonischen Epimorphismus bezeichnet. Sie heißt die **Restklassenalgebra** von S/R modulo I. Hierbei ist ε ein R-Homomorphismus.

6.36.SATZ. *(Universelle Eigenschaft der Polynomalgebra) Sei S/R eine Algebra und $\{x_\lambda\}_{\lambda \in \Lambda}$ eine Familie von Elementen aus S. Dann existiert genau ein R-Homomorphismus $\varphi\colon R[\{X_\lambda\}_{\lambda \in \Lambda}] \to S$ mit $\varphi(X_\lambda) = x_\lambda$ ($\lambda \in \Lambda$).*

BEWEIS: Sei $f = \sum r_{\alpha_1 \cdots \alpha_n} X_{\lambda_1}^{\alpha_1} \cdots X_{\lambda_n}^{\alpha_n} \in R[\{X_\lambda\}_{\lambda \in \Lambda}]$ gegeben. Man definiert

$$\varphi(f) = \sum \rho(r_{\alpha_1 \cdots \alpha_n}) x_{\lambda_1}^{\alpha_1} \cdots x_{\lambda_n}^{\alpha_n}$$

und prüft leicht nach, daß hierdurch ein R-Homomorphismus $\varphi\colon R[\{X_\lambda\}_{\lambda \in \Lambda}] \to S$ mit $\varphi(X_\lambda) = x_\lambda$ ($\lambda \in \Lambda$) gegeben ist. Da φ auf R wie ρ wirken muß, ist klar, daß es auch nur einen solchen Homomorphismus geben kann.

Das Bild des Homomorphismus φ wird mit $R[\{x_\lambda\}_{\lambda \in \Lambda}]$ bezeichnet. Es heißt die von $\{x_\lambda\}_{\lambda \in \Lambda}$ erzeugte **Unteralgebra** von S/R. Ihr Strukturhomomorphismus ist durch ρ gegeben. Jedes $s \in R[\{x_\lambda\}_{\lambda \in \Lambda}]$ schreibt sich in der Form $s = f(x_{\lambda_1}, \ldots, x_{\lambda_n})$ mit einem Polynom f in endlich vielen Variablen $X_{\lambda_1}, \ldots, X_{\lambda_n}$, dessen Koeffizienten aus $\rho(R)$ stammen. $R[\{x_\lambda\}_{\lambda \in \Lambda}]$ ist der Durchschnitt aller Unterringe von S, welche $\rho(R)$ und $\{x_\lambda\}_{\lambda \in \Lambda}$ enthalten. Man sagt auch, daß $R[\{x_\lambda\}_{\lambda \in \Lambda}]$ aus $\rho(R)$ durch **Ringadjunktion** von $\{x_\lambda\}_{\lambda \in \Lambda}$ hervorgehe. Nach dem Homomorphiesatz hat man einen R-Isomorphismus

(8) $$R[\{x_\lambda\}_{\lambda \in \Lambda}] \cong R[\{X_\lambda\}_{\lambda \in \Lambda}]/I$$

wobei I der Kern von φ ist.

6.37.DEFINITION: Die Familie $\{x_\lambda\}_{\lambda \in \Lambda}$ heißt **Erzeugendensystem** der Algebra S/R, wenn $S = R[\{x_\lambda\}_{\lambda \in \Lambda}]$ gilt.

Jede Algebra hat ein Erzeugendensystem, etwa die Familie aller ihrer Elemente. Insbesondere läßt sich jeder kommutative Ring mit Eins in der Form

$$R = \mathbf{Z}[\{X_\lambda\}_{\lambda \in \Lambda}]/I$$

mit einem Ideal $I \subset \mathbf{Z}[\{X_\lambda\}_{\lambda \in \Lambda}]$ präsentieren. Diese Tatsache kann man z.B. wie folgt anwenden: Hat man die Formeln der Determinantentheorie für Determinanten mit Koeffizienten aus einem Körper bewiesen, so gelten alle Formeln, in denen keine Divisionen vorkommen auch für Determinanten mit Koeffizienten aus beliebigen kommutativen Ringen mit 1. In der Tat: Sie gelten in $\mathbf{Z}[\{X_\lambda\}_{\lambda \in \Lambda}]$, weil dies ein Integritätsring ist und in seinem Quotientenkörper die Formeln gelten. Da man für beliebiges R einen Ringepimorphismus $\mathbf{Z}[\{X_\lambda\}] \to R$ hat, und die Bildung von Determinanten mit Ringhomomorphismen vertauschbar ist, gelten die Formeln somit auch in R.

6.38. DEFINITION: Eine Algebra S/R heißt **endlich erzeugt** (oder **von endlichem Typ**), wenn es Elemente $x_1,\ldots,x_n \in S$ gibt, so daß $S = R[x_1,\ldots,x_n]$.

In diesem Fall hat man gemäß (8) einen R-Isomorphismus

$$(9) \qquad S \cong R[X_1,\ldots,X_n]/I$$

6.39. SATZ. *Sei S/R eine Algebra endlichen Typs. Ist R ein noetherscher Ring, dann ist auch S noethersch.*

BEWEIS: Da R noethersch ist, ist auch $R[X_1,\ldots,X_n]$ noethersch nach dem Hilbertschen Basissatz 6.6. Nach (9) ist S ein homomorphes Bild von $R[X_1,\ldots,X_n]$ und daher ebenfalls noethersch.

Speziell sind die Algebren endlichen Typs über Körpern noethersch. Sie heißen auch **affine Algebren** und sie spielen eine grundlegende Rolle in der **algebraischen Geometrie** auf Grund des Hilbertschen Nullstellensatzes, von dem im nächsten Paragraphen die Rede sein wird.

ÜBUNGEN:
1) Sei R ein assoziativer Ring mit Eins, $I \subset R$ ein zweiseitiges Ideal. $M(n \times n; R)$ sei der Ring aller $n \times n$-Matrizen mit Koeffizienten aus R, $M(n \times n; I)$ die Menge aller Matrizen mit Koeffizienten aus I.
   a) $M(n \times n; I)$ ist ein zweiseitiges Ideal von $M(n \times n; R)$.
   b) Jedes zweiseitige Ideal aus $M(n \times n; R)$ ist von der Form $M(n \times n; I)$ mit einem zweiseitigen Ideal I aus R.
2) Sei R ein (kommutativer) Integritätsring mit dem Quotientenkörper K.
   a) Für $a, b \in R$, $b \neq 0$ ist $I = (a, b)$ genau dann ein Hauptideal, wenn es Elemente $c, d \in R$ mit $d \neq 0$ und $Rc + Rd = R$ gibt, so daß in K gilt: $\frac{a}{b} = \frac{c}{d}$.
   b) Ist in R jede absteigende Kette

$$(a_0) \supset (a_1) \supset \ldots$$

   von Hauptidealen stationär, so ist R ein Körper.
   c) Jeder euklidische Ring (vgl. § 4, Aufg. 17)) ist ein Hauptidealring.
3) Zeigen Sie für einen kommutativen Ring R mit 1:
   a) Die nilpotenten Elemente von R (vgl. § 4, Aufg. 4)) bilden ein Ideal I und in R/I ist nur die Null nilpotent.
   b) Ist J ein Ideal von R, so ist auch

$$\mathrm{Rad}\, J := \{a \in R \mid a^n \in J \text{ für ein } n \in \mathbb{N}\}$$

ein Ideal von R (Es heißt das **Radikal** von J).

c) Für welche Ideale J von $\mathbf{Z}$ gilt $\mathrm{Rad}(J) = J$?

4) Sei R ein faktorieller Ring und $x \in R$. Unter welchen Voraussetzungen über x besitzt $R/(x)$ Nullteiler, nilpotente Elemente $\neq 0$?

5) Ein Element e eines Rings R heißt **idempotent**, wenn $e^2 = e$ ist. Zeigen Sie, daß in einem assoziativen Ring R mit Eins gilt:

a) Ist $e \in R$ idempotent, so auch $e' := 1 - e$.

b) $R_1 := Re$ und $R_2 := Re'$ sind Unterringe von R und es ist $R = R_1 \times R_2$.

6) Ist $\mathbf{R} \times \mathbf{R}$ ein zu $\mathbf{C}$ isomorpher Ring?

7) a) Wie viele Ideale besitzt $\mathbf{Z}/(n)$?

b) Wie viele Ideale besitzt ein Ring, der direktes Produkt von s Körpern ist?

8) Wie viele Einheiten besitzen die Ringe $\mathbf{Z}/(3)[X]$ und $\mathbf{Z}/(4)[X]$?

9)

a) Bestimmen Sie alle irreduziblen Polynome aus $\mathbf{F}_3[X]$ vom Grad ≤ 3.

b) Reduzieren Sie das Polynom $f = X^4 + 3X^3 + X^2 - 2X + 1 \in \mathbf{Z}[X]$ modulo 2 und modulo 3. Über $\mathbf{F}_2$ zerfällt es in irreduzible Faktoren vom Grad 1 und 3. In $\mathbf{F}_3$ besitzt es keine Nullstelle. Folgern Sie, daß f in $\mathbf{Q}[X]$ irreduzibel ist.

10) Sei p eine Primzahl. Das Polynom $f \in \mathbf{Z}[X]$ sei modulo p irreduzibel und habe einen durch p nicht teilbaren Gradkoeffizienten. Das Polynom $g \in \mathbf{Z}[X]$ sei modulo p durch f unteilbar. Zeigen Sie, daß für $m \in \mathbf{N}$ mit $m \cdot \deg f > \deg g$ das Polynom $f^m + p \cdot g$ in $\mathbf{Q}[X]$ irreduzibel ist.

11) Sei K ein Körper der Charakteristik p und sei t ein größter gemeinsamer Teiler der Polynome

$$X^4 - X^3 - 18X^2 + 52X - 40, \ 4X^3 - 3X^2 - 36X + 52, \ 6X^2 - 3X - 18$$

aus $K[X]$. Es gilt

$$t \sim \begin{cases} X - 2 & \text{für } p \notin \{3, 7\} \\ (X - 2)^2 & \text{für } p = 7 \\ (X - 2)^3 & \text{für } p = 3 \end{cases}$$

12) Zeigen Sie, daß es genau 4 Isomorphieklassen von kommutativen Ringen mit 1 gibt, die genau 4 Elemente besitzen. Geben Sie für jede Klasse einen Repräsentanten an. Wie viele Klassen von Ringen mit 3 Elementen gibt es?

13) Sei L/K eine Körpererweiterung. Es gebe ein $x \in L$ mit $L = K[x]$. Dann ist L/K algebraisch.

14) Der Quotientenkörper des Rings der Gaußschen Zahlen $\mathbf{Z} + \mathbf{Z}i$ ist zu $\mathbf{Q}[X]/(X^2+1)$ isomorph.

15)

a) Ist das von $X^2 + 2$ in $\mathbf{Z}[X]$ erzeugte Ideal ein Primideal (maximal)?

b) Das von 3 und X^2+1 in $\mathbf{Z}[X]$ erzeugte Ideal ist maximal. Geben Sie auch ein maximales Ideal von $\mathbf{Z}[X]$ an, welches X^2+X+1 enthält.

16) Bestimmen Sie den größten gemeinsamen Teiler der Polynome
$f := X^3 + 2X^2 - 2X - 1$ und $g := X^2 + X - 2$ in $\mathbf{Q}[X]$ und untersuchen Sie, ob (f,g) ein Hauptideal, ein Primideal, ein maximales Ideal von $\mathbf{Q}[X]$ ist.

17) Jedes Ideal aus $\mathbf{Z}[X]$, das eine Primzahl aus $\mathbf{Z}$ enthält, wird von zwei (oder weniger) Elementen erzeugt.

18) Es sei I die Menge aller Polynome $f \in \mathbf{Q}[X]$ mit $f(0) = 0$ und $f'(0) = 0$. Zeigen Sie, daß I ein Ideal von $\mathbf{Q}[X]$ ist und geben Sie ein erzeugendes Element von I an. Ist I ein Primideal?

19) Sei R ein kommutativer Ring mit 1, in dem jedes Element idempotent ist. Es gilt:
  a) Char $R = 2$.
  b) $E(R) = \{1\}$.
  c) Für alle $\mathfrak{p} \in \text{Spec } R$ ist $R/\mathfrak{p} \cong \mathbf{F}_2$.
  Geben Sie zwei nichtisomorphe Ringe dieser Art an.

20) Sei K ein Körper und R die Menge der Matrizen aus $M(2 \times 2, K)$, die mit der Matrix $\begin{bmatrix} 0 & -2 \\ 1 & 1 \end{bmatrix}$ vertauschbar sind.
  a) R ist ein Unterring von $M(n \times n, K)$ und R ist kommutativ.
  b) Es gibt ein $f \in K[X]$, so daß $R \cong K[X]/(f)$.
  c) Für $K = \mathbf{Q}$ und $K = \mathbf{F}_3$ ist R ein Körper, jedoch für $K = \mathbf{F}_{11}$ nicht.

21) Sei K ein Körper und $R := K[X,Y]/(X^3, Y^3, X^2Y^2)$ der Restklassenring des Polynomrings $K[X,Y]$ nach dem von X^3, Y^3, X^2Y^2 erzeugten Ideal.
  a) Welche Dimension hat R als K-Vektorraum?
  b) Spec R besteht aus genau einem Element.

22) In $\mathbf{Z}[\sqrt{-5}]$ werde das Ideal $\mathfrak{p} := (2, 1 + \sqrt{-5})$ betrachtet. Zeigen Sie:
  a) $\mathfrak{p}$ ist kein Hauptideal.
  b) $\mathfrak{p}$ ist ein Primideal und zwar das einzige Primideal von $\mathbf{Z}[\sqrt{-5}]$, das 2 umfaßt.

23) R sei ein kommutativer Ring mit folgender Eigenschaft: Für jedes $a \in R$ gibt es ein $n \in \mathbf{N}$, $n \geq 2$, so daß $a^n = a$. Zeigen Sie, daß in R jedes Primideal maximal ist.

24) Ein kommutativer Ring R mit 1 heißt **lokal**, wenn er genau ein maximales Ideal besitzt. Zeigen Sie:
  a) Genau dann ist R lokal, wenn die Nichteinheiten von R ein Ideal bilden.
  b) Ist R lokal, $I \neq R$ ein Ideal, so ist auch R/I lokal.
  c) Ist in R jede Nichteinheit nilpotent, so ist R lokal.
  d) Ist R lokal, so sind 0 und 1 die einzigen idempotenten Elemente von R.
  e) Für $\mathfrak{p} \in \text{Spec } R$ sei $S := R \setminus \mathfrak{p}$. Dann ist der Quotientenring R_S ein lokaler Ring.

25) Sei R ein kommutativer Ring mit 1, sei $I \subset R$ ein Ideal und $\varepsilon\colon R \to R/I$ der kanonische Epimorphismus. Zeigen Sie:
   a) Für $\mathfrak{p} \in \operatorname{Spec} R/I$ ($\mathfrak{p} \in \operatorname{Max}(R/I)$) ist $\mathfrak{P} := \varepsilon^{-1}(\mathfrak{p})$ ein Element von $\operatorname{Spec} R$ (von $\operatorname{Max} R$).
   b) Durch $\mathfrak{p} \mapsto \mathfrak{P}$ wird eine Bijektion von $\operatorname{Spec} R/I$ ($\operatorname{Max} R/I$) auf die Menge der I umfassenden Primideale (maximalen Ideale) von R gegeben.
   c) Sei $S := K[X,Y,Z]/(XY - Z^2)$ mit einem Körper K und seien x,z die Restklassen von X, Z in S. Dann ist $\mathfrak{p} := (x,z) \in \operatorname{Spec} S$.
   d) Ist $R \neq \{0\}$, so besitzt $R[X]$ unendlich viele Primideale.

26) Sei R der Ring aller "fast konstanten" Folgen mit Koeffizienten aus einem Körper K, d.h.

$$R := \{(x_n)_{n \in \mathbb{N}} \mid x_n \in K,\ \text{es gibt ein}\ n_0 \in \mathbb{N},\ \text{so daß}\ x_{n+1} = x_n\ \text{für}\ n \geq n_0\}$$

   wobei Addition und Multiplikation in R komponentenweise definiert sind.
   a) Zu jedem $x \in R$ gibt es ein $u \in E(R)$ mit $x = x^2 u$.
   b) Jedes endlich erzeugte Ideal I von R wird von einem idempotenten Element von R erzeugt.
   c) Die Menge $\mathfrak{M} := \{(x_n) \in R \mid \exists_{n_0} x_{n_0} = x_{n_0+1} = \cdots = 0\}$ ist ein maximales Ideal von R, das nicht endlich erzeugt ist.
   d) Jedes von $\mathfrak{M}$ verschiedene maximale Ideal von R wird von einem der Elemente

$$e^{(n)} := (1,\ldots,1,0,1,\ldots) \quad (0\ \text{an der}\ n\text{-ten Stelle})$$

   erzeugt.

27) Ein Ideal I eines kommutativen Rings R heißt **primär**, wenn in R/I jeder Nullteiler nilpotent ist.
   a) Für ein Primärideal I ist $\operatorname{Rad}(I)$ (vgl. Aufg. 3)) ein Primideal.
   b) Welches sind die Primärideale von $\mathbb{Z}$?

28) Sei K ein Körper und R/K eine Algebra mit $d := \dim_K R < \infty$.
   a) Alle $\mathfrak{p} \in \operatorname{Spec} R$ sind maximale Ideale.
   b) R besitzt höchstens d maximale Ideale.

29) Für den Ring $R = \mathbb{Z}/(420)$ bestimme man die Anzahl aller seiner
   a) Einheiten, b) Nullteiler, c) nilpotenten Elemente, d) idempotenten Elemente,
   e) Ideale, f) Primideale, g) maximalen Ideale.
   Ferner zeige man, daß $a := 191 + (420)$ eine Einheit von $\mathbb{Z}/(420)$ ist und berechne a^{-1}.

30) Sei I das in $\mathbb{Z}[X]$ von $X^4 - 2X^3 + X^2$ und $X^6 - 2X^4 + X^2 - 2$ erzeugte Ideal und $R := \mathbb{Z}[X]/I$. Wie viele Elemente besitzt R, wie viele Primideale, Einheiten, nilpotente Elemente?

31) Im Matrizenring $M(2 \times 2, \mathbf{Z})$ betrachte man den Unterring R aller Matrizen der Form $\begin{bmatrix} a & 0 \\ b & c \end{bmatrix}$ ($a,b,c \in \mathbf{Z}$). Bestimmen Sie alle zweiseitigen und alle maximalen Ideale von R und die Struktur der Restklassenringe R/I, die kommutativ sind.

32) Sei $P := K[X_0, X_1, X_2, \ldots]$ der Polynomring in den Unbestimmten X_n ($n \in \mathbf{N}$) über einem Körper K und $I \subset P$ das Ideal, das von X_0^2 und $X_n - X_{n+1}^2$ ($n \in \mathbf{N}$) erzeugt wird. Es bezeichne x_n die Restklasse von X_n in $R := P/I$ ($n \in \mathbf{N}$) und $\mathfrak{m}$ das von $\{x_n\}_{n \in \mathbf{N}}$ in R erzeugte Ideal.
   a) Jedes $r \in \mathfrak{m}$ ist nilpotent.
   b) $R/\mathfrak{m} \cong K$ und $\mathfrak{m}$ ist das einzige Primideal von R.
   c) Die Einheiten von R sind die Elemente der Form $\alpha + x$ mit $\alpha \in K \setminus \{0\}$, $x \in \mathfrak{m}$.
   d) Jedes $r \in R$ läßt sich in der Form
   $$r = u \cdot x_n^\rho \quad (u \in E(R), n \in \mathbf{N}, \rho \in \mathbf{N})$$
   schreiben.
   e) Für alle $r, s \in R$ gilt $(r) \subset (s)$ oder $(s) \subset (r)$.

33) Sei $R := C_0([0,1])$ der Ring der auf dem abgeschlossenen Intervall $[0,1] \subset \mathbf{R}$ stetigen reellwertigen Funktionen. Zeigen Sie:
   a) Für jedes $a \in [0,1]$ ist $\mathfrak{m}_a := \{f \in R \mid f(a) = 0\}$ ein maximales Ideal von R.
   b) Jedes maximale Ideal von R ist von der Form $\mathfrak{m}_a$ für ein $a \in [0,1]$. (Hinweis: Man verwende die Kompaktheit von $[0,1]$, um zu zeigen, daß die Funktionen aus einem Ideal $I \neq R$ von R eine gemeinsame Nullstelle besitzen).

34) Es soll gezeigt werden, daß der Ring
$$R := \mathbf{Q}[X]/((X^2+1)^2)$$
einen zu $\mathbf{Q}(i)$ isomorphen Körper K enthält und zu $K[Z]/(Z^2)$ isomorph ist. Sei ξ die Restklasse von X in R.
   a) Zur Konstruktion von K: Sei $g \in \mathbf{Q}(i)[X]$ ein Polynom mit $g(i) = i$, $g'(i) = 0$ und $g(-i) = g'(-i) = 0$. Sei $h := g + \bar{g}$, wobei $\bar{g}$ aus g durch Ersetzen der Koeffizienten durch ihr Konjugiert-Komplexes entsteht. Dann ist $h \in \mathbf{Q}[X]$ und $h - i$ wird in $\mathbf{Q}(i)[X]$ von $(X-i)^2$ geteilt. In $\mathbf{Q}[X]$ wird $h^2 + 1$ von $(X^2+1)^2$ geteilt. Der $\mathbf{Q}$-Homomorphismus
   $$\mathbf{Q}[Y] \to R \quad \text{mit} \quad Y \mapsto h(\xi)$$
   hat als Bild einen zu $\mathbf{Q}(i)$ isomorphen Körper K.
   b) Der K-Homomorphismus $K[Z] \to R$ mit $Z \mapsto \xi^2 + 1$ ist surjektiv und besitzt den Kern (Z^2).

35) Bestimmen Sie alle $x \in \mathbb{Z}$, welche gleichzeitig die folgenden Kongruenzen lösen
$$3x \equiv 7 \bmod 8, \quad 4x \equiv 2 \bmod 9, \quad 2x \equiv -1 \bmod 5$$

36) Sei $\mathbf{P} = \{2, 3, 5, \dots\}$ die Menge der rationalen Primzahlen. Für eine natürliche Zahl $n > 2$ sei $\mathbf{P}_n := \{p \in \mathbf{P} \mid p \leq n\}$. Betrachten Sie die Ringe
$$R_n := \prod_{p \in \mathbf{P}_n} \mathsf{F}_p \quad \text{und} \quad R := \prod_{p \in \mathbf{P}} \mathsf{F}_p$$
Der kanonische Epimorphismus $\mathbb{Z} \to \mathbb{Z}/p\mathbb{Z} =: \mathsf{F}_p$ induziert Ringhomomorphismen
$$\varphi_n \colon \mathbb{Z} \to R_n \quad (x \mapsto (x \bmod p)_{p \in \mathbf{P}_n})$$
$$\varphi \colon \mathbb{Z} \to R \quad (x \mapsto (x \bmod p)_{p \in \mathbf{P}})$$
   a) Zeigen Sie, daß φ_n surjektiv, aber nicht injektiv ist, und daß φ injektiv, aber nicht surjektiv ist.
   b) Sei $I \subset R$ die Menge aller Folgen $(a_p)_{p \in \mathbf{P}}$ mit der Eigenschaft: Es gibt ein $n \in \mathbb{N}$, so daß $a_p = 0$ für alle $p > n$. Zeigen Sie, daß I ein Ideal von R ist.
   c) Sei $\overline{R} := R/I$ und $\overline{\varphi} \colon \mathbb{Z} \to \overline{R}$ die Zusammensetzung von $\varphi \colon \mathbb{Z} \to R$ mit dem kanonischen Epimorphismus $R \to \overline{R}$. Zeigen Sie, daß $\overline{\varphi}$ injektiv, aber nicht surjektiv ist.

37) Für den Polynomring $R := \mathbb{Z}/(6)[X]$ hat man einen Ringisomorphismus $R \cong \mathsf{F}_2[X] \times \mathsf{F}_3[X]$.

38) Sei a eine zu 10 teilerfremde ganze Zahl. Unendlich viele der Zahlen $1, 11, 111, 1111, \dots$ sind durch a teilbar.

39) 30 teilt $n^5 - n$ für alle $n \in \mathbb{Z}$.

40) Eine Kongruenz $aX + bY \equiv c \bmod(n)$ mit $a, b, c \in \mathbb{Z}$, $n \in \mathbb{N}_+$ ist genau dann lösbar, wenn $\mathrm{ggT}(a, b, n)$ ein Teiler von c ist.

41) Gibt es rationale Zahlen a, b mit $a^2 + b^2 = 1988$?

42) a) Welche Länge hat die Periode des Dezimalbruchs von $\frac{1}{n}$, wenn $n := 1 + 10^m$ ($m \in \mathbb{N}$) ist?
   b) Wie lautet die letzte Ziffer in der 12-adischen Darstellung von 2^{1000}?

43) Für teilerfremde Zahlen $m_1, m_2 \in \mathbb{N}_+$ ist $\varphi(m_1 \cdot m_2) = \varphi(m_1) \cdot \varphi(m_2)$. Bestimmen Sie alle $m \in \mathbb{N}_+$, für die $\varphi(m)$ ein Teiler von m ist. Für welche m ist $\varphi(m)$ ungerade? Zeigen Sie, daß $\lim_{n \to \infty} \varphi(n) = \infty$ ist.

44) Sei R ein kommutativer Ring mit Eins, $(e_1, \dots, e_n)$ die Standardbasis des freien R-Moduls R^n. Für jeden R-Modul M mit einem Erzeugendensystem $\{m_1, \dots, m_n\}$ gibt es genau eine surjektive R-lineare Abbildung $\varphi \colon R^n \to M$ mit $\varphi(e_i) = m_i$ ($i = 1, \dots, n$). Es ist $M \cong R^n/U$ mit $U := \ker \varphi$. (U heißt der **Relationenmodul** von $\{m_1, \dots, m_n\}$. Ist $\{u_\lambda\}_{\lambda \in \Lambda}$ ein Erzeugendensystem von U und $u_\lambda = (r_{\lambda_1}, \dots, r_{\lambda_n})$ ($\lambda \in \Lambda$), so heißt die Matrix
$$A = (r_{\lambda i})_{\lambda \in \Lambda, i = 1, \dots, n}$$

eine **Relationenmatrix** von M bzgl. $\{m_1, \ldots, m_n\}$).

45) Unter den Voraussetzungen von 44) sei $k \in \mathbb{N}$, $1 \leq k \leq n$ gegeben. Für $\lambda_1, \ldots, \lambda_k \in \Lambda$, $i_1, \ldots, i_k \in \{1, \ldots, n\}$ bezeichne $\Delta(\lambda_1, \ldots, \lambda_k; i_1, \ldots, i_k)$ die Unterdeterminante von A, die aus den Elementen der Zeilen mit den Indizes $\lambda_1, \ldots, \lambda_k$ und der Spalten mit den Indizes $i_1, \ldots, i_k$ gebildet wird. Ferner sei

$$F_{n-k} := (\{\Delta(\lambda_1, \ldots, \lambda_k; i_1, \ldots, i_k)\}_{\lambda_1, \ldots, \lambda_k \in \Lambda, i_1, \ldots, i_k \in \{1, \ldots, n\}})$$

das von diesen Unterdeterminanten in R erzeugte Ideal. Setze $F_m := R$ für $m \geq n$.

a) Es gilt
$$F_0 \subset F_1 \subset \cdots \subset F_{n-1} \subset F_n = R = \cdots$$
(Hinweis: Entwicklung von Determinanten nach Zeilen).

b) F_m ($m \in \mathbb{N}$) hängt nicht von der speziellen Wahl einer Relationenmatrix A von M bzgl. $\{m_1, \ldots, m_n\}$ ab. (Hinweis: Multilinearität der Determinante).

c) F_m ($m \in \mathbb{N}$) hängt nicht ab von der speziellen Wahl eines Erzeugendensystems $\{m_1, \ldots, m_n\}$ von M. (Hinweis: Es genügt von $\{m_1, \ldots, m_n\}$ zum Erzeugendensystem $\{m_1, \ldots, m_n, x\}$ mit einem (an und für sich überflüssigen) Element $x = \Sigma r_i m_i$ aus M überzugehen. Betrachten Sie für $\{m_1, \ldots, m_n, x\}$ die Relationenmatrix

$$\left[\begin{array}{c|c} r_1, \ldots, r_n & -1 \\ \hline A & 0 \end{array}\right]$$

und ihre Unterdeterminanten). Die Ideale $F_m(M) := F_m$ ($m \in \mathbb{N}$) heißen die **Fittingideale** (oder **Fittinginvarianten**) von M.

46) Sei $M = R/(\varepsilon_1) \oplus \cdots \oplus R/(\varepsilon_n)$ mit Hauptidealen $(\varepsilon_1) \supset (\varepsilon_2) \supset \cdots \supset (\varepsilon_n)$ aus R. Bestimmen Sie die Fittingideale von M.

§ 7. Fortsetzung der Körpertheorie

Wir wollen jetzt die in § 3 begonnene Körpertheorie weiterführen und dabei die in § 6 gewonnenen Erkenntnisse über Restklassenringe verwenden. Zunächst werden einige schon in § 3 bewiesene Tatsachen in etwas allgemeinerem Rahmen wiederholt, da sich dies im Zusammenhang mit dem Hilbertschen Nullstellensatz auszahlt. In einem systematischen Aufbau der Algebra nach dem Schema "Gruppen-Ringe-Körper" kann man die Körpertheorie gleich so wie hier beginnen. Ein weiterer Hauptsatz des Paragraphen ist ein Satz von Steinitz, welcher besagt, daß jeder Körper K einen algebraischen Abschluß besitzt, in dem alle Polynome aus $K[X]$ in Linearfaktoren zerfallen, der also alle Lösungen algebraischer Gleichungen über K enthält. Diese Lösungsmengen zu verstehen ist ja unser in § 2 erklärtes Ziel.

7.I. Ganze Ringerweiterungen

Unter einem Ring wollen wir hier immer einen kommutativen Ring mit 1 verstehen. Ein Ringhomomorphismus $\rho: R \to S$ soll stets 1_R in 1_S abbilden. Insbesondere ist für eine Ringerweiterung $R \subset S$ die Eins von R auch das Einselement von S. Es sei jetzt eine solche Erweiterung gegeben, für die wir auch S/R schreiben.

7.1. DEFINITION: $x \in S$ heißt **ganz** über R, wenn es ein normiertes Polynom $f \in R[X]$ gibt, so daß $f(x) = 0$ ist. S/R heißt **ganze Ringerweiterung**, wenn jedes $x \in S$ über R ganz ist.

Wenn S/R eine Körpererweiterung ist, so ist $x \in S$ genau dann ganz über R, wenn es algebraisch über R ist. Für f kann in diesem Fall das Minimalpolynom von x über R genommen werden. Eine Körpererweiterung ist genau dann eine ganze Ringerweiterung, wenn sie algebraisch ist.

7.2. BEISPIEL: Die über $\mathbb{Z}$ ganzen Elemente von $\mathbb{C}$ heißen **ganze algebraische Zahlen**. Sie sind natürlich insbesondere auch algebraische Zahlen.

7.3. SATZ. Sei R ein Ring, $f \in R[X]$ ein normiertes Polynom vom Grad $n > 0$, sei $S := R[X]/(f)$ der Restklassenring von $R[X]$ nach dem Hauptideal (f) und x die Restklasse von X in S. Es bezeichne ε den kanonischen Epimorphismus $\varepsilon: R[X] \to S$. Dann gilt:
a) Die kanonische Abbildung $R \to R[X] \xrightarrow{\varepsilon} S$ ist injektiv, S kann also als Erweiterungsring von R betrachtet werden.
b) x ist eine Nullstelle von f.
c) x ist ganz über R und $(1, x, \ldots, x^{n-1})$ ist eine Basis von S als R-Modul:

$$S = R \oplus Rx \oplus \cdots \oplus Rx^{n-1}$$

BEWEIS: a) Für $r \in R$ ist das Bild von r in S die Restklasse $r + (f)$. Wenn sie verschwindet, ist f ein Teiler von r. Wegen $\deg f > 0$ und weil f normiert ist, ist dies nur für $r = 0$ möglich, woraus die Injektivität der Abbildung folgt.
b) Faßt man nun R als Unterring von S auf, so ist $\varepsilon(g) = g(x)$ für jedes $g \in R[X]$. Da $f \in \ker \varepsilon$ ist, erhält man $f(x) = 0$.
c) Da f normiert war, ist x ganz über R. Jedes $s \in S$ ist Restklasse eines Polynoms $g \in R[X]$. Man kann g durch das normierte Polynom f mit Rest teilen:

$$g = q \cdot f + r \qquad (q, r \in R[X], \deg r < n)$$

Im Restklassenring S erhält man dann eine Gleichung

$$s = g(x) = r(x) = \sum_{i=0}^{n-1} \rho_i x^i \qquad (\rho_0, \ldots, \rho_{n-1} \in R)$$

Somit ist $\{1, x, \ldots, x^{n-1}\}$ ein Erzeugendensystem von S als R-Modul. Dieses ist aber auch linear unabhängig, denn aus

$$\lambda_0 + \lambda_1 x + \cdots + \lambda_{n-1} x^{n-1} = 0 \qquad (\lambda_0, \ldots, \lambda_{n-1} \in R)$$

ergibt sich, daß $h := \lambda_0 + \lambda_1 X + \cdots + \lambda_{n-1} X^{n-1} \in \ker \varepsilon$. Dann wird h aber von f geteilt. Weil f normiert ist und $\deg f > \deg h$ gilt, folgt $\lambda_0 = \cdots = \lambda_{n-1} = 0$. Damit ist

$$S = R \oplus Rx \oplus \cdots \oplus Rx^{n-1}$$

gezeigt.

7.4. KOROLLAR. *Sei S/R eine Ringerweiterung, $x \in S$ ein über R ganzes Element und $f \in R[X]$ ein normiertes Polynom vom Grad n mit $f(x) = 0$. Dann existiert ein R-Epimorphismus*

$$R[X]/(f) \to R[x] \qquad \text{mit} \quad X + (f) \mapsto x$$

Ferner ist

$$R[x] = R + Rx + \cdots + Rx^{n-1}$$

d.h. $R[x]$ wird als R-Modul von $\{1, x, \ldots, x^{n-1}\}$ erzeugt.

BEWEIS: Da f im Kern des Einsetzungshomomorphismus $R[X] \to R[x]$ ($X \mapsto x$) enthalten ist, wird nach dem Homomorphiesatz ein R-Epimorphismus $R[X]/(f) \to R[x]$ induziert. Nach 7.3 bilden die Restklassen von $1, X, \ldots, X^{n-1}$ in $R[X]/(f)$ eine Basis dieses Rings als R-Modul. Daher ist $\{1, x, \ldots, x^{n-1}\}$ gewiß ein Erzeugendensystem von $R[x]$ als R-Modul.

Die Ganzheit eines Elements läßt sich wie folgt charakterisieren:

7.5.SATZ. *Sei S/R eine Ringerweiterung. Für $x \in S$ sind folgende Aussagen äquivalent:*
a) *x ist ganz über R.*
b) *$R[x]$ ist als R-Modul endlich erzeugt.*
c) *Es gibt einen Unterring $S' \subset S$ mit $R[x] \subset S'$, so daß S' als R-Modul endlich erzeugt ist.*

BEWEIS: Nach 7.4 ist nur noch c) $\to$ a) zu zeigen. Sei $\{w_1, \ldots, w_\ell\}$ ein Erzeugendensystem von S' als R-Modul. Man hat Gleichungen

$$xw_i = \sum_{k=1}^{\ell} \rho_{ik} w_k \qquad (i = 1, \ldots, \ell)$$

mit gewissen $\rho_{ik} \in R$. Äquivalent hiermit ist das System

$$(1) \qquad \sum_{k=1}^{\ell} (x\delta_{ik} - \rho_{ik}) w_k = 0 \qquad (i = 1, \ldots, \ell)$$

Nach der Cramerschen Regel ist $w_j \cdot \det(x\delta_{ik} - \rho_{ik}) = 0$ $(j = 1, \ldots, \ell)$. Ferner hat man in S' eine Gleichung

$$1 = \sum_{j=1}^{\ell} a_j w_j \qquad (a_j \in R)$$

und aus (1) erhält man

$$\det(x\delta_{ik} - \rho_{ik}) = \sum_{j=1}^{\ell} a_j (w_j \det(x\delta_{ik} - \rho_{ik})) = 0$$

Die Determinante (das charakteristische Polynom der Matrix (ρ_{ik}))

$$\det(x\delta_{ik} - \rho_{ik}) = \begin{vmatrix} x - \rho_{11} & -\rho_{12} & \cdots & -\rho_{1\ell} \\ -\rho_{21} & x - \rho_{22} & \cdots & -\rho_{2\ell} \\ \vdots & \vdots & \ddots & \vdots \\ -\rho_{\ell 1} & -\rho_{\ell 2} & \cdots & x - \rho_{\ell\ell} \end{vmatrix}$$

ist von der Form $x^\ell + g(x)$ mit einem Polynom $g \in R[X]$ vom Grad $< \ell$. Damit hat man ein normiertes Polynom gefunden, das x als Nullstelle besitzt, **q.e.d.**

7.6.KOROLLAR. *Ist S als R-Modul endlich erzeugt, so ist S/R eine ganze Ringerweiterung.*

7.7.KOROLLAR. *Sind $x_1, \ldots, x_n \in S$ ganz über R, so ist $R[x_1, \ldots, x_n]$ ein endlich erzeugter R-Modul und insbesondere ist $R[x_1, \ldots, x_n]/R$ eine ganze Ringerweiterung.*

BEWEIS: Nach 7.4 gilt $R[x_1] = R + Rx_1 + \cdots + Rx_1^{\nu_1 - 1}$ mit einem gewissen $\nu_1 \in \mathbb{N}$. Es sei für ein $i < n$ schon gezeigt, daß

(2) $$R[x_1, \ldots, x_i] = \sum_{0 \leq \alpha_j < \nu_j} Rx_1^{\alpha_1} \cdots x_i^{\alpha_i}$$

mit gewissen $\nu_j \in \mathbb{N}$ ($j = 1, \ldots, i$). Da x_{i+1} ganz über R ist, ist es auch ganz über $R[x_1, \ldots, x_i]$, folglich gilt

$$R[x_1, \ldots, x_{i+1}] = R[x_1, \ldots, x_i] + R[x_1, \ldots, x_i]x_{i+1} + \cdots + R[x_1, \ldots, x_i]x_{i+1}^{\nu_{i+1} - 1}$$

mit einem gewissen $\nu_{i+1} \in \mathbb{N}$ und es ergibt sich (2) für $i+1$. Durch Induktion folgt, daß $R[x_1, \ldots, x_n]$ als R-Modul ein Erzeugendensystem der Form

$$\{x_1^{\alpha_1} \cdots x_n^{\alpha_n} \mid 0 \leq \alpha_i < \nu_i, i = 1, \ldots, n\}$$

besitzt.

7.8.KOROLLAR. (Transitivität der Ganzheit). Sind S/R und T/S ganze Ringerweiterungen, so ist auch T/R eine ganze Ringerweiterung. Diese Aussage gilt speziell für algebraische Körpererweiterungen.

BEWEIS: $x \in T$ genügt einer "Ganzheitsgleichung" über S:

(3) $$x^n + s_1 x^{n-1} + \cdots + s_n = 0 \qquad (s_i \in S, i = 1, \ldots, n)$$

Da $s_1, \ldots, s_n$ ganz über R sind, ist $R[s_1, \ldots, s_n]$ nach 7.7 als R-Modul endlich erzeugt. Wegen (3) ist x über $R[s_1, \ldots, s_n]$ ganz und somit $R[s_1, \ldots, s_n, x]$ als $R[s_1, \ldots, s_n]$-Modul endlich erzeugt. Dann ist aber $R[s_1, \ldots, s_n, x]$ auch als R-Modul endlich erzeugt und aus 7.5 folgt, daß x über R ganz ist, q.e.d.

7.9.KOROLLAR. Die Menge $\overline{R}$ aller über R ganzen Elemente von S ist ein Unterring von S mit $R \subset \overline{R}$.

BEWEIS: Für $x, y \in \overline{R}$ ist $R[x, y]$ nach 7.7 als R-Modul endlich erzeugt, folglich ist $R[x, y] \subset \overline{R}$ und daher $x + y \in \overline{R}$, $x - y \in \overline{R}$ und $xy \in \overline{R}$. Es folgt, daß $\overline{R}$ ein Unterring von S ist.

7.10.DEFINITION: Der Ring $\overline{R}$ aller über R ganzen Elemente von S heißt die **ganzabgeschlossene Hülle** von R in S (oder der **ganze Abschluß** von R in S). Der Ring R heißt **ganzabgeschlossen** in S, wenn $\overline{R} = R$ ist.

Es ist klar, daß $\overline{R}$ stets ganzabgeschlossen in S ist (7.8).

7.11. BEISPIEL: Die ganzen algebraischen Zahlen bilden einen Unterring $\overline{\mathbb{Z}}$ im Körper $\overline{\mathbb{Q}}$ aller algebraischen Zahlen. Ist $L/\mathbb{Q}$ ein beliebiger algebraischer Zahlenkörper, so heißt die ganzabgeschlossene Hülle von $\mathbb{Z}$ in L der Ring S der ganzen algebraischen Zahlen von L. Es ist $S = \overline{\mathbb{Z}} \cap L$. Die Ringe S sind ein Hauptgegenstand der **algebraischen Zahlentheorie**.

7.12. KOROLLAR. *Sei $S = R[\{x_\lambda\}_{\lambda \in \Lambda}]$, wobei die x_λ für alle $\lambda \in \Lambda$ ganz über R sind. Dann ist S/R eine ganze Ringerweiterung.*

BEWEIS: Es ist $R[\{x_\lambda\}_{\lambda \in \Lambda}] \subset \overline{R}$, da $\overline{R}$ ein Unterring von S mit $x_\lambda \in \overline{R}$ ($\lambda \in \Lambda$) ist. Somit ist $S = \overline{R}$ und S/R ist ganz.

Ist L/K eine Körpererweiterung und S ein Unterring von L mit $K \subset S$, der über K ganz (also algebraisch) ist, so ist S sogar ein Teilkörper von L. Dies zeigt man mit der Formel (2) aus § 3. Mit diesem Zusatz ergeben sich einige Aussagen aus § 3 über algebraische Körpererweiterungen sofort als Spezialfälle unserer jetzigen Sätze über ganze Ringerweiterungen.

7.II. Endlich erzeugte Körpererweiterungen

Im folgenden sei L/K eine Körpererweiterung.

7.13. DEFINITION: L/K heißt **endlich erzeugt** (von **endlichem Typ**), wenn es Elemente $x_1, \ldots, x_n \in L$ gibt mit $L = K(x_1, \ldots, x_n)$. Man sagt dann auch, L sei ein **algebraischer Funktionenkörper** über K und $\{x_1, \ldots, x_n\}$ sei ein **Erzeugendensystem** von L/K.

Es ist klar, daß jede endliche Körpererweiterung auch von endlichem Typ ist (3.14).

7.14. SATZ. *Sei $L = K(x_1, \ldots, x_n)$ ein algebraischer Funktionenkörper. Ist L/K algebraisch, so entsteht L aus K durch Ringadjunktion von $x_1, \ldots, x_n$:*

$$L = K[x_1, \ldots, x_n]$$

und es ist $[L : K] < \infty$.

BEWEIS: Wenn L/K algebraisch ist, dann ist speziell x_1 über K algebraisch und daher $K(x_1) = K[x_1]$ nach 3.9. Da auch $L/K[x_1]$ algebraisch ist, folgt sofort $L = K[x_1, \ldots, x_n]$ mittels Induktion nach n. Daß $[L : K] < \infty$ ist, ergibt sich aus 3.14 oder 7.7.

Wir zeigen nun, daß zu 7.14 auch die Umkehrung richtig ist:

7.15. THEOREM. (*Körpertheoretische Form des Hilbertschen Nullstellensatzes*). *Gibt es Elemente $x_1, \ldots, x_n \in L$, so daß $L = K[x_1, \ldots, x_n]$ ist, dann ist L/K algebraisch.*

BEWEIS: Für $n = 0$ ist der Satz trivial. Sei nun $n = 1$. Wäre x_1 transzendent, so wäre $L = K[x_1]$ K-isomorph zum Polynomring $K[X]$. Dieser ist aber kein Körper, denn z.B. besitzt X kein Inverses in $K[X]$. Somit ist x_1 über K algebraisch und daher auch L/K.

Sei nun $n > 1$ und sei der Satz für Körpererweiterungen schon bewiesen, die durch Ringadjunktion von $n-1$ Elementen entstehen. Aus $L = K[x_1, \ldots, x_n] = K(x_1)[x_2, \ldots, x_n]$ ergibt sich zunächst, daß $L/K(x_1)$ algebraisch ist. Wir führen die Annahme, x_1 sei transzendent über K, zu einem Widerspruch.

Wenn x_1 über K transzendent ist, so hat man einen K-Isomorphismus $K(x_1) \cong K(X)$ auf den rationalen Funktionenkörper $K(X) = Q(K[X])$. Die x_i ($i = 2, \ldots, n$) sind algebraisch über $K(x_1)$ und genügen daher Gleichungen

$$u_i x_i^{n_i} + r_{i1} x_i^{n_i - 1} + \cdots + r_{in_i} = 0$$

mit $u_i, r_{i1}, \ldots, r_{in_i} \in K[x_1]$, $u_i \neq 0$ ($i = 2, \ldots, n$). Sei $u := \prod_{i=2}^{n} u_i$. Dann zeigen die Gleichungen

$$x_i^{n_i} + \frac{r_{i1} \prod_{j \neq i} u_j}{u} x_i^{n_i - 1} + \cdots + \frac{r_{in_i} \prod_{j \neq i} u_j}{u} = 0$$

daß die x_i ($i = 2, \ldots, n$) ganz über $K[x_1, u^{-1}]$ sind.

Sei p ein irreduzibles Polynom aus $K[x_1]$, welches u nicht teilt. Da $K[x_1]$ unendlich viele paarweise nichtassoziierte Primpolynome besitzt (Euklid), gibt es ein solches p. Da L ganz über $K[x_1, u^{-1}]$ ist, genügt $\frac{1}{p}$ einer Ganzheitsgleichung

$$\left(\frac{1}{p}\right)^m + a_1 \left(\frac{1}{p}\right)^{m-1} + \cdots + a_m = 0 \qquad (m > 0, a_i \in K[x_1, u^{-1}], i = 1, \ldots, m)$$

Multipliziere diese Gleichung mit p^m und einer geeigneten Potenz von u, so daß die Nenner der a_i beseitigt werden. Dann erhält man eine Gleichung

$$u^\rho + b_1 p + \cdots + b_m p^m = 0 \qquad (b_1, \ldots, b_m \in K[x_1])$$

und es folgt $p \mid u^\rho$, somit $p \mid u$, im Widerspruch zur Wahl von p. Daher muß x_1 über K algebraisch sein und folglich ist auch L/K algebraisch. Das Theorem ist damit bewiesen.

Im nächsten Abschnitt werden wir seine Interpretation als einen Nullstellensatz kennenlernen. In dieser Form ist das Theorem eine wichtige Grundlage der **algebraischen Geometrie**.

7.III. Die algebraische Abschließung eines Körpers

Ein Körper K heißt bekanntlich **algebraisch abgeschlossen**, wenn jedes nichtkonstante Polynom $f \in K[X]$ eine Nullstelle in K besitzt. Nach dem Fundamentalsatz der Algebra ist $\mathbb{C}$ algebraisch abgeschlossen. Weitere Beispiele liefert

7.16.LEMMA. *Sei L/K eine Körpererweiterung, wobei L algebraisch abgeschlossen ist. Ferner sei $\overline{K}$ die algebraische Abschließung von K in L, d.h. die Menge aller über K algebraischen Elemente von L. Dann ist $\overline{K}$ algebraisch abgeschlossen.*

BEWEIS: Ist $f \in \overline{K}[X]$ nicht konstant, so hat es in L eine Nullstelle x. Dieses Element ist algebraisch über $\overline{K}$, also auch über K (7.8), und somit gehört es bereits zu $\overline{K}$.

Für jeden Teilkörper $K \subset \mathbb{C}$ ist also der algebraische Abschluß $\overline{K}$ von K in $\mathbb{C}$ ein algebraisch abgeschlossener Körper. Speziell ist der Körper $\overline{\mathbb{Q}}$ aller algebraischen Zahlen algebraisch abgeschlossen.

7.17.SATZ. *Für einen Körper K sind folgende Aussagen äquivalent:*
a) K ist algebraisch abgeschlossen.
b) Die irreduziblen Polynome aus $K[X]$ sind die Polynome vom Grad 1.
c) Jedes $f \in K[X] \setminus \{0\}$ besitzt eine eindeutige Darstellung

$$f = c \cdot (X - a_1)^{\nu_1} \cdot \ldots \cdot (X - a_r)^{\nu_r}$$

mit $c \in K^*, a_1, \ldots, a_r \in K, a_i \neq a_j$ für $i \neq j, \nu_1, \ldots, \nu_r \in \mathbb{N}_+$
d) Ist L ein algebraischer Erweiterungskörper von K, so ist $L = K$.

BEWEIS: a) $\rightarrow$ b) Ist $f \in K[X]$ irreduzibel, so besitzt f eine Nullstelle $a \in K$. Schreibe $f = q \cdot (X - a) + r$ mit $q \in K[X], r \in K$. Setzt man $X = a$, so sieht man, daß $r = 0$ ist. Wegen der Irreduzibilität muß $\deg f = 1$ sein.

b) $\rightarrow$ c) folgt aus dem Satz von der eindeutigen Faktorzerlegung in $K[X]$.

c) $\rightarrow$ d) Ist L/K algebraisch und $a \in L$, so ist das Minimalpolynom von a über K irreduzibel. Nach c) muß es die Form $X - a$ besitzen und folglich $a \in K$ sein.

d) $\rightarrow$ a) Es genügt zu zeigen, daß jedes irreduzible Polynom f aus $K[X]$ eine Nullstelle in K besitzt. Es ist $L := K[X]/(f)$ ein algebraischer Erweiterungskörper von K, folglich gilt $L = K$. Ist $x := X + (f)$ die Restklasse von X in $L = K$, so gilt $f(x) = 0$ und es ist gezeigt, daß f eine Nullstelle in K besitzt.

In 7.17c) sind $a_1, \ldots, a_r$ gerade die verschiedenen Nullstellen von f in K. Man nennt sie auch die **Wurzeln von** f. Die Zahl ν_j heißt die **Vielfachheit** (oder **Multiplizität**) der Wurzel a_j ($j = 1, \ldots, r$).

Sei nun K ein beliebiger Körper.

7.18.DEFINITION: *Ein Erweiterungskörper $\overline{K}$ von K heißt **algebraische Abschließung** von K, wenn gilt:*
a) $\overline{K}/K$ ist algebraisch.
b) $\overline{K}$ ist algebraisch abgeschlossen.

Im Unterschied zur relativen algebraischen Abschließung eines Körpers in einem Erweiterungskörper handelt es sich hier um einen "absoluten" Begriff, da nicht vorausgesetzt wurde, daß K in einem (größeren) Körper enthalten ist. Wie der nächste Satz zeigt, enthält eine algebraische Abschließung von K bis auf Isomorphie alle algebraischen Erweiterungskörper von K, die somit durch eine algebraische Abschließung unter ein gemeinsames Dach gebracht werden.

7.19. SATZ. *Sei $\overline{K}$ eine algebraische Abschließung von K. Ferner sei L/K eine algebraische Körpererweiterung und Z ein Zwischenkörper von L/K. Es existiere ein K-Homomorphismus $\varphi \colon Z \to \overline{K}$. Dann läßt sich φ auf L fortsetzen, d.h. es existiert ein K-Homomorphismus $\phi \colon L \to \overline{K}$ mit $\phi\,|_Z = \varphi$.*

BEWEIS: Wir schließen mit dem Zornschen Lemma und betrachten dazu die Menge M aller Paare (L', φ'), wobei L' ein Zwischenkörper von L/Z ist und $\varphi' \colon L' \to \overline{K}$ ein K-Homomorphismus mit $\varphi'\,|_Z = \varphi$. Die Menge M ist nicht leer, da (Z, φ) zu M gehört.

Für zwei Elemente (L', φ') und (L'', φ'') aus M soll $(L', \varphi') \leq (L'', \varphi'')$ genau dann gelten, wenn $L' \subset L''$ und $\varphi''\,|_{L'} = \varphi'$. Hierdurch wird auf M eine partielle Ordnung definiert. Ist $\{(L_\lambda, \varphi_\lambda)\}_{\lambda \in \Lambda}$ eine vollständig geordnete Familie aus M, so setzen wir $\tilde{L} := \bigcup_{\lambda \in \Lambda} L_\lambda$. Es ist dann klar, daß $\tilde{L}$ ein Zwischenkörper von L/Z ist. Zu jedem $x \in \tilde{L}$ gibt es ein $\lambda \in \Lambda$ mit $x \in L_\lambda$. Wir setzen $\tilde{\varphi}(x) := \varphi_\lambda(x)$. Dann ist $\tilde{\varphi}(x)$ unabhängig von der Wahl von $\lambda \in \Lambda$ mit $x \in L_\lambda$ und man sieht leicht, daß $\tilde{\varphi}$ ein K-Homomorphismus von $\tilde{L}$ in $\overline{K}$ ist mit $\tilde{\varphi}\,|_{L_\lambda} = \varphi_\lambda$ für alle $\lambda \in \Lambda$. Damit ist $(\tilde{L}, \tilde{\varphi})$ eine obere Schranke von $\{(L_\lambda, \varphi_\lambda)\}$. Nach dem Zornschen Lemma besitzt M ein maximales Element (L^*, φ^*). Wir wollen zeigen, daß $L^* = L$ gilt.

Wäre $L^* \neq L$, so gäbe es ein $x \in L \setminus L^*$. Sei $f \in L^*[X]$ das Minimalpolynom von x über L^* und $g \in \overline{K}[X]$ das Polynom, das man erhält, wenn man φ^* auf die Koeffizienten von f anwendet. g besitze die Nullstelle $y \in \overline{K}$.

Die Abbildung

$$\psi \colon L^*[X] \to \overline{K} \quad \text{mit} \quad \psi(\Sigma a_i X^i) = \Sigma \varphi^*(a_i) y^i$$

ist ein K-Homomorphismus mit $\psi(f) = 0$. Da f irreduzibel ist, muß $\text{Kern}(\psi) = (f)$ sein und somit wird nach dem Homomorphiesatz ein K-Homomorphismus

$$\psi^* \colon L^*[X]/(f) \to \overline{K} \quad \text{mit} \quad \psi^*\,|_{L^*} = \varphi^*$$

induziert. Nun ist aber $L^*[X]/(f)$ zu $L^*[x]$ L^*-isomorph und man kann daher ψ^* als einen K-Homomorphismus

$$\psi^* \colon L^*[x] \to \overline{K} \quad \text{mit} \quad \psi^*\,|_{L^*} = \varphi^*$$

ansehen. Es folgt $(L^*, \varphi^*) < (L^*[x], \psi^*)$, im Widerspruch zur Maximalität von (L^*, φ^*) in M. Folglich muß $L^* = L$ sein und der Satz ist gezeigt.

Wendet man den Satz mit $Z = K$ und der kanonischen Injektion $\varphi : K \to \overline{K}$ an, so erhält man, daß jeder algebraische Erweiterungskörper von K in $\overline{K}$ eingebettet werden kann:

7.20. KOROLLAR. *Für jeden algebraischen Erweiterungskörper L von K existiert ein K-Homomorphismus $\phi : L \to \overline{K}$ (der natürlich injektiv ist).*

Ferner ergibt sich die Eindeutigkeit der algebraischen Abschließung bis auf K-Isomorphie:

7.21. KOROLLAR. *Sind $\overline{K}$ und K' algebraische Abschließungen von K, so existiert ein K-Isomorphismus $\overline{K} \xrightarrow{\sim} K'$.*

BEWEIS: Nach 7.20 existiert ein K-Homomorphismus $\phi : \overline{K} \to K'$. Mit $\overline{K}$ ist auch $\phi(\overline{K})$ algebraisch abgeschlossen, ferner ist $K'/\phi(\overline{K})$ algebraisch. Nach 7.17d) ist $K' = \phi(\overline{K})$ und somit ϕ ein Isomorphismus.

Wir sprechen in Zukunft von **der** algebraischen Abschließung von K. Daß sie stets existiert, wird nun gezeigt.

7.22. THEOREM. *(Steinitz 1910) Zu jedem Körper K gibt es eine algebraische Abschließung $\overline{K}$ von K.*

BEWEIS: (nach E. Artin). Sei Λ die Menge aller nichtkonstanten Polynome $f \in K[X]$. Für jedes $f \in \Lambda$ wählt man eine Unbestimmte X_f und bildet den Polynomring $P := K[\{X_f\}_{f \in \Lambda}]$ in all diesen Variablen. In P kommen insbesondere die Polynome $f(X_f)$ vor, die sich durch Ersetzen von X durch X_f aus f ergeben. Sei I das von allen $f(X_f)$ für $f \in \Lambda$ in P erzeugte Ideal.
a) Wir zeigen zuerst, daß $I \neq P$ ist.

Wäre $1 \in I$, so könnte man schreiben

(4) $$1 = \sum_{i=1}^{n} g_i f_i(X_{f_i}) \quad (g_i \in P)$$

Wir benutzen nun

7.23. LEMMA. *$f_1, \ldots, f_n \in K[X]$ seien nicht konstant. Dann gibt es einen Erweiterungskörper L/K, so daß jedes f_i in L eine Nullstelle x_i besitzt $(i = 1, \ldots, n)$.*

Es genügt, dies für $n = 1$ zu zeigen (Induktion). Ferner kann man annehmen, daß f_1 irreduzibel ist, indem man einfach einen irreduziblen Faktor von f_1 hernimmt.

Dann ist $L := K[X]/(f_1)$ ein Erweiterungskörper von K und $x_1 := X + (f_1)$ eine Nullstelle von f_1 in L.

Für die in (4) auftretenden Polynome $f_1, \ldots, f_n$ wählen wir nach dem Lemma Nullstellen $x_1, \ldots, x_n$ in einem geeigneten Erweiterungskörper von L. Setzen wir in (4) jeweils für X_{f_i} die Werte x_i ein und setzen alle sonst noch auftretende Unbestimmte $= 0$, so ergibt sich $1 = 0$, ein Widerspruch. Somit ist $I \neq P$.

b) Als nächstes konstruieren wir einen algebraischen Erweiterungskörper E_1 von K, in dem jedes $f \in \Lambda$ eine Nullstelle besitzt.

Nach 6.25 gibt es ein $\mathfrak{M} \in \operatorname{Max} P$ mit $I \subset \mathfrak{M}$. Sei $E_1 := P/\mathfrak{M}$. Dies ist ein Körper, wegen $K \subset P$ sogar ein Erweiterungskörper von K. Da P über K von den Unbestimmten X_f erzeugt wird, wird E_1 als K-Algebra von den Bildern $x_f := X_f + \mathfrak{M}$ erzeugt. Da $I \subset \mathfrak{M}$ ist, gilt $f(x_f) = 0$ in E_1, und es ergibt sich aus 7.12, daß E_1/K algebraisch ist. Es ist auch schon gezeigt, daß jedes $f \in \Lambda$ eine Nullstelle in E_1 besitzt, nämlich x_f. Allerdings braucht E_1 noch nicht algebraisch abgeschlossen zu sein.

c) Daher wiederholen wir das Verfahren, das von K zu E_1 führte. Wir konstruieren eine aufsteigende Kette von Körpern

$$K = E_0 \subset E_1 \subset E_2 \subset \cdots \subset E_n \subset \cdots$$

auf folgende Weise: Ist E_n schon konstruiert, so ergibt sich E_{n+1} aus E_n mit Hilfe der nichtkonstanten Polynome aus $E_n[X]$ in analoger Weise wie E_1 aus K. Insbesondere ist E_{n+1}/E_n algebraisch und jedes nichtkonstante Polynom aus $E_n[X]$ besitzt eine Nullstelle in E_{n+1}.

Setze nun $\overline{K} := \bigcup_{n=0}^{\infty} E_n$. Dann ist $\overline{K}$ in naheliegender Weise ein Körper. Da die E_n/E_{n-1} ($n \in \mathbb{N}_+$) algebraische Körpererweiterungen sind, sind die E_n/K algebraisch (7.8), und damit ist $\overline{K}/K$ algebraisch. Sei nun $f \in \overline{K}[X]$ nicht konstant. Da f nur endlich viele Koeffizienten $\neq 0$ besitzt, existiert ein $n \in \mathbb{N}$, so daß $f \in E_n[X]$. Da f in E_{n+1} eine Nullstelle besitzt, ist gezeigt, daß jedes nichtkonstante $f \in \overline{K}[X]$ eine Nullstelle in $\overline{K}$ besitzt, d.h. daß $\overline{K}$ algebraisch abgeschlossen ist, q.e.d.

Im folgenden sei $\overline{K}$ die algebraische Abschließung von K. Ein nichtkonstantes Polynom $f \in K[X]$ hat nur endlich viele Wurzeln in $\overline{K}$ und zerfällt daher schon in einem endlichen Erweiterungskörper von K in Linearfaktoren. Das führt uns zu folgendem Begriff:

7.24. DEFINITION: Ein **Zerfällungskörper** von f über K ist ein Erweiterungskörper L von K mit folgenden Eigenschaften:

a) f zerfällt in $L[X]$ in Linearfaktoren.
b) Sind $x_1, \ldots, x_n$ die Nullstellen von f in L, so ist $L = K[x_1, \ldots, x_n]$.

Aus dem Studium der Zerfällungskörper erhoffen wir uns Erkenntnisse über die Lösungsmengen algebraischer Gleichungen. Der Grad des Zerfällungskörpers über K kann als ein Maß für die Kompliziertheit des Polynoms betrachtet werden.

7.25. SATZ. a) *Jedes nichtkonstante $f \in K[X]$ besitzt einen Zerfällungskörper.*
b) *Je zwei Zerfällungskörper von f sind K-isomorph.*
c) *Ist L ein Zerfällungskörper von f und $\deg f =: n$, so ist*

$$[L:K] \leq n!$$

BEWEIS:
a) Adjungiere die Nullstellen von f in $\overline{K}$ zu K.
b) Sei L' ein beliebiger Zerfällungskörper von f. Da L'/K algebraisch ist, gibt es nach 7.19 einen K-Homomorphismus $\phi: L' \to \overline{K}$. Da $\phi(L')$ über K von den Nullstellen von f in $\overline{K}$ erzeugt wird, ist $\phi(L')$ der in a) betrachtete Zerfällungskörper. Es ergibt sich die Behauptung.
c) Ist x_1 eine Nullstelle von f, so ist $[K[x_1]:K] \leq n$, da das Minimalpolynom von x_1 über K höchstens den Grad n besitzt. Ferner ist $f = (X - x_1) \cdot g$ mit einem $g \in K[x_1][X]$ vom Grad $n-1$. Da L ein Zerfällungskörper von g über $K[x_1]$ ist, kann durch Induktion angenommen werden, daß $[L:K[x_1]] \leq (n-1)!$ gilt. Dann ist aber $[L:K] = [L:K[x_1]] \cdot [K[x_1]:K] \leq (n-1)! \cdot n = n!$.

Wir kommen nun zum **Hilbertschen Nullstellensatz** in der idealtheoretischen Form. Für $K = \mathbb{C}$ ist er eine Verallgemeinerung des Fundamentalsatzes der Algebra.

7.26. THEOREM. *Jedes Ideal $I \subset K[X_1, \ldots, X_n]$ mit $I \neq K[X_1, \ldots, X_n]$ besitzt eine Nullstelle in $\overline{K}^n$, d.h. es gibt ein $(x_1, \ldots, x_n) \in \overline{K}^n$, so daß*

$$f(x_1, \ldots, x_n) = 0 \quad \text{für jedes} \quad f \in I$$

BEWEIS: Da I in einem maximalen Ideal enthalten ist (6.25), kann man gleich annehmen, daß I maximal ist. Dann ist $L := K[X_1, \ldots, X_n]/I$ ein Körper. Er entsteht aus K durch Ringadjunktion der Restklassen $x_i := X_i + I$ ($i = 1, \ldots, n$). Nach der körpertheoretischen Form des Hilbertschen Nullstellensatzes (7.15), ist L/K algebraisch. Nach 7.20 kann $K \subset L \subset \overline{K}$ angenommen werden, also $x_i \in \overline{K}$ ($i = 1, \ldots, n$).
Der K-Homomorphismus

$$K[X_1, \ldots, X_n] \to \overline{K} \quad (g \mapsto g(x_1, \ldots, x_n))$$

hat das Bild L und den Kern I, daher ist

$$f(x_1, \ldots, x_n) = 0 \quad \text{für alle} \quad f \in I$$

q.e.d.

Übungen

7.27.KOROLLAR. *Ein algebraisches Gleichungssystem*

$$f_1(X_1,\ldots,X_n) = 0$$
$$\vdots$$
$$f_m(X_1,\ldots,X_n) = 0$$

mit $f_1,\ldots,f_m \in K[X_1,\ldots,X_n]$ *besitzt genau dann eine Lösung* $(x_1,\ldots,x_n) \in \overline{K}^n$, *wenn* $(f_1,\ldots,f_m) \neq K[X_1,\ldots,X_n]$.

Für Ergänzungen zum Hilbertschen Nullstellensatz und seine Rolle in der algebraischen Geometrie, siehe [K].

ÜBUNGEN:
1) Sei $z = a + ib \in \mathbf{C}$ eine ganze algebraische Zahl ($a, b \in \mathbf{R}$). Zeigen Sie:
   a) Das Minimalpolynom von z über $\mathbf{Q}$ liegt in $\mathbf{Z}[X]$.
   b) $\overline{z} = a - ib$ sowie a und b sind ganze algebraische Zahlen.
2) Jeder faktorielle Ring ist ganzabgeschlossen in seinem Quotientenkörper.
3) Sei $K(X)$ der Körper der rationalen Funktionen in einer Unbestimmten X über einem Körper K und $f \in K[X]$ ein Polynom mit $\deg f =: n > 0$. Zeigen Sie
   a) $K(X)/K(f)$ ist eine algebraische Erweiterung vom Grad n.
   b) $K[X]$ ist ganz über $K[f]$.
4) $K[T]$ sei der Polynomring in einer Unbestimmten T und $K[X,Y]$ der Polynomring in Unbestimmten X, Y über einem Körper K. Für zwei festgewählte $f, g \in K[T]$ sei
   $$I := \{F \in K[X,Y] \mid F(f,g) = 0\}$$
   a) Zeigen Sie, daß I ein Primideal von $K[X,Y]$ ist.
   b) Unter welcher Bedingung für f und g ist I maximal?
5) Für eine quadratfreie Zahl $d \in \mathbf{Z}$ sei R_d der Ring der ganzen algebraischen Zahlen von $\mathbf{Q}(\sqrt{d})$. Zeigen Sie:
   a) Ist $d \equiv 2 \bmod 4$ oder $d \equiv 3 \bmod 4$, so ist
   $$R_d = \mathbf{Z} + \mathbf{Z} \cdot \sqrt{d}$$
   b) Ist $d \equiv 1 \bmod 4$, so ist
   $$R_d = \mathbf{Z} + \mathbf{Z} \cdot \frac{1 + \sqrt{d}}{2}$$
6) Sei R der Ring aller über $\mathbf{Z}$ ganzen Elemente von $\mathbf{C}$ (der Ring der ganzen algebraischen Zahlen).
   a) Für jede Primzahl $p \in \mathbf{Z}$ ist $pR \neq R$. Für jedes maximale Ideal $\mathfrak{m}$ von R mit $p \in \mathfrak{m}$ gilt $\mathfrak{m} \cap \mathbf{Z} = p\mathbf{Z}$.

b) Ist $\mathfrak{m} \in \text{Max}\, R$, so ist $k := \mathbb{Z} + \mathfrak{m}/\mathfrak{m}$ der Primkörper von $K := R/\mathfrak{m}$ und K ist algebraisch über k.

c) Jedes Polynom aus $k[X]$ zerfällt über K in Linearfaktoren.

7) Sei L/K eine algebraische Körpererweiterung und $f \in L[X]$.

a) Ist f irreduzibel, so existiert genau ein normiertes irreduzibles $g \in K[X]$, das von f geteilt wird.

b) Für beliebiges f mit $\deg f > 0$ existiert ein $g \in K[X]$ mit $\deg g > 0$, das von f geteilt wird.

8) In $\mathbb{Q}[X, Y]$ sei das Polynom $f := X^3 + X^2 - Y$ gegeben.

a) Zeigen Sie, daß $A := \mathbb{Q}[X, Y]/(f)$ ein Integritätsring ist.

b) Zeigen Sie, daß der $\mathbb{Q}$-Homomorphismus

$$\alpha : \mathbb{Q}[X] \to A \quad \text{mit} \quad \alpha(X) = X + (f)$$

injektiv ist.

c) Ist der Quotientenkörper $Q(A)$ von A algebraisch über $\mathbb{Q}$?

9) Sei L/K eine Körpererweiterung und $f = \sum_{\nu=0}^{n} a_\nu X^\nu \in K[X]$ ein irreduzibles normiertes Polynom vom Grad > 1.

a) Sei $\text{Char}\, K \neq 2$. Es gebe ein $\alpha \in L$ mit $f(\alpha) = f(-\alpha) = 0$. Dann gibt es ein $g \in K[X]$ mit $f(X) = g(X^2)$.

b) Sei $a_{n-i} = a_i$ für $i = 0, \ldots, n$ und $f(\alpha) = 0$ für ein $\alpha \in L$. Dann gibt es ein $\beta \in L$ mit $\beta \neq \alpha$, $f(\beta) = 0$.

10) Jeder algebraisch abgeschlossene Körper besitzt unendlich viele Elemente.

11) Zeigen Sie, daß es überabzählbar viele verschiedene algebraisch abgeschlossene Teilkörper von $\mathbb{C}$ gibt.

12) Ein Körper K heißt **angeordnet**, wenn eine Teilmenge $P \subset K$ gegeben ist, deren Elemente positiv genannt werden (geschrieben: $a > 0$), so daß folgende Bedingungen erfüllt sind:

$\alpha)$ Für $a \in K$ ist genau eine der folgenden Aussagen richtig:

$$a > 0, \; a = 0, \; -a > 0$$

$\beta)$ Für $a, b \in P$ ist $a + b \in P$ und $a \cdot b \in P$.

a) In einem angeordneten Körper ist $a^2 > 0$ für jedes $a \neq 0$.

b) Ein angeordneter Körper besitzt die Charakteristik 0.

c) Ein algebraisch abgeschlossener Körper läßt sich auf keine Weise zu einem angeordneten Körper machen.

d) $P \subset \mathbb{R}(X)$ sei die Menge aller rationalen Funktionen f mit der Eigenschaft: Es gibt ein $M \in \mathbb{R}$, so daß $f(a) > 0$ für alle $a \in \mathbb{R}$ mit $a > M$. Durch P wird eine Anordnung auf $\mathbb{R}(X)$ definiert.

e) Gilt auf $\mathbf{R}(X)$ mit der in d) erklärten Anordnung das Archimedische Axiom (d.h. gibt es für $f, g \in P$ ein $n \in \mathbf{N}$ mit $nf - g > 0$)?

13) Bestimmen Sie für die folgenden Polynome aus $\mathbf{Q}[X]$ den Zerfällungskörper K durch Angabe erzeugender Elemente über $\mathbf{Q}$ und den Grad $[K : \mathbf{Q}]$:

$$X^4 - 2X^2 + 9, \ X^4 - 16X^2 + 4, \ X^4 + 4, \ X^3 - 7, \ X^6 + 4X^4 + 4X^2 + 3$$

14) Für $f := X^4 + 6X^2 + 1 \in \mathbf{Q}[X]$ ist $\mathbf{Q}[X]/(f)$ ein Zerfällungskörper von f über $\mathbf{Q}$.

15) Beweisen Sie, daß es keine Polynome $P, Q \in \mathbf{Z}[X]$ gibt, welche der Gleichung $P^3 - P + 2 = (X^4 - 7) \cdot Q$ genügen.

16) Zeigen Sie mit Hilfe des Hilbertschen Nullstellensatzes: Ist K ein algebraisch abgeschlossener Körper und $P := K[X_1, \ldots, X_n]$, so ist die Abbildung, die jedem $(a_1, \ldots, a_n) \in K^n$ das Ideal $(X_1 - a_1, \ldots, X_n - a_n)$ in P zuordnet, eine Bijektion von K^n auf Max P.

17) Ein lineares Gleichungssytem $a_{i0} + \sum_{k=1}^{n} a_{ik} X_k = 0$ $(i = 1, \ldots, m)$ mit Koeffizienten a_{ik} aus einem Körper K besitzt genau dann eine Lösung, wenn der Rang der Matrix $(a_{ik})_{i=1,\ldots,m, k=1,\ldots,n}$ gleich dem Rang der erweiterten Matrix $(a_{ik})_{i=1,\ldots,m, k=0,\ldots,n}$ ist. Setzen Sie diese Aussage in Beziehung zu 7.27.

18) Sei K ein Körper. Ein Polynom $f = \Sigma a_{\nu_1 \ldots \nu_n} X_1^{\nu_1} \cdot \ldots \cdot X_n^{\nu_n}$ aus $K[X_1, \ldots, X_n]$ heißt **homogen vom Grad** d, wenn $a_{\nu_1 \ldots \nu_n} = 0$ für alle $(\nu_1, \ldots, \nu_n)$ mit $\Sigma \nu_i \neq d$.

a) Jeder Teiler eines homogenen Polynoms aus $K[X_1, \ldots, X_n]$ ist homogen.

b) Ist K algebraisch abgeschlossen, so ist jedes homogene Polynom aus $K[X, Y]$ als Produkt von linearen homogenen Polynomen $aX + bY$ $(a, b \in K)$ darstellbar.

§ 8. Separable und inseparable algebraische Körpererweiterungen

Wir beginnen nun mit der detaillierten Untersuchung endlicher Körpererweiterungen und befassen uns zunächst mit dem Phänomen der Inseparabilität. Dieses entsteht dadurch, daß ein irreduzibles Polynom mehrfache Wurzeln (im algebraischen Abschluß seines Koeffizientenkörpers) besitzen kann. Inseparabilität ist jedoch nur bei Körpern der Charakteristik $p > 0$ möglich. Aber selbst, wenn wir uns nur für algebraische Gleichungen über Körpern der Charakteristik 0 interessieren, so führt doch die Reduktion der Koeffizienten einer Gleichung häufig zur Betrachtung von Gleichungen über Körpern von Primzahlcharakteristik.

In der Analysis erkennt man mehrfache Nullstellen durch Bilden der Ableitung. Die Grundzüge der entsprechenden **algebraischen Differentialrechnung** sind die folgenden. Sei R ein kommutativer Ring mit 1. Für $f = \sum_{i=0}^{n} \alpha_i X^i \in R[X]$ ($\alpha_i \in R$) heißt

(1) $$f' := \sum_{i=0}^{n} i\alpha_i X^{i-1}$$

die **(formale) Ableitung** von f. Es kann vorkommen, daß $\deg f > 1$ ist, aber trotzdem $f' = 0$, z.B. wenn $f = X^m$ ist und R die Charakteristik m besitzt: Dann ist $f' = m \cdot X^{m-1} = (m \cdot 1_R) \cdot X^{m-1} = 0$.

8.1. REGELN: Für $f, g \in R[X]$ und $r \in R$ gilt:
a) Ist $\deg f > 0$, so ist $\deg f' < \deg f$.
b) Ist $\deg f = 0$, so ist $f' = 0$.
c) Linearität der Ableitung: $(f + g)' = f' + g'$, $(rf)' = r \cdot f'$.
d) Produktregel: $(f \cdot g)' = f'g + fg'$.

BEWEIS: a)-c) folgen sofort aus der Definition (1) der Ableitung. Zum Beweis von d) genügt es wegen c), den Fall $g = X^m$ zu betrachten. Für $f = \Sigma \alpha_i X^i$ erhält man

$$(fg)' = (\Sigma \alpha_i X^{i+m})' = \Sigma(i+m)\alpha_i X^{i+m-1} = (\Sigma i\alpha_i X^{i-1})X^m + (\Sigma \alpha_i X^i)(mX^{m-1})$$
$$= f'g + fg'$$

8.2. KOROLLAR. *Sei* $f = (X - a)^m \cdot g$ *mit* $a \in R$, $g \in R[X]$. *Dann ist*

$$f' = (X - a)^{m-1}[m \cdot g + (X - a)g']$$

BEWEIS: Nach der Produktregel genügt es zu zeigen, daß $(X - a)^m$ die Ableitung $m \cdot (X - a)^{m-1}$ besitzt. Schreibe $(X - a)^m = (X - a)(X - a)^{m-1}$, wende erneut die Produktregel und Induktion nach m an.

Die m-te Ableitung $f^{(m)}$ von f ist natürlich als die m-fache Iteration der Ableitung definiert. Ist a eine m-fache Nullstelle von f, so zeigt 8.2, daß

$$f(a) = f'(a) = \cdots = f^{(m-1)}(a) = 0$$

ist. Ist R ein Ring, in dem $m!$ eine Einheit ist, so gilt $f^{(m)}(a) \neq 0$. Ist R etwa ein Körper der Charakteristik 0, so kann man die Vielfachheit der Nullstelle durch Bilden der höheren Ableitungen bestimmen. In Körpern der Charakteristik $p > 0$ ist dies auch möglich, wenn man den Begriff der höheren Ableitung geeignet modifiziert (Übungsaufgabe 7)).

Beim Studium separabler Körpererweiterungen ist noch ein weiteres Hilfsmittel nützlich, der Frobenius-Endomorphismus. Sei jetzt p eine Primzahl und R ein kommutativer Ring mit 1, der die Charakteristik p besitzt.

8.3. LEMMA. *Die Abbildung* $F: R \to R$ *mit* $F(a) = a^p$ $(a \in R)$ *ist ein Ringhomomorphismus, d.h. für* $a, b \in R$ *gilt*

$$(a + b)^p = a^p + b^p, \; (a \cdot b)^p = a^p \cdot b^p$$

Die Menge R^p *der p-ten Potenzen von Elementen aus R ist ein Unterring von R. Ist R ein Integritätsring, so ist R^p ein zu R isomorpher Ring. Ist R ein endlicher Körper, so ist $R = R^p$.*

BEWEIS: Nach der binomischen Formel gilt $(a + b)^p = \sum_{i=0}^{p} \binom{p}{i} a^i b^{p-i}$. In den Binomialkoeffizienten $\binom{p}{i}$ ist für $i = 1, \ldots, p - 1$ der Zähler durch p teilbar, nicht aber der Nenner. Daher reduziert sich die Formel auf $(a + b)^p = a^p + b^p$. Die Formel für das Produkt ist klar, somit ist F ein Ringhomomorphismus und $F(R) = R^p$ ein Unterring von R. Ist R ein Integritätsring, so ist $F(a) = a^p \neq 0$ für jedes $a \in R \setminus \{0\}$, d.h. F ist injektiv und damit R^p ein zu R isomorpher Ring. Wenn R endlich ist, so besitzen R und R^p gleichviele Elemente, und es ist $R = R^p$.

8.4. DEFINITION: $F: R \to R$ heißt der **Frobenius-Endomorphismus** von R.

Sei nun K ein Körper mit dem algebraischen Abschluß $\overline{K}$.

8.5. DEFINITION: Ein irreduzibles Polynom $f \in K[X]$ heißt **separabel**, wenn f keine mehrfachen Nullstellen in $\overline{K}$ besitzt. Ein beliebiges Polynom $f \in K[X]$ heißt separabel, wenn alle seine irreduziblen Faktoren es sind. Andernfalls heißt es **inseparabel**.

8.6. SATZ. *Für ein irreduzibles Polynom $f \in K[X]$ sind folgende Aussagen äquivalent:*
a) f ist inseparabel.
b) $f' = 0$.
c) Die Charakteristik von K ist eine Primzahl p, es gibt ein irreduzibles separables Polynom $g \in K[X]$ und ein $e \in \mathbb{N}_+$, so daß $f(X) = g(X^{p^e})$.

BEWEIS: a) $\to$ b) Sei $a \in \overline{K}$ eine mehrfache Nullstelle von f, also $f = (X-a)^m \cdot g$ mit einem $g \in \overline{K}[X]$ und $m > 1$. Dann ist $f'(a) = 0$ nach 8.2. Weil f irreduzibel ist, ist f ein Polynom kleinsten Grades aus $K[X] \setminus \{0\}$ mit der Nullstelle a. Da $f'(a) = 0$ und $\deg f' < \deg f$, ergibt sich $f' = 0$.

b) $\to$ c) Ist $f = \alpha_0 + \alpha_1 X + \cdots + \alpha_n X^n$ ($\alpha_i \in K, \alpha_n \neq 0, n > 0$), so ist $f' = \alpha_1 + 2\alpha_2 X + \cdots + (n \cdot \alpha_n) X^{n-1}$, und aus $f' = 0$ folgt $i\alpha_i = 0$ für $i = 1, \ldots, n$. Speziell ist $n \cdot \alpha_n = 0$, $\alpha_n \neq 0$. Nach Multiplikation mit α_n^{-1} folgt $n \cdot 1_K = 0$. Dies ist aber nur in einem Körper von Primzahlcharakteristik möglich. Sei nun Char $K =: p$ eine Primzahl.

Aus $i\alpha_i = 0$ folgt $\alpha_i = 0$ oder $i \equiv 0 \bmod p$. Somit ist f von der Form

$$f = \sum_{j=0}^{\nu} \alpha_{jp}(X^p)^j = f_1(X^p)$$

mit $f_1 := \sum_{j=0}^{\nu} \alpha_{jp} X^j$.

Wir zeigen mit Hilfe des Frobenius-Endomorphismus, daß auch f_1 irreduzibel ist. Man hat zwei Ringisomorphismen

$$F_1 : K[X] \xrightarrow{\sim} K[X]^p = K^p[X^p] \qquad (f \mapsto f^p)$$

und

$$F_2 : K[X^p] \xrightarrow{\sim} K^p[X^p] \qquad (\Sigma \beta_j (X^p)^j \mapsto \Sigma \beta_j^p (X^p)^j = (\Sigma \beta_j X^j)^p)$$

Dabei gilt

$$f_1 = F_1^{-1}(F_2(f))$$

Da f irreduzibel war, ist es auch f_1.

Wenn jetzt f_1 separabel ist, sind wir fertig. Andernfalls gibt es ein irreduzibles Polynom $f_2 \in K[X]$, so daß

$$f(X) = f_1(X^p) = f_2(X^{p^2})$$

Dabei ist $\deg f_2 < \deg f_1 < \deg f$. Die Behauptung c) folgt nun durch Induktion.

c) $\to$ a) Sei $f = \sum_{j=0}^{n} \alpha_j (X^{p^e})^j$ und sei $a \in \overline{K}$ eine Wurzel von f. Dann ist nach 8.3

$$f = f - f(a) = \sum_{j=1}^{n} \alpha_j((X^{p^e})^j - (a^{p^e})^j) = \sum_{j=1}^{n} \alpha_j (X^j - a^j)^{p^e}$$

und a ist eine mindestens p^e-fache Nullstelle von f, q.e.d.

8.7. DEFINITION: Sei L/K eine Körpererweiterung.
a) $a \in L$ heißt **separabel algebraisch** über K, wenn a über K algebraisch und sein Minimalpolynom über K separabel ist.
b) L/K heißt **separabel algebraisch**, wenn jedes $a \in L$ über K separabel algebraisch ist.
c) Eine algebraische Körpererweiterung L/K heißt **inseparabel**, wenn L ein über K inseparables Element enthält.

8.8. SATZ. *Ist L/K separabel algebraisch und Z ein Zwischenkörper von L/K, so sind auch Z/K und L/Z separabel algebraische Körpererweiterungen.*

BEWEIS: Für Z/K folgt dies aus der Definition. Für $a \in L$ sei $f \in K[X]$ das Minimalpolynom von a über K und $g \in Z[X]$ das Minimalpolynom von a über Z. Dann ist g ein Teiler von f in $Z[X]$. Die Körper K und Z besitzen die gleiche algebraische Abschließung. Da f nach Voraussetzung separabel ist, gilt dies auch für g. Damit ist gezeigt, daß auch L/Z separabel algebraisch ist.

Wir charakterisieren nun separabel algebraische Körpererweiterungen L/K durch die Zahl der möglichen **Einbettungen** von L in den algebraischen Abschluß $\overline{K}$ von K, d.h. durch die K-Homomorphismen $\sigma: L \to \overline{K}$.

8.9. LEMMA. *L_1 und L_2 seien zwei Körper, $\sigma: L_1 \to L_2$ ein injektiver Ringhomomorphismus und $M = L_1[a]$ ein einfacher algebraischer Erweiterungskörper von L_1. Ferner sei $f = \Sigma \alpha_i X^i \in L_1[X]$ das Minimalpolynom von a über L_1 und das Polynom $f^\sigma := \Sigma \sigma(\alpha_i) X^i \in L_2[X]$ habe genau m verschiedene Nullstellen in L_2. Dann läßt sich σ auf genau m verschiedene Arten zu einem Homomorphismus*

$$\overline{\sigma}: M \to L_2$$

fortsetzen ($\overline{\sigma}|_{L_1} = \sigma$).

BEWEIS: Jede Fortsetzung $\overline{\sigma}$ von σ auf $L_1[a]$ ist durch die Angabe von $\overline{\sigma}(a)$ eindeutig festgelegt, denn für ein beliebiges Element $y = \sum_{i=0}^{n-1} \lambda_i a^i \in M$ ($\lambda_i \in L_1$) ist $\overline{\sigma}(y) = \sum_{i=0}^{n-1} \sigma(\lambda_i) \cdot \overline{\sigma}(a)^i$. Aus $f(a) = 0$ folgt ferner $f^\sigma(\overline{\sigma}(a)) = 0$, so daß $\overline{\sigma}(a)$ eine der m Nullstellen von f^σ in L_2 sein muß. Daher gibt es höchstens m verschiedene Fortsetzungen von σ auf M.

Sei nun z eine beliebige Nullstelle von f^σ in L_2. Der Ringhomomorphismus

$$\phi: L_1[X] \to L_2 \quad \text{mit} \quad \phi|_{L_1} = \sigma, \phi(X) = z$$

bildet dann f in 0 ab und induziert daher nach dem Homomorphiesatz einen Ringhomomorphismus

$$\overline{\phi}: L_1[X]/(f) \to L_2$$

mit $\overline{\phi}|_{L_1} = \sigma$. Nun ist aber $L_1[X]/(f)$ nach dem Homomorphiesatz L_1-isomorph zu M und man erhält einen Homomorphismus $\overline{\sigma}: M \to L_2$, welcher σ fortsetzt und a auf z abbildet. Da z eine beliebige Nullstelle von f^σ war, ist gezeigt, daß σ in der Tat m Fortsetzungen auf M besitzt.

8.10.SATZ. Sei $[L:K] = n$. Dann gilt:
a) *Es gibt höchstens n Einbettungen von L in $\overline{K}$.*
b) *Genau dann ist L/K separabel, wenn es n verschiedene Einbettungen von L in $\overline{K}$ gibt.*

BEWEIS: Sei $L = K[a_1, \ldots, a_t]$. Wir setzen $L_0 := K$, $L_i := K[a_1, \ldots, a_i]$ ($i = 1, \ldots, t$). Gilt $[L_i : L_{i-1}] =: n_i$ ($i = 1, \ldots, t$), so ist nach der Gradformel

$$n = \prod_{i=1}^{t} n_i$$

a) Es sei für $i < t$ schon gezeigt, daß es höchstens $\prod_{j=1}^{i} n_j$ Einbettungen von L_i in $\overline{K}$ gibt. Da das Minimalpolynom von a_{i+1} über L_i den Grad n_{i+1} besitzt, läßt sich jede solche Einbettung nach Lemma 8.9 auf höchstens n_{i+1} Arten zu einer Einbettung von L_{i+1} in $\overline{K}$ fortsetzen. Daher gibt es höchstens $n_{i+1} \cdot \prod_{j=1}^{i} n_j$ Einbettungen von L_{i+1} in $\overline{K}$ und Aussage a) ergibt sich durch Induktion.

b) Wenn L/K separabel ist, dann sind es nach 8.8 auch die Erweiterungen L_{i+1}/L_i ($i = 0, \ldots, t-1$). Das Minimalpolynom f von a_{i+1} über L_i hat dann n_{i+1} verschiedene Nullstellen im algebraischen Abschluß $\overline{L_i}$ von L_i. Für jeden K-Homomorphismus $\sigma: L_i \to \overline{K}$ hat dann f^σ in $\overline{K}$ ebenfalls n_{i+1} verschiedene Nullstellen und nach 8.9 besitzt dann σ auch n_{i+1} verschiedene Fortsetzungen auf L_{i+1}. Die Argumentation aus a) zeigt nun, daß es n verschiedene Einbettungen von L in $\overline{K}$ gibt.

Ist L/K inseparabel, so können wir annehmen, daß das Element a_1 über K inseparabel ist. Sein Minimalpolynom über K hat dann weniger als n_1 Wurzeln und daher gibt es weniger als n_1 Einbettungen von L_1 in $\overline{K}$. Dieser Rückstand ist dann beim Übergang zu L nicht mehr aufzuholen, d.h. es gibt weniger als n Einbettungen von L in $\overline{K}$,
q.e.d.

8.11.KOROLLAR. *Sind L/K und M/K algebraische Körpererweiterungen und ist $[L:K] =: n < \infty$, so gibt es höchstens n verschiedene K-Homomorphismen $L \to M$.*

Bette M in $\overline{K}$ ein (7.20) und wende 8.10 an.

8.12.KOROLLAR. *Sei $L = K[a_1,\ldots,a_t]$, wobei die a_i über $K[a_1,\ldots,a_{i-1}]$ $(i=1,\ldots,t)$ separabel sind. Dann ist L/K separabel.*

BEWEIS: Die Schlußweise im Beweis von 8.10b) zeigt, daß es $[L:K]$ verschiedene Einbettungen von L in $\overline{K}$ gibt, somit ist L/K separabel algebraisch.

8.13.KOROLLAR. *(Transitivität der Separabilität). Sind L/K und M/L separabel algebraische Körpererweiterungen, dann ist auch M/K separabel algebraisch.*

BEWEIS: $a \in M$ besitze über L das Minimalpolynom $X^n + a_{n-1}X^{n-1} + \cdots + a_0$ ($a_i \in L$). Dann ist a auch über $L' := K[a_0,\ldots,a_{n-1}]$ separabel und L' ist über K separabel (8.8). Aus 8.12 folgt, daß $L'[a]$ über K separabel ist und damit insbesondere a.

8.14.KOROLLAR. *Sei L/K eine beliebige Körpererweiterung. Die Menge L_{sep} aller über K separabel algebraischen Elemente von L ist ein Teilkörper von L mit $K \subset L_{\text{sep}}$.*

BEWEIS: Für $a,b \in L_{\text{sep}}$ ist $K[a,b]/K$ separabel algebraisch nach 8.12. Daher sind $a+b$, $a-b$, $a\cdot b$ und (wenn $b \neq 0$) auch ab^{-1} über K separabel algebraisch. Mithin ist L_{sep} ein Teilkörper von L. Daß $K \subset L_{\text{sep}}$, ist trivial.

8.15.DEFINITION: L_{sep} heißt die **separable Abschließung** von K in L und $[L_{\text{sep}} : K]$ der **Separabilitätsgrad** von L/K.

Ein wichtiger Satz der Körpertheorie besagt, daß endliche separable Körpererweiterungen durch ein Element erzeugt werden können. Dieser Satz wird in (12.5) gezeigt werden.

Wir wenden uns jetzt der Frage zu, welche Körper keiner inseparabler Erweiterungen fähig sind, über denen also alle Polynome separabel sind.

8.16. DEFINITION: Ein Körper K heißt **vollkommen**, wenn jedes Polynom aus $K[X]$ separabel ist.

Natürlich ist jeder Körper der Charakteristik 0 vollkommen und das Gleiche gilt für algebraisch abgeschlossene Körper.

8.17. SATZ. *Für einen Körper K der Charakteristik $p > 0$ sind folgende Aussagen äquivalent:*
a) K ist vollkommen.
b) $K = K^p$, d.h. der Frobenius-Endomorphismus $F: K \to K$ $(a \mapsto a^p)$ ist bijektiv.

BEWEIS: a) $\to$ b) Sei $K \neq K^p$. Wähle $a \in K \setminus K^p$ und betrachte eine Wurzel α des Polynoms $f := X^p - a \in K[X]$. Dann ist $a = \alpha^p$ und $f = (X - \alpha)^p$. Wegen $a \notin K^p$ ist $\alpha \notin K$. Daher ist $[K[\alpha] : K] \geq 2$. Das Minimalpolynom g von α über K ist ein Teiler von f und daher ein inseparables irreduzibles Polynom aus $K[X]$. Da $\deg g \geq p$ ist (8.6) muß sogar $g = f$ sein, d.h. f ist irreduzibel und inseparabel.
b) $\to$ a) Sei $K = K^p$. Angenommen, $f \in K[X]$ sei irreduzibel und inseparabel. Nach 8.6 hat f die Form

$$f = \Sigma \alpha_j (X^{p^e})^j \qquad (\alpha_j \in K, e \geq 1)$$

Wegen $K = K^p = K^{p^2} = \cdots = K^{p^e}$ gilt $\alpha_j = \beta_j^{p^e}$ mit einem $\beta_j \in K$ und es ergibt sich

$$f = \Sigma \beta_j^{p^e} (X^{p^e})^j = (\Sigma \beta_j X^j)^{p^e}$$

im Widerspruch zur Irreduzibilität von f. Somit gibt es in $K[X]$ keine irreduziblen inseparablen Polynome, d.h. K ist vollkommen.

8.18. KOROLLAR. *Jeder endliche Körper ist vollkommen.*

BEWEIS: Ist K ein endlicher Körper, so ist seine Charakteristik eine Primzahl p und nach 8.3 gilt $K = K^p$.

Ein **Beispiel** eines unvollkommenen Körpers erhält man wie folgt: Sei $K := K_0(t)$ der Körper der rationalen Funktionen in einer Unbestimmten t über einem beliebigen Körper K_0 der Charakteristik $p > 0$. Es ist klar, daß $K^p = K_0^p(t^p) \neq K_0(t) = K$ ist. Das Polynom $X^p - t \in K[X]$ ist irreduzibel und inseparabel.

ÜBUNGEN:
1) Geben Sie einen kommutativen Ring mit 1 an, in dem $X^2 + 1$ unendlich viele verschiedene Nullstellen besitzt.
2) Lösen Sie die Kongruenz $X^{121} \equiv 7 \bmod 11$.
3) K sei ein Körper der Charakteristik 2. In $K[X]$ seien irreduzible Polynome

$$f_1 = X^2 - a_1, \; f_2 = X^2 - X - a_2 \quad (a_1, a_2 \in K)$$

gegeben und L_i sei der Zerfällungskörper von f_i ($i = 1, 2$). Gibt es einen K-Isomorphismus von L_1 auf L_2?

4) Sei K ein Körper der Charakteristik $p > 0$. Für Elemente u, v aus einem Erweiterungskörper von K gelte

$$u^p, v^p \in K, \; [K(u,v) : K] = p^2$$

Dann wird $K(u, v)$ über K nicht von einem Element erzeugt.

5) Sei K ein Körper der Charakteristik $p > 0$. Eine algebraische Körpererweiterung L/K heißt **rein inseparabel**, wenn jedes $x \in L \setminus K$ über K inseparabel ist.

a) Für jede algebraische Körpererweiterung L/K ist L/L_{sep} und $L/K[L^p]$ rein inseparabel.

b) Ist L/K rein inseparabel und $[L : K] < \infty$, so gibt es eine Körperkette

$$K = K_0 \subset K_1 \subset \cdots \subset K_t = L \quad \text{mit} \quad [K_i : K_{i-1}] = p \quad (i = 1, \ldots, t)$$

Insbesondere ist $[L : K]$ eine Potenz von p.

c) Ist L/K rein inseparabel, so ist das Minimalpolynom von $x \in L$ über K von der Form $X^{p^e} - \xi$ ($e \in \mathbb{N}, \xi \in K$).

6) Sei K ein Körper der Charakteristik $p > 0$ und L/K eine separabel algebraische Körpererweiterung. Dann ist $L = K[L^p]$. Gilt $L = K[x]$ mit einem $x \in L$, dann ist auch $L = K[x^p] = K[x^{p^2}] = \cdots$

7) Für einen Körper K und $n \in \mathbb{N}$ sei $\Delta_n : K[X] \to K[X]$ die durch $\Delta_n(\Sigma a_i X^i) = \Sigma a_i \binom{i}{n} X^{i-n}$ definierte Abbildung.

a) Δ_n ist K-linear und es gilt die modifizierte Produktregel

$$\Delta_n(fg) = \sum_{j=0}^{n} \Delta_j(f) \cdot \Delta_{n-j}(g) \quad (f, g \in K[X])$$

b) Für $f \in K[X]$ und $a \in K$ gilt $f(a + X) = \sum_{n \in \mathbb{N}} \Delta_n(f)(a) X^n$.

c) Ist $f \neq 0$, so ist $a \in K$ genau dann eine n-fache Nullstelle von f, wenn $\Delta_i(f)(a) = 0$ ($i = 0, \ldots, n-1$), $\Delta_n(f)(a) \neq 0$.

d) Bestimmen Sie die Nullstellen von $f = X^4 - X^3 - 18X^2 + 52X - 40 \in K[X]$ und deren Vielfachheit.

8) Sei L/K eine endliche Körpererweiterung und $\text{Sp}_{L/K}\colon L \to K$ ihre Spur, $N_{L/K}\colon L \to K$ ihre Norm (§ 3, Aufgabe 15)).

a) Ist Z ein Zwischenkörper von L/K, so gilt
$$\text{Sp}_{L/K} = \text{Sp}_{Z/K} \circ \text{Sp}_{L/Z}$$

b) Ist $L = K[a]$ mit einem $a \in L$ und sind $a_1, \ldots, a_n$ die Wurzeln des Minimalpolynoms von a über K, so ist $\text{Sp}_{L/K}(a) = \sum_{i=1}^{n} a_i$, $N_{L/K}(a) = \prod_{i=1}^{n} a_i$.

c) Wenn L/K inseparabel ist, so ist $\text{Sp}_{L/K}$ die Nullabbildung.

9) Sei $K(T)$ der Körper der rationalen Funktionen in einer Unbestimmten T über einem Körper K und $U = \frac{f}{g}$ eine nichtkonstante rationale Funktion ($f, g \in K[T]$ teilerfremd).

a) U ist transzendent über K.

b) $f(X) - Ug(X) \in K(U)[X]$ ist ein irreduzibles Polynom mit der Nullstelle T in $K(T)$.

c) Genau dann gilt $K(U) = K(T)$, wenn Max $\{\deg f, \deg g\} = 1$ ist.

d) Geben Sie eine notwendige und hinreichende Bedingung dafür an, daß $K(T)/K(U)$ separabel ist.

§ 9. Normale und galoissche Körpererweiterungen

Die Grundidee der Galoistheorie besteht darin, algebraische Körpererweiterungen L/K mit Hilfe der Gruppe der K-Automorphismen von L zu untersuchen. Algebraische Gleichungen $f = 0$ werden studiert, indem man den Zerfällungskörper des Polynoms f bildet und die Automorphismengruppe des Zerfällungskörpers heranzieht.

Für eine Körpererweiterung L/K bezeichne $G(L/K)$ die Gruppe der K-Automorphismen von L, also die Gruppe aller bijektiven K-Homomorphismen $\sigma \colon L \to L$ mit der Komposition von Abbildungen als Verknüpfung. $|G(L/K)|$ bezeichne die **Ordnung** von $G(L/K)$, d.h. die Zahl der Elemente dieser Gruppe. Aus 8.11 entnimmt man

9.1. BEMERKUNG: Ist $[L : K] = n$, so ist $|G(L/K)| \leq n$. Die Automorphismengruppe einer endlichen Körpererweiterung ist somit stets endlich.

Die Theorie in § 8 zeigt auch, wie man die Automorphismen von L/K findet, wenn ein Erzeugendensystem von L/K gegeben ist. Ist etwa $L = K[a] = K[X]/(f)$ mit dem Minimalpolynom f von a über K, so ist jeder Automorphismus $\sigma \in G(L/K)$ durch $b := \sigma(a)$ eindeutig festgelegt und b ist eine Wurzel von f in L. Umgekehrt definiert jede Wurzel von f in L eindeutig ein Element aus $G(L/K)$. Dies zeigt der Beweis von 8.9. Wir erhalten daher

9.2. BEMERKUNG: Ist $L = K[a]$ eine einfache Erweiterung von K und f das Minimalpolynom von a über K, so ist $|G(L/K)|$ gleich der Zahl der verschiedenen Nullstellen von f in L.

9.3. BEISPIELE:

a) Sei $K = \mathbf{Q}$, $L = \mathbf{Q}[\sqrt{d}]$ mit einer quadratfreien ganzen Zahl d, wobei $d \neq 0$, $d \neq 1$. Dann hat $a = \sqrt{d}$ über $\mathbf{Q}$ das Minimalpolynom

$$f = X^2 - d = (X + \sqrt{d})(X - \sqrt{d})$$

Demnach besitzt $\mathbf{Q}(\sqrt{d})/\mathbf{Q}$ genau zwei $\mathbf{Q}$-Automorphismen, welche durch

$$\sqrt{d} \mapsto \sqrt{d} \quad (\text{Identität}), \quad \sqrt{d} \mapsto -\sqrt{d} \quad (\text{Konjugation})$$

gegeben werden. Die Konjugation führt allgemein $\alpha_0 + \alpha_1\sqrt{d}$ ($\alpha_0, \alpha_1 \in \mathbf{Q}$) in $\alpha_0 - \alpha_1\sqrt{d}$ über.

Da L nur reelle Zahlen enthält und ρa sowie $\rho^2 a$ nicht reell sind, ergibt sich
$$G(L/K) = \{\text{id}\}$$
Besonders wichtig für die Anwendung der galoisschen Methode sind die Körpererweiterungen mit "vielen" Automorphismen.

9.4. DEFINITION: Eine Körpererweiterung L/K heißt **normal**, wenn sie algebraisch ist und wenn gilt: Besitzt ein irreduzibles Polynom $f \in K[X]$ eine Nullstelle in L, so zerfällt f über L in Linearfaktoren.

Die Erweiterung L/K in Beispiel 9.3a) ist normal, wie sich aus 9.7 ergeben wird, die in 9.3b) dagegen offensichtlich nicht. Ist $\overline{K}$ die algebraische Abschließung von K, so ist $\overline{K}/K$ trivialerweise normal.

9.5. SATZ. *Sei L/K eine algebraische Körpererweiterung und $\overline{L}$ die algebraische Abschließung von L (folglich auch von K). Folgende Aussagen sind äquivalent:*
a) L/K ist normal.
b) Es gibt eine Familie $\{f_\lambda\}_{\lambda \in \Lambda}$ von Polynomen $f_\lambda \in K[X]$, so daß L aus K durch Adjunktion aller Wurzeln der f_λ ($\lambda \in \Lambda$) entsteht.
c) Für jeden K-Homomorphismus $\sigma: L \to \overline{L}$ ist $\sigma(L) = L$ (d.h. σ induziert einen Automorphismus von L/K).

BEWEIS: a) $\to$ b) Wähle ein Erzeugendensystem $\{x_\lambda\}_{\lambda \in \Lambda}$ von L/K und betrachte für jedes $\lambda \in \Lambda$ das Minimalpolynom f_λ von x_λ über K. Adjungiert man alle Wurzeln der f_λ zu K, so erhält man L, weil ja schon die x_λ ganz L erzeugen und die übrigen Wurzeln in L liegen.
b) $\to$ c) Sei $\{x_\mu\}_{\mu \in M}$ die Gesamtheit aller Nullstellen der f_λ ($\lambda \in \Lambda$). Für jedes μ und jeden K-Homomorphismus $\sigma: L \to \overline{L}$ ist auch $\sigma(x_\mu)$ eine Nullstelle eines f_λ. Aus $L = K(\{x_\mu\})$ ergibt sich somit $\sigma(L) \subset L$. Sind umgekehrt $x_{\mu_1}, \ldots, x_{\mu_s}$ alle Nullstellen von f_λ, so sind auch $\sigma(x_{\mu_1}), \ldots, \sigma(x_{\mu_s})$ die Nullstellen von f_λ, d.h. für jedes $i \in \{1, \ldots, s\}$ ist $x_{\mu_i} = \sigma(x_{\mu_j})$ mit $j \in \{1, \ldots, s\}$. Es folgt, daß auch $L \subset \sigma(L)$.
c) $\to$ a) Sei $f \in K[X]$ irreduzibel und sei a eine Nullstelle von f in L. Ist $b \in \overline{L}$ eine beliebige Wurzel von f, so existiert ein K-Homomorphismus $\sigma_0: K[a] \to \overline{L}$ mit $\sigma_0(a) = b$. Nach 7.19 läßt sich σ_0 fortsetzen zu einem K-Homomorphismus $\sigma: L \to \overline{L}$. Für diesen gilt nach Voraussetzung $\sigma(L) = L$ und daher ergibt sich $b \in L$.

9.6. KOROLLAR. *Ist L/K normal und Z ein Zwischenkörper von L/K, so ist auch L/Z normal.*

Für endliche Körpererweiterungen läßt sich die Charakterisierung der normalen Erweiterungen aus 9.5 verschärfen.

9.7.Satz. *Eine endliche Körpererweiterung L/K ist genau dann normal, wenn L der Zerfällungskörper eines Polynoms $f \in K[X]$ ist.*

BEWEIS: Ist L/K ein Zerfällungskörper, so ist L/K nach 9.5 normal. Sei umgekehrt L/K normal. Wähle $a_1, \ldots, a_m \in L$ mit $L = K[a_1, \ldots, a_m]$. Sei f_i das Minimalpolynom von a_i über K und $f := \prod_{i=1}^{m} f_i$. Da die f_i über L in Linearfaktoren zerfallen, ist L ein Zerfällungskörper von f.

Jede algebraische Körpererweiterung läßt sich in eine normale Körpererweiterung einbetten:

9.8.Satz. *Zu jeder algebraischen Körpererweiterung L/K gibt es eine Körpererweiterung N/L, so daß gilt:*
a) N/K ist normal.
b) *Ist Z ein Zwischenkörper von N/L, so daß Z/K normal ist, dann ist $Z = N$.*
Wenn $\tilde{N}/L$ eine weitere Körpererweiterung mit den Eigenschaften a) und b) ist, dann ist $\tilde{N}$ zu N L-isomorph.

BEWEIS: Sei $\{x_\lambda\}_{\lambda \in \Lambda}$ ein Erzeugendensystem von L/K und f_λ das Minimalpolynom von x_λ über K ($\lambda \in \Lambda$). N entstehe aus L durch Adjunktion aller Wurzeln der f_λ. Nach 9.5 hat dann N die Eigenschaften a) und b).

$\tilde{N}$ kann durch einen L-Homomorphismus σ in die algebraische Abschließung $\overline{L}$ von L eingebettet werden. Es ist dann klar, daß $\sigma(\tilde{N}) = N$ ist.

9.9.Definition: Ein Körper N mit den Eigenschaften a) und b) aus 9.8 heißt eine **normale Hülle** von L/K.

Sind N und $\tilde{N}$ normale Hüllen von L/K und ist $\alpha \colon N \to \tilde{N}$ ein L-Isomorphismus, so wird durch

$$G(N/K) \to G(\tilde{N}/K) \quad (\sigma \mapsto \alpha \sigma \alpha^{-1})$$

ein Gruppenisomorphismus gegeben. Die Automorphismengruppe $G(N/K)$ ist somit bis auf Isomorphie unabhängig von der speziellen Wahl der normalen Hülle.

Wir kommen nun zum wichtigsten Begriff in der Theorie der endlichen Körpererweiterungen:

9.10.Definition: Eine Körpererweiterung L/K heißt **galoissch**, wenn sie endlich, separabel und normal ist. $G(L/K)$ heißt in diesem Fall die **Galoisgruppe** von L/K.

Verzichtet man auf die Endlichkeit von L/K, so erhält man den Begriff der "unendlichen" Galoiserweiterung. Die Untersuchung dieser Körpererweiterungen ist Gegenstand der "unendlichen Galoistheorie" (vgl. Neukirch [N], Chap. I,§ 1). Bei uns sollen Galoiserweiterungen aber stets endlich sein.

Sei $f \in K[X]$ ein separables Polynom. Der Zerfällungskörper L eines solchen Polynoms ist dann gemäß 8.12 separabel über K, folglich ist L/K galoissch. In diesem Fall schreiben wir auch $G(f) := G(L/K)$ und nennen $G(f)$ die **Galoisgruppe des Polynoms** f. Es ist dieses Konzept, das Galois (im Fall $K = \mathbb{Q}$) entdeckt und zur Lösung tiefliegender Probleme über algebraische Gleichungen verwendet hat.

9.11.SATZ. *Für eine Körpererweiterung L/K sind folgende Aussagen äquivalent:*
a) L/K ist galoissch.
b) L ist der Zerfällungskörper eines separablen Polynoms aus $K[X]$.
c) Es ist $[L:K] < \infty$ und $|G(L/K)| = [L:K]$.

BEWEIS: b) → a) wurde oben besprochen. Ist umgekehrt L/K galoissch, so sei $L = K[a_1, \ldots, a_m]$ mit $a_1, \ldots, a_m \in L$. Die Minimalpolynome f_i der a_i über K sind separabel ($i = 1, \ldots, m$) und L ist der Zerfällungskörper von $f = \prod_{i=1}^{m} f_i$. Damit ist a) ↔ b) gezeigt.

Sei $\overline{L}$ die algebraische Abschließung von L. Die $\sigma \in G(L/K)$ können als K-Homomorphismen $\sigma: L \to \overline{L}$ betrachtet werden. Ist $[L:K] =: n$, so ist L/K genau dann separabel, wenn es n K-Homomorphismen $\tau: L \to \overline{L}$ gibt (8.10b) und nach 9.5c) ist L/K genau dann normal, wenn $\tau(L) = L$ für jedes solche τ. Hieraus ergibt sich a) ↔ c).

9.12.KOROLLAR. *Sei K ein Körper der Charakteristik 0. Die Galoiserweiterungen von K sind gerade die Zerfällungskörper der Polynome aus $K[X]$.*

9.13.KOROLLAR. *Sei Z ein Zwischenkörper einer Galoiserweiterung L/K. Dann ist auch L/Z galoissch und $G(L/Z)$ ist eine Untergruppe von $G(L/K)$.*

Für die Galoisgruppe $G(f)$ eines separablen Polynoms f über einem Körper K können wir auf Grund der früheren Sätze folgendes aussagen:
a) Jedes $\sigma \in G(f)$ permutiert die Wurzeln $x_1, \ldots, x_n$ von f und ist durch diese Permutation eindeutig festgelegt. $G(f)$ kann somit als eine Untergruppe der Permutationsgruppe S_n n-ten Grades betrachtet werden. Insbesondere ist

$$|G(f)| \leq n!$$

b) Die Wurzeln der irreduziblen Faktoren von f werden durch jedes $\sigma \in G(f)$ unter sich permutiert.
c) Ist f irreduzibel, so operiert $G(f)$ transitiv auf den Wurzeln von f, d.h. jede Wurzel kann durch ein geeignetes $\sigma \in G(f)$ auf jede Wurzel abgebildet werden: Sei $L \subset \overline{K}$ ein Zerfällungskörper von f und seien $a, b \in L$ zwei Wurzeln von f. Dann

gibt es einen K-Isomorphismus $K[a] \xrightarrow{\sim} K[b]$. Dieser kann nach 7.19 zu einem K-Homomorphismus $\sigma\colon L \to \overline{K}$ fortgesetzt werden. Nach 9.5c) ist $\sigma(L) = L$, also $\sigma \in G(f)$ und $\sigma(a) = b$.

d) Ist f irreduzibel vom Grad n, so ist n ein Teiler von $|G(f)|$. Ist nämlich $L \subset \overline{K}$ der Zerfällungskörper von f über K und a eine Wurzel von f, so ist $K[a] \subset L$. Dabei ist $n := [K[a] : K]$ ein Teiler von $[L : K]$ und nach 9.11c) ist $|G(f)| = |G(L/K)| = [L : K]$.

Ist L/K eine Galoiserweiterung mit der Galoisgruppe $G(L/K)$ und ist $x \in L$, so heißen die Elemente $\sigma(x)$ ($\sigma \in G(L/K)$) die **Konjugierten** von x. Es sind dies gerade die sämtlichen Wurzeln in L des Minimalpolynoms von x über K.

Wir wollen nun in einem einfachen Beispiel die Galoisgruppe bestimmen. Ein weiteres ist 9.3a), wo sich ergeben hat, daß $G(\mathbf{Q}(\sqrt{d})/\mathbf{Q})$ eine Gruppe mit 2 Elementen ist. Viele Beispiele enthalten auch die Übungsaufgaben.

9.14. BEISPIEL: Das Polynom $f := X^3 - 2 \in \mathbf{Q}[X]$ ist irreduzibel und besitzt die Wurzeln $a := \sqrt[3]{2}$, ρa, $\rho^2 a$ mit $\rho := -\frac{1}{2} + \frac{1}{2}\sqrt{-3}$. In 9.3b) haben wir gesehen, daß $\mathbf{Q}(\sqrt[3]{2})/\mathbf{Q}$ nicht normal ist, folglich ist $\mathbf{Q}(\sqrt[3]{2})/\mathbf{Q}$ auch keine Galoiserweiterung. Der Zerfällungskörper von f ist $N := \mathbf{Q}(\sqrt[3]{2}, \sqrt{-3})$ und $N/\mathbf{Q}$ ist galoissch, $G(f) = G(N/\mathbf{Q})$. Gleichzeitig ist N eine normale Hülle von $\mathbf{Q}(\sqrt[3]{2})/\mathbf{Q}$. Ferner ist $[N : \mathbf{Q}(\sqrt[3]{2})] = 2$ und $[\mathbf{Q}(\sqrt[3]{2}) : \mathbf{Q}] = 3$, folglich $[N : \mathbf{Q}] = 6$. Daher ist auch $|G(f)| = 6$. Da aber $G(f)$ eine Untergruppe von S_3 ist und $|S_3| = 6$, muß $G(f) = S_3$ sein, d.h. alle Permutationen der Wurzeln von f definieren Automorphismen von L/K.

In vielen Fällen setzt die Bestimmung der Galoisgruppe Kenntnisse aus der Gruppentheorie voraus. Daher können wir kompliziertere Beispiele erst nach dem Paragraphen über Gruppentheorie behandeln. Für die Frage nach der Konstruierbarkeit des regulären n-Ecks ist die Bestimmung der Galoisgruppe von $\mathbf{Q}(e^{\frac{2\pi i}{n}})/\mathbf{Q}$ wichtig und für das Problem der Auflösung algebraischer Gleichungen durch Radikale ist die Kenntnis der Galoisgruppen "reiner" Polynome $X^n - a$ von Bedeutung.

ÜBUNGEN:
1) Jede Körpererweiterung vom Grad 2 ist normal, jede separable Körpererweiterung vom Grad 2 ist galoissch.
2) Sei L/K eine Körpererweiterung und Z_1, Z_2 seien zwei Zwischenkörper von L/K. Wenn Z_1 und Z_2 normal über K sind, dann ist es auch ihr Kompositum $Z_1 \cdot Z_2$ (vgl. § 3, Aufg. 9)) und $Z_1 \cap Z_2$.
3) Sei L/K eine rein inseparable Körpererweiterung (§ 8, Aufg. 5)). Ist L/K normal?

4) Sei K ein Körper.
   a) Für jeden K-Automorphismus σ des Polynomrings $K[X]$ gilt $\sigma(X) = aX + b$ mit $a \in K^*$, $b \in K$. Umgekehrt bestimmt jedes $(a,b) \in K^* \times K$ eindeutig einen solchen K-Automorphismus.
   b) Für jeden K-Automorphismus σ von $K(X)$ gilt
   $$\sigma(X) = \frac{aX+b}{cX+d} \quad (a,b,c,d \in K; ad - bc \neq 0)$$
   und umgekehrt bestimmt jede solche rationale Funktion $\frac{aX+b}{cX+d}$ einen K-Automorphismus von $K(X)$. (Hinweis: Verwenden Sie § 8, Aufg. 9c)).

5) Zeigen Sie, daß die folgenden Erweiterungskörper von $\mathbf{Q}$ galoissch über $\mathbf{Q}$ sind. Versuchen Sie auch die Galoisgruppe zu bestimmen:
$$\mathbf{Q}(i+\sqrt{2}),\ \mathbf{Q}(\sqrt{2},\sqrt{5}),\ \mathbf{Q}(\sqrt{2},\sqrt{3},\sqrt{5})$$

6) Durch
$$\mathbf{Q}[X]/(X^6+X^5+X^4+X^3+X^2+X+1) \quad \text{bzw.} \quad \mathbf{Q}[X]/(X^6+432)$$
werden galoissche Körpererweiterungen von $\mathbf{Q}$ gegeben.

7) $\mathbf{Q}(\sqrt[4]{2})$ ist galoissch über $\mathbf{Q}(\sqrt[2]{2})$ und $\mathbf{Q}(\sqrt[2]{2})$ ist galoissch über $\mathbf{Q}$. Aber $\mathbf{Q}(\sqrt[4]{2})/\mathbf{Q}$ ist **nicht** galoissch.

8) Bestimmen Sie die Galoisgruppen der Polynome $X^4 - 4$ und $X^4 - 6X^2 + 5$ aus $\mathbf{Q}[X]$ als Permutationsgruppen ihrer Wurzeln. Sind die Galoisgruppen abelsch?

9) Untersuchen Sie die Galoisgruppe des Polynoms $X^3 - a \in \mathbf{Q}[X]$ in Abhängigkeit von a.

10) Die Polynome
$$1 + X + \frac{1}{2}X^2 + \frac{1}{6}X^3,\ 2 + 2X + X^3$$
aus $\mathbf{Q}[X]$ sind irreduzibel und besitzen genau eine reelle Nullstelle. Welche Galoisgruppen besitzen die Polynome?

11) Der Zerfällungskörper von $X^3 - 2$ über $\mathbf{Q}$ ist $\mathbf{Q}$-isomorph zu $\mathbf{Q}[X]/(X^6+108)$.

12) Sei L/K eine Galoiserweiterung und $a \in L$ ein Element mit $\sigma(a) \neq a$ für alle $\sigma \in G(L/K) \setminus \{\mathrm{id}\}$. Dann gilt $L = K[a]$.

§ 10. Der Hauptsatz der Galoistheorie

Der Hauptsatz gibt für Galoiserweiterungen L/K eine Bijektion zwischen der Menge der Zwischenkörper von L/K und der Menge der Untergruppen der Galoisgruppe $G(L/K)$. Eine gebräuchliche Beweismethode geht auf E. Artin [A] zurück. Aus den Anfangsparagraphen wissen wir, daß die genaue Kenntnis der Zwischenkörper einer algebraischen Körpererweiterung z.B. für die Lösung von Konstruktionsproblemen mit Zirkel und Lineal und die Frage nach der Auflösbarkeit algebraischer Gleichungen durch Radikale bedeutsam ist.

Sei G eine (multiplikative) Gruppe, K ein Körper und K^* seine multiplikative Gruppe.

10.1. DEFINITION: Ein (linearer) **Charakter** von G in K ist ein Gruppenhomomorphismus $\sigma\colon G \to K^*$.

Sind L und K Körper und ist $\sigma\colon L \to K$ ein nichttrivialer Ringhomomorphismus, dann wird ein Charakter $\sigma^*\colon L^* \to K^*$ der multiplikativen Gruppe von L in K induziert. Insbesondere lassen sich die Automorphismen eines Körpers L als Charaktere $L^* \to L^*$ betrachten.

10.2. LINEARE UNABHÄNGIGKEIT VON CHARAKTEREN: Sind $\sigma_1, \ldots, \sigma_n$ paarweise verschiedene Charaktere von G in K und sind Elemente $a_1, \ldots, a_n \in K$ gegeben, so daß

(1) $$\sum_{i=1}^{n} a_i \sigma_i(x) = 0 \quad \text{für alle} \quad x \in G$$

dann gilt $a_1 = \cdots = a_n = 0$.

BEWEIS (durch Induktion nach n): Für $n = 1$ lautet die Relation: $a_1 \sigma_1(x) = 0$ für alle $x \in G$. Da $\sigma_1(x) \in K^*$, ergibt sich $a_1 = 0$.

Es sei jetzt $n > 1$ und die Behauptung sei für $n - 1$ Charaktere schon bewiesen. Wähle $y \in G$ mit $\sigma_1(y) \neq \sigma_n(y)$ und multipliziere (1) mit $\sigma_n(y)$:

$$a_1 \sigma_n(y) \sigma_1(x) + \cdots + a_n \sigma_n(y) \sigma_n(x) = 0$$

Setzt man in (1) statt x das Element yx ein, erhält man

$$a_1 \sigma_1(y) \sigma_1(x) + \cdots + a_n \sigma_n(y) \sigma_n(x) = 0$$

und durch Differenzbildung

$$a_1 (\sigma_n(y) - \sigma_1(y)) \sigma_1(x) + \cdots + a_{n-1} (\sigma_n(y) - \sigma_{n-1}(y)) \sigma_{n-1}(x) = 0$$

für alle $x \in G$. Da $\sigma_n(y) \neq \sigma_1(y)$, liefert die Induktionsvoraussetzung, daß $a_1 = 0$ ist. Nochmalige Anwendung der Induktionsvoraussetzung auf (1) ergibt schließlich $a_2 = \cdots = a_n = 0$,

q.e.d.

10.3.THEOREM. *(E. Artin) Sei G eine endliche Untergruppe der Automorphismengruppe eines Körpers L und*

$$K := \{x \in L \mid \sigma(x) = x \text{ für alle } \sigma \in G\}$$

die Menge der G-invarianten Elemente von L. Dann ist K ein Teilkörper von L mit $[L : K] = |G|$. Ferner ist L/K galoissch und $G(L/K) = G$.

BEWEIS: Sei $G = \{\sigma_1, \ldots, \sigma_n\}$, $n = |G|$. Da die σ_i Automorphismen von L sind, ist klar, daß K ein Teilkörper von L ist. Ferner sind die σ_i K-lineare Abbildungen $(i = 1, \ldots, n)$. Für $x \in L$ werde

$$S(x) := \sigma_1(x) + \cdots + \sigma_n(x)$$

gesetzt. Aus $\sigma_i S(x) = \sum_{j=1}^{n} (\sigma_i \sigma_j)(x) = \sum_{j=1}^{n} \sigma_j(x) = S(x)$ $(i = 1, \ldots, n)$ folgt $S(x) \in K$, daher ist $S: L \to K$ $(x \mapsto S(x))$ eine Linearform. Nach 10.2 gilt ferner $S(x) \neq 0$ für mindestens ein $x \in L$.

Angenommen, es wäre $[L : K] =: r < n$. Sei $\{\omega_1, \ldots, \omega_r\}$ eine Basis von L/K. Das lineare Gleichungssystem

$$\sum_{i=1}^{n} \sigma_i(\omega_k) X_i = 0 \qquad (k = 1, \ldots, r)$$

besitzt dann eine nichttriviale Lösung $(a_1, \ldots, a_n) \in L^n$

(2) $$\sum_{i=1}^{n} \sigma_i(\omega_k) a_i = 0 \qquad (k = 1, \ldots, r)$$

Schreibe $x \in L$ in der Form $x = \sum_{k=1}^{r} \lambda_k \omega_k$ $(\lambda_1, \ldots, \lambda_r \in K)$. Multipliziert man die k-te Gleichung in (2) mit λ_k und addiert man alle Gleichungen, so ergibt sich

$$0 = \sum_{k=1}^{r} \lambda_k \sum_{i=1}^{n} \sigma_i(\omega_k) a_i = \sum_{i=1}^{n} a_i \sigma_i \left(\sum_{k=1}^{r} \lambda_k \omega_k\right) = \sum_{i=1}^{n} a_i \sigma_i(x)$$

Dies widerspricht 10.2, und somit ist $[L : K] \geq n$.

Seien nun $y_1, \ldots, y_{n+1} \in L$. Wir wollen zeigen, daß die Elemente linear abhängig über K sind, was $[L : K] = n$ beweist. Das lineare Gleichungssystem

$$\sum_{k=1}^{n+1} \sigma_i^{-1}(y_k) X_k = 0 \qquad (i = 1, \ldots, n)$$

besitzt eine nichttriviale Lösung $(a_1, \ldots, a_{n+1}) \in L^{n+1}$. Wir dürfen dabei $a_1 \neq 0$ annehmen. Da für jedes $z \in L$ auch $z \cdot (a_1, \ldots, a_{n+1})$ eine Lösung ist und $S: L \to K$ surjektiv ist, können wir auch $S(a_1) \neq 0$ voraussetzen.

Auf die i-te Gleichung des Systems
$$\sum_{k=1}^{n+1} \sigma_i^{-1}(y_k) a_k = 0$$
wenden wir nun σ_i an und addieren dann alle Gleichungen. Es ergibt sich
$$0 = \sum_{i=1}^{n} \sigma_i \left(\sum_{k=1}^{n+1} \sigma_i^{-1}(y_k) a_k \right) = \sum_{k=1}^{n+1} y_k \sum_{i=1}^{n} \sigma_i(a_k) = \sum_{k=1}^{n+1} S(a_k) \cdot y_k$$
und damit die lineare Abhängigkeit von $y_1, \ldots, y_{n+1}$ über K.

Die Elemente von G sind K-Automorphismen von L, daher ist $G \subset G(L/K)$. Nach 8.11 ist aber $|G(L/K)| \leq [L:K]$, somit folgt $G = G(L/K)$ und $|G(L/K)| = [L:K]$. Nach 9.11 ist L/K galoissch, $\hspace{2cm}$ q.e.d.

Sei nun L/K eine beliebige Galoiserweiterung und $G := G(L/K)$. Es bezeichne $\mathfrak{Z}$ die Menge aller Zwischenkörper von L/K und $\mathfrak{U}$ die Menge aller Untergruppen von G. Für $U \in \mathfrak{U}$ heißt
$$L_U := \{x \in L \mid \sigma(x) = x \text{ für alle } \sigma \in U\}$$
der **Fixkörper** von U. Da G aus K-Automorphismen besteht, ist $K \subset L_U$ und damit $L_U \in \mathfrak{Z}$. Es sei $\phi: \mathfrak{U} \to \mathfrak{Z}$ die Abbildung, die jeder Untergruppe von G ihren Fixkörper zuordnet.

Für $Z \in \mathfrak{Z}$ heißt
$$G_Z := \{\sigma \in G \mid \sigma(x) = x \text{ für alle } x \in Z\}$$
die **Isotropiegruppe** von Z. Es sei $\psi: \mathfrak{Z} \to \mathfrak{U}$ die Abbildung, die jedem Zwischenkörper von L/K seine Isotropiegruppe zuordnet.

10.4. HAUPTSATZ DER GALOISTHEORIE:
a) ϕ und ψ sind zueinander inverse Bijektionen. Es entsprechen sich somit eineindeutig die Zwischenkörper von L/K und die Untergruppen der Galoisgruppe $G(L/K)$.
b) Für $Z_1, Z_2 \in \mathfrak{Z}$ mit $Z_1 \subset Z_2$ gilt $G_{Z_1} \supset G_{Z_2}$ und für $U_1, U_2 \in \mathfrak{U}$ mit $U_1 \subset U_2$ gilt $L_{U_1} \supset L_{U_2}$.
c) Für jedes $Z \in \mathfrak{Z}$ ist $|G_Z| = [L:Z]$ und G_Z ist die Galoisgruppe von L/Z:
$$G_Z = G(L/Z)$$
Speziell ist $G_K = G(L/K)$.
d) Für jedes $U \in \mathfrak{U}$ ist $[L:L_U] = |U|$. Speziell ist $L_U = K$ für $U = G(L/K)$.
e) Für $Z \in \mathfrak{Z}$ und $\sigma \in G(L/K)$ gilt
$$G_{\sigma(Z)} = \sigma G_Z \sigma^{-1}$$
f) Für $Z \in \mathfrak{Z}$ ist Z/K genau dann eine Galoiserweiterung, wenn G_Z ein Normalteiler von $G(L/K)$ ist:
$$G_Z = \sigma G_Z \sigma^{-1} \quad \text{für alle} \quad \sigma \in G(L/K)$$

BEWEIS: Für $Z \in \mathfrak{Z}$ ist $G_Z = G(L/Z)$ nach Definition von G_Z. Der Fixkörper $Z' := L_{G_Z}$ von G_Z umfaßt sicher Z. Nach 10.3 gilt aber $[L : Z'] = |G_Z| = |G(L/Z)| = [L : Z]$ und somit ist $Z' = Z$. Damit ist $\phi \circ \psi = \mathrm{id}_{\mathfrak{Z}}$ gezeigt.

Für $U \in \mathfrak{U}$ ist $[L : L_U] = |U|$ nach 10.3 und $U = G(L/L_U) = G_{L_U}$. Es folgt $\psi \circ \phi = \mathrm{id}_{\mathfrak{U}}$. Damit sind a),c) und d) bereits bewiesen. b) ist trivial.

Zum Nachweis von e) beachtet man zunächst, daß $\sigma G_Z \sigma^{-1}$ den Körper $\sigma(Z)$ elementweise festläßt, d.h. es ist $\sigma G_Z \sigma^{-1} \subset G_{\sigma(Z)} = G(L/\sigma(Z))$. Ferner ist $[\sigma(Z) : K] = [Z : K]$, weil σ bijektiv ist, und somit $[L : \sigma(Z)] = [L : Z]$. Daher ergibt sich

$$|\sigma G_Z \sigma^{-1}| = |G_Z| = [L : Z] = [L : \sigma(Z)] = |G_{\sigma(Z)}|$$

und $\sigma G_Z \sigma^{-1} = G_{\sigma(Z)}$.

Schließlich zeigen wir f). Genau dann ist Z/K galoissch, wenn Z/K normal ist, und dies heißt nach 9.5, daß $\sigma(Z) = Z$ für alle $\sigma \in G(L/K)$. Diese Bedingung ist nach e) damit äquivalent, daß $\sigma G_Z \sigma^{-1} = G_Z$ für alle $\sigma \in G(L/K)$, d.h. damit, daß G_Z Normalteiler von $G(L/K)$ ist.

Der Hauptsatz ist bewiesen. Als erste Anwendung ergibt sich:

10.5.KOROLLAR. *a) Sei L/K eine endliche separable Körpererweiterung. Dann besitzt L/K nur endlich viele Zwischenkörper.*
b) Ist L/K eine Galoiserweiterung mit abelscher Galoisgruppe und ist Z ein Zwischenkörper von L/K, so ist auch Z/K galoissch.

BEWEIS: a) Sei N eine normale Hülle von L/K. Da L/K separabel ist, entsteht N aus K durch Adjunktion von Wurzeln über K separabler Polynome. Daher ist N/K separabel (8.12) und mithin galoissch. Nach dem Hauptsatz besitzt N/K nur endlich viele Zwischenkörper. Erst recht ist dies dann auch für L/K der Fall.
b) ergibt sich aus 10.4f), da in einer abelschen Gruppe alle Untergruppen Normalteiler sind.

Ein Gegenbeispiel zu 10.5a) im inseparablen Fall ist in Aufg. 7) enthalten. Für die endgültige Klärung des Sachverhalts s. Theorem 12.5.

Als nächstes wollen wir aus 10.3 auch den "Hauptsatz über symmetrische Funktionen" herleiten. Sei $P := R_0[X_1, \ldots, X_n]$ die Polynomalgebra in Unbestimmten $X_1, \ldots, X_n$ über einem Ring R_0 und S_n die Permutationsgruppe n-ten Grades. Für $\sigma \in S_n$ wird durch $X_i \mapsto X_{\sigma(i)}$ $(i = 1, \ldots, n)$ ein R_0-Homomorphismus

$$R_0[X_1, \ldots, X_n] \to R_0[X_1, \ldots, X_n]$$

definiert, den wir ebenfalls mit σ bezeichnen wollen.

Es ist also für $f \in P$

$$\sigma(f)(X_1,\ldots,X_n) = f(X_{\sigma(1)},\ldots,X_{\sigma(n)})$$

und es ist klar, daß σ ein R_0-Automorphismus von P ist, denn die inverse Permutation σ^{-1} definiert eine Umkehrabbildung von σ auf P.

10.6. DEFINITION: Die $f \in P$ mit $\sigma(f) = f$ für alle $\sigma \in S_n$ heißen **symmetrische Polynome**.

Beispielsweise sind

$$\varepsilon_1 := X_1 + \cdots + X_n$$
$$\varepsilon_2 := \sum_{i<j} X_i X_j$$

und allgemein

$$\varepsilon_m := \sum_{\alpha_1 < \cdots < \alpha_m} X_{\alpha_1} \cdots X_{\alpha_m} \quad (m = 1,\ldots,n)$$

symmetrische Polynome. Sie heißen **elementarsymmetrische Polynome** (Funktionen). Man erhält sie als die Koeffizienten des Polynoms $(Y - X_1) \cdot \ldots \cdot (Y - X_n)$ in der Form

(3) $\qquad (Y - X_1) \cdots (Y - X_n) = Y^n - \varepsilon_1 Y^{n-1} + \cdots + (-1)^n \varepsilon_n$

Natürlich gilt dann für beliebige Elemente $a_1,\ldots,a_n \in R_0$

$$\prod_{i=1}^n (Y - a_i) = Y^n - \varepsilon_1(a_1,\ldots,a_n)Y^{n-1} + \cdots + (-1)^n \varepsilon_n(a_1,\ldots,a_n)$$

d.h. man kann die Koeffizienten eines normierten Polynoms leicht aus seinen Nullstellen ermitteln. Interessanter ist natürlich das umgekehrte Problem, die Nullstellen aus den Koeffizienten zu berechnen.

Die symmetrischen Polynome bilden einen Unterring von P, der R_0 umfaßt. Sei nun R_0 ein Integritätsring mit dem Quotientenkörper K_0. Die R_0-Automorphismen $\sigma: P \to P$ lassen sich zu K_0-Automorphismen des Quotientenkörpers $K_0(X_1,\ldots,X_n)$ von P fortsetzen: Für $\frac{f}{g} \in K_0(X_1,\ldots,X_n)$ mit $f,g \in R_0[X_1,\ldots,X_n]$ setzt man $\sigma(\frac{f}{g}) = \frac{\sigma(f)}{\sigma(g)}$. Das Ergebnis ist unabhängig von der Bruchdarstellung: Ist $\frac{f}{g} = \frac{f^*}{g^*}$, so gilt $fg^* = f^*g$, somit $\sigma(f)\sigma(g^*) = \sigma(f^*)\sigma(g)$ und folglich $\frac{\sigma(f)}{\sigma(g)} = \frac{\sigma(f^*)}{\sigma(g^*)}$. Wir können jetzt S_n als eine Automorphismengruppe von $K_0(X_1,\ldots,X_n)$ betrachten. Ihr Fixkörper K heißt **Körper der symmetrischen Funktionen**.

10.7.Satz. a) *Es gilt* $K = K_0(\varepsilon_1, \ldots, \varepsilon_n)$ *und*

$$[K_0(X_1, \ldots, X_n) : K_0(\varepsilon_1, \ldots, \varepsilon_n)] = n!$$

b) $R_0[\varepsilon_1, \ldots, \varepsilon_n]$ *ist der Ring aller symmetrischen Polynome aus* $R_0[X_1, \ldots, X_n]$ *und* $\{X_1^{\nu_1} \cdots X_n^{\nu_n} \mid 0 \leq \nu_i \leq n - i \ (i = 1, \ldots, n)\}$ *ist eine Basis von* $R_0[X_1, \ldots, X_n]$ *als* $R_0[\varepsilon_1, \ldots, \varepsilon_n]$-*Modul*.

Mit andern Worten: Jede symmetrische Funktion läßt sich als rationale Funktion der elementarsymmetrischen Polynome darstellen und jedes symmetrische Polynom als ein Polynom in den elementarsymmetrischen Polynomen. Das sind wichtige Aussagen, die gelegentlich auch in der Analysis eine Rolle spielen.

BEWEIS VON 10.7:

a) Es ist klar, daß $K_0(\varepsilon_1, \ldots, \varepsilon_n) \subset K$. Die Gleichung (3) zeigt, daß $L := K_0(X_1, \ldots, X_n)$ ein Zerfällungskörper des Polynoms

$$Y^n - \varepsilon_1 Y^{n-1} + \cdots + (-1)^n \varepsilon_n \in K_0(\varepsilon_1, \ldots, \varepsilon_n)[Y]$$

ist. Mithin gilt $[L : K_0(\varepsilon_1, \ldots, \varepsilon_n)] \leq n!$. Nach 10.3 ist andererseits $[L : K] = |S_n| = n!$ und es folgt $K = K_0(\varepsilon_1, \ldots, \varepsilon_n)$.

b) Da X_1 Nullstelle des Polynoms $f := Y^n - \varepsilon_1 Y^{n-1} + \cdots + (-1)^n \varepsilon_n \in R_0[\varepsilon_1, \ldots, \varepsilon_n][Y]$ ist, wird $R_0[\varepsilon_1, \ldots, \varepsilon_n][X_1]$ als Modul über $R_0[\varepsilon_1, \ldots, \varepsilon_n]$ von $\{1, X_1, \ldots, X_1^{n-1}\}$ erzeugt (7.4). Die Division von f durch $Y - X_1$ liefert ein normiertes Polynom aus $R_0[\varepsilon_1, \ldots, \varepsilon_n, X_1][Y]$ vom Grad $n - 1$ mit der Nullstelle X_2. Daher ist $\{1, X_2, \ldots, X_2^{n-2}\}$ ein Erzeugendensystem von $R_0[\varepsilon_1, \ldots, \varepsilon_n, X_1, X_2]$ als $R_0[\varepsilon_1, \ldots, \varepsilon_n, X_1]$-Modul.

Durch Induktion ergibt sich, daß die $n!$ Monome $X_1^{\nu_1} X_2^{\nu_2} \cdots X_n^{\nu_n}$ ($0 \leq \nu_i \leq n - i; i = 1, \ldots, n$) ein Erzeugendensystem von $R_0[X_1, \ldots, X_n]$ als $R_0[\varepsilon_1, \ldots, \varepsilon_n]$-Modul bilden und damit auch von L als K-Vektorraum. Da $[L : K] = n!$ ist, bilden sie sogar eine Basis von L über K und eine Basis von $R_0[X_1, \ldots, X_n]$ als $R_0[\varepsilon_1, \ldots, \varepsilon_n]$-Modul. Mittels a) folgt nun

$$R_0[X_1, \ldots, X_n] \cap K_0(\varepsilon_1, \ldots, \varepsilon_n) = R_0[\varepsilon_1, \ldots, \varepsilon_n]$$

q.e.d.

Für einen konstruktiven Beweis des Hauptsatzes für symmetrische Funktionen siehe z.B. van der Waerden [vdW1]. Er enthält ein Verfahren, wie man ein symmetrisches Polynom als Polynom der elementarsymmetrischen Polynome darstellen kann. Mehr dazu in den Übungsaufgaben.

Wir wollen jetzt die Galoisgruppe der "allgemeinen Gleichung n-ten Grades" bestimmen. Sei $K = K_0(u_1, \ldots, u_n)$ der Körper der rationalen Funktionen in den Unbestimmten $u_1, \ldots, u_n$ über einem Körper K_0. Dann heißt

$$f := X^n + u_1 X^{n-1} + \cdots + u_n \in K[X]$$

das **allgemeine Polynom n-ten Grades** über K_0. Jedes spezielle normierte Polynom n-ten Grades aus $K_0[X]$ entsteht aus f, indem man für die u_i spezielle Elemente aus K_0 einsetzt. Man wünscht sich Formeln, wie sie für $n \leq 4$ ja existieren (§ 2), für die Nullstellen von f als Funktionen der Koeffizienten u_i. Zunächst geht es um die Bestimmung der Galoisgruppe von f.

Sei L der Zerfällungskörper von f über K und seien $v_1, \ldots, v_n \in L$ die Wurzeln von f, also $L = K[v_1, \ldots, v_n]$. Da $u_i = (-1)^i \varepsilon_i(v_1, \ldots, v_n)$ ist $(i = 1, \ldots, n)$, ergibt sich

$$L = K_0(v_1, \ldots, v_n)$$

Der K_0-Homomorphismus $\alpha \colon K_0[X_1, \ldots, X_n] \to L$ mit $\alpha(X_i) = v_i$ $(i = 1, \ldots, n)$ bildet $K_0[\varepsilon_1, \ldots, \varepsilon_n]$ auf $K_0[u_1, \ldots, u_n]$ ab. Da $K_0[u_1, \ldots, u_n]$ ein Polynomring ist, muß $K_0[\varepsilon_1, \ldots, \varepsilon_n] \cong K_0[u_1, \ldots, u_n]$ sein. Dann ist aber auch α injektiv, denn wäre $g \neq 0$ ein Element aus ker α, so wäre $\prod_{\sigma \in S_n} \sigma(g)$ ein von Null verschiedenes Element aus $K_0[\varepsilon_1, \ldots, \varepsilon_n]$, das im Kern von α liegt. α induziert daher einen K_0-Isomorphismus $K_0(X_1, \ldots, X_n) \xrightarrow{\sim} L$, der $K_0(\varepsilon_1, \ldots, \varepsilon_n)$ auf $K_0(u_1, \ldots, u_n)$ abbildet. Insbesondere ist damit auch gezeigt, daß $K_0(\varepsilon_1, \ldots, \varepsilon_n)/K_0$ ein rationaler Funktionenkörper in $\varepsilon_1, \ldots, \varepsilon_n$ ist.

Wir wissen aus 10.7, daß die Galoisgruppe von $K_0(X_1, \ldots, X_n)/K_0(\varepsilon_1, \ldots, \varepsilon_n)$ die Permutationsgruppe S_n der Variablen $X_1, \ldots, X_n$ ist. Sie identifiziert sich auf Grund des obigen Isomorphismus mit $G(f) = G(L/K)$. Damit ist gezeigt:

10.8. SATZ. *Die Galoisgruppe $G(f)$ des allgemeinen Polynoms n-ten Grades f ist zu S_n isomorph.*

Der Hauptsatz der Galoistheorie führt das Problem, die Zwischenkörper einer galoisschen Körpererweiterung L/K zu bestimmen, auf die gruppentheoretische Aufgabe zurück, die Untergruppen der Galoisgruppe zu ermitteln oder zumindest eine Übersicht über die möglichen Untergruppen zu geben. Bevor wir zu den Anwendungen der Galoistheorie vorstoßen können, müssen wir uns zunächst eingehender mit der Gruppentheorie befassen.

ÜBUNGEN:
1) Sei R ein Integritätsring, der in seinem Quotientenkörper K ganzabgeschlossen ist, und sei L/K eine Galoiserweiterung.

a) Ist $x \in L$ ein über R ganzes Element, dann sind auch die Konjugierten von x ganz über R.

b) Das Minimalpolynom von x über K liegt in $R[X]$.

2)
a) Die im Beweis von 10.3 auftretende Abbildung $S: L \to K$ ist die Spur $\mathrm{Sp}_{L/K}$. Ferner ist K der von allen Spuren $\mathrm{Sp}_{L/K}(x)$ mit $x \in L$ erzeugte Teilkörper von L.

b) Folgern Sie: Ist L/K eine endliche separable Körpererweiterung, so ist $\mathrm{Sp}_{L/K}$ nicht die Nullabbildung.

3) Schreiben Sie $X_1^2 + X_2^2 + X_3^2$ als Polynom in den elementarsymmetrischen Polynomen.

4) Sei K ein Körper und $f = X^n + a_1 X^{n-1} + \cdots + a_n$ ein normiertes Polynom aus $K[X]$. Ferner seien $x_1, \ldots, x_n$ die Wurzeln von f (im algebraischen Abschluß von K). Das Element $\Delta(f) := \prod_{i<j}(x_i - x_j)^2$ heißt **Diskriminante** von f.

a) Zeigen Sie, daß $\Delta(f)$ sich als Polynom in $a_1, \ldots, a_n$ mit Koeffizienten aus dem Primkörper von K schreiben läßt, also insbesondere $\Delta(f) \in K$ gilt.

b) Was entscheidet die Diskriminante?

c) Sei L der Zerfällungskörper von f über K. Dann ist $\sqrt{\Delta(f)} \in L$ und $Z = K[\sqrt{\Delta(f)}]$ ein Zwischenkörper von L/K mit $[Z:K] \leq 2$.

5) Schreiben Sie $\Delta(f)$ für f wie in Aufgabe 4) im Fall $n = 2$ und $n = 3$ als ein Polynom in $a_1, \ldots, a_n$.

6) Sei K ein Körper, $f \in K[X]$ ein irreduzibles separables Polynom vom Grad n mit den Wurzeln $a_1, \ldots, a_n$ und $L := K[a_1, \ldots, a_n]$ sein Zerfällungskörper. Ferner seien $\hat{K} := K(X_1, \ldots, X_n)$ und $\hat{L} := L(X_1, \ldots, X_n)$ die Körper der rationalen Funktionen in den Unbestimmten $X_1, \ldots, X_n$.

a) $\hat{L}/\hat{K}$ ist eine Galoiserweiterung.

b) Für jedes $\sigma \in G(\hat{L}/\hat{K})$ gilt $\sigma(L) \subset L$.

c) $G(\hat{L}/\hat{K}) \cong G(L/K)$.

d) Sei $\ell = \sum_{i=1}^{n} a_i X_i$. Gilt $\sigma(\ell) = \ell$ für ein $\sigma \in G(\hat{L}/\hat{K})$, so ist $\sigma = \mathrm{id}$.

e) $\hat{L} = \hat{K}(\ell)$.

7) Sei K ein vollkommener Körper von Primzahlcharakteristik $p > 0$ und $L := K(X, Y)$ der Körper der rationalen Funktionen in den Unbestimmten X, Y über K.

a) Bestimmen Sie $[L : L^p]$.

b) Zeigen Sie, daß L/L^p unendlich viele Zwischenkörper besitzt.

8) Sei K ein Körper der Charakteristik 0 und $f \in K[X]$ ein Polynom vom Grad ≥ 1, das in einem Erweiterungskörper L von K in der Form

$$f = c(X - a_1)^{\alpha_1} \cdot \ldots \cdot (X - a_n)^{\alpha_n}$$

mit $c \in K$, $a_i \in L$, $\alpha_i \in \mathbb{N}_+$ ($i = 1, \ldots, n$) und $a_i \neq a_j$ für $i \neq j$ zerfällt. Dann ist $(X - a_1) \cdot \ldots \cdot (X - a_n) \in K[X]$.

9) Sei K ein Körper, $L := K(X)$ der Körper der rationalen Funktionen in einer Unbestimmten X über K. Für $\alpha \in K^*$, $\beta \in K$ bezeichne $\tau_{\alpha,\beta}$ den durch $X \mapsto \alpha X + \beta$ bestimmten K-Automorphismus und G die Gruppe aller derartigen Automorphismen. Für eine Untergruppe Γ von G sei

$$L_\Gamma := \{r \in K(X) \setminus \{0\} \mid \sigma(r) \in K \cdot r \text{ für alle } \sigma \in \Gamma\}$$

Für $r \in L_\Gamma$, $\sigma \in \Gamma$ werde $\sigma(r) = \tilde{r}(\sigma) \cdot r$ mit $\tilde{r}(\sigma) \in K$ geschrieben.

a) Durch $\tilde{r}$ ist ein Gruppenhomomorphismus $\tilde{r} \colon \Gamma \to K^*$ gegeben.

b) L_Γ ist eine Untergruppe von L^*.

c) Sind $p, q \in K[X]$ teilerfremd und ist $\frac{p}{q} \in L_\Gamma$, so sind $p, q \in L_\Gamma$.

d) Sei $\Gamma_1 := \{\tau_{\alpha,0} \mid \alpha \in K^*\}$ und $\Gamma_2 := \{\tau_{1,\beta} \mid \beta \in K\}$. Wenn K unendlich ist, dann gilt
$$L_{\Gamma_1} = \{\lambda X^r \mid \lambda \in K^*, r \in \mathbb{Z}\} \quad \text{und} \quad L_{\Gamma_2} = K^*$$

e) Wenn Γ unendlich ist, dann ist K der Fixkörper von Γ.

10) **Der Zweck dieser Aufgabe ist es, die Transzendenz von π zu zeigen** (nach Baker) und damit die Unmöglichkeit der Quadratur des Kreises. Angenommen, π und damit auch $i\pi$ wäre algebraisch über $\mathbb{Q}$. Sei

$$h = aX^d + a_{d-1}X^{d-1} + \cdots + a_0 \in \mathbb{Z}[X]$$

ein Polynom kleinsten Grades d mit der Wurzel $i\pi$. Dabei sei $\operatorname{ggT}(a, a_0, \ldots, a_{d-1}) = 1$. Es seien $x_1, \ldots, x_d$ die Wurzeln von h ($x_1 = i\pi$). Sei Θ die Menge aller d-tupel $(\varepsilon_1, \ldots, \varepsilon_d)$ mit $\varepsilon_i \in \{0, 1\}$ ($i = 1, \ldots, d$). Für $\varepsilon = (\varepsilon_1, \ldots, \varepsilon_d) \in \Theta$ sei $x_\varepsilon := \sum_{i=1}^{d} \varepsilon_i x_i$. Mit einer Primzahl p bildet man das Hilfspolynom

$$f_p := X^{p-1} \cdot \prod_{x_\varepsilon \neq 0} (aX - ax_\varepsilon)$$

das Integral

$$I_p(t) := \int_{\lambda=0}^{1} e^{(1-\lambda)t} f_p(\lambda t) t \, d\lambda \qquad (t \in \mathbb{C})$$

und die Zahl

$$J(p) := \sum_{x_\varepsilon \neq 0} I_p(x_\varepsilon)$$

Für diese Zahl werden zwei Abschätzungen hergeleitet, die sich für große p widersprechen und so die Annahme, π sei algebraisch, widerlegen. An algebraischen Hilfsmitteln wird nur der Hauptsatz für symmetrische Funktionen (10.7b) benutzt.

a) Zeigen Sie durch Abschätzung des Integrals $I_p(t)$, daß es eine Konstante $C > 0$ gibt, so daß
$$|J(p)| \leq C^p$$

b) Zeigen Sie $\sum_{\epsilon \in \Theta} e^{x_\epsilon} = 0$ ($e =$ Eulersche Zahl).

c) Zeigen Sie mit Hilfe des Hauptsatzes für symmetrische Funktionen, daß $f_p \in \mathbb{Z}[X]$ ist. Folgern Sie für die Ableitungen von f:

$$f_p^{(j)}(0) \in p!\, \mathbb{Z} \qquad \text{für} \quad j \neq p-1$$
$$f_p^{(p-1)}(0) \in (p-1)!\, \mathbb{Z}$$
$$f_p^{(p-1)}(0) \notin p!\, \mathbb{Z} \qquad \text{für große } p$$

d) Schreiben Sie $f_p = (X - x_\epsilon)^p f_\epsilon$ und drücken Sie $f_p^{(j)}(x_\epsilon)$ mit Hilfe der Leibnizschen Regel für Ableitungen durch f_ϵ aus. Folgern Sie mit dem Hauptsatz für symmetrische Funktionen, daß für alle $m \in \mathbb{N}$

$$\sum_{x_\epsilon \neq 0} \sum_{j=0}^{m} f_p^{(j)}(x_\epsilon) \in p!\, \mathbb{Z}$$

e) Sei $m \geq \deg f_p = np - 1$. Zeigen Sie durch partielle Integration, daß

$$I_p(t) = e^t \cdot \sum_{j=0}^{m} f_p^{(j)}(0) - \sum_{j=0}^{m} f_p^{(j)}(t)$$

Folgern Sie mit Hilfe von b)-d), daß

$$|J(p)| \geq (p-1)! \quad \text{für große } p$$

f) Leiten Sie nun den gesuchten Widerspruch her.

§ 11. Gruppentheorie

Bisher wurden aus der Gruppentheorie nur Grundbegriffe wie "Untergruppe", "Normalteiler", "Gruppenhomomorphismus", "Gruppenordnung" und "direktes Produkt" benutzt. An speziellen Gruppen trat nur die Permutationsgruppe n-ten Grades (symmetrische Gruppe) auf, ohne daß weitergehende Kenntnisse über diese Gruppe vorausgesetzt werden mußten. Da die Galoistheorie Fragen der Körpertheorie auf solche über Gruppen zurückführt, ist jetzt natürlich ein etwas weiterreichender Einstieg in die Gruppentheorie erforderlich. Die Übungsaufgaben 1)-8) enthalten Tatsachen der Gruppentheorie, die wir im Text stillschweigend als schon bekannt verwenden wollen.

11.I. Operation einer Gruppe auf einer Menge

Es sei G eine Gruppe, M eine Menge und $S(M)$ die Gruppe aller bijektiven Abbildungen $M \to M$ (Permutationsgruppe von M). Wir wollen bis auf weiteres alle Gruppen multiplikativ schreiben.

11.1. DEFINITION: Eine **Operation** von G auf M ist eine Abbildung $\alpha: G \times M \to M$, für die folgende Bedingungen erfüllt sind: Schreibt man $g(m) := \alpha(g,m)$ für $g \in G$, $m \in M$, so gilt
a) $e(m) = m$ für alle $m \in M$, wenn $e \in G$ das neutrale Element von G bezeichnet.
b) $(g' \circ g)(m) = g'(g(m))$ für alle $g, g' \in G$ und alle $m \in M$.

Mit andern Worten: Jedem $g \in G$ ist eine Abbildung $M \to M$ ($m \mapsto g(m)$) zugeordnet, wobei $e \in G$ die identische Abbildung entspricht und dem Produkt zweier Elemente aus G die Komposition der entsprechenden Abbildungen. Da $g^{-1}(g(m)) = e(m) = m$ für alle $g \in G$, sind die den Elementen von G zugeordneten Abbildungen bijektiv. Die Operationen von G auf M entsprechen somit eineindeutig den Gruppenhomomorphismen $G \to S(M)$. Man sagt, G operiert **treu auf** M, wenn der entsprechende Homomorphismus $G \to S(M)$ injektiv ist.

11.2. BEISPIELE:
a) Ist G eine Untergruppe von $S(M)$, also eine "Abbildungsgruppe", so operiert G auf M. Speziell operiert etwa die Galoisgruppe G einer Galoiserweiterung L/K auf der Menge L, aber auch auf der Menge der Zwischenkörper Z von L/K und auf der Menge $\{\sigma(x) \mid \sigma \in G\}$ der Konjugierten eines $x \in L$. Die Automorphismengruppe eines Vektorraums operiert auf dem Vektorraum. So kann man unzählige Beispiele bilden.
b) Für $g \in G$ heißt die Abbildung

$$_g T: G \to G \qquad (x \mapsto gx)$$

die **Linkstranslation** mit g. Entsprechend ist durch $T_g(x) = x \cdot g^{-1}$ die **Rechtstranslation** T_g definiert. Es ist klar, daß

$$.T: G \to S(G) \qquad (g \mapsto {}_gT)$$

ein Gruppenhomomorphismus ist. Damit ist eine Operation von G auf G (man sagt durch Linkstranslation) erklärt und G operiert auf G auch durch Rechtstranslation. Offensichtlich ist $.T$ injektiv, daher kann G als Untergruppe von $S(G)$ betrachtet werden. Jede Gruppe ist somit Untergruppe einer geeigneten Permutationsgruppe, jede endliche Gruppe der Ordnung n ist Untergruppe von S_n. Man nennt den Gruppenhomomorphismus $.T: G \to S(G)$ die **Permutationsdarstellung** von G. Für $g \neq e$ ist ${}_gT$ eine fixpunktfreie Permutation nach der Kürzungsregel in G.

c) Für $g \in G$ sei c_g die durch

$$c_g: G \to G \qquad (x \mapsto gxg^{-1})$$

definierte Abbildung. Es ist $c_g(xy) = gxyg^{-1} = (gxg^{-1})(gyg^{-1}) = c_g(x) \cdot c_g(y)$ und $c_{g^{-1}} \circ c_g = c_e = \mathrm{id}_G$. Die Abbildung c_g heißt die **Konjugation** mit g. Wie gerade gezeigt, ist $c_g \in \mathrm{Aut}(G) \subset S(G)$. Daher wird durch die Konjugation eine Operation von G auf G gegeben. Für jedes $g \in G$ heißt c_g auch der durch g bewirkte **innere Automorphismus** von G.

Ist $\mathfrak{U}$ die Menge aller Untergruppen von G und ist $U \in \mathfrak{U}$, so ist auch $gUg^{-1} \in \mathfrak{U}$ für alle $g \in G$. Die Konjugation liefert daher auch eine Operation von G auf der Menge aller Untergruppen von G.

d) Ist H eine Untergruppe von G und operiert G auf der Menge M, so operiert auch H in offensichtlicher Weise auf M.

Im folgenden sei eine Operation von G auf M gegeben. Für eine Teilmenge $M' \subset M$ ist

$$U := \{g \in G \mid g(m') = m' \text{ für alle } m' \in M'\}$$

eine Untergruppe von G. Sie heißt die **Isotropiegruppe** von M'. Speziell ist damit auch die Isotropiegruppe eines Elements $m \in M$ definiert ($M' = \{m\}$). Man nennt m einen **Fixpunkt** der Operation, wenn seine Isotropiegruppe ganz G ist.

11.3. BEISPIELE:

a) Im Hauptsatz der Galoistheorie tritt die Isotropiegruppe eines Zwischenkörpers in einer Galoiserweiterung auf.

b) G operiere auf sich selbst durch Konjugation. Für eine Teilmenge $M' \subset G$ ist dann

$$Z(M') := \{g \in G \mid gm'g^{-1} = m' \text{ für alle } m' \in M'\}$$

eine Untergruppe von G, die Isotropiegruppe von M'. Sie heißt der **Zentralisator** von M'. Speziell für $M' = G$ heißt $Z(G)$ das **Zentrum** von G. Es ist

$$Z(G) = \{g \in G \mid gx = xg \quad \text{für alle} \quad x \in G\}$$

die Menge aller Elemente von G, die mit allen $x \in G$ vertauschbar sind. Offensichtlich ist $Z(G)$ eine abelsche Gruppe und ein Normalteiler von G.

c) G operiere jetzt auf der Menge $\mathfrak{U}$ aller Untergruppen von G durch Konjugation. Für $U \in \mathfrak{U}$ heißt die Isotropiegruppe

$$N(U) := \{g \in G \mid gUg^{-1} = U\}$$

der **Normalisator** von U. Offensichtlich ist U ein Normalteiler von $N(U)$, und U ist ein Normalteiler von G genau dann, wenn $G = N(U)$ ist.

Für $m \in M$ heißt die Menge

$$Gm := \{g(m) \mid g \in G\}$$

die **Bahn** (oder **Äquivalenzklasse**) von m unter der Operation von G auf M. Es ist klar, daß M die disjunkte Vereinigung der Bahnen ist. Besitzt die Operation nur eine Bahn, so nennt man sie **transitiv**.

11.4. BEISPIELE:

a) Ist G die Gruppe der Drehungen der Ebene um einen Punkt P, so sind die Bahnen die Kreise um P.

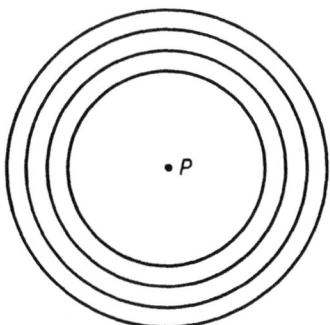

b) Eine Untergruppe U von G operiere auf G durch Linkstranslation. Für $g \in G$ heißt dann die Bahn $Ug := \{ug \mid u \in U\}$ auch die **Rechtsnebenklasse** von g modulo U. Wenn U auf G durch Rechtstranslation operiert, so heißt die Bahn

$gU := \{gu^{-1} \mid u \in U\} = \{gu \mid u \in U\}$ die **Linksnebenklasse** von g modulo U. Die Menge der Linksnebenklassen wird mit G/U bezeichnet. Wenn U ein Normalteiler von G ist, so gilt $gU = Ug$ für alle $g \in G$, d.h. man braucht nicht zwischen Links- und Rechtsnebenklassen zu unterscheiden.

c) Operiert G auf sich durch Konjugation, so heißt die Bahn von $x \in G$

$$Gx := \{gxg^{-1} \mid g \in G\}$$

auch die **Konjugationsklasse** von x. Entsprechend ist die Konjugationsklasse einer Untergruppe U von G definiert. Sie besteht aus allen "zu U konjugierten" Untergruppen gUg^{-1} ($g \in G$).

11.5.SATZ. *Sei G eine endliche Gruppe, die auf einer Menge M operiert. Für $m \in M$ sei r die Anzahl der Elemente der Bahn Gm und U die Isotropiegruppe von m. Dann gilt*

$$|G| = |U| \cdot r$$

BEWEIS: Sind $g_1(m), \ldots, g_r(m)$ die verschiedenen Elemente der Bahn von m ($g_1, \ldots, g_r \in G$), dann sind die Elemente

$$g_1 u, \ldots, g_r u \qquad (u \in U)$$

alle verschieden, denn aus $g_i u = g_j u'$ ($u, u' \in U$) folgt $g_i(m) = g_i(u(m)) = g_j(u'(m)) = g_j(m)$, also $i = j$ und somit auch $u = u'$. Folglich ist $|G| \geq |U| \cdot r$.

Für $g \in G$ gilt andererseits $g(m) = g_i(m)$ mit einem $i \in \{1, \ldots, r\}$. Dann ist $g_i^{-1} g \in U$, folglich $g = g_i u$ mit einem $u \in U$, und es ist auch $|G| \leq |U| \cdot r$ gezeigt.

G operiere nun auf der Menge aller Teilmengen von G durch Linkstranslation. Für eine Untergruppe $U \subset G$ besteht die Bahn von U aus allen Linksnebenklassen gU ($g \in G$) von U. Besitzt U genau $r < \infty$ Linksnebenklassen, so wird $[G : U] := r$ gesetzt, andernfalls setzt man $[G : U] := \infty$. Hierbei heißt $[G : U]$ der **Index** von U in G.

Die Isotropiegruppe von U bei der Linkstranslation ist U selbst, denn aus $gU = U$ ergibt sich insbesondere $g \cdot e \in U$, also $g \in U$. Aus 11.5 folgt nun

11.6.KOROLLAR. *(Kleiner Fermatscher Satz). Ist G eine endliche Gruppe, $U \subset G$ eine Untergruppe, so gilt*

$$|G| = |U| \cdot [G : U]$$

Speziell ist die Ordnung einer Untergruppe stets ein Teiler der Gruppenordnung. Man hätte oben auch mit der Rechtstranslation argumentieren können. Daher ist der Index von U auch gleich der Anzahl der Rechtsnebenklassen von U. Der Vergleich mit der Formel in 11.5 zeigt:

11.7.KOROLLAR. *Unter den Voraussetzungen von 11.5 ist $r = [G : U]$ der Index der Isotropiegruppe von m.*

Nun operiere G auf sich selbst durch Konjugation. Für $x \in G$ ist dann die Isotropiegruppe gerade der Zentralisator $Z(x) := \{g \in G \mid gx = xg\}$ von x und die Bahn Gx ist die Konjugationsklasse von x. Nach 11.7 gilt

$$|Gx| = [G : Z(x)]$$

insbesondere teilt $|Gx|$ die Ordnung von G.

Sei nun G endlich und $x_1, \ldots, x_n$ ein Repräsentantensystem für die verschiedenen Konjugationsklassen von G. Dann ist $G = \bigcup_{i=1,\ldots,n}^{\bullet} Gx_i$ die disjunkte Vereinigung der Bahnen Gx_i und man erhält

11.8.KLASSENGLEICHUNG: $|G| = \sum_{i=1}^{n} [G : Z(x_i)]$.

Das Zentrum $Z(G)$ von G enthält genau die Elemente, deren Bahnen nur aus einem Element bestehen. In der Summe in 11.8 treten somit genau $|Z(G)|$ Summanden 1 auf, während die übrigen Summanden > 1 sind. Die Klassengleichung läßt sich daher auch in folgender Form schreiben:

(1) $\qquad |G| = |Z(G)| + \sum_{[G:Z(x_i)]>1} [G : Z(x_i)]$

11.II. Restklassengruppen

Die Bildung von Restklassengruppen ist analog zu der von Restklassenringen (§ 6) und der von Restklassenvektorräumen (Restklassenmoduln) in der linearen Algebra. Wir definieren Restklassengruppen durch eine universelle Eigenschaft.

11.9.DEFINITION: Sei G eine Gruppe und N ein Normalteiler von G. Eine **Restklassengruppe** von G modulo N ist ein Paar (G', ε), wobei G' eine Gruppe ist, $\varepsilon : G \to G'$ ein Gruppenhomomorphismus mit $N = \ker \varepsilon$ und wobei gilt: Ist $\alpha : G \to H$ ein beliebiger Gruppenhomomorphismus mit $N \subset \ker \alpha$, so existiert genau ein Gruppenhomomorphismus $\beta : G' \to H$ mit $\alpha = \beta \circ \varepsilon$

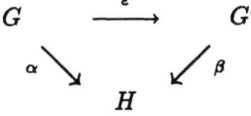

11.10.SATZ. *Für jede Gruppe G und jeden Normalteiler $N \subset G$ existiert die Restklassengruppe und ist bis auf kanonische Isomorphie eindeutig.*

BEWEIS: Die Eindeutigkeitsaussage ist wie in 4.33 zu verstehen und sie ergibt sich auch wie dort.

Um die Existenz der Restklassengruppe zu beweisen, betrachten wir die Menge $G' := G/N$ aller (Links-)nebenklassen gN. Ferner sei $\varepsilon\colon G \to G'$ die Abbildung, die jedem $g \in G$ seine Nebenklasse gN zuordnet. Für g_1N, $g_2N \in G'$ definieren wir das Produkt durch

$$(g_1N) \cdot (g_2N) := g_1g_2N$$

Dies ist unabhängig von der Repräsentantenwahl: Ist $g_1N = g_1'N$, also $g_1' = g_1n$ mit einem $n \in N$, so ist $g_1'g_2 = g_1ng_2 = g_1g_2n'$ mit einem $n' \in N$. (Hier haben wir benutzt, daß N Normalteiler von G ist: $Ng_2 = g_2N$). Es folgt $g_1'g_2N = g_1g_2N$. Klar ist $g_1g_2'N = g_1g_2N$, wenn $g_2'N = g_2N$.

Man verifiziert sofort, daß G' mit dieser Multiplikation eine Gruppe ist: Ihr neutrales Element ist $e \cdot N = N$, das zu gN inverse Element ist $g^{-1}N$. Ferner ist klar, daß ε ein surjektiver Gruppenhomomorphismus mit $\ker \varepsilon = N$ ist.

Sei nun $\alpha\colon G \to H$ ein beliebiger Gruppenhomomorphismus mit $N \subset \ker \alpha$. Es kann höchstens einen Gruppenhomomorphismus $\beta\colon G' \to H$ mit $\alpha = \beta \circ \varepsilon$ geben, denn für jedes $gN \in G'$ muß

(2) $$\beta(gN) = \beta(\varepsilon(g)) = \alpha(g)$$

gelten. Setzt man β so fest und ist $g_1N = g_2N$ $(g_1, g_2 \in G)$, so ist $\alpha(g_1) = \alpha(g_2)$, denn $g_1 = g_2n$ mit einem $n \in N$ und $\alpha(g_1) = \alpha(g_2) \cdot \alpha(n) = \alpha(g_2)$, da $N \subset \ker \alpha$. β ist also wohldefiniert und $\alpha = \beta \circ \varepsilon$. Für $g_1N, g_2N \in G'$ gilt

$$\beta(g_1N \cdot g_2N) = \beta(g_1g_2N) = \alpha(g_1g_2) = \alpha(g_1) \cdot \alpha(g_2) = \beta(g_1N) \cdot \beta(g_2N)$$

d.h. β ist ein Gruppenhomomorphismus. Damit ist alles gezeigt, was zu beweisen war.

Die Abbildung $\varepsilon\colon G \to G/N$ heißt der **kanonische Epimorphismus** auf die Restklassengruppe. Zwei Elemente $g_1, g_2 \in G$ heißen **kongruent modulo** N, wenn $g_1N = g_2N$. Die in der Definition 11.9 dem Homomorphismus $\alpha\colon G \to H$ zugeordnete Abbildung $\beta\colon G/N \to H$ heißt der durch α auf der Restklassengruppe **induzierte Homomorphismus**.

11.11. KOROLLAR. *(Homomorphiesatz für Gruppen). Jeder Gruppenepimorphismus $\alpha\colon G \to H$ induziert einen Isomorphismus*

$$G/\ker \alpha \xrightarrow{\sim} H \qquad (g \cdot \ker \alpha \mapsto \alpha(g))$$

BEWEIS: Die durch α induzierte Abbildung $\beta\colon G/\ker \alpha \to H$ ist surjektiv, weil α es ist. Ist ferner $\beta(g \cdot \ker \alpha) = e$ für ein $g \in G$, dann ist $\alpha(g) = e$, also $g \in \ker \alpha$

und damit $g \cdot \ker \alpha = \ker \alpha$ das neutrale Element von $G/\ker \alpha$. Daher ist β auch injektiv.

Für eine endliche Gruppe G ist natürlich auch G/N endlich und es gilt $|G/N| = [G : N]$. Somit können wir für 11.6 schreiben

(3) $$|G| = |N| \cdot |G/N|$$

Die folgenden Sätze geben Auskunft über das Verhalten von Untergruppen und Normalteilern bei Gruppenhomomorphismen.

11.12. SATZ. *Sei $\alpha: G \to H$ ein Gruppenhomomorphismus.*

a) Ist U eine Untergruppe (ein Normalteiler) von H, so ist $\alpha^{-1}(U)$ eine Untergruppe (ein Normalteiler) von G. Für jede Untergruppe U von G ist $\alpha(U)$ eine Untergruppe von H.

b) Ist α surjektiv und U ein Normalteiler von G, so ist $\alpha(U)$ ein Normalteiler von H.

c) Ist α surjektiv, so induziert α eine Bijektion der Menge aller Untergruppen (Normalteiler) von G, welche $\ker \alpha$ umfassen, auf die Menge aller Untergruppen (Normalteiler) von H.

BEWEIS: Für $g_1, g_2 \in \alpha^{-1}(U)$ gilt $\alpha(g_1 g_2^{-1}) = \alpha(g_1) \cdot \alpha(g_2)^{-1} \in U$, also $g_1 g_2^{-1} \in \alpha^{-1}(U)$. Nach dem Untergruppenkriterium ist $\alpha^{-1}(U)$ eine Untergruppe von G. Falls U Normalteiler von H ist, gilt $\alpha(g g_1 g^{-1}) = \alpha(g) \cdot \alpha(g_1) \cdot \alpha(g)^{-1} \in U$, also $g\alpha^{-1}(U)g^{-1} \subset \alpha^{-1}(U)$ für jedes $g \in G$, und damit ist $\alpha^{-1}(U)$ ein Normalteiler von G.

Ähnlich einfach ergibt sich die zweite Aussage von a) und auch Aussage b). Ist α surjektiv und $U \subset G$ eine Untergruppe mit $\ker \alpha \subset U$, so gilt $\alpha^{-1}(\alpha(U)) = U$. Hieraus folgt c).

11.13. SATZ. *Ist $\alpha: G \to H$ ein Gruppenepimorphismus und N ein Normalteiler von H, ferner $\varepsilon: H \to H/N$ der kanonische Epimorphismus, so ist der durch die Zusammensetzung*

$$G \xrightarrow{\alpha} H \xrightarrow{\varepsilon} H/N$$

induzierte Homomorphismus

$$G/\alpha^{-1}(N) \to H/N \qquad (g \cdot \alpha^{-1}(N) \mapsto \alpha(g) \cdot N)$$

ein Isomorphismus.

BEWEIS: Es handelt sich um einen Spezialfall des Homomorphiesatzes, denn $\varepsilon \circ \alpha$ ist surjektiv und $\ker(\varepsilon \circ \alpha) = \alpha^{-1}(N)$.

Ist U eine Untergruppe, N ein Normalteiler einer Gruppe G, dann besteht das Bild von U beim kanonischen Epimorphismus $\varepsilon: G \to G/N$ aus den Restklassen uN mit $u \in U$. Daher ist

$$\varepsilon^{-1}(\varepsilon(U)) = U \cdot N := \{u \cdot n \mid u \in U, n \in N\}$$

und nach 11.12 ist $U \cdot N$ eine Untergruppe von G (was man leicht auch direkt sieht) mit $N \subset U \cdot N$. Als Normalteiler von G ist N auch ein Normalteiler von $U \cdot N$. Ferner ist $U \cap N$ ein Normalteiler von U, denn für $g \in U \cap N$ und $u \in U$ ist $ugu^{-1} \in U \cap N$.

Als eine weitere Anwendung des Homomorphiesatzes erhalten wir nun

11.14. 1.NOETHERSCHER ISOMORPHIESATZ. *Durch den Homomorphismus*

$$\alpha: U \to G/N \qquad (u \mapsto uN)$$

wird ein Gruppenisomorphismus

$$U/U \cap N \xrightarrow{\sim} U \cdot N / N \qquad (u \cdot (U \cap N) \mapsto u \cdot N)$$

induziert.

BEWEIS: $U \cdot N / N$ ist das Bild von α und $U \cap N = \ker \alpha$.

Sind jetzt $N_2 \subset N_1$ zwei Normalteiler einer Gruppe G, so ist das Bild von N_1 in G/N_2 ein Normalteiler (11.12), bestehend aus den Restklassen von N_1 modulo N_2. Dieses kann mit N_1/N_2 identifiziert werden. In der jetzigen Situation liefert daher der Satz 11.13

11.15. 2.NOETHERSCHER ISOMORPHIESATZ. *Die Zusammensetzung kanonischer Epimorphismen*

$$G \to G/N_2 \to G/N_2 / N_1/N_2$$

induziert einen Isomorphismus

$$G/N_1 \xrightarrow{\sim} G/N_2 / N_1/N_2 \qquad (gN_1 \mapsto (gN_2) \cdot N_1/N_2)$$

11.III. Zyklische Gruppen

Die Untergruppen U von $(\mathbf{Z}, +)$ sind leicht zu bestimmen, denn jedes U ist zugleich ein Ideal des Rings $\mathbf{Z}$: Für $u \in U$ und $n \in \mathbf{N}$ ist

$$n \cdot u = \underbrace{u + \cdots + u}_{n} \in U \quad \text{und} \quad (-n) \cdot u = -\underbrace{(u + \cdots + u)}_{n} \in U$$

Aus 6.4 ergibt sich daher

11.16. BEMERKUNG: Die Untergruppen von $(\mathbb{Z},+)$ sind die Hauptideale (n) mit $n \in \mathbb{N}$.

Im folgenden bezeichnen wir $(\mathbb{Z},+)$ kurz mit $\mathbb{Z}$.

11.17. SATZ. *Sei G eine Gruppe und $g \in G$. Es gibt genau einen Gruppenhomomorphismus $\rho\colon \mathbb{Z} \to G$ mit $\rho(1) = g$.*

BEWEIS: Wenn ρ existiert, so muß für $n \in \mathbb{N}$ gelten: $\rho(n) = g^n$, $\rho(-n) = (g^n)^{-1}$. Setzt man ρ auf diese Weise fest, so ergibt sich leicht, daß ρ ein Gruppenhomomorphismus ist: $\rho(n_1 + n_2) = \rho(n_1) \cdot \rho(n_2)$ für alle $n_1, n_2 \in \mathbb{Z}$.

11.18. DEFINITION: a) Das Bild der Abbildung ρ aus 11.17 heißt die von g **erzeugte zyklische Untergruppe** (g) von G.
b) G heißt **zyklisch**, wenn es ein $g \in G$ gibt, so daß $G = (g)$ ist. Ein solches g heißt dann ein **primitives Element** von G.

In der Situation von 11.18a) ist (g) isomorph zu $(\mathbb{Z}/(n),+)$, wenn $(n) = \ker \rho$ ist ($n \in \mathbb{N}$). Ist $n = 0$, so besteht (g) aus den Elementen g^m und $(g^m)^{-1} =: g^{-m}$ für $m \in \mathbb{N}$. In diesem Fall ist (g) "die" unendliche zyklische Gruppe: $(g) \cong (\mathbb{Z},+)$. Ist $n > 0$, so besitzt (g) die Ordnung n:

$$(g) = \{g^0, \ldots, g^{n-1}\}, \quad g^n = e$$

Wir bezeichnen die zyklische Gruppe der Ordnung n manchmal mit $\mathbb{Z}_n$.

11.19. DEFINITION: Die **Ordnung** $\operatorname{ord}(g)$ **eines Elements** g einer Gruppe G ist die Ordnung der von g erzeugten zyklischen Untergruppe (g) von G.

Es ist $\operatorname{ord}(g) = \infty$ oder aber $\operatorname{ord}(g)$ ist die kleinste Zahl $n \in \mathbb{N}_+$ mit $g^n = e$.

11.20. REGELN:
a) Gilt $g^m = e$ für ein $m \in \mathbb{Z}$, so ist $\operatorname{ord}(g)$ ein Teiler von m.
b) Ist $\operatorname{ord}(g) = n$ und m ein Teiler von n, so ist $\operatorname{ord}(g^m) = \frac{n}{m}$.

Nach dem kleinen Fermatschen Satz (11.6) ist $\operatorname{ord}(g)$ stets ein Teiler von $|G|$. Das neutrale Element von G besitzt die Ordnung 1.

Da die zyklischen Gruppen bis auf Isomorphie gerade die Gruppen $(\mathbb{Z}/(n),+)$ mit $n \in \mathbb{N}$ sind, können wir auch sofort ihre Untergruppen angeben: Es sind dies die Gruppen $(m)/(n)$, wobei m ein Teiler von n ist. Auch die primitiven Elemente der endlichen zyklischen Gruppe $(\mathbb{Z}/(n),+)$ $(n > 0)$ sind leicht zu bestimmen: Genau dann ist $a + (n)$ für $a \in \mathbb{Z}$ nicht in einer echten Untergruppe von $(\mathbb{Z}/(n),+)$ enthalten, wenn $\operatorname{ggT}(a,n) = 1$ ist. Da es genügt, die Zahlen $a = 0, \ldots, n-1$ zu betrachten, besitzt $(\mathbb{Z}/(n),+)$ genau $\varphi(n)$ primitive Elemente, wobei φ die Eulersche φ-Funktion ist. Fassen wir zusammen:

11.21.SATZ. *Sei $G = (g)$ eine zyklische Gruppe der Ordnung n.*
a) Jede Untergruppe U von G ist zyklisch. Es ist $U = (g^m)$, wobei m ein Teiler von n ist. Für eine endliche zyklische Gruppe G ist der Verband der Untergruppen von G isomorph zum Verband aller Teiler von n.
b) Ist G endlich, so besitzt G genau $\varphi(n)$ primitive Elemente. Es sind dies die Elemente g^a mit $a \in \{1, \ldots, n-1\}$, $\mathrm{ggT}(a,n) = 1$. Insbesondere ist $\mathrm{ord}(g^a) = \mathrm{ord}(g)$, wenn $\mathrm{ggT}(a,n) = 1$ ist.

11.22.BEISPIELE: a) Jede Gruppe von Primzahlordnung ist zyklisch: Ist G eine solche Gruppe und $|G| = p$, so hat jedes $g \in G \setminus \{e\}$ die Ordnung p und ist daher ein primitives Element von G.
b) Die n-ten Einheitswurzeln $e^{\nu \frac{2\pi i}{n}}$ ($\nu = 0, \ldots, n-1$) bilden bzgl. der Multiplikation eine zyklische Gruppe der Ordnung n. Ihre erzeugenden Elemente heißen auch **primitive n-te Einheitswurzeln**. Es sind dies die Zahlen

$$e^{a \frac{2\pi i}{n}} \quad \text{mit} \quad a \in \{1, \ldots, n-1\}, \quad \mathrm{ggT}(a,n) = 1$$

Die Gruppe der n-ten Einheitswurzeln, und damit jede zyklische Gruppe der Ordnung n ist isomorph zur Drehungsgruppe eines regulären n-Ecks. Daher kommt auch der Name "zyklische Gruppe". Die Untergruppen der Drehungsgruppe sind die Drehungsgruppen der m-Ecke, die dem n-Eck wie in der nachfolgenden Figur einbeschrieben werden können, wobei eine Ecke allen einbeschriebenen m-Ecken gemeinsam sein soll. Hierbei muß m ein Teiler von n sein. Eine Drehung ist genau dann ein primitives Element der Drehungsgruppe, wenn sie zu keiner dieser Untergruppen für $m < n$ gehört.

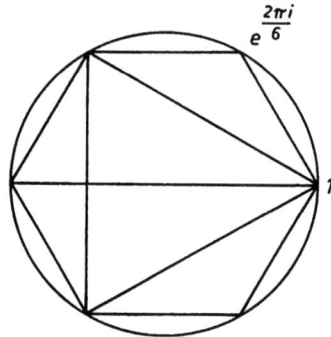

Als Vorbereitung für den nächsten Satz benötigen wir zwei Lemmata. Man könnte diesen Satz auch mit Hilfe des Hauptsatzes für abelsche Gruppen in der Form 11.29 beweisen.

11.23.LEMMA. *Sei G eine Gruppe. Für $g, h \in G$ gelte $\mathrm{ord}(g) =: m$, $\mathrm{ord}(h) =: n$. Sind g und h vertauschbar und ist $\mathrm{ggT}(m, n) = 1$, so ist $\mathrm{ord}(g \cdot h) = m \cdot n$.*

BEWEIS: Da $(gh)^{m\cdot n} = (g^m)^n \cdot (h^n)^m = e$ ist, muß ord(gh) nach 11.20a) ein Teiler von $m \cdot n$ sein. Schreibe ord$(gh) = m' \cdot n'$ mit $m', n' \in \mathbb{N}$, $m' \mid m$ und $n' \mid n$. Angenommen, es wäre etwa $m' < m$. Dann ergäbe sich

$$e = (g \cdot h)^{m'n} = (g^n)^{m'} \cdot (h^n)^{m'} = (g^n)^{m'}$$

Da ggT$(m,n) = 1$ ist, gilt nach 11.21b) andererseits ord$(g^n) = $ ord$(g) = m$. Es hat sich ein Widerspruch ergeben. Daher ist $m' = m$ und analog $n' = n$.

11.24. LEMMA. *Sei G eine endliche abelsche Gruppe und $m := $ Max $\{$ord$(g) \mid g \in G\}$. Dann gilt ord$(g) \mid m$ für jedes $g \in G$.*

BEWEIS: Seien ord$(g) = \Pi p^{\mu_p}$ und $m = \Pi p^{\nu_p}$ die Primzahlzerlegungen von ord(g) und m. Wähle ein $h \in G$ mit ord$(h) = m$.

Wäre ord(g) kein Teiler von m, so gäbe es eine Primzahl p mit $\mu_p > \nu_p$. Schreibe ord$(g) = p^{\mu_p} \cdot n_0$, $m = p^{\nu_p} m_0$ ($n_0, m_0 \in \mathbb{N}$). Dann ist nach 11.20b)

$$\text{ord}(g^{n_0}) = p^{\mu_p}, \ \text{ord}(h^{\nu_p}) = m_0$$

und diese Zahlen sind teilerfremd. Nach 11.23 ist dann

$$\text{ord}(g^{n_0} \cdot h^{\nu_p}) = p^{\mu_p} m_0 > p^{\nu_p} m_0 = m$$

ein Widerspruch. Somit gilt ord$(g) \mid m$.

11.25. SATZ. *Jede endliche Untergruppe der Einheitengruppe eines Integritätsrings ist zyklisch.*

BEWEIS: Da jeder Integritätsring einen Quotientenkörper besitzt, genügt es endliche Untergruppen der multiplikativen Gruppe eines Körpers K zu betrachten. Sei G eine solche Gruppe und $m := $ Max $\{$ord$(g) \mid g \in G\}$. Für $x \in G$ mit ord$(x) = m$ gilt $x^m - 1 = 0$. Nach 11.24 ist ord(g) für jedes $g \in G$ ein Teiler von m, es gilt also auch $g^m - 1 = 0$. Das Polynom $X^m - 1$ hat aber höchstens m Nullstellen in K. Daher ist $|G| \leq m = $ ord$(g) \leq |G|$ und es folgt $G = (g)$.

11.26. KOROLLAR. *a) Die multiplikative Gruppe jedes endlichen Körpers ist zyklisch.*
b) Für jede Primzahl p, jedes $n \in \mathbb{Z}$ und jedes $\nu \in \mathbb{N}$ gilt $n^{p^\nu} \equiv n \bmod p$.

Zum Beweis von b) benutzt man, daß $\mathbb{Z}/(p)^*$ zyklisch von der Ordnung $p-1$ ist. Für $n \notin (p)$ ist somit $n^{p-1} \equiv 1 \bmod p$ und folglich $n^p \equiv n \bmod p$. Für $n \in (p)$ gilt dies trivialerweise. Durch Induktion folgt nun $n^{p^\nu} \equiv n \bmod p$ für alle $\nu \in \mathbb{N}$.

Aussage b) läßt sich auch so ausdrücken: Der Frobenius-Endomorphismus (vgl. 8.4)

$$F: \mathbb{Z}/(p) \to \mathbb{Z}/(p) \quad (x \mapsto x^p)$$

ist die Identität.

11.IV. Der Hauptsatz für abelsche Gruppen

Der letzte Abschnitt hat gezeigt, daß man zyklische Gruppen sehr gut beherrscht. Man versucht daher, das Studium allgemeinerer Gruppen durch "Zerlegung" auf zyklische zurückzuführen. Dies geschieht hier für endlich erzeugte abelsche Gruppen. Im folgenden sei G eine abelsche Gruppe, deren Verknüpfung wir jetzt als Addition schreiben. Eine solche Gruppe kann auch als $\mathbf{Z}$-Modul betrachtet werden.

G heißt **freie abelsche Gruppe**, wenn G als $\mathbf{Z}$-Modul eine Basis $\{g_\lambda\}_{\lambda \in \Lambda}$ besitzt:

$$G = \bigoplus_{\lambda \in \Lambda} \mathbf{Z}\, g_\lambda$$

Beispielsweise ist $G = \mathbf{Z}^r$ eine freie abelsche Gruppe mit den "Vektoren"

$$e_i := (0, \ldots, 1, \ldots, 0) \qquad (i = 1, \ldots, r)$$

als Basis. Jede freie abelsche Gruppe F mit einer Basis aus r Elementen ist zu $\mathbf{Z}^r$ isomorph. Die Zahl r ist eine Invariante von F, denn jede Basis von $\mathbf{Z}^r$ hat die Länge r, wie man etwa sieht, indem man $\mathbf{Z}^r$ in $\mathbf{Q}^r$ einbettet und die entsprechende Aussage über Vektorräume benutzt. Die Zahl r heißt der **Rang** von F.

11.27. THEOREM. (*Hauptsatz für abelsche Gruppen*). *Sei F eine freie abelsche Gruppe vom Rang r und $U \subset F$ eine Untergruppe. Dann gibt es eine Basis $(b_1, \ldots, b_r)$ von F, eine Zahl $\rho \in \mathbf{N}$ mit $\rho \leq r$ und Zahlen $\varepsilon_1, \ldots, \varepsilon_\rho \in \mathbf{N}_+$ mit $\varepsilon_i \mid \varepsilon_{i+1}$ ($i = 1, \ldots, \rho-1$), so daß $(\varepsilon_1 b_1, \ldots, \varepsilon_\rho b_\rho)$ eine Basis von U ist. Insbesondere ist U eine freie abelsche Gruppe vom Rang $\rho \leq r$.*

BEWEIS: (durch Induktion nach r). Für $r = 1$ ist $F \cong \mathbf{Z}$ und hierbei identifiziert sich U mit einem Ideal (ε_1) von $\mathbf{Z}$. Die Aussage des Satzes ist in diesem Fall richtig. Sei nun $r > 1$ und sei der Satz für freie abelsche Gruppen vom Rang $< r$ schon bewiesen.

Ist $(w_1, \ldots, w_r)$ eine beliebige Basis von F, so betrachten wir die Darstellungen

$$u = z_1^u w_1 + \cdots + z_r^u w_r \qquad (z_i^u \in \mathbf{Z})$$

der Elemente $u \in U$. Für $U = \{0\}$ ist nichts zu zeigen. Sei also $U \neq \{0\}$. Dann existiert ein $u \in U$ mit einem Koeffizienten $z_i^u > 0$. Wir definieren $\varepsilon_1 \in \mathbf{N}_+$ als die kleinste Zahl, die bei der Darstellung eines $u \in U$ bzgl. irgendeiner Basis von F als Koeffizient auftritt.

Sei jetzt $(w_1, \ldots, w_r)$ eine solche Basis und sei $u_1 = \sum_{i=1}^{r} z_i w_i$ ein solches Element. Nach Umnumerierung der Basiselemente können wir dann $z_1 = \varepsilon_1$ annehmen. Es ist $I_1 := \{z_1^u \mid u \in U\}$ offensichtlich ein Ideal von $\mathbf{Z}$. Da ε_1 die kleinste positive Zahl aus diesem Ideal ist, gilt $I_1 = (\varepsilon_1)$. Insbesondere teilt ε_1 jedes z_1^u ($u \in U$).

Wir betrachten nun die Relation $u_1 = \varepsilon_1 w_1 + z_2 w_2 + \cdots + z_r w_r$ und teilen die z_i durch ε_1 mit Rest:

$$z_i = q_i \varepsilon_1 + s_i \quad (i = 2, \ldots, r, \ q_i, s_i \in \mathbb{Z}, 0 \leq s_i < \varepsilon_1)$$

Bezüglich der Basis $(w_1 + q_i w_i, w_2, \ldots, w_r)$ $(i \in \{2, \ldots, r\})$ hat u_1 die Darstellung

$$u_1 = \varepsilon_1 \cdot (w_1 + q_i w_i) + z_2 w_2 + \cdots + s_i w_i + \cdots + z_r w_r$$

Nach Definition von ε_1 muß daher $s_i = 0$ sein und es folgt $z_i = q_i \varepsilon_1$ $(i = 2, \ldots, r)$. Setze $b_1 := w_1 + q_2 w_2 + \cdots + q_r w_r$. Dann ist $(b_1, w_2, \ldots, w_r)$ eine Basis von F und $\varepsilon_1 b_1 \in U$.

Wegen $I_1 = (\varepsilon_1)$ gilt

$$U = \mathbb{Z} \varepsilon_1 b_1 + (U \cap (\mathbb{Z} w_2 \oplus \cdots \oplus \mathbb{Z} w_r))$$

Diese Summe ist direkt, weil $(b_1, w_2, \ldots, w_r)$ eine Basis von F ist. Wir können also schreiben

$$U = \mathbb{Z} \varepsilon_1 b_1 \oplus U_1 \quad \text{mit} \quad U_1 := U \cap (\mathbb{Z} w_2 \oplus \cdots \oplus \mathbb{Z} w_r)$$

Da U_1 ein Untermodul des freien Moduls $F_1 = \bigoplus_{i=2}^{r} \mathbb{Z} w_i$ vom Rang $r-1$ ist, gibt es eine Basis $(b_2, \ldots, b_r)$ von F_1, ein $\rho \leq r$ und Zahlen $\varepsilon_2, \ldots, \varepsilon_\rho \in \mathbb{N}_+$ mit $\varepsilon_i \mid \varepsilon_{i+1}$ $(i = 2, \ldots, \rho - 1)$, so daß $(\varepsilon_2 b_2, \ldots, \varepsilon_\rho b_\rho)$ eine Basis von U_1 ist.

Dann ist $(b_1, \ldots, b_r)$ eine Basis von F und $(\varepsilon_1 b_1, \ldots, \varepsilon_\rho b_\rho)$ eine von U. Es ist noch $\varepsilon_1 \mid \varepsilon_2$ zu zeigen.

Betrachte $u = \varepsilon_1 b_1 + \varepsilon_2 b_2 \in U$ und teile ε_2 durch ε_1 mit Rest

$$\varepsilon_2 = q \varepsilon_1 + s \quad (q, s \in \mathbb{Z}, 0 \leq s < \varepsilon_1)$$

Da $(b_1 + q b_2, b_2, \ldots, b_r)$ eine Basis von F ist, ergibt sich wie oben nach Definition von ε_1, daß $s = 0$ sein muß. Der Satz ist damit bewiesen.

BEMERKUNGEN: Der Satz gilt allgemeiner für freie Moduln endlichen Ranges über beliebigen Hauptidealringen. In dieser Form hat man ihn vielleicht schon in der linearen Algebra kennengelernt und dort sind eventuell auch seine Anwendungen auf ganzzahlige lineare Gleichungssysteme vorgekommen. Wir beschäftigen uns hier mit den mehr gruppentheoretischen Aspekten des Satzes.

11.28. DEFINITION: Eine abelsche Gruppe G heißt **endlich erzeugt**, wenn sie als $\mathbb{Z}$-Modul ein endliches Erzeugendensystem $(g_1, \ldots, g_r)$ besitzt: $G = \mathbb{Z} g_1 + \cdots + \mathbb{Z} g_r$.

Ist dies der Fall, so ist $G \cong \mathbb{Z}^r / U$ mit einer Untergruppe $U \subset \mathbb{Z}^r$, denn durch $\alpha : \mathbb{Z}^r \to G$ $(e_i \mapsto g_i)$ wird ein Epimorphismus definiert und ein Isomorphismus $G \cong \mathbb{Z}^r / U$ mit $U := \ker \alpha$ induziert (Homomorphiesatz). Aus 11.27 folgt daher

11.29. KOROLLAR. *Für jede endlich erzeugte abelsche Gruppe G existiert ein Isomorphismus*
$$G \cong \mathbf{Z}^\sigma \oplus \mathbf{Z}/(\varepsilon_1) \oplus \cdots \oplus \mathbf{Z}/(\varepsilon_\rho)$$
wobei $\varepsilon_1, \ldots, \varepsilon_\rho \in \mathbf{N}_+$, $\varepsilon_i \mid \varepsilon_{i+1}$ ($i = 1, \ldots, \rho - 1$) und $\varepsilon_1 > 1$. Insbesondere ist G die direkte Summe zyklischer Untergruppen.

Die Zahl σ ist eine Invariante von G. Wenn wir G mit $\mathbf{Z}^\sigma \oplus \mathbf{Z}/(\varepsilon_1) \oplus \cdots \oplus \mathbf{Z}/(\varepsilon_\rho)$ identifizieren, dann ist klar, daß $T := \mathbf{Z}/(\varepsilon_1) \oplus \cdots \oplus \mathbf{Z}/(\varepsilon_\rho)$ gerade die Menge der Elemente endlicher Ordnung von G ist. Ferner ist $G/T \cong \mathbf{Z}^\sigma$ eine freie abelsche Gruppe von Rang σ. Daraus folgt, daß σ eine Invariante von G ist. Man nennt σ den **Rang** von G.

Die Zahl ρ ist ebenfalls eine Invariante von G, denn ist p ein Primteiler von ε_1, so ist $T/pT \cong [\mathbf{Z}/(\varepsilon_1) \oplus \cdots \oplus \mathbf{Z}/(\varepsilon_\rho)]/[(p)/(\varepsilon_1) \oplus \cdots \oplus (p)/(\varepsilon_\rho)] \cong (\mathbf{Z}/(p))^\rho$ und ρ ist die Dimension von T/pT als $\mathbf{Z}/(p)$-Vektorraum. Ferner ist ε_ρ eine Invariante von G, als größte Ordnung eines Elements endlicher Ordnung von G. Ist G eine endliche Gruppe, so ist ε_ρ der **Exponent** von G, d.h. die kleinste Zahl m aus $\mathbf{N}_+$, so daß alle Elemente von G eine durch m teilbare Ordnung besitzen.

Man kann zeigen, daß auch $\varepsilon_1, \ldots, \varepsilon_{\rho-1}$ Invarianten von G sind. Hierfür gibt es mehrere Möglichkeiten; eine davon wird in der Übungsaufgabe 35) vorgestellt, die sich ihrerseits auf § 6, Aufg. 44)-46) stützt. Die ε_i ($i = 1, \ldots, \rho$) heißen die **Elementarteiler** von G (oder **invariante Faktoren**).

Nach dem chinesischen Restsatz (6.30) kann man die $\mathbf{Z}/(\varepsilon_i)$ in eine direkte Summe zyklischer Gruppen von Primzahlpotenzordnung zerlegen. Daher ergibt sich

11.30. KOROLLAR. *Jede endlich erzeugte abelsche Gruppe G besitzt eine Zerlegung*
$$G = F \oplus Z_1 \oplus \cdots \oplus Z_t$$
wobei F eine freie abelsche Gruppe endlichen Rangs ist und die Z_i zyklische Gruppen von Primzahlpotenzordnung sind ($i = 1, \ldots, t$).

Wir nennen eine abelsche Gruppe **torsionsfrei**, wenn 0 das einzige Element endlicher Ordnung der Gruppe ist. Aus dem Hauptsatz folgt

11.31. KOROLLAR. *Ist eine endlich erzeugte abelsche Gruppe torsionsfrei, so ist sie frei.*

In der Darstellung der Gruppe gemäß 11.29 entfällt nämlich der Anteil $T := \bigoplus_{i=1}^{\rho} \mathbf{Z}/(\varepsilon_i)$.

Ist umgekehrt G eine endliche abelsche Gruppe, so enthält sie keine Elemente unendlicher Ordnung, und es entfallen dann die Summanden $\mathbf{Z}^\sigma$ in 11.29 bzw. F in 11.30. Für endliche abelsche Gruppen erhalten wir noch

11.32. KOROLLAR. *Ist G eine abelsche Gruppe der Ordnung $n < \infty$ und ist m ein Teiler von n, so enthält G eine Untergruppe der Ordnung m.*

BEWEIS: Sei $G = Z_1 \oplus \cdots \oplus Z_t$ mit zyklischen Gruppen Z_i der Ordnung n_i ($i = 1, \ldots, t$). Dann ist $n = n_1 \cdot \ldots \cdot n_t$. Zerlege m in der Form $m = m_1 \cdot \ldots \cdot m_t$, wobei $m_i \mid n_i$ ($i = 1, \ldots, t$). Wähle in Z_i eine Untergruppe Z_i' der Ordnung m_i (11.21a)). Dann ist $U := Z_1' \oplus \cdots \oplus Z_t'$ eine Untergruppe der Ordnung m von G.

Die Aussage des Korollars ist nicht richtig für beliebige endliche Gruppen (Aufgabe 72a)). Sie gilt aber, wenn m eine Primzahlpotenz ist, wie später gezeigt wird (11.59a)). Der Hauptsatz 11.29 erlaubt zusammen mit der Tatsache, daß die ε_i Invarianten von G sind, für jedes $m \in \mathbb{N}_+$ die Zahl der Isomorphieklassen abelscher Gruppen der Ordnung m zu bestimmen: Man zählt, auf wie viele Arten sich m in der Form $m = \varepsilon_1 \cdot \ldots \cdot \varepsilon_\rho$ mit $\varepsilon_i \mid \varepsilon_{i+1}$ ($i = 1, \ldots, \rho - 1$) und $\varepsilon_1 > 1$ zerlegen läßt.

11.V. Permutationsgruppen

Da die Galoisgruppen algebraischer Gleichungen Permutationsgruppen der Wurzeln der Gleichung sind, sind diese Gruppen natürlich für die Galoistheorie von besonderer Bedeutung. Manches von dem Folgenden lernt man auch schon im Zusammenhang mit der Determinantentheorie kennen.

11.33. DEFINITION: Für $r \in \mathbb{N}$, $r \geq 2$ heißt $\sigma \in S_n$ ein r-**Zyklus**, wenn es paarweise verschiedene Zahlen $\nu_1, \ldots, \nu_r \in \{1, \ldots, n\}$ gibt, so daß $\sigma(\nu_i) = \nu_{i+1}$ für $i = 1, \ldots, r-1$, $\sigma(\nu_r) = \nu_1$ und $\sigma(k) = k$ für $k \in \{1, \ldots, n\} \setminus \{\nu_1, \ldots, \nu_r\}$. Ein solcher Zyklus wird

$$(\nu_1, \ldots, \nu_r) = (\nu_2, \ldots, \nu_r, \nu_1) = \cdots$$

geschrieben. 2-Zyklen heißen **Transpositionen**.

Ein 2-Zyklus (i, j) vertauscht i und j und läßt alle anderen Zahlen aus $\{1, \ldots, n\}$ fest. Für einen r-Zyklus $\sigma = (\nu_1, \ldots, \nu_r)$ gilt offensichtlich

$$\mathrm{ord}(\sigma) = r, \quad \sigma^{-1} = (\nu_r, \nu_{r-1}, \ldots, \nu_1)$$

und

$$\tau \sigma \tau^{-1} = (\tau(\nu_1), \tau(\nu_2), \ldots, \tau(\nu_r)) \quad \text{für alle} \quad \tau \in S_n$$

Für eine Transposition σ ist $\sigma^{-1} = \sigma$ und $\sigma^2 = \mathrm{id}$.

11.34. DEFINITION: Zwei Permutationen $\sigma, \tau \in S_n$ heißen **disjunkt**, wenn alle Zahlen, die bei σ (bei τ) bewegt werden, bei τ (bei σ) festbleiben.

Es ist klar, daß disjunkte Permutationen σ, τ vertauschbar sind: $\sigma \circ \tau = \tau \circ \sigma$.

11.35. SATZ. *Jede Permutation läßt sich eindeutig (bis auf die Reihenfolge der Faktoren) als Produkt paarweise disjunkter Zyklen schreiben.*

BEWEIS: Sei $\sigma \in S_n$ und sei $U \subset S_n$ die von σ erzeugte zyklische Untergruppe. U operiert auf $\{1,\ldots,n\}$.

a) Existenz der Produktzerlegung. Es seien $B_1,\ldots,B_h$ die Bahnen der Operation von U mit $|B_i| > 1$ ($i = 1,\ldots,h$) und $\sigma_i \in S_n$ werde durch

$$\sigma_i(x) = \begin{cases} \sigma(x) & \text{für } x \in B_i \\ x & \text{für } x \notin B_i \end{cases}$$

definiert. Offensichtlich gilt dann $\sigma = \sigma_1 \circ \cdots \circ \sigma_h$ und die σ_i sind paarweise disjunkt. Es ist noch zu zeigen, daß die σ_i Zyklen sind.

Sei $|B_i| = r_i$ und für ein $x \in B_i$ sei $m > 0$ die kleinste Zahl mit $\sigma^m(x) = x$. Dann sind $x = \sigma^0(x), \sigma(x), \ldots, \sigma^{m-1}(x)$ paarweise verschieden und für jedes $n \in \mathbb{Z}$ ist $\sigma^n(x) = \sigma^j(x)$ für ein $j \in \{0,\ldots,m-1\}$. Somit ist $B_i = \{\sigma^0(x), \sigma(x),\ldots,\sigma^{m-1}(x)\}$ und $m = r_i$. Ferner ist σ_i der r_i-Zyklus

$$(x, \sigma(x),\ldots,\sigma^{r_i-1}(x))$$

b) Eindeutigkeit. Sei $\sigma = \sigma'_1 \circ \cdots \circ \sigma'_k$ eine weitere Zerlegung von σ in ein Produkt disjunkter Zyklen. Wir zeigen die Eindeutigkeitsaussage durch Induktion nach $m := \text{Min}\{h,k\}$. Für $m = 0$ ist $\sigma = \text{id}$ und es ist nichts zu zeigen.

Im Fall $m > 0$ sei $x \in \{1,\ldots,n\}$ eine Zahl, die bei σ bewegt wird. B_i sei die Bahn, der x angehört. Dann gibt es ein eindeutiges $j \in \{1,\ldots,k\}$ mit $\sigma'_j(x) \neq x$. Ist $\sigma'_j = (\nu_1,\ldots,\nu_{r_j})$, so ist $\{\nu_1,\ldots,\nu_{r_j}\}$ die Bahn von x, also $B_i = \{\nu_1,\ldots,\nu_{r_j}\}$. Es folgt $\sigma'_j = \sigma_i$. Nach Kürzen dieses Faktors kann man den Beweis durch Induktion vollenden.

Wir nennen die Faktorzerlegung gemäß 11.35 die **Zyklenzerlegung** einer Permutation.

11.36. REGELN: Sei $\sigma = \sigma_1 \cdot \ldots \cdot \sigma_h$ die Zyklenzerlegung von $\sigma \in S_n$
a) $\text{ord}(\sigma) = \text{kgV}(\text{ord}(\sigma_1),\ldots,\text{ord}(\sigma_h))$
b) Für jedes $\tau \in S_n$ wird die Zyklenzerlegung von $\tau\sigma\tau^{-1}$ gegeben durch

$$\tau\sigma\tau^{-1} = (\tau\sigma_1\tau^{-1}) \cdot (\tau\sigma_2\tau^{-1}) \cdot \ldots \cdot (\tau\sigma_h\tau^{-1})$$

BEWEIS: a) Für jedes $m \in \mathbb{N}$ gilt $\sigma^m = \sigma_1^m \cdot \ldots \cdot \sigma_h^m$, weil die σ_i vertauschbar sind. Genau dann ist $\sigma^m = \text{id}$, wenn $\sigma_i^m = \text{id}$ für $i = 1,\ldots,h$. Hieraus folgt die Behauptung.
b) Es ist klar, daß die $\tau\sigma_i\tau^{-1}$ paarweise disjunkte Zyklen sind.

Permutationsgruppen

11.37.DEFINITION: Das **Signum** von $\sigma \in S_n$ ist definiert durch

$$\operatorname{sign}(\sigma) := \prod_{j<i} \frac{\sigma(i) - \sigma(j)}{i - j}$$

Die Zahlen $\sigma(i) - \sigma(j)$ sind bis aufs Vorzeichen die Abstände der Zahlen aus $\{1,\ldots,n\}$, daher ist $\operatorname{sign}(\sigma) = \pm 1$. Ist $j < i$, aber $\sigma(j) > \sigma(i)$, so heißt das Paar (j,i) ein **Fehlstand** von σ. Es ist daher $\operatorname{sign}(\sigma) = 1$ (bzw. $\operatorname{sign}(\sigma) = -1$), falls σ eine gerade (ungerade) Anzahl von Fehlständen besitzt. Im ersten Fall heißt σ eine **gerade**, im zweiten eine **ungerade Permutation**. Es ist klar, daß eine Transposition das Signum -1 besitzt.

11.38.SATZ. *Die Abbildung* $\operatorname{sign} : S_n \to \{1,-1\}$ *ist ein Gruppenhomomorphismus:*

$$\operatorname{sign}(\tau\sigma) = \operatorname{sign}(\tau) \cdot \operatorname{sign}(\sigma) \qquad \textit{für alle} \qquad \sigma, \tau \in S_n$$

BEWEIS:

$$\operatorname{sign}(\tau\sigma) = \prod_{j<i} \frac{(\tau\sigma)(i) - (\tau\sigma)(j)}{i-j} = \prod_{j<i} \frac{\tau(\sigma(i)) - \tau(\sigma(j))}{\sigma(i) - \sigma(j)} \cdot \prod_{j<i} \frac{\sigma(i) - \sigma(j)}{i-j}$$
$$= \operatorname{sign}(\tau) \cdot \operatorname{sign}(\sigma)$$

denn $\prod_{j<i} \frac{\tau(\sigma(i)) - \tau(\sigma(j))}{\sigma(i) - \sigma(j)} = \prod_{j<i} \frac{\tau(i) - \tau(j)}{i-j} = \operatorname{sign}(\tau)$.

11.39.KOROLLAR. *Die Menge* A_n *aller geraden Permutationen in* S_n *ist ein Normalteiler von* S_n.

A_n ist der Kern des Gruppenhomomorphismus sign. Man nennt A_n die **alternierende Gruppe** n-ten Grades. Falls $n > 1$ ist, gilt $S_n/A_n \cong \{1,-1\}$, daher ist

$$[S_n : A_n] = 2 \quad \text{und} \quad |A_n| = \frac{1}{2}n!$$

Es gibt ebenso viele ungerade wie gerade Permutationen.

Für $\sigma \in S_n$ mit $\sigma(1) = i$ hat $\sigma' := (1,2)(2,3)\cdots(i-1,i)\sigma$ die Eigenschaft $\sigma'(1) = 1$. Durch Induktion folgert man

11.40. SATZ. S_n *wird von den Transpositionen benachbarter Elemente erzeugt, d.h. jedes* $\sigma \in S_n$ *ist Produkt von Transpositionen* $(i, i+1)$.

Da Transpositionen das Signum -1 haben, ergibt sich

11.41. KOROLLAR. *Ist $\sigma \in S_n$ Produkt von m Transpositionen, so gilt*

$$\operatorname{sign}(\sigma) = (-1)^m$$

Aus der Formel für r-Zyklen

(4) $$(\nu_1, \ldots, \nu_r) = (\nu_1 \nu_2) \cdot (\nu_2 \nu_3) \cdot \ldots \cdot (\nu_{r-1} \nu_r)$$

erhält man

11.42. KOROLLAR. *Ist $\sigma \in S_n$ ein r-Zyklus, so ist $\operatorname{sign}(\sigma) = (-1)^{r-1}$.*

Die Atome der Gruppentheorie sind die einfachen Gruppen im Sinne der folgenden Definition. Es ist ein wichtiges Thema, die einfachen Gruppen zu bestimmen und aus diesen alle Gruppen aufzubauen.

11.43. DEFINITION: Eine Gruppe G heißt **einfach**, wenn G und $\{e\}$ die einzigen Normalteiler von G sind.

Beispielsweise sind die zyklischen Gruppen von Primzahlordnung einfach. Eine weitere Klasse einfacher Gruppen liefert der folgende Satz.

11.44. THEOREM. *A_n ist für $n \neq 4$ einfach.*

Der Beweis benützt die folgenden Lemmata.

11.45. LEMMA. *Seien $a, b \in \{1, \ldots, n\}$ verschiedene Zahlen. Für $n \geq 3$ wird A_n von den Dreierzyklen (a, b, k) mit $k \in \{1, \ldots, n\}$, $k \neq a, b$ erzeugt.*

BEWEIS: Da A_3 von $(1, 2, 3)$ erzeugt wird, ist die Aussage für $n = 3$ trivial. Sei also $n > 3$.

Jede gerade Permutation läßt sich als Produkt von Permutationen $(u, v) \cdot (x, y)$ oder $(u, v) \cdot (u, x)$ mit paarweise verschiedenen $u, v, x, y \in \{1, \ldots, n\}$ schreiben (11.41). Da $(u, v) \cdot (x, y) = (u, x, v) \cdot (u, x, y)$ und $(u, v) \cdot (u, x) = (u, x, v)$, ist jetzt schon gezeigt, daß A_n von Dreierzyklen erzeugt wird.

Ein Dreierzyklus enthält von den Zahlen a, b entweder keine, genau eine oder alle beide. Die Formeln

$$(a, u, b) = (a, b, u)^2, \; (a, u, v) = (a, b, v)(a, b, u)^2$$

$$(b, u, v) = (a, b, v)^2 (a, b, u) \quad \text{und} \quad (u, v, x) = (a, b, u)^2 (a, b, x)(a, b, v)^2 (a, b, u)$$

zeigen, daß schon die Dreierzyklen (a, b, u) ganz A_n erzeugen.

11.46. LEMMA. *Ist $n \geq 3$ und N ein Normalteiler von A_n, welcher einen Dreierzyklus enthält, dann ist $N = A_n$.*

BEWEIS: Sei $(a, b, c) \in N$. Für $k \neq a, b, c$ gilt

$$(a, b, k) = (a,b)(c,k)(a,b,c)^2(c,k)(a,b) = [(a,b)(c,k)](a,b,c)^2[(a,b)(c,k)]^{-1}$$

Dies ist ein Element von N. Nach 11.45 folgt $N = A_n$.

BEWEIS VON 11.44:
Für A_1, A_2 und A_3 ist der Satz trivial. Sei daher $n \geq 5$ und sei $N \neq \{\text{id}\}$ ein Normalteiler von A_n.
a) Wenn N einen Dreierzyklus enthält, dann ist $N = A_n$ nach 11.46.
b) N enthalte eine Permutation σ, welche genau 4 Zahlen bewegt, aber keine Permutation, die weniger als 4 Zahlen bewegt. Dann ist σ von der Form $\sigma = (a,b) \cdot (c,d)$ mit paarweise verschiedenen a, b, c, d. Wähle $e \in \{1, \ldots, n\} \setminus \{a, b, c, d\}$, was wegen $n \geq 5$ möglich ist, und setze $\tau := (c, d, e)$. Dann ist $\sigma_1 := \tau \sigma \tau^{-1} = (a, b)(d, e) \in N$ und $\sigma \sigma_1 = (c, d, e) \in N$, ein Widerspruch. Der Fall b) kann nicht eintreten.
c) Es ist jetzt noch der Fall zu betrachten, daß jedes $\sigma \in N$ mehr als 4 Zahlen bewegt. Wir betrachten ein σ, das möglichst wenig Zahlen bewegt. In seiner Zyklenzerlegung schreiben wir den längsten Zyklus zuerst. Es gibt dann folgende drei Möglichkeiten
$\alpha)$ $\sigma = (a, b, c, d, \cdots) \cdots$
$\beta)$ $\sigma = (a, b, c) \cdot (d, e, \cdots) \cdots$
$\gamma)$ $\sigma = (a, b) \cdot (c, d) \cdot (e, f) \cdots$
Mit $\tau = (b, c, d)$ erhält man für $\sigma_1 = \tau \sigma \tau^{-1}$ in den drei Fällen
$\alpha)$ $\sigma_1 = (a, c, d, b, \cdots) \cdots$
$\beta)$ $\sigma_1 = (a, c, d) \cdot (b, e, \cdots) \cdots$
$\gamma)$ $\sigma_1 = (a, c) \cdot (d, b) \cdot (e, f) \cdots$
Hierbei ist $\sigma_1 \neq \sigma$. In den Fällen $\alpha)$ und $\gamma)$ läßt $\sigma_1^{-1}\sigma$ alle Zahlen aus $\{1, \ldots, n\} \setminus \{a, b, c, d\}$ fest, im Fall $\beta)$ alle Zahlen aus $\{1, \ldots, n\} \setminus \{a, b, c, d, e\}$. In diesem Fall hat aber σ mehr als 5 Zahlen bewegt. Man hat jetzt in N eine Permutation gefunden, die weniger Zahlen bewegt als σ. Das ist ein Widerspruch. Fall c) kann ebenfalls nicht auftreten und der Satz ist bewiesen.

Zur Struktur der Gruppe A_4 siehe die Aufgaben 57) und 71)-73).

Einer der schwierigsten Sätze der Mathematik ist der **Klassifikationssatz für die endlichen einfachen Gruppen**, in dem alle endlichen einfachen Gruppen bestimmt werden. Sein Beweis ist mehrere tausend Seiten lang (vgl. Gorenstein [G] für Inhalt und Historie des Klassifikationssatzes).

Neben A_n ist die Diedergruppe D_n eine weitere Untergruppe der S_n von besonderer Bedeutung.

11.47. DEFINITION: Sei $n \geq 3$. Die Untergruppe $D_n \subset S_n$, welche von

$$a := (1, 2, \ldots, n) \quad \text{und} \quad b = \begin{pmatrix} 1 & 2 & 3 & \ldots & n-1 & n \\ 1 & n & n-1 & \ldots & 3 & 2 \end{pmatrix}$$

erzeugt wird, heißt **Diedergruppe n-ten Grades**.

11.48. SATZ. *Es ist $|D_n| = 2n$ und es gelten die Relationen*

$$a^n = \text{id}, \ a^k \neq \text{id} \quad \text{für} \quad k = 1, \ldots, n-1$$
$$b^2 = \text{id}, \ bab = a^{-1}$$

BEWEIS: Daß die Relationen gelten, rechnet man leicht aus. Es folgt dann $D_n = \{a^i b^j \mid 0 \leq i < n, j = 0, 1\}$. Die Elemente $a^i b^j$ ($0 \leq i < n, j = 0, 1$) sind paarweise verschieden, denn es ist

$$(a^i b^j)(1) = i + 1 \quad (i = 0, \ldots, n-1; j = 0, 1)$$

$$(a^i b^j)(2) = \begin{cases} i+2 & j = 0, i < n-1 \\ 1 & j = 0, i = n-1 \\ i & j = 1, i > 0 \\ n & j = 1, i = 0 \end{cases}$$

Damit ist der Satz bewiesen.

Man kann leicht zeigen, daß D_n zur Symmetriegruppe eines regulären n-Ecks isomorph ist, mit der D_n meistens identifiziert wird. Hierbei erzeugt a die Drehungsgruppe des n-Ecks und b entspricht der Spiegelung des n-Ecks an einer Geraden.

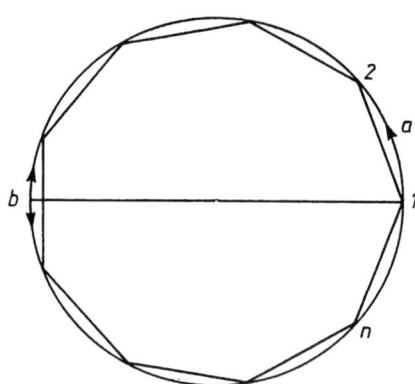

11.VI. p–Gruppen und die Sätze von Sylow

Im folgenden sei p stets eine Primzahl.

11.49. DEFINITION: Eine Gruppe G heißt p–**Gruppe**, wenn die Ordnung jedes Elements von G eine Potenz von p ist.

Wir werden bald sehen, daß eine endliche Gruppe G genau dann eine p–Gruppe ist, wenn $|G|$ eine Potenz von p ist.

11.50. SATZ. *Ist G eine Gruppe der Ordnung p^n ($n > 0$), so ist $Z(G) \neq \{e\}$.*

BEWEIS: In der Klassengleichung (1) sind die Indizes $[G : Z(x_i)]$ durch p teilbar, folglich ist es auch $|Z(G)|$ und damit ist $|Z(G)| > 1$.

Ähnliche Schlüsse werden auch in den folgenden Sätzen angewandt werden.

11.51. FUNDAMENTALLEMMA. *Eine Gruppe G der Ordnung p^n operiere auf einer endlichen Menge M und es sei $M_0 := \{x \in M \mid g(x) = x \text{ für alle } g \in G\}$ die Menge der Fixpunkte der Operation. Dann ist $|M| \equiv |M_o| \bmod p$.*

BEWEIS: Da M die disjunkte Vereinigung aller Bahnen der Operation ist, gilt

$$|M| = |M_o| + |B_{x_1}| + \cdots + |B_{x_m}|$$

wobei B_{x_i} die Bahnen mit $|B_{x_i}| > 1$ durchläuft. Nach 11.5 ist $|B_{x_i}|$ ein Teiler von $|G| = p^m$ und daher durch p teilbar ($i = 1, \ldots, m$). Es folgt die Behauptung.

11.52. SATZ VON CAUCHY. *Ist die Ordnung einer endlichen Gruppe G durch p teilbar, dann enthält G ein Element der Ordnung p.*

BEWEIS: M sei die Menge aller p-tupel $(a_1, \ldots, a_p) \in G^p$ mit $a_1 \cdot \ldots \cdot a_p = e$. Für ein solches Element ist $a_p = (a_1 \cdot \ldots \cdot a_{p-1})^{-1}$, daher gilt $|M| = |G|^{p-1}$.

Die Gruppe $\mathbb{Z}/(p)$ operiere auf M durch zyklische Vertauschung, d.h. für $z + (p) \in \mathbb{Z}/(p)$ ($z \in \{0, \ldots, p-1\}$) sei

$$(z + (p))(a_1, \ldots, a_p) = (a_{1+z}, \ldots, a_p, a_1, \ldots, a_z)$$

Es ist klar, daß $(a_{1+z} \cdot \ldots \cdot a_p)(a_1 \cdot \ldots \cdot a_z) = e$ ist, weil in jeder Gruppe aus $ab = e$ auch $ba = e$ folgt.

Sei M_0 die Menge aller Fixpunkte dieser Operation auf M, also die Elemente der Form $(a, \ldots, a)$ mit $a \in G$, $a^p = e$. Da $(e, \ldots, e) \in M_0$, ist $|M_0| > 0$. Nach 11.51 ist $|M| \equiv |M_0| \bmod p$. Weil $|M| = |G|^{p-1}$ durch p teilbar ist, gilt sogar $|M_0| \geq p$. Es gibt daher ein $(a, \ldots, a) \in M_0$ mit $a \neq e$ und es ist $a^p = e$, q.e.d.

11.53.KOROLLAR. *Eine endliche Gruppe ist genau dann eine p-Gruppe, wenn $|G|$ eine Potenz von p ist.*

Andernfalls besäße $|G|$ einen Primteiler $q \neq p$ und enthielte nach dem Satz von Cauchy ein Element der Ordnung q.

11.54.KOROLLAR. *Jede endliche p-Gruppe $G \neq \{e\}$ besitzt ein nichttriviales Zentrum.*

11.55.DEFINITION: Eine p-**Sylowuntergruppe** einer Gruppe G ist eine maximale p-Untergruppe von G.

Die Existenz einer solchen Untergruppe (für jede Primzahl p) ergibt sich aus dem Zornschen Lemma: Die Menge P aller p-Untergruppen von G enthält $\{e\}$ und daher ist $P \neq \emptyset$. Für eine vollständig geordnete Familie $\{U_\lambda\}_{\lambda \in \Lambda}$ von p-Untergruppen von G ist auch $\bigcup_{\lambda \in \Lambda} U_\lambda$ eine p-Untergruppe. Nach Zorn besitzt P ein maximales Element und dieses ist eine p-Sylowuntergruppe von G.

In einer abelschen Gruppe G gibt es genau eine p-Sylowuntergruppe: Es ist die Gruppe G_p aller Elemente von p-Potenzordnung in G (die p-**Torsion** von G). Ist G endlich, so folgt aus dem Hauptsatz für abelsche Gruppen, daß

$$G = \bigoplus_p G_p$$

11.56.BEMERKUNG: Sei G eine beliebige Gruppe.
a) Jede Konjugierte $\sigma G_p \sigma^{-1}$ ($\sigma \in G$) einer p-Sylowuntergruppe G_p von G ist eine p-Sylowuntergruppe.
b) Besitzt G nur eine p-Sylowuntergruppe, so ist diese ein Normalteiler von G.

BEWEIS: a) folgt unmittelbar aus der Definition und b) ist eine Konsequenz von a).

Die Sätze von Sylow, die wir jetzt herleiten wollen, beschäftigen sich mit den Sylowuntergruppen endlicher Gruppen. Im folgenden sei G jeweils endlich.

11.57.LEMMA. *Sei U eine p-Untergruppe von G und $N(U) = \{g \in G \mid gUg^{-1} = U\}$ ihr Normalisator. Dann gilt*

$$[N(U) : U] \equiv [G : U] \bmod p$$

BEWEIS: U operiere auf der Menge M aller Linksnebenklassen gU ($g \in G$) durch Linkstranslation und $M_0 := \{gU \mid ugU = gU \text{ für alle } u \in U\}$ sei die Menge aller Fixpunkte dieser Operation. Für $u \in U$, $g \in G$ gilt $ugU = gU$ genau dann, wenn $g^{-1}ug \in U$. Daher ist M_0 die Menge aller Nebenklassen gU mit $g \in N(U)$ und es ergibt sich $|M_0| = [N(U) : U]$. Da $|M| = [G : U]$ ist, folgt die Behauptung aus 11.51.

11.58. KOROLLAR. *Ist p ein Teiler von $[G:U]$, so ist $N(U) \neq U$.*

11.59. THEOREM. *(1. Satz von Sylow) Es sei $|G| = p^n \cdot m$, wobei $p \nmid m$.*
a) Für jedes $i \in \{0, \ldots, n\}$ besitzt G eine Untergruppe der Ordnung p^i, insbesondere besitzen die p-Sylowuntergruppen von G die Ordnung p^n.
b) Jede Untergruppe der Ordnung p^i ($i \in \{0, \ldots, n-1\}$) von G ist Normalteiler in einer Untergruppe der Ordnung p^{i+1}.

BEWEIS: Sei $n > 0$. Nach dem Satz von Cauchy enthält G eine Untergruppe der Ordnung p. Es sei schon gezeigt, daß G eine Untergruppe U der Ordnung p^i ($1 \leq i < n$) besitzt. Dann ist $[G:U] = p^{n-i} \cdot m$ und $N(U) \neq U$ nach 11.58. Die Restklassengruppe $N(U)/U$ enthält dann nach Cauchy eine Untergruppe U'/U der Ordnung p. Dabei ist U' eine Untergruppe der Ordnung p^{i+1} von G und U ist Normalteiler in U', da U Normalteiler in $N(U)$ ist,   **q.e.d.**

11.60. THEOREM. *(2. Satz von Sylow). Zu jeder p-Untergruppe U von G und jeder p-Sylowuntergruppe P von G existiert ein $g \in G$, so daß $gUg^{-1} \subset P$. Je zwei p-Sylowuntergruppen von G sind konjugiert.*

BEWEIS: U operiere auf $M := G/P$ durch Linkstranslation und M_0 sei die Menge der Fixpunkte dieser Operation. Nach 11.51 ist $|M_0| \equiv |M| \bmod p$. Da p kein Teiler von $|M| = [G:P]$ ist, ist $|M_0| \neq 0$. Es gibt somit ein $g \in G$, so daß $ugP = gP$ für alle $u \in U$. Hieraus folgt $g^{-1}ug \in P$ für alle $u \in U$. Die erste Aussage des Satzes ist damit gezeigt. Da je zwei p-Sylowuntergruppen von G die gleiche Ordnung besitzen, folgt die zweite unmittelbar.

11.61. THEOREM. *(3. Satz von Sylow). Sei s_p die Anzahl der verschiedenen p-Sylowuntergruppen von G. Dann gilt*

$$|G| \equiv 0 \bmod s_p \quad \text{und} \quad s_p \equiv 1 \bmod p$$

BEWEIS: Nach 11.60 ist s_p die Anzahl aller Konjugierten einer festen p-Sylowuntergruppe P von G, also die Elementezahl der Bahn von P unter der Operation von G durch Konjugation auf der Menge seiner Untergruppen. Nach 11.5 ist s_p ein Teiler von $|G|$.

Sei jetzt M die Menge aller p-Sylowuntergruppen von G und M_0 die Menge ihrer Fixpunkte unter der Operation von P auf M durch Konjugation:

$$M_0 := \{Q \in M \mid aQa^{-1} = Q \text{ für alle } a \in P\}$$

Genau dann ist $Q \in M_0$, wenn $P \subset N(Q)$. Als p-Sylowuntergruppen von G sind P und Q auch p-Sylowuntergruppen von $N(Q)$. Nach 11.60 sind sie in $N(Q)$

konjugiert, es gibt somit ein $x \in N(Q)$ mit $xQx^{-1} = P$. Nach Definition von $N(Q)$ ist $xQx^{-1} = Q$ und somit $Q = P$.

Damit ist gezeigt, daß $M_0 = \{P\}$ ist. Wegen $|M| = s_p$ ergibt sich aus 11.51, daß $s_p \equiv 1 \bmod p$, \hfill q.e.d.

Von den zahlreichen Anwendungen der Sylowsätze auf endliche Gruppen wollen wir uns zur Illustration den folgenden Satz herausgreifen. Weiteres Material enthalten die Übungen.

11.62.SATZ. *Seien p und q zwei Primzahlen, wobei $p > q$ und $q \nmid p - 1$. Jede Gruppe der Ordnung $p \cdot q$ ist zyklisch.*

BEWEIS: Wenn die Gruppe G die Ordnung $p \cdot q$ besitzt, dann enthält sie nach dem Satz von Cauchy oder dem 1. Satz von Sylow ein Element a der Ordnung p und ein Element b der Ordnung q. Seien s_p und s_q wie in 11.61. Nach dem 3. Satz von Sylow ist s_p ein Teiler von pq und gleichzeitig $s_p - 1$ durch p teilbar. Da $p > q$ ist, muß $s_p = 1$ sein. Dann ist (a) die einzige p-Sylowuntergruppe von G, insbesondere ein Normalteiler von G (11.56b)).

Auch s_q ist ein Teiler von pq und $s_q - 1$ wird durch q teilbar. Da $q \nmid p-1$ ist, muß auch $s_q = 1$ gelten. Somit ist auch (b) ein Normalteiler von G. Da $(a) \cap (b) = \{e\}$ ist, folgt $G = (a) \times (b)$, also $G \cong \mathbf{Z}/(p) \times \mathbf{Z}/(q) \cong \mathbf{Z}/(p \cdot q)$, \hfill q.e.d.

Zahlenbeispiele: $15 = 3 \cdot 5$, $33 = 3 \cdot 11$, $35 = 5 \cdot 7$, $51 = 3 \cdot 17$, $65 = 5 \cdot 13$ etc.

11.VII. Auflösbare Gruppen

Diese Gruppen spielen in der Theorie der Auflösung algebraischer Gleichungen durch Radikale eine entscheidende Rolle. Unabhängig davon sind sie aber auch rein gruppentheoretisch sehr bedeutsam als nahe Verwandte der abelschen Gruppen.

11.63.DEFINITION: Eine Gruppe G heißt **auflösbar**, wenn es eine Kette

(5) $$G = N_\ell \supset N_{\ell-1} \supset \cdots \supset N_1 \supset N_0 = \{e\}$$

von Untergruppen $N_i \subset G$ gibt $(i = 0, \ldots, \ell)$, so daß gilt: Für $i = 1, \ldots, \ell$ ist N_{i-1} Normalteiler in N_i und N_i/N_{i-1} abelsch.

Offensichtlich sind abelsche Gruppen auflösbar und nichtabelsche einfache Gruppen sind nicht auflösbar. Weiterhin gilt:

11.64.SATZ. *Jede endliche p-Gruppe ist auflösbar.*

BEWEIS: Sei $G \neq \{e\}$ eine endliche p-Gruppe. Nach 11.50 ist dann $Z(G) \neq \{e\}$. Ferner ist $Z(G)$ ein Normalteiler in G und in jeder $Z(G)$ umfassenden Untergruppe von G. Da $G/Z(G)$ eine p-Gruppe kleinerer Ordnung als G ist, kann man annehmen, daß schon eine Kette

$$G/Z(G) = N_\ell/Z(G) \supset N_{\ell-1}/Z(G) \supset \cdots \supset N_1/Z(G) = \{e\}$$

von Untergruppen von $G/Z(G)$ gefunden ist, wobei $N_{i-1}/Z(G)$ Normalteiler in $N_i/Z(G)$ ist, also N_{i-1} Normalteiler in N_i, und $N_i/Z(G)/N_{i-1}/Z(G) \cong N_i/N_{i-1}$ abelsch ist ($i = 2, \ldots, \ell$). Mit $N_0 = \{e\}$ erhält man dann die gewünschte Kette $G = N_\ell \supset N_{\ell-1} \supset \cdots \supset N_1 \supset N_0 = \{e\}$.

11.65.SATZ. *Ist G eine auflösbare Gruppe, so ist auch jede Untergruppe und jedes homomorphe Bild von G auflösbar.*

BEWEIS: a) Sei $U \subset G$ eine Untergruppe. Mit Hilfe einer Kette (5) erhält man dann die Kette

$$U = U \cap N_\ell \supset U \cap N_{\ell-1} \supset \cdots \supset U \cap N_1 \supset U \cap N_0 = \{e\}$$

Da N_{i-1} Normalteiler in N_i ist, ist auch $U \cap N_{i-1}$ Normalteiler in $U \cap N_i$ ($i = 1, \ldots, \ell$). Ferner gilt nach dem 1. Noetherschen Isomorphiesatz 11.14

$$U \cap N_i / U \cap N_{i-1} = U \cap N_i / U \cap N_i \cap N_{i-1} \cong (U \cap N_i) \cdot N_{i-1}/N_{i-1} \quad (i = 1, \ldots, \ell)$$

Die letzte Gruppe ist eine Untergruppe von N_i/N_{i-1}, folglich abelsch.

b) Ist $\varphi \colon G \to H$ ein surjektiver Gruppenhomomorphismus, dann ist

$$H = \varphi(N_\ell) \supset \varphi(N_{\ell-1}) \supset \cdots \supset \varphi(N_1) \supset \varphi(N_0) = \{e\}$$

eine Untergruppenkette von H. Dabei ist $\varphi(N_{i-1})$ ein Normalteiler von $\varphi(N_i)$ nach 11.12b) und φ induziert nach dem Homomorphiesatz einen Gruppenepimorphismus $N_i/N_{i-1} \to \varphi(N_i)/\varphi(N_{i-1})$ ($i = 1, \ldots, \ell$). Da N_i/N_{i-1} abelsch ist, muß es auch $\varphi(N_i)/\varphi(N_{i-1})$ sein.

Für jede endliche abelsche Gruppe A gibt es eine Kette

(6) $$A = U_r \supset U_{r-1} \supset \cdots \supset U_1 \supset U_0 = \{e\}$$

von Untergruppen U_i ($i = 0, \ldots, r$), so daß U_i/U_{i-1} ($i = 1, \ldots, r$) zyklisch von Primzahlordnung ist. Wähle etwa zunächst eine zyklische Untergruppe $\neq \{e\}$. In ihr gibt es eine zyklische Untergruppe von Primzahlordnung. Nehme diese für U_1 und wende Induktion an. Dies verallgemeinert sich wie folgt.

11.66.SATZ. *Ist N ein Normalteiler einer endlichen auflösbaren Gruppe, so gibt es eine Kette von Untergruppen $N_i \subset G$ $(i = 0, \ldots, \ell)$*

$$G = N_\ell \supset N_{\ell-1} \supset \cdots \supset N_1 \supset N_0 = \{e\}$$

mit folgenden Eigenschaften:
a) N_{i-1} *ist Normalteiler von* N_i $(i = 1, \ldots, \ell)$
b) N_i/N_{i-1} *ist (zyklisch) von Primzahlordnung* $(i = 1, \ldots, \ell)$
c) $N \in \{N_0, \ldots, N_\ell\}$.

BEWEIS: Nach 11.65 ist N auflösbar, es gibt daher eine Kette

(7) $$N = N_\lambda \supset N_{\lambda-1} \supset \cdots \supset N_0 = \{e\}$$

so daß N_{i-1} Normalteiler in N_i ist und N_i/N_{i-1} abelsch $(i = 1, \ldots, \lambda)$. Für die N_i/N_{i-1} kann man eine Kette (6) finden, dabei sind die Untergruppen U_j von der Form U_j^*/N_{i-1} mit N_{i-1} umfassenden Untergruppen $U_j^* \subset N_i$. Dabei ist U_{j-1}^* Normalteiler in U_j^* und $U_j^*/U_{j-1}^* \cong U_j^*/N_{i-1}/U_{j-1}^*/N_{i-1} = U_j/U_{j-1}$ ist von Primzahlordnung. Die Kette (7) läßt sich durch Einschieben der U_j^* zwischen N_{i-1} und N_i so verfeinern, daß die Bedingungen a) und b) des Satzes erfüllt sind. Wir nehmen daher an, daß (7) eine solche Kette ist.

Nach 11.65 ist auch G/N auflösbar und man findet mit den gleichen Argumenten wie eben eine Kette

$$G/N = N_\ell/N \supset \cdots \supset N_\lambda/N = \{e\}$$

wobei $N_i/N/N_{i-1}/N \cong N_i/N_{i-1}$ von Primzahlordnung ist $(i = \lambda + 1, \ldots, \ell)$. Setzt man nun (7) mit der Kette

$$G = N_\ell \supset N_{\ell-1} \supset \cdots \supset N_\lambda = N$$

zusammen, so ergibt sich die im Satz die gesuchte Kette.

Sind in 11.66 die Gruppen N_i/N_{i-1} von der Ordnung p_i, so gilt $|G| = p_1 \cdot \ldots \cdot p_\ell$. Die auftretenden Primzahlen p_i hängen somit nur von $|G|$ ab und nicht von der Wahl der jeweiligen Untergruppenkette. Die Gruppen $\mathbb{Z}/(p_i)$ sind als die Atome anzusehen, aus denen sich die auflösbare Gruppe G zusammensetzt. Nach einem Satz von Jordan-Hölder besitzt jede endliche Gruppe eine entsprechende "Atomzerlegung" in einfache Gruppen. Die endlichen auflösbaren Gruppen sind gerade die, deren Atome zyklisch von Primzahlordnung sind.

Übungen

11.67. BEMERKUNG: Die symmetrische Gruppe S_n ist für $n \geq 5$ nicht auflösbar, denn sie enthält die einfache nichtabelsche Gruppe A_n (11.44). Hieraus werden wir später folgern, daß es für $n \geq 5$ keine allgemeine Lösungsformel für algebraische Gleichungen vom Grad ≥ 5 durch Radikale gibt. Einen schnellen Beweis, daß S_n für $n \geq 5$ nicht auflösbar ist, enthält die Übungsaufgabe 81).

Nach einem schwierigen Satz von Feit und Thompson sind alle Gruppen ungerader Ordnung auflösbar.

ÜBUNGEN:
Die Aufgaben 1)-8) dienen der Wiederholung von Begriffen und Tatsachen der Gruppentheorie, die im Text als bekannt vorausgesetzt werden. Gruppen werden hier multiplikativ geschrieben, wenn nicht ausdrücklich etwas anderes gesagt wird. Mit e wird ihr neutrales Element bezeichnet.

1) **Untergruppenkriterium:** Eine nichtleere Teilmenge U einer Gruppe G ist genau dann eine Untergruppe von G, wenn $gh^{-1} \in U$ für alle $g, h \in U$.

2) Sei $\alpha: G \to H$ ein **Gruppenhomomorphismus** (d.h. $\alpha(g_1 g_2) = \alpha(g_1) \cdot \alpha(g_2)$ für alle $g_1, g_2 \in G$) und $U := \{g \in G \mid \alpha(g) = e\}$ sein **Kern**: $U = \ker \alpha$.
   a) U ist eine Untergruppe von G, im $\alpha := \{\alpha(g) \mid g \in G\}$ eine Untergruppe von H.
   b) U ist sogar **Normalteiler** von G (d.h. $gUg^{-1} = U$ für alle $g \in G$).
   c) α ist genau dann injektiv, wenn $U = \{e\}$.

3)
   a) Die Zusammensetzung zweier Gruppenhomomorphismen ist ebenfalls ein Gruppenhomomorphismus.
   b) Ist α ein **Gruppenisomorphismus** (bijektiver Gruppenhomomorphismus), so ist auch α^{-1} einer.
   c) Die **Automorphismen** einer Gruppe G (d.h. die Isomorphismen $G \to G$) bilden bzgl. der Komposition von Abbildungen eine Gruppe Aut(G), die **Automorphismengruppe** von G.
   d) Geben Sie Beispiele für nichttriviale Gruppenautomorphismen an.

4) Für eine Gruppe G mit den Elementen $e = g_1, g_2, \ldots, g_n$ heißt die Matrix

$$\begin{bmatrix} g_1 & g_2 & \cdots & g_n \\ g_2 & g_{22} & \cdots & g_{2n} \\ \vdots & \vdots & & \vdots \\ g_n & g_{n2} & \cdots & g_{nn} \end{bmatrix} \quad \text{mit} \quad g_{ij} := g_i \cdot g_j$$

die **Gruppentafel** von G.

a) In jeder Zeile und Spalte der Gruppentafel stehen alle Elemente der Gruppe.
b) Wie findet man in der Gruppentafel schnell das Inverse eines Elements?
c) Was bedeutet es für die Gruppentafel, daß G abelsch ist?
d) Stellen Sie die Gruppentafel der symmetrischen Gruppe (Permutationsgruppe) S_3 auf.

5) Die beiden Matrizen

$$\begin{bmatrix} e & a & b & c \\ a & e & c & b \\ b & c & e & a \\ c & b & a & e \end{bmatrix} \quad \begin{bmatrix} e & a & b & c \\ a & b & c & e \\ b & c & e & a \\ c & e & a & b \end{bmatrix}$$

sind Gruppentafeln zweier Gruppen. Diese sind nicht isomorph, aber jede Gruppe mit 4 Elementen ist zu einer von ihnen isomorph. (Die erste heißt die **Kleinsche Vierergruppe**).

6)
a) Der Durchschnitt von Untergruppen einer Gruppe G ist eine Untergruppe von G.
b) Sei $\{g_\lambda\}_{\lambda \in \Lambda}$ eine Familie von Elementen g_λ aus einer Gruppe G. Die von $\{g_\lambda\}$ **erzeugte Untergruppe** $U = (\{g_\lambda\})$ ist der Durchschnitt aller Untergruppen von G, welche $\{g_\lambda\}_{\lambda \in \Lambda}$ enthalten. Zeigen Sie, daß U die Menge aller "Worte" $a_1 \cdot \ldots \cdot a_n$ ist, wobei $a_i \in \{g_\lambda\}$ oder $a_i^{-1} \in \{g_\lambda\}$ für $i = 1, \ldots, n$.
c) Geben Sie kürzeste Erzeugendensysteme für die beiden Gruppen in Aufg. 5) an.

7) Für eine Familie $\{G_\lambda\}_{\lambda \in \Lambda}$ von Gruppen ist das **direkte Produkt** $\prod_{\lambda \in \Lambda} G_\lambda$ die Menge aller Familien $\{g_\lambda\}_{\lambda \in \Lambda}$ mit $g_\lambda \in G_\lambda$ ($\lambda \in \Lambda$), wobei komponentenweise multipliziert wird. ΠG_λ ist eine Gruppe. Sie enthält bis auf Isomorphie jedes G_λ als Normalteiler und besitzt G_λ auch als homomorphes Bild. Welches "universelle Problem" löst ΠG_λ?

8) Seien N_1, N_2 Untergruppen einer Gruppe G und $N_1 \times N_2$ ihr direktes Produkt. Genau dann wird durch

$$N_1 \times N_2 \to G \quad (a, b) \mapsto ab$$

ein Gruppenisomorphismus gegeben, wenn gilt:
a) G wird von $N_1 \cup N_2$ erzeugt
b) N_1 und N_2 sind Normalteiler von G
c) $N_1 \cap N_2 = \{e\}$.

Man sagt dann, G sei das **(innere) direkte Produkt** von N_1 und N_2 und man schreibt $G = N_1 \times N_2$.

9) Eine Gruppe operiere auf einer Menge. Die Isotropiegruppen zweier Elemente auf derselben Bahn sind konjugiert.

Übungen

10) Für jede Gruppe G bilden ihre inneren Automorphismen einen Normalteiler von Aut(G).
11) Eine Gruppe der Ordnung 55 operiere auf einer Menge von 39 Elementen. Dann besitzt die Operation einen Fixpunkt.
12) Sei $M := \{1, 2, \ldots, n\}$ und S_n die auf der Potenzmenge von M operierende symmetrische Gruppe. Für eine Teilmenge $L \subset M$ mit $L \neq \emptyset$, $L \neq M$ sei U_L die Isotropiegruppe von L.
   a) Es gibt genau vier Teilmengen von M, die bei jedem $g \in U_L$ als ganzes fest bleiben.
   b) Die Konjugierten von U_L sind ebenfalls Isotropiegruppen.
   c) U_L hat in seinem Normalisator $N(U_L)$ den Index 1 oder 2. Für welche L tritt der Index 2 auf?
13) N sei ein Normalteiler einer Gruppe G und $U \subset G$ eine Untergruppe mit $U \cap N = \{e\}$. Liegt N im Normalisator von U, dann ist N auch im Zentralisator von U enthalten.
14) Eine Gruppe G besitze eine Untergruppe U vom Index 2. Dann ist U ein Normalteiler von G. Die Elemente ungerader Ordnung von G erzeugen eine echte Untergruppe von G.
15) Seien U und V Untergruppen einer endlichen Gruppe G und
   $UV := \{uv \mid u \in U, v \in V\}$.
   a) $|UV| = \frac{|U| \cdot |V|}{|U \cap V|}$
   b) Ist V ein Normalteiler von G, so ist UV eine Untergruppe von G und $[UV : V]$ ist ein Teiler von $|U|$ und $[G : V]$. Sind $|U|$ und $[G : V]$ teilerfremd, so gilt $U \subset V$.
   c) Ist V ein Normalteiler von G und sind $|V|$ und $[G : V]$ teilerfremd, so gilt: Ist G Normalteiler in einer Gruppe H, dann ist auch V Normalteiler in H.
16) Sei G eine Gruppe. Für $a, b \in G$ heißt $[a, b] := aba^{-1}b^{-1}$ der **Kommutator** von a, b. Die von allen Kommutatoren $[a, b]$ mit $a, b \in G$ erzeugte Untergruppe von G wird mit $[G, G]$ bezeichnet. Sie heißt die **Kommutatorgruppe** von G.
   a) $[G, G]$ ist ein Normalteiler von G und $G/[G, G]$ ist abelsch.
   b) Sei $\varepsilon : G \to G/[G, G]$ der kanonische Epimorphismus. Ist $\varphi : G \to H$ ein Homomorphismus von G in eine abelsche Gruppe H, so existiert genau ein Gruppenhomomorphismus $h : G/[G, G] \to H$ mit $\varphi = h \circ \varepsilon$.
17) Sei U eine Untergruppe einer Gruppe G. Durch Linkstranslation operiert G auf der Menge M der Linksnebenklassen von G modulo U. Zeigen Sie mit Hilfe dieser Operation: Ist M endlich, so enthält U einen Normalteiler N von G, für den auch G/N endlich ist.

18)
 a) Für jeden kommutativen Ring R mit 1 ist die Menge Γ_R aller Matrizen
$$\begin{bmatrix} a & b \\ c & d \end{bmatrix} \quad \text{mit } a,b,c,d \in R,\ ad-bc=1$$
bzgl. der Matrizenmultiplikation eine Gruppe und für jeden Homomorphismus kommutativer Ringe $\alpha\colon R \to S$ wird durch $\begin{bmatrix} a & b \\ c & d \end{bmatrix} \mapsto \begin{bmatrix} \alpha(a) & \alpha(b) \\ \alpha(c) & \alpha(d) \end{bmatrix}$ ein Gruppenhomomorphismus $\Gamma_R \to \Gamma_S$ induziert.
 b) Sei $\Gamma := \Gamma_{\mathbf{Z}}$ und für $n \in \mathbf{N}$ sei $\Gamma(n)$ die Menge aller $\begin{bmatrix} a & b \\ c & d \end{bmatrix} \in \Gamma$ mit $a \equiv d \equiv 1 \bmod n$, $b \equiv c \equiv 0 \bmod n$. Zeigen Sie, daß $\Gamma(n)$ ein Normalteiler von Γ ist und bestimmen Sie den Index $[\Gamma : \Gamma(p)]$, wenn p eine Primzahl ist.

19)
 a) Eine Gruppe ist nie Vereinigung von zwei echten Untergruppen.
 b) Sei G eine endliche abelsche Gruppe, U_1, U_2, U_3 seien echte Untergruppen von G und $G = U_1 \cup U_2 \cup U_3$. Dann ist $U_1 \cap U_2 = U_1 \cap U_3 = U_2 \cap U_3$ und U_i besitzt den Index 2 in G ($i = 1,2,3$). Welche Gruppe ist $G/U_1 \cap U_2 \cap U_3$?

20) Die Menge G aller rationalen Zahlen, die eine Darstellung $\frac{r}{s}$ mit $r,s \in \mathbf{Z}$ und quadratfreiem s gestatten, ist eine Untergruppe von $(\mathbf{Q},+)$. Durch $x \mapsto -x$ wird der einzige nichttriviale Automorphismus von G gegeben.

21) Seien U und V Untergruppen von $(\mathbf{Q},+)$.
 a) Ist $U \neq \mathbf{Q}$, so ist $\mathbf{Q}/U$ nicht endlich.
 b) Ist $\mathbf{Q}/U$ zyklisch, so ist $U = \mathbf{Q}$.
 c) Ist $U \neq \{0\}$, $V \neq \{0\}$, so ist $U \cap V \neq \{0\}$.
 d) $(\mathbf{Q},+)$ besitzt keine maximale Untergruppe.

22) In der Automorphismengruppe A des Polynomrings $\mathbf{Q}[X]$ gibt es Untergruppen U, V mit folgenden Eigenschaften:
 a) $U \cong (\mathbf{Q},+)$, $V \cong \mathbf{Q}^*$.
 b) $A = U \cdot V$ und U ist Normalteiler von A.

23) Für $m,n \in \mathbf{Z} \setminus \{0\}$ sei $d := \mathrm{ggT}(m,n)$ und $v := \mathrm{kgV}(m,n)$. Dann existiert ein Gruppenisomorphismus $(m)/(v) \cong (d)/(n)$.

24)
 a) Für eine Gruppe G mit dem Zentrum Z sei G/Z zyklisch. Dann ist G abelsch.
 b) Die Gruppe der inneren Automorphismen einer nichtabelschen Gruppe ist niemals zyklisch.

25) Welche Ordnung besitzt die Automorphismengruppe einer zyklischen Gruppe der Ordnung m? Bestimmen Sie die Automorphismengruppe von $(\mathbf{Z},+)$ und die Automorphismengruppe von $\mathbf{Z}$ als Ring.

Übungen

26) Seien G_1, G_2 zwei Gruppen, $\varphi: G_2 \to \mathrm{Aut}(G_1)$ ein Gruppenhomomorphismus. Für $(g_1, g_2), (h_1, h_2) \in G_1 \times G_2$ setze man
$$(g_1, g_2) \cdot (h_1, h_2) := (g_1 \cdot \varphi(g_2)(h_1), g_2 \cdot h_2)$$

a) Durch diese Verknüpfung wird $G_1 \times G_2$ zu einer Gruppe (sie wird $G_1 \times_\varphi G_2$ geschrieben und heißt **semidirektes Produkt** von G_1 und G_2 bzgl. φ).

b) $G_1 \times \{e\}$ und $\{e\} \times G_2$ sind Untergruppen von $G_1 \times_\varphi G_2$.

c) In welchem Fall ist $G_1 \times_\varphi G_2$ eine abelsche Gruppe?

27)
a) Geben Sie ein $x \in \mathbf{Z}$ an, dessen Restklasse $\bar{x}$ in $\mathbf{Z}/(30)$ eine Einheit mit $\mathrm{ord}\,\bar{x} = 4$ ist.

b) Ist die Einheitengruppe von $\mathbf{Z}/(30)$ zyklisch?

c) Ist die Einheitengruppe des Rings $\mathbf{Z}/(45)$ zyklisch?

28) Für eine endliche Gruppe G mit $|G| > 1$ sind folgende Aussagen äquivalent:

a) G ist zyklisch von Primzahlpotenzordnung.

b) G hat genau eine maximale Untergruppe.

c) Für beliebige Untergruppen $U, V \subset G$ gilt $U \subset V$ oder $V \subset U$.

29) Gibt es in einer Gruppe G der Ordnung n für jeden Teiler d von n höchstens eine Untergruppe der Ordnung d, so ist G zyklisch.

30) Sei $(G, +)$ eine abelsche Gruppe, $T(G)$ die Menge aller Elemente endlicher Ordnung von G (die **Torsion** von G). G heißt **torsionsfrei**, wenn $T(G) = \{0\}$ ist. Zeigen Sie, daß $T(G)$ eine Untergruppe von G und $G/T(G)$ torsionsfrei ist.

31) Sei G eine Gruppe, $H \subset G$ eine Untergruppe. H heißt **charakteristische Untergruppe** von G, wenn für jeden Automorphismus φ von G gilt: $\varphi(H) \subset H$.

a) Für jedes $m \in \mathbf{N}$ ist $G_m := \{a_1^m \cdot \ldots \cdot a_k^m \mid a_1, \ldots, a_k \in G, k \in \mathbf{N}\}$ eine charakteristische Untergruppe von G.

b) Ist m ein Teiler von n, so ist G_n eine charakteristische Untergruppe von G_m.

c) G/G_2 ist abelsch (Hinweis: Jeder Kommutator kann als Produkt von 3 Quadraten geschrieben werden).

32) Sei p eine Primzahl, G eine zyklische Gruppe der Ordnung p, H eine zyklische Gruppe der Ordnung p^2. Wie viele Endomorphismen (Automorphismen) besitzt $G \times H$?

33)
a) $(\mathbf{Q}, +)$ ist keine freie abelsche Gruppe.

b) Endlich erzeugte Untergruppen von $(\mathbf{Q}, +)$ sind zyklisch (man sagt: $(\mathbf{Q}, +)$ ist **lokal zyklisch**).

c) Untergruppen und homomorphe Bilder lokal zyklischer abelscher Gruppen sind wieder lokal zyklisch.

d) Jeder Homomorphismus zwischen zwei Untergruppen von $(\mathbf{Q},+)$ wird durch die Multiplikation mit einer rationalen Zahl vermittelt.

e) Zwei Untergruppen U,V von $(\mathbf{Q},+)$ sind genau dann isomorph, wenn $U \cap V$ in U und in V endlichen Index hat.

34)
a) Sei $U \subset \mathbf{Z}^3$ die von den Elementen $u_1 = (4,3,1)$, $u_2 = (8,3,-1)$ und $u_3 = (2,2,2)$ erzeugte Untergruppe. Bestimmen Sie eine Basis (b_1,b_2,b_3) von $\mathbf{Z}^3$ und Zahlen $\varepsilon_1,\varepsilon_2,\varepsilon_3 \in \mathbf{N}$ mit $\varepsilon_i \mid \varepsilon_{i+1}$ ($i=1,2$), so daß $(\varepsilon_1 b_1, \varepsilon_2 b_2, \varepsilon_3 b_3)$ eine Basis von U ist. Schreiben Sie $\mathbf{Z}^3/U$ als direkte Summe zyklischer Gruppen von Primzahlpotenzordnung.

b) Analog für die durch $(1,1,3)$, $(2,3,1)$, $(5,1,-4)$ und $(0,5,2)$ erzeugte Untergruppe $U \subset \mathbf{Z}^3$.

35) Eine endliche abelsche Gruppe G sei in der Form $G \cong \mathbf{Z}/(\varepsilon_1) \oplus \cdots \oplus \mathbf{Z}/(\varepsilon_\rho)$ mit $\varepsilon_i \in \mathbf{N}$, $1 < \varepsilon_1$, $\varepsilon_i \mid \varepsilon_{i+1}$ ($i=1,\ldots,\rho-1$) zerlegt. Bestimmen Sie die Fittingideale (§ 6, Aufg. 44)-46)) von G als $\mathbf{Z}$-Modul und folgern Sie, daß die Zahlen ε_i ($i=1,\ldots,\rho$) Invarianten der Gruppe G sind.

36)
a) Wie viele Isomorphieklassen von abelschen Gruppen der Ordnung 1991 (1992, 2048) gibt es?

b) Bestimmen Sie das kleinste n, so daß es genau 6 Isomorphieklassen von abelschen Gruppen der Ordnung n gibt.

37) Sei G eine abelsche Gruppe, in der jede absteigende und jede aufsteigende Kette von Untergruppen endlich ist. Dann ist G endlich.

38) Sind G,H und K endliche abelsche Gruppen und gilt $G \oplus H \cong G \oplus K$, so folgt $H \cong K$.

39)
a) Eine nichttriviale endliche zyklische Gruppe besitzt ebenso viele maximale wie minimale Untergruppen.

b) Eine endliche abelsche Gruppe besitzt genau dann nur eine minimale Untergruppe, wenn sie nur eine maximale Untergruppe besitzt. Für welche Gruppen gilt dies?

40)
a) Sind Z_1 und Z_2 endliche zyklische Gruppen mit teilerfremden Ordnungen, so ist auch $Z_1 \oplus Z_2$ zyklisch.

b) Sind p und q verschiedene Primzahlen, so wird jede abelsche Gruppe der Ordnung $p^2 q^2$ von 2 Elementen erzeugt.

41) Sei $\text{End}(G)$ der Endomorphismenring einer abelschen Gruppe G. Es bezeichne $\mathbf{Z}/(n)^+$ für $n \in \mathbf{N}$ die additive Gruppe des Rings $\mathbf{Z}/(n)$.

a) $\text{End}(\mathbf{Z}/(n)^+) \cong \mathbf{Z}/(n)$ für alle $n \in \mathbf{N}$.

b) Für eine endliche abelsche Gruppe G ist End(G) genau dann ein Körper, wenn eine Primzahl p mit $G \cong \mathbf{Z}/(p)^+$ existiert.

42) Die additive Gruppe eines Körpers ist niemals isomorph zu seiner multiplikativen Gruppe.

43) Ein lineares Gleichungssystem
$$\sum_{k=1}^{n} a_{ik} X_k = b_i \quad (i = 1, \ldots, m; a_{ik}, b_i \in \mathbf{Z})$$
ist genau dann in $\mathbf{Z}^n$ lösbar, wenn es für alle $d \in \mathbf{N}_+$ modulo d lösbar ist. Hinweis: Man kann das System in ein äquivalentes System mit lauter Gleichungen $\varepsilon_i Y_i = c_i$ ($\varepsilon_i, c_i \in \mathbf{Z}$) umwandeln.

44) Der **Exponent** einer endlichen Gruppe ist die kleinste Zahl $m \in \mathbf{N}_+$, so daß $g^m = e$ für alle $g \in G$. Sei G abelsch vom Exponenten m.

a) Es gibt eine Zerlegung $G = G_1 \times G_2$, wobei G_2 zyklisch von der Ordnung m ist.

b) Ist φ ein Endomorphismus von G mit $\varphi(U) \subset U$ für jede Untergruppe U von G, so gibt es eine modulo m eindeutige Zahl $n \in \mathbf{N}$, so daß $\varphi(g) = g^n$ für alle $g \in G$.

45) Sei G eine Gruppe und G' die Menge aller (linearen) Charaktere von G in einem Körper K (vgl. 10.1). Für $\sigma_1, \sigma_2 \in G'$ definiert man $\sigma_1 \cdot \sigma_2$ durch $(\sigma_1 \cdot \sigma_2)(g) = \sigma_1(g) \cdot \sigma_2(g)$ für alle $g \in G$.

a) G' ist mit dieser Multiplikation eine Gruppe (die **Charaktergruppe** von G in K).

b) Ist G endlich und abelsch und $K = \mathbf{C}$, so ist $G' \cong G$. (Anleitung: Betrachten Sie zuerst zyklische Gruppen und wenden Sie dann den Hauptsatz für abelsche Gruppen an).

46) Sei G eine endliche abelsche Gruppe vom Exponenten r und K ein Körper, dessen Charakteristik kein Teiler von r ist und welcher die r-ten Einheitswurzeln enthält, d.h. alle Wurzeln des Polynoms $X^r - 1 \in K[X]$ liegen schon in K. Sei G' die Charaktergruppe von G und G'' die Charaktergruppe von G' (Aufg. 45)). Die Abbildung $\alpha\colon G \to G''$, die jedem $g \in G$ die Abbildung $G' \to K^*$ mit $\sigma \mapsto \sigma(g)$ zuordnet, ist ein Gruppenisomorphismus.

47) Eine Gruppe heiße **zerlegbar**, wenn sie das direkte Produkt zweier echter Untergruppen ist, andernfalls heiße sie **unzerlegbar**.

a) Bestimmen Sie bis auf Isomorphie alle unzerlegbaren endlichen zyklischen Gruppen.

b) Zeigen Sie, daß $(\mathbf{Z}, +)$ und $(\mathbf{Q}, +)$ unzerlegbar sind.

c) Zeigen Sie, daß $\mathbf{Q}/\mathbf{Z}$ zerlegbar ist. (Hinweis: Für eine Primzahl p betrachte man die Untergruppe $U \subset \mathbf{Q}$ aller Zahlen, deren Nenner eine Potenz von p ist und die Untergruppe $U/\mathbf{Z} \subset \mathbf{Q}/\mathbf{Z}$).

48) Sei $\mathcal{P}$ die Menge aller Primzahlen, $P := \prod_{p \in \mathcal{P}} \mathbb{Z}/(p)$ das direkte Produkt der Gruppen $(\mathbb{Z}/(p),+)$ und $S := \coprod_{p \in \mathcal{P}} \mathbb{Z}/(p)$ ihre direkte Summe (d.h. die Menge der Elemente des Produkts, bei denen höchstens endlich viele Komponenten $\neq 0$ sind).
   a) S ist die Torsionsuntergruppe von P (vgl. Aufgabe 30)).
   b) Für jedes $s \in S \setminus \{0\}$ gibt es eine Primzahl p, so daß die Gleichung $px = s$ keine Lösung in P hat.
   c) Für jede Primzahl p ist $p \cdot P/S = P/S$.
   d) S ist kein direkter Summand von P.

49) Eine abelsche Gruppe G habe die Ordnung p^s (p Primzahl, $s \in \mathbb{N}_+$) und sei direkte Summe von m zyklischen Untergruppen. U sei die Untergruppe von G, die aus 0 und den Elementen der Ordnung p besteht.
   a) Welche Ordnung besitzt U?
   b) Wie sieht für U eine Darstellung als direkte Summe zyklischer Gruppen aus?

50) Sei G eine endliche abelsche Gruppe und $G_2 := \{g \in G \mid g = -g\}$.
   a) G_2 ist eine Untergruppe von G und $G_2 \cong (\mathbb{Z}/(2))^r$ für ein $r \in \mathbb{N}$.
   b) $\sum_{g \in G} g = \sum_{h \in G_2} h$ und $2 \sum_{g \in G} g = 0$.
   c) Genau dann ist $\sum_{g \in G} g \neq 0$, wenn $G_2 \cong \mathbb{Z}/(2)$.

51) Eine Sequenz abelscher Gruppen und Gruppenhomomorphismen
$$\{0\} \xrightarrow{f_0} G_1 \xrightarrow{f_1} G_2 \xrightarrow{f_2} \ldots \to G_{n-1} \xrightarrow{f_{n-1}} G_n \xrightarrow{f_n} \{0\}$$
heißt **exakt**, wenn im $f_i = \ker f_{i+1}$ für $i = 0, \ldots, n-1$. Sind in einer solchen Sequenz die Gruppen G_i endlich von der Ordnung a_i, so gilt $\prod_{i=1}^{n} a_i^{(-1)^i} = 1$, sind die G_i freie abelsche Gruppen von Rang $r_i < \infty$, so gilt $\sum_{i=1}^{n} (-1)^i r_i = 0$.

52)
   a) Besitzt eine endliche abelsche Gruppe genau zwei maximale Untergruppen, so ist sie zyklisch von der Ordnung $p^a q^b$, wobei p und q verschiedene Primzahlen sind und $a, b \in \mathbb{N}_+$ gilt.
   b) Geben Sie ein Beispiel für eine nichtzyklische endliche Gruppe mit genau 4 maximalen Untergruppen an.

53) Eine Gruppe ist dann und nur dann endlich, wenn sie nur endlich viele Untergruppen besitzt. Welche Gruppen haben genau 4 Untergruppen?

54)
   a) Zerlegen Sie die Permutation $\tau = \begin{bmatrix} 1 & 2 & 3 & 4 & 5 & 6 & 7 & 8 & 9 & 10 \\ 3 & 10 & 7 & 8 & 4 & 5 & 1 & 6 & 9 & 2 \end{bmatrix}$ aus S_{10} in disjunkte Zyklen und bestimmen Sie $\operatorname{sign}(\tau)$ sowie $\operatorname{ord}(\tau)$.
   b) Wie viele zu τ konjugierte Elemente gibt es in S_{10}?

c) Ist p eine Primzahl und $\sigma \in S_p$ ein Element der Ordnung p, so ist σ ein p-Zyklus.

55)
a) Sei $G \subset S_n$ eine Untergruppe, die nicht in A_n enthalten ist. Genau die Hälfte der Elemente von G liegt in A_n.

b) Bestimmen Sie das Zentrum von S_n.

56)
a) S_n wird für $n \geq 2$ von $(1,2)$ und $(1,2,\ldots,n)$ erzeugt.

b) Ist n eine Primzahl und i eine ganze Zahl mit $1 < i \leq n$, so wird S_n von $(1,i)$ und $(1,2,\ldots,n)$ erzeugt.

c) S_4 wird nicht von $(1,3)$ und $(1,2,3,4)$ erzeugt.

57) Die Drehungsgruppe eines regulären Tetraeders ist zu A_4 isomorph.

58) Wie viele Konjugierte besitzt ein Element der Ordnung 5 in A_5?

59) Sei G eine Gruppe und S^1 die multiplikative Gruppe der komplexen Zahlen vom Betrag 1. Ferner bezeichne $\mathrm{Hom}(G,S^1)$ die Menge aller Gruppenhomomorphismen $G \to S^1$. Wie viele Elemente besitzt $\mathrm{Hom}(G,S^1)$, wenn mit $n \in \mathbb{N}_+$

a) $G = S_n$, b) G zyklisch von der Ordnung n, c) $G = D_n$.

60) Ist P eine p-Sylowuntergruppe einer endlichen Gruppe G und N ein Normalteiler von G, so ist $P \cap N$ eine p-Sylowuntergruppe von N.

61) Sei G eine endliche Gruppe und $H \subset G$ eine Untergruppe.

a) $N := \bigcap_{g \in G} gHg^{-1}$ ist ein in H enthaltener Normalteiler von G. (Lassen Sie G auf den Linksnebenklassen modulo H operieren).

b) Jeder in H enthaltene Normalteiler von G liegt in N.

c) Sei p der kleinste Primteiler von $|G|$. Jede Untergruppe vom Index p in G ist Normalteiler von G.

d) Für jede Primzahl p ist der Durchschnitt aller p-Sylowuntergruppen von G ein Normalteiler von G. Er enthält jede p-Untergruppe von G, die Normalteiler von G ist.

62) Seien $p \neq q$ zwei Primzahlen. Jede Gruppe G der Ordnung $p^2 q$ besitzt eine Sylowuntergruppe, die Normalteiler in G ist.

63) Jede Gruppe der Ordnung 200 besitzt einen nichttrivialen abelschen Normalteiler.

64) Für ein $n \in \mathbb{N}_+$ gebe es (bis auf Isomorphie) nur eine Gruppe der Ordnung n. Dann ist n quadratfrei und für je zwei verschiedene Primteiler p,q von n gilt $p \nmid q - 1$.

65) Sei $D_n \subset S_n$ die Diedergruppe n-ten Grades mit den in 11.47 angegebenen Erzeugenden a und b.

a) Jede Untergruppe von (a) ist ein Normalteiler von D_n.

b) (a^2) ist die Kommutatorgruppe von D_n.

c) Ist p eine Primzahl ≥ 3 und $n = p^k m$ ($k, m \in \mathbf{N}, p \nmid m$), so ist (a^m) die einzige p-Sylowuntergruppe von D_n.

66)
  a) Die Sylowuntergruppen jeder Gruppe G der Ordnung 45 sind Normalteiler in G und G ist das direkte Produkt seiner Sylowuntergruppen. G ist abelsch.
  b) Jede Gruppe der Ordnung 45 besitzt höchstens 12 verschiedene Untergruppen.
  c) Wie viele Isomorphieklassen von Gruppen der Ordnung 45 gibt es?

67) Sei p eine Primzahl und N der Normalisator einer p-Sylowuntergruppe der Permutationsgruppe S_p. Dann ist $|N| = p \cdot (p-1)$. (Hinweis: Zählen Sie die Elemente der Ordnung p von S_p).

68) Sei G eine Gruppe, $U \subset G$ eine Untergruppe und G/U die Menge der Linksrestklassen $\overline{g} := gU$ ($g \in G$). Ferner bezeichne $S(G/U)$ die Permutationsgruppe von G/U.
  a) Durch $\varphi(g)(\overline{h}) = \overline{gh}$ für $g, h \in G$ ist ein Gruppenhomomorphismus $\varphi : G \to S(G/U)$ definiert.
  b) Es ist $N := \ker \varphi \subset U$. Ist $[G : U] =: t$ endlich, so gilt $t \mid [G : N]$ und $[G : N] \mid t!$.
  c) Jede Gruppe G der Ordnung 392 besitzt eine 7-Untergruppe, die Normalteiler von G ist.

69) Sei G eine Gruppe, $U \subset G$ eine Untergruppe. Eine Untergruppe $U' \subset G$ heißt **Komplement** von U in G, wenn $G = U'U$ und $U' \cap U = \{e\}$ gilt.
  a) Ist G eine endliche zyklische Gruppe und besitzt U ein Komplement in G, so sind $|U|$ und $[G : U]$ teilerfremd.
  b) Sei G endlich und seien $|U|$ und $[G : U]$ teilerfremd. Dann ist jede Untergruppe $U' \subset G$ mit $|U'| = [G : U]$ ein Komplement von U in G.
  c) Sei G endlich und abelsch. Jede p-Sylowuntergruppe von G besitzt ein Komplement in G.

70) Sei G eine (additiv geschriebene) abelsche Gruppe und p eine Primzahl.
  a) $T_p(G) := \{g \in G \mid p^n g = 0 \text{ für ein } n \in \mathbf{N}\}$ ist eine Untergruppe von G (sie heißt die p-**Torsion** von G).
  b) Ist $\overline{G} := G/T_p(G)$, so gilt $T_p(\overline{G}) = \{0\}$.
  c) Ist G endlich, so ist $T_p(G)$ die (einzige) p-Sylowuntergruppe von G.
  d) Sei $n \in \mathbf{N}$, $n = p^k m$ mit $k \geq 0$, $p \nmid m$, und $G =: \mathbf{Z}/(n)$. Dann ist $T_p(G) \cong \mathbf{Z}/(p^k)$.
  e) $A := \{\frac{z}{p^e} \mid z \in \mathbf{Z}, e \geq 0\}$ ist eine Untergruppe von $(\mathbf{Q}, +)$.
  f) Ist $G = \mathbf{Q}/\mathbf{Z}$, so ist $T_p(G) = A/\mathbf{Z}$.
  g) In diesem Fall ist jede echte Untergruppe von $T_p(G)$ von der Form $\mathbf{Z}\frac{1}{p^k}/\mathbf{Z}$ ($k \geq 1$).

Übungen

71)
   a) Wie viele Untergruppen der Ordnung 8 besitzt S_4? Sind diese Untergruppen paarweise isomorph?
   b) Ist $U := \{\sigma \in S_n \mid \sigma(4) = 4\}$ eine Untergruppe, ein Normalteiler von S_4?
   c) Gibt es in S_4 ein Element der Ordnung 6?
   d) Alle Untergruppen der Ordnung 6 von S_4 sind isomorph.
   e) S_4 hat nur eine Untergruppe der Ordnung 12, nämlich A_4.
   f) Geben Sie alle Gruppenhomomorphismen $\mathbb{Z}/(5) \to S_4$ an.
   g) S_4 besitzt genau 4 Normalteiler, nämlich $\{1\}, V, A_4, S_4$, wobei V eine Kleinsche Vierergruppe (vgl. Aufg. 5)) ist.

72)
   a) Die alternierende Gruppe A_4 besitzt keine Untergruppe der Ordnung 6.
   b) Jede Gruppe der Ordnung 12, welche keine Untergruppe der Ordnung 6 besitzt, ist zu A_4 isomorph. (Anleitung: Eine solche Gruppe G besitzt genau 4 3-Sylowuntergruppen. Die Operation von G auf der Menge der 3-Sylowuntergruppen durch Konjugation bewirkt eine Einbettung von G in S_4).

73) Aut(A_4) ist isomorph zu S_4. (Anleitung: Aut(A_4) enthält S_4 als Untergruppe). Jeder Automorphismus von S_4 ist ein innerer Automorphismus.

74) Welche auf $\{1,2,3,4\}$ transitiv operierenden Untergruppen von S_4 gibt es, deren Ordnung durch 3 teilbar ist?

75)
   a) Bestimmen Sie die Struktur und die Anzahl der 2-Sylowuntergruppen von S_5. Wie viele 5-Sylowuntergruppen besitzt S_5?
   b) Alle Untergruppen der Ordnung 10 in S_5 sind in A_5 enthalten.
   c) S_5 besitzt keine Untergruppen der Ordnung 15 und 30.
   d) A_5 ist die einzige Untergruppe der Ordnung 60 in S_5.
   e) Besitzt S_5 zwei zueinander nicht isomorphe Untergruppen der Ordnung 6?

76) Bestimmen Sie alle Gruppen G (bis auf Isomorphie), welche zwei Normalteiler M und N besitzen, für die $G/M \cong S_5$, $G/N \cong S_6$, $M \cap N = \{e\}$.

77) Eine endliche Gruppe G sei direktes Produkt von Sylowuntergruppen (solche Gruppen heißen **nilpotent**). Dann ist G auflösbar.

78) Eine endliche Gruppe, in der Elemente teilerfremder Ordnung stets miteinander vertauschbar sind, ist nilpotent.

79) Welches ist die kleinste Zahl $n \in \mathbb{N}_+$, für die es eine nicht nilpotente Gruppe der Ordnung $3^n \cdot 5$ gibt?

80) Seien $p_1, \ldots, p_t$ paarweise verschiedene Primzahlen, wobei $p_i \not\equiv 1 \bmod p_j$ für $i, j = 1, \ldots, t$. Ferner sei G eine Gruppe der Ordnung $n := p_1 \cdot \ldots \cdot p_t$.
   a) Sei p eine Primzahl, $g \in G$ ein Element der Ordnung p und N ein zyklischer Normalteiler von G. Dann gilt $xg = gx$ für alle $x \in N$.

b) Beweisen Sie mit Hilfe von a) durch Induktion nach n, daß jede auflösbare Gruppe der Ordnung n zyklisch ist.

81)
a) Für $n \geq 5$ sei U eine Untergruppe von S_n und N ein Normalteiler von U, so daß U/N abelsch ist. Enthält U alle Dreierzyklen, dann auch N. Hinweis: Sind $a, b, c, d, e \in \{1, \ldots, n\}$ paarweise verschieden, so gilt

$$(a,b,c) = (a,b,d) \cdot (c,e,a) \cdot (d,b,a) \cdot (a,e,c)$$

b) Folgern Sie aus a), daß S_n für $n \geq 5$ nicht auflösbar ist.

82) Sei p eine Primzahl, M eine Menge mit p Elementen und G eine Gruppe, die treu und transitiv auf M operiert.

a) G ist endlich und enthält ein Element der Ordnung p.

b) Ist $N \neq \{e\}$ ein Normalteiler von G, so operiert auch N treu und transitiv auf M.

c) Ist G auflösbar, so gibt es eine Untergruppenkette

$$G = N_\ell \supset N_{\ell-1} \supset \cdots \supset N_1 \supset N_0 = \{e\}$$

wobei N_{i-1} Normalteiler in N_i ist mit zyklischen Quotienten N_i/N_{i-1} von Primzahlordnung $(i = 1, \ldots, \ell)$ und wobei $|N_1| = p$ ist.

83) Sei p eine Primzahl.

a) Jede Gruppe der Ordnung p^2 ist abelsch.

b) Jede nichtabelsche Gruppe der Ordnung p^3 wird von 2 Elementen erzeugt. Welche Ordnung hat ihr Zentrum?

c) Beweisen oder widerlegen Sie, daß es eine endliche Gruppe G gibt mit

$$|G/Z(G)| = 14, \ |G/Z(G)| = 15$$

84) Geben Sie eine Gruppe der Ordnung 36 an, deren Zentrum die Ordnung 6 besitzt.

85) Sei N ein Normalteiler einer endlichen p–Gruppe, $N \neq \{e\}$. Dann ist $Z(G) \cap N \neq \{e\}$.

86) Eine endliche Gruppe der Ordnung $2 \cdot (2m+1)$ ($m \in \mathbb{N}_+$) ist nicht einfach. Hinweis: Benutzen Sie die Permutationsdarstellung der Gruppe und Aufgabe 55a).

87) Sei $P = G \times G$ das direkte Produkt einer Gruppe G mit sich selbst. Ferner sei $G_1 := G \times \{e\}$ und $G_2 := \{e\} \times G$.

a) Die "Diagonale" $D := \{(g,g) \in P \mid g \in G\}$ ist eine Untergruppe von G.

b) Für jede Untergruppe U von P mit $D \subset U$ ist $U \cap G_i$ Normalteiler von G_i ($i = 1, 2$).

c) Genau dann ist D eine maximale Untergruppe von P, wenn G einfach ist.

88)
- a) Es gibt keine einfache Gruppe der Ordnung 333.
- b) Es gibt eine abelsche, nicht zyklische Gruppe der Ordnung 333.
- c) Es gibt eine nicht abelsche Gruppe der Ordnung 333 (ein semidirektes Produkt).

89) Sei p eine Primzahl und G eine Gruppe der Ordnung p^n ($n > 0$).
- a) Die Elementezahl jeder Klasse konjugierter Elemente von G ist ein Teiler von $|G|$.
- b) Für $i \in \mathbb{N}$ sei a_i die Anzahl der Klassen konjugierter Elemente mit genau p^i Elementen. Dann gilt $p^n = a_0 + a_1 p + \cdots + a_{n-1} p^{n-1}$.
- c) Ist $n \geq 2$ und $Z(g)$ der Zentralisator eines $g \in G$, so ist $|Z(g)| > p$, folglich $a_{n-1} = 0$.

90) Sei p eine Primzahl. Eine Abbildung $\ell \colon \mathsf{F}_p \to \mathsf{F}_p$ heiße **linear**, wenn es Elemente $a, b \in \mathsf{F}_p$, $a \neq b$ gibt, so daß $\ell(x) = ax + b$ für alle $x \in \mathsf{F}_p$.
- a) Die linearen Abbildungen bilden eine Gruppe G.
- b) Welche Ordnungen haben die Elemente von G?
- c) G besitzt genau eine Untergruppe U der Ordnung p.
- d) U ist Normalteiler in G und $G/U \cong \mathsf{F}_p^*$.
- e) Ist G zyklisch, abelsch, auflösbar?

91) Ist p eine Primzahl und R ein kommutativer Ring mit p^2 Elementen, so ist R entweder ein Körper oder isomorph zu genau einem der Ringe

$$\mathbb{Z}/(p^2),\ \mathbb{Z}/(p) \times \mathbb{Z}/(p),\ \mathbb{Z}/(p)[X]/(X^2)$$

Bestimmen Sie die Einheitengruppe dieser Ringe.

92)
- a) Die $\mathbb{Q}$-Algebra K mit der Basis $\{1, i, j, k\}$ und der Multiplikationstabelle

1	i	j	k
i	-1	k	$-j$
j	$-k$	-1	i
k	j	$-i$	-1

ist ein Schiefkörper (der **Quaternionenschiefkörper**).
- b) $Q := \{\pm 1, \pm i, \pm j, \pm k\}$ ist eine Untergruppe der Einheitengruppe von K (sie heißt **Quaternionengruppe**).
- c) Jede Untergruppe von Q ist Normalteiler in Q.

93) Stellen Sie eine Tabelle für die Isomorphieklassen der Gruppen mit der Ordnung ≤ 15 auf. (Für die Ordnung 12 ist Aufg. 72b) hilfreich.)

§ 12. Fortsetzung der Galoistheorie

Wir kommen jetzt zu einigen Aussagen der Galoistheorie, die stärkeren Gebrauch von der Gruppentheorie machen. Beispiele für die Bestimmung der Galoisgruppe und ein hinreichendes Kriterium für Konstruierbarkeit mit Zirkel und Lineal folgen.

Sei L/K eine Galoiserweiterung mit der Galoisgruppe G. Dann operiert G auf L, aber auch auf der Menge $\mathfrak{Z}$ aller Zwischenkörper von L/K. Für $Z \in \mathfrak{Z}$ heißen die Körper $\sigma(Z)$ mit $\sigma \in G$ die **Konjugierten** von Z. Ist G_Z die Isotropiegruppe von $Z \in \mathfrak{Z}$, so ist $\sigma G_Z \sigma^{-1}$ nach 10.4e) die Isotropiegruppe von $\sigma(Z)$. Es entsprechen sich daher eineindeutig: Die Konjugierten eines Zwischenkörpers und die Konjugierten seiner Isotropiegruppe. Das Kompositum der Konjugierten von Z ist die kleinste Z enthaltende Galoiserweiterung von K, die **galoissche Hülle** von Z/K. Genau dann ist $Z \in \mathfrak{Z}$ galoissch über K, wenn G_Z ein Normalteiler in G ist.

12.1.SATZ. *Für $Z \in \mathfrak{Z}$ sei Z/K galoissch. Dann definiert die Einschränkung der Automorphismen $\sigma \in G$ auf Z einen Gruppenisomorphismus*

$$G/G_Z \cong G(Z/K) \qquad (\sigma G_Z \mapsto \sigma\,|_Z)$$

BEWEIS: Wenn Z/K galoissch ist, dann ist $\sigma(Z) = Z$ für alle $\sigma \in G$. Man hat daher einen Gruppenhomomorphismus

$$\alpha \colon G \to G(Z/K) \qquad (\sigma \mapsto \sigma\,|_Z)$$

Sein Kern ist gerade die Isotropiegruppe G_Z, daher wird durch α ein injektiver Gruppenhomomorphismus $\overline{\alpha} \colon G/G_Z \mapsto G(Z/K)$ induziert. Es ist aber $|G(Z/K)| = [Z:K]$ und nach 10.4

$$|G/G_Z| = \frac{|G|}{|G_Z|} = \frac{[L:K]}{[L:Z]} = [Z:K]$$

folglich ist $\overline{\alpha}$ ein Isomorphismus.

In 10.8 haben wir gesehen, daß für jedes $n \in \mathbf{N}_+$ die symmetrische Gruppe S_n als Galoisgruppe auftritt, nämlich als die des Zerfällungskörpers des allgemeinen Polynoms n-ten Grades. Da jede Gruppe G der Ordnung n mittels der Permutationsdarstellung (vgl. 11.2b)) als eine Untergruppe von S_n betrachtet werden kann, tritt nach 10.4 auch G als die Galoisgruppe einer galoisschen Körpererweiterung auf. Ungelöst ist aber das **Umkehrproblem der Galoistheorie** (Hilbert 1882), welches danach fragt, ob jede endliche Gruppe G auch als Galoisgruppe einer Erweiterung von $\mathbf{Q}$ realisiert werden kann. Diesem Problem wurde viel Forschungsarbeit gewidmet (vgl. Matzat [M]). Für zahlreiche Klassen von Gruppen konnte bewiesen werden, daß sie Galoisgruppen über $\mathbf{Q}$ sind, z.B. gilt dies für alle auflösbaren Gruppen (Shafarevic 1954). Ein Beweis für endliche abelsche Gruppen wird in 13.9 skizziert werden.

12.2.DEFINITION: Eine Körpererweiterung L/K heißt **zyklisch (abelsch, auflösbar** etc.), wenn L/K galoissch ist und die Galoisgruppe $G(L/K)$ zyklisch (abelsch, auflösbar etc.) ist. Ein separables Polynom $f \in K[X]$ heißt **zyklisch** etc., wenn seine Galoisgruppe $G(f)$ die entsprechende Eigenschaft hat.

Mit den auflösbaren Polynomen wird sich § 15 befassen, wo ihr Zusammenhang mit der Auflösbarkeit durch Radikale (2.2) geklärt wird. Hier wollen wir zunächst einige Folgerungen aus dem Hauptsatz der Galoistheorie und der Gruppentheorie zusammenstellen.

12.3.BEMERKUNGEN:
a) Ist L/K eine zyklische Erweiterung vom Grad n, so entsprechen die Zwischenkörper von L/K eineindeutig den Teilern von n (11.21): Zu jedem Teiler m von n gibt es genau ein $Z \in \mathfrak{Z}$ mit $[Z:K] = m$. Dabei ist L/Z zyklisch vom Grad $\frac{n}{m}$ und Z/K zyklisch vom Grad m.
b) Ist L/K abelsch, so sind für $Z \in \mathfrak{Z}$ auch L/Z und Z/K abelsch. Zu jedem Teiler m von $[L:K]$ existiert mindestens ein $Z \in \mathfrak{Z}$ mit $[Z:K] = m$ (11.32).
c) Ist L/K auflösbar, so ist für jedes $Z \in \mathfrak{Z}$ auch L/Z auflösbar. Ist Z/K galoissch, dann ist auch Z/K auflösbar (11.65). Es gibt eine Kette von Zwischenkörpern $Z_i \in \mathfrak{Z}$

(1) $$K = Z_0 \subset Z_1 \subset \cdots \subset Z_r = L$$

so daß Z_{i+1}/Z_i für $i = 0, \ldots, r-1$ zyklisch von Primzahlgrad ist (11.66).
d) Jede Galoiserweiterung von Primzahlpotenzgrad p^r ist auflösbar und es gibt eine Kette (1) mit zyklischen Erweiterungen Z_{i+1}/Z_i vom Grad p ($i = 0, \ldots, r-1$).
e) Eine Galoiserweiterung mit der Galoisgruppe S_n ist für $n \geq 5$ nicht auflösbar (11.67).

Es sollen nun zwei etwas kompliziertere Beispiele für die **Bestimmung von Galoisgruppen** betrachtet werden, einem sehr beliebten Thema für Prüfungsaufgaben.

12.4.BEISPIELE:
a) Die Galoisgruppe des Polynoms $f := X^4 - X^2 - 1 \in \mathbb{Q}[X]$.
α) f ist irreduzibel. Offensichtlich besitzt f keine Nullstelle in $\mathbb{Z}$ und daher auch keine in $\mathbb{Q}$. Wäre f in quadratische Polynome zerlegbar, also

$$f = (X^2 + aX + 1)(X^2 + bX - 1) \qquad (a, b \in \mathbb{Z})$$

so würde $a + b = 0$, $ab = -1$ und $a - b = 0$ folgen, ein Widerspruch.

β) Bestimmung der Wurzeln von f. Mit $Y = X^2$ löst man zunächst die quadratische Gleichung $Y^2 - Y - 1 = 0$. Man erhält $y_{1/2} = \frac{1}{2} \pm \sqrt{\frac{1}{4} + 1} = \frac{1}{2}(1 \pm \sqrt{5})$. Somit hat f die Wurzeln

$$x_1 = \frac{\sqrt{1+\sqrt{5}}}{\sqrt{2}}, \; x_2 = -x_1, \; x_3 = \frac{\sqrt{1-\sqrt{5}}}{\sqrt{2}}, \; x_4 = -x_3$$

γ) Bestimmung des Grads des Zerfällungskörpers L von f.
Es ist $L = \mathbf{Q}[x_1, x_3]$. Da $\mathbf{Q}[x_1] \subset \mathbf{R}$ ist, aber $x_3 \notin \mathbf{R}$, ist $\mathbf{Q}[x_1]$ noch nicht der Zerfällungskörper. Da f irreduzibel ist, gilt $[\mathbf{Q}[x_1] : \mathbf{Q}] = 4$. Ferner ist $x_3^2 = \frac{1-\sqrt{5}}{2} \in \mathbf{Q}[x_1]$, denn $x_1^2 = \frac{1+\sqrt{5}}{2}$. Es folgt $[L : \mathbf{Q}[x_1]] = 2$ und somit $[L : \mathbf{Q}] = 8$.

δ) Die Galoisgruppe von f.
Da $G(f)$ die Ordnung 8 besitzt und eine Untergruppe von S_4 ist, muß $G(f)$ eine der 2-Sylowgruppen von S_4 sein. Eine solche ist auch die Diedergruppe D_4. Es ist also $G(f) \cong D_4$, die Symmetriegruppe eines Quadrats. Insbesondere ist $G(f)$ nicht abelsch.

ε) Beschreibung von $G(f)$ als Permutationsgruppe der Wurzeln von f.
Beachtet man, daß

$$x_1 x_3 = x_2 x_4 = \frac{\sqrt{1+\sqrt{5}}}{\sqrt{2}} \cdot \frac{\sqrt{1-\sqrt{5}}}{\sqrt{2}} = \frac{\sqrt{-4}}{2} = i$$

ist, so erhält man

$$L = \mathbf{Q}[x_1, x_3] = \mathbf{Q}[x_1, i] = \mathbf{Q}[x_3, i]$$

Der identische Automorphismus von $\mathbf{Q}[x_1]$ besitzt 2 Fortsetzungen auf L, nämlich

$$\text{id} \quad \text{und} \quad \sigma_1 = \begin{pmatrix} x_1 & x_2 & x_3 & x_4 \\ x_1 & x_2 & x_4 & x_3 \end{pmatrix} =: (x_3, x_4)$$

Der $\mathbf{Q}$-Automorphismus von $\mathbf{Q}[x_1]$ mit $x_1 \mapsto x_2$ besitzt die Fortsetzungen

$$\sigma_2 = \begin{pmatrix} x_1 & x_2 & x_3 & x_4 \\ x_2 & x_1 & x_4 & x_3 \end{pmatrix} =: (x_1 x_2)(x_3, x_4),$$

$$\sigma_3 = \begin{pmatrix} x_1 & x_2 & x_3 & x_4 \\ x_2 & x_1 & x_3 & x_4 \end{pmatrix} =: (x_1 x_2)$$

Entsprechend ergibt sich für den $\mathbf{Q}$-Isomorphismus $\mathbf{Q}[x_1] \to \mathbf{Q}[x_3]$ mit $x_1 \mapsto x_3$

$$\sigma_4 = \begin{pmatrix} x_1 & x_3 & x_2 & x_4 \\ x_3 & x_1 & x_4 & x_2 \end{pmatrix} =: (x_1, x_3)(x_2, x_4),$$

$$\sigma_5 = \begin{pmatrix} x_1 & x_3 & x_2 & x_4 \\ x_3 & x_2 & x_4 & x_1 \end{pmatrix} =: (x_1, x_3, x_2, x_4)$$

Beispiele zur Bestimmung der Galoisgruppe

und für den **Q**-Isomorphismus $\mathbf{Q}[x_1] \to \mathbf{Q}[x_3]$ mit $x_1 \mapsto x_4 = -x_3$

$$\sigma_6 = \begin{pmatrix} x_1 & x_4 & x_2 & x_3 \\ x_4 & x_1 & x_3 & x_2 \end{pmatrix} =: (x_1, x_4)(x_2, x_3),$$

$$\sigma_7 = \begin{pmatrix} x_1 & x_4 & x_2 & x_3 \\ x_4 & x_2 & x_3 & x_1 \end{pmatrix} =: (x_1, x_4, x_2, x_3)$$

ϑ) Die Untergruppen von $G(f)$ und ihre Fixkörper.
$G(f)$ besitzt 5 Untergruppen der Ordnung 2 nämlich:

$$\{\sigma_1, \mathrm{id}\}, \{\sigma_2, \mathrm{id}\}, \{\sigma_3, \mathrm{id}\}, \{\sigma_4, \mathrm{id}\}, \{\sigma_6, \mathrm{id}\}$$

Die entsprechenden Fixkörper sind:

$$\mathbf{Q}[x_1], \mathbf{Q}[i, \sqrt{5}], \mathbf{Q}[x_3], \mathbf{Q}[x_1 + x_3], \mathbf{Q}[x_1 + x_4]$$

Man beachte, daß für $y := x_1 + x_3$ gilt: $y^2 = \frac{1+\sqrt{5}}{2} + \frac{1-\sqrt{5}}{2} + 2i = 1 + 2i$. Es gibt in $\mathbf{Q}(i)$ aber keine Zahl y mit $y^2 = 1 + 2i$, somit ist $[\mathbf{Q}[x_1 + x_3] : \mathbf{Q}] = 4$. Entsprechendes gilt für $\mathbf{Q}[x_1 + x_4]$.
$G(f)$ besitzt 3 Untergruppen der Ordnung 4, nämlich

$$\{\mathrm{id}, \sigma_1, \sigma_2, \sigma_3\}, \{\mathrm{id}, \sigma_2, \sigma_4, \sigma_6\}, \{\mathrm{id}, \sigma_5, \sigma_2, \sigma_7\}$$

mit den Fixkörpern

$$\mathbf{Q}[\sqrt{5}] \quad , \quad \mathbf{Q}[i] \quad , \quad \mathbf{Q}[\sqrt{-5}]$$

Der Graph der Zwischenkörper von $L/\mathbf{Q}$ sieht folgendermaßen aus:

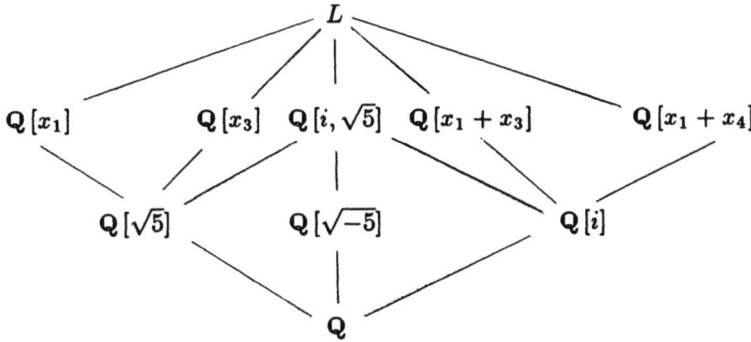

$\mathbf{Q}[i, \sqrt{5}]$ ist der einzige Zwischenkörper von Grad 4 über $\mathbf{Q}$, der über $\mathbf{Q}$ galoissch ist.

b) Die Galoisgruppe des Polynoms $f := X^5 - 4X + 2 \in \mathbf{Q}[X]$.

Das Polynom ist irreduzibel nach Eisenstein. Seine Galoisgruppe $G(f)$ ist eine Untergruppe von S_5. Ferner ist 5 ein Teiler der Ordnung von $G(f)$. Nach dem Satz von Cauchy 11.52 enthält $G(f)$ ein Element der Ordnung 5, also einen 5–Zyklus σ (vgl. 11.36a)). Bei geeigneter Numerierung der Wurzeln von f kann $\sigma = (1,2,3,4,5)$ genommen werden.

f hat genau 3 reelle Nullstellen, denn $f' = 5X^4 - 4$ hat die Nullstellen $\pm\sqrt[4]{\frac{4}{5}}$. Dabei besitzt f in $\sqrt[4]{\frac{4}{5}}$ ein lokales Minimum < 0 und in $-\sqrt[4]{\frac{4}{5}}$ ein lokales Maximum > 0. Hieraus ergibt sich die Aussage über die reellen Nullstellen.

In **C** ist der Übergang zum Konjugiert-Komplexen ein **Q**-Automorphismus, welcher die reellen Wurzeln von f festläßt und die komplexen vertauscht. $G(f)$ enthält somit auch eine Transposition $\tau = (a,b)$. Unter den Potenzen von σ kommt auch ein 5–Zyklus der Form $(a,b,\ldots)$ vor. Man kann daher $\sigma = (1,2,3,4,5)$, $\tau = (1,2)$ annehmen. Diese beiden Permutationen erzeugen aber ganz S_5, denn durch Konjugation von τ mit den Potenzen von σ ergibt sich, daß $G(f)$ alle Transpositionen $(i, i+1)$ für $i = 1,\ldots,4$ enthält. Es ergibt sich $G(f) = S_5$.

Da S_5 nicht auflösbar ist (11.67), ist f ein Beispiel eines nichtauflösbaren Polynoms.

Wir charakterisieren nun die algebraischen Körpererweiterungen, die nur endlich viele Zwischenkörper besitzen.

12.5.THEOREM. *(Satz vom primitiven Element).*
Für eine algebraische Körpererweiterung L/K sind folgende Aussagen äquivalent:
a) L/K *besitzt nur endlich viele Zwischenkörper.*
b) *Es gibt Elemente $x_1,\ldots,x_n \in L$, wobei $x_2,\ldots,x_n$ über K separabel sind, so daß $L = K[x_1,\ldots,x_n]$.*
c) L/K *besitzt ein primitives Element, d.h. es gibt ein $x \in L$, so daß $L = K[x]$.*
Ist Char $K =: p > 0$, so sind a)-c) auch äquivalent zu
d) *Es ist $[L:K] < \infty$ und $[L : K(L^p)] \leq p$.*

BEWEIS: Wenn K ein endlicher Körper ist, so folgt aus jeder der Bedingungen a)-d), daß auch L endlich ist. Nach 11.26a) ist dann die multiplikative Gruppe von L zyklisch, es gibt daher ein $x \in L$ mit $L = K[x]$. Die Aussagen a)-d) sind dann äquivalent mit der Endlichkeit von L/K, insbesondere sind sie untereinander äquivalent.

Im folgenden sei K ein unendlicher Körper.

a) $\to$ b). Aus a) folgt zunächst, daß Elemente $x_1,\ldots,x_n \in L$ existieren, so daß $L = K[x_1,\ldots,x_n]$ ist. Wenn L/K separabel ist, so ist man fertig. Im allgemeinen Fall hat man noch zu zeigen, daß L über L_{sep} von einem Element erzeugt wird.

Sei jetzt Char $K =: p > 0$. Jedenfalls besitzt $L/L_{\text{sep}}(L^p)$ nur endlich viele Zwischenkörper. Wir zeigen $[L : L_{\text{sep}}(L^p)] \leq p$. Wäre $[L : L_{\text{sep}}(L^p)] > p$, so gäbe es Elemente $x, y \in L$, so daß die Elemente $x^i y^j$ ($0 \leq i,j < p$) über $L_{\text{sep}}(L^p)$ linear unabhängig wären. Die Zwischenkörper

$$Z_\alpha := L_{\text{sep}}(L^p)[x + \alpha y] \qquad (\alpha \in L_{\text{sep}}(L^p))$$

wären dann für verschiedene $\alpha \in L_{\text{sep}}(L^p)$ verschieden, denn aus $x + \beta y \in L_{\text{sep}}(L^p)[x + \alpha y]$, $\beta \in L_{\text{sep}}(L^p)$ erhält man eine Gleichung

$$x + \beta y = \sum_{i=0}^{p-1} \lambda_i (x + \alpha y)^i \qquad (\lambda_i \in L_{\text{sep}}(L^p))$$

und durch Koeffizientenvergleich ergibt sich $\beta = \alpha$.

Da $[L : L_{\text{sep}}(L^p)] \leq p$ und jedes $x \in L \setminus L_{\text{sep}}(L^p)$ inseparabel über $L_{\text{sep}}(L^p)$ ist, gibt es ein $x \in L$ mit

$$L = L_{\text{sep}}(L^p)[x] = L_{\text{sep}}(L^{p^2})[x] = \cdots = L_{\text{sep}}(L^{p^e})[x]$$

Für genügend großes $e \in \mathbb{N}$ ist aber $L^{p^e} \subset L_{\text{sep}}$ und somit gilt $L = L_{\text{sep}}[x]$.

b) $\to$ c). Es genügt, diese Implikation für $n = 2$ zu zeigen, weil sich anschließend der allgemeine Fall sofort durch Induktion ergibt. Sei also $L = K[x_1, x_2]$, wobei x_2 über K separabel ist. Das Minimalpolynom von x_i über K werde mit f_i bezeichnet ($i = 1, 2$), es seien $\alpha_1, \ldots, \alpha_r$ die Wurzeln von f_1 und $\beta_1, \ldots, \beta_s$ die von f_2, wobei wir $\alpha_1 = x_1$ und $\beta_1 = x_2$ annehmen wollen.

Da K unendlich ist, existiert ein $\gamma \in K$, das von den Elementen

$$\frac{\alpha_i - \alpha_1}{\beta_1 - \beta_k} \qquad (i = 1, \ldots, r; k = 2, \ldots, s)$$

verschieden ist. Es ist dann

$$\alpha_i + \gamma \beta_k \neq \alpha_1 + \gamma \beta_1 \qquad (i = 1, \ldots, r; k = 2, \ldots, s)$$

Wir wollen zeigen, daß $K[x_1, x_2] = K[x]$ gilt mit $x := \alpha_1 + \gamma \beta_1 = x_1 + \gamma x_2$.

Sei $f_1 = \sum_{i=0}^{d} a_i X^i$ und $F := f_1(x - \gamma X) = \sum_{i=0}^{d} a_i (x - \gamma X)^i$. Für dieses Polynom aus $K[x][X]$ gilt
$$F(x_2) = f_1(x - \gamma x_2) = f_1(x_1) = 0$$

und für $k \in \{2, \ldots, s\}$ ist

$$F(\beta_k) = f_1(x - \gamma \beta_k) \neq 0$$

da $x - \gamma \beta_k \neq \alpha_i$ für $i = 1, \ldots, r$ und $k = 2, \ldots, s$. Die Polynome F und f_2 haben also genau eine gemeinsame Nullstelle, nämlich x_2. Da f_2 separabel ist, haben F und f_2 über dem algebraischen Abschluß von K den größten gemeinsamen Teiler $X - x_2$.

Der größte gemeinsame Teiler von F und f_2 kann mit dem euklidischen Algorithmus bestimmt werden. Da F und f_2 Polynome aus $K[x][X]$ sind, ist es auch ihr größter gemeinsamer Teiler, somit ist $x_2 \in K[x]$. Dann ist aber auch $x_1 = x - \gamma x_2 \in K[x]$ und es ergibt sich $K[x_1, x_2] = K[x]$.

c) $\to$ a). Für jeden Zwischenkörper Z von L/K sei f_Z das Minimalpolynom von x über Z. Es ist ein normiertes Polynom, welches f_K teilt, daher gibt es nur endlich viele verschiedene Polynome f_Z. Es genügt daher zu zeigen, daß jedes f_Z den Zwischenkörper Z eindeutig bestimmt.

Sei $f_Z = \sum_{i=0}^{d} a_i X^i$ mit $a_0, \ldots, a_d \in Z$. Dann ist $Z' := K(a_0, \ldots, a_d) \subset Z$ und f_Z ist irreduzibel über Z'. Ferner gilt $L = Z'[x] = Z[x]$. Es folgt $[L : Z] = [L : Z']$ und damit $Z = K(a_0, \ldots, a_d)$.

Sei nun Char $K =: p > 0$. Die Aussage c) $\to$ d) ist dann trivial. Gilt d), so ist $L = L_{\text{sep}}(L^p)[x]$ mit einem $x \in L$. Weil $[L : K] < \infty$ ist, gibt es ein $e \in \mathbb{N}$ mit $L^{p^e} \subset L_{\text{sep}}$. Es folgt wie oben $L = L_{\text{sep}}[x]$ und es ergibt sich b). Der Satz ist damit bewiesen.

12.6. KOROLLAR. *Jede endliche separable Erweiterung L/K besitzt ein primitives Element. Insbesondere gilt dies für jede Galoiserweiterung. Über einem Körper der Charakteristik 0 besitzt jeder endliche Erweiterungskörper ein primitives Element.*

In Beispiel 12.4a) besitzt der Körper $L := \mathbb{Q}(i, \sqrt{5})$ das primitive Element $x := i + \sqrt{5}$, denn es ist $6x^{-1} = \sqrt{5} - i \in \mathbb{Q}[x]$, also auch $\sqrt{5}, i \in \mathbb{Q}[x]$ und somit $L = \mathbb{Q}[x]$.

Die folgenden Betrachtungen spielen sowohl bei den Anwendungen der Galoistheorie auf die Konstruktion mit Zirkel und Lineal wie auch für die Auflösung algebraischer Gleichungen durch Radikale eine Rolle.

12.7. SATZ. *Sei L/K eine Körpererweiterung und seien $Z_1 \subset Z_2$ sowie Z Zwischenkörper von L/K. Ist Z_2/Z_1 galoissch, so ist es auch $Z \cdot Z_2/Z \cdot Z_1$ und die Galoisgruppe von $Z \cdot Z_2/Z \cdot Z_1$ ist isomorph zu einer Untergruppe der Galoisgruppe von Z_2/Z_1.*

BEWEIS: Z_2 ist der Zerfällungskörper eines separablen Polynoms $f \in Z_1[X]$ (9.11). Adjungiert man alle Nullstellen von f zu $Z \cdot Z_1$, so erhält man $Z \cdot Z_2$, daher ist $Z \cdot Z_2/Z \cdot Z_1$ endlich und normal. Ein irreduzibler Faktor φ von f in $Z_1[X]$ kann über $Z \cdot Z_1$ zerfallen. Da aber φ separabel ist, sind es auch die Faktoren von φ in $(Z \cdot Z_1)[X]$ und folglich ist $Z \cdot Z_2/Z \cdot Z_1$ auch separabel, also galoissch.

Jeder Automorphismus σ von $Z \cdot Z_2/Z \cdot Z_1$ liefert durch Beschränkung auf Z_2 einen Automorphismus von Z_2/Z_1. Man erhält so einen Gruppenhomomorphismus

$$\alpha\colon G(Z \cdot Z_2/Z \cdot Z_1) \to G(Z_2/Z_1) \qquad (\sigma \mapsto \sigma|_{Z_2})$$

Jedes σ ist aber durch seine Wirkung auf die Nullstellen von f schon eindeutig festgelegt. Daher ist α injektiv.

12.8. DEFINITION: Sei p eine Primzahl. Eine Körpererweiterung L/K heißt **metazyklisch** (**p–metazyklisch**), wenn es eine Kette

(2) $$K = Z_0 \subset Z_1 \subset \cdots \subset Z_r = L$$

von Zwischenkörpern Z_i von L/K gibt, so daß Z_{i+1}/Z_i für $i = 0, \ldots, r-1$ eine zyklische Erweiterung (vom Grad p) ist.

Wegen der Transitivität der Separabilität sind solche Erweiterungen separabel. Ist L/K galoissch, so ist L/K nach 12.3c) genau dann metazyklisch (p–metazyklisch), wenn L/K auflösbar ist (bzw. die Galoisgruppe eine p-Gruppe ist). Ist Char $K \neq 2$, so ist L/K genau dann 2–metazyklisch, wenn L aus K durch sukzessive Adjunktion von Quadratwurzeln hervorgeht. Dies ist klar, weil jede Körpererweiterung von Grad 2 galoissch ist und durch Adjunktion einer Quadratwurzel entsteht.

12.9. SATZ. *Sei p eine Primzahl und seien Z_1, Z_2 Zwischenkörper einer Körpererweiterung L/K. Sind die Erweiterungen Z_i/K metazyklisch (p–metazyklisch) ($i = 1, 2$), dann ist es auch $Z_1 \cdot Z_2/K$.*

BEWEIS: Seien

$$K = K_0 \subset K_1 \subset \cdots \subset K_r = Z_1$$

und

$$K = K'_0 \subset K'_1 \subset \cdots \subset K'_s = Z_2$$

Körperketten wie in der Definition 12.8. In der Kette

$$K = K_0 \subset K_1 \subset \cdots \subset K_r = Z_1 \subset Z_1 K'_1 \subset \cdots \subset Z_1 K'_s = Z_1 Z_2$$

sind die Erweiterungen $Z_1 K'_{i+1}/Z_1 K'_i$ nach 12.7 zyklisch (vom Grad p oder 1) und somit folgt die Behauptung.

12.10.SATZ. *Sei p eine Primzahl und L/K eine metazyklische (p-metazyklische) Körpererweiterung. Ist N die galoissche Hülle von L/K, so ist N/K auflösbar (die Galoisgruppe von N/K eine p-Gruppe).*

BEWEIS: Betrachte innerhalb des algebraischen Abschlusses $\overline{L}$ von L die zu L konjugierten Körper $L_1, \ldots, L_r$. Es ist klar, daß diese metazyklisch (p-metazyklisch) über K sind. Da N das Kompositum aller L_i ($i = 1, \ldots, r$) ist, ist N/K nach 12.9 ebenfalls metazyklisch (p-metazyklisch). Da N/K aber galoissch ist, folgt die Behauptung.

12.11.KOROLLAR. *Sei K ein Körper der Charakteristik $\neq 2$ und $\overline{K}$ sein algebraischer Abschluß. Für ein über K separables Element $x \in \overline{K}$ sei $f \in K[X]$ das Minimalpolynom von x und L der Zerfällungskörper von f über K. Dann sind folgende Aussagen äquivalent:*

a) x ist in einem Zwischenkörper Z von L/K enthalten, der über K 2-metazyklisch ist.

b) $[L:K]$ ist eine Potenz von 2.

BEWEIS: a) $\to$ b). Nach 12.10 ist die galoissche Hülle N von Z/K 2-metazyklisch. Wegen $L \subset N$ ergibt sich, daß $[L:K]$ eine Potenz von 2 ist.

b) $\to$ a). Da L/K galoissch ist und $[L:K]$ eine Potenz von 2, ist L/K auflösbar, insbesondere 2-metazyklisch. Da $x \in L$ ist, kann in a) $Z = L$ genommen werden.

Es ergibt sich nun ein notwendiges und hinreichendes Kriterium für die Konstruierbarkeit mit Zirkel und Lineal, welches das in 1.14 angegebene vereinfacht und das in 3.17 gegebene notwendige Kriterium ergänzt. Für die Konstruierbarkeit einer Zahl kommt es auf die Galoisgruppe ihres Minimalpolynoms an.

12.12.SATZ. *Sei $M \subset \mathbb{C}$ eine Teilmenge mit $0, 1 \in M$ und sei $\overline{M}$ die Menge der konjugiert-komplexen der Zahlen aus M. Ferner sei $K_0 := \mathbb{Q}(M \cup \overline{M})$. Die komplexe Zahl z sei algebraisch über K_0 und besitze über K_0 das Minimalpolynom f. Dann sind folgende Aussagen äquivalent:*

a) z ist aus M mit Zirkel und Lineal konstruierbar.

b) Ist L der Zerfällungskörper von f, so ist $[L:K_0]$ eine Potenz von 2.

c) $G(f)$ ist eine 2-Gruppe.

Dies folgt unmittelbar aus der früheren Charakterisierung der Konstruierbarkeit in 1.14 und aus 12.11.

Anwendung auf die Konstruktion mit Zirkel und Lineal

12.13. BEISPIEL: Für eine Primzahl $p > 2$ ist die Konstruierbarkeit eines regulären p-Ecks damit äquivalent, daß der Grad des Zerfällungskörpers des Minimalpolynoms von $\xi := e^{\frac{2\pi i}{p}}$ über $\mathbf{Q}$ eine Potenz von 2 ist. Dieses Minimalpolynom ist $X^{p-1} + X^{p-2} + \cdots + X + 1$ (vgl. 5.7c)) und sein Zerfällungskörper ist $\mathbf{Q}(\xi)$. Notwendig und hinreichend für die Konstruierbarkeit des regulären p-Ecks ist also, daß p von der Form $p = 2^m + 1$ ist.

Für Primzahlen dieser Art gilt:

12.14. SATZ. *Ist p eine Primzahl der Form $p = 2^m + 1$ ($m \in \mathbf{N}_+$), so ist m eine Potenz von 2:*
$$p = 2^{2^\mu} + 1$$

BEWEIS: Angenommen, m wäre keine Potenz von 2. Schreibe $m = 2^\mu \cdot r$ mit einer ungeraden Zahl $r \in \mathbf{N}$, $r > 2$. Dann ist

$$2^m + 1 = 2^{2^\mu \cdot r} + 1 = (2^{2^\mu})^r - (-1)^r$$

Diese Zahl ist durch $2^{2^\mu} - (-1) = 2^{2^\mu} + 1$ teilbar.

Primzahlen der Form $2^{2^\mu} + 1$ heißen **Fermatsche Primzahlen**. Für $\mu = 0, 1, 2, 3, 4$ erhält man die Primzahlen $3, 5, 17, 257, 65537$. Für diese ist das reguläre p-Eck mit Zirkel und Lineal konstruierbar. Weitere Fermatsche Primzahlen sind bisher nicht gefunden worden (vgl. Ribenboim [R], S. 71 ff).

Welche n-Ecke mit Zirkel und Lineal konstruierbar sind, wenn n keine Primzahl ist, wird sich im nächsten Paragraphen ergeben (13.8).

Blicken wir zurück auf den Weg, der zu Satz 12.12 führte. Die Konstruktion mit Zirkel und Lineal als theoretisches Problem entstand in der Platonischen Akademie ($\sim$ 400 v. Chr., siehe Tropfke [T_4], S. 105 ff), die man vielleicht als die Geburtsstätte der reinen Mathematik bezeichnen kann, also der Mathematik, die um ihrer selbst willen, ihrer Schönheit und logischen Klarheit wegen geliebt wird, und nicht wegen ihrer Mitgift. Die griechischen Mathematiker lösten viele spezielle Konstruktionsaufgaben, zum Beispiel die der Konstruktion des regelmäßigen Fünfecks.

Mittels der im 17. Jahrhundert ausgebauten Koordinatenmethode ließ sich das Konstruktionsproblem wie alle elementargeometrischen Probleme in ein rechnerisches übersetzen. Es erwies sich schließlich als günstig, die Ebene als die Gaußsche Zahlenebene zu interpretieren und die Aufgabe in ein Problem der Körpertheorie zu verwandeln. Man erhält dann eine notwendige und hinreichende Bedingung für die Konstruierbarkeit einer Zahl (1.14), die aber i.a. nicht leicht direkt überprüfbar ist. Aus einfachen Tatsachen der Körpertheorie folgt jedoch bald als notwendiges

Kriterium für die Konstruierbarkeit einer Zahl, daß sie über einem durch die Konstruktionsdaten bestimmten Körper K_0 algebraisch ist und daß der Grad ihres Minimalpolynoms über K_0 eine Potenz von 2 ist (3.17).

Dieser Satz gestattet **Unmöglichkeitsbeweise**, speziell den Nachweis für die Unmöglichkeit der Würfelverdoppelung, der Winkeldreiteilung und letzten Endes auch der Quadratur des Kreises, wobei der Beweis in diesem Fall allerdings aus der Algebra heraus in die analytische Zahlentheorie führt (Transzendenz von π).

Um ein effektives hinreichendes Kriterium für Konstruierbarkeit herzuleiten, bedient man sich einer weiteren Grundidee der Algebra, nämlich der Übersetzung körpertheoretischer Probleme in solche der Gruppentheorie mittels der Galoisschen Theorie. Das Schlüsselresultat aus der Gruppentheorie ist der Satz 11.64 von der Auflösbarkeit der p-Gruppen (speziell der 2-Gruppen) in Verbindung mit 11.66, aus dem sich schließlich das Kriterium 12.12 gewinnen ließ.

ÜBUNGEN:
1) Ein Polynom f habe lauter verschiedene Wurzeln und seine Galoisgruppe operiere transitiv auf der Menge der Wurzeln. Dann ist f irreduzibel.
2) Bestimmen Sie für die folgenden Polynome aus $\mathbf{Q}[X]$ die Galoisgruppe und alle Zwischenkörper des Zerfällungskörpers L des Polynoms:

$$X^4 - 2X^2 + 2,\; X^4 + 5X^2 + 5,\; X^4 + 6X^2 + 1,\; X^6 + 2X^5 + 2X^4 + X^2 + 2X + 2$$

Geben Sie auch ein primitives Element von $L/\mathbf{Q}$ an.
3) Zeigen Sie, daß die folgenden Körper L galoissch über $\mathbf{Q}$ sind. Bestimmen Sie die Galoisgruppe und alle Zwischenkörper der Erweiterung $L/\mathbf{Q}$:

$$L = \mathbf{Q}\left[\sqrt{1+2i}, \sqrt{1-2i}\right],\; L = \mathbf{Q}\left[\sqrt{6+2\sqrt{-7}}, \sqrt{6-2\sqrt{-7}}\right]$$

4) Bestimmen Sie die Galoisgruppe von $X^4 - 5$ über $\mathbf{Q}(\sqrt{5})$ und $\mathbf{Q}(i\sqrt{5})$.
5) Bestimmen Sie die Galoisgruppe des Polynoms $(X+1)^8 + X^8 + 1 \in \mathbf{Q}[X]$. (Anleitung: Mit jeder Wurzel x sind auch $\frac{1}{x}$ und $-(x+1)$ Wurzeln).
6) Sei K ein Körper der Charakteristik $\neq 2$. Ein Polynom f vom Grad n besitze n verschiedene Wurzeln $x_1, \ldots, x_n$ und es sei $\Delta := \prod_{i>j}(x_i - x_j)$. Ferner sei $L = K(x_1, \ldots, x_n)$ und die Galoisgruppe G von L/K werde als Permutationsgruppe von $\{x_1, \ldots, x_n\}$ betrachtet.
 a) $K(\Delta)$ ist der zu $G \cap A_n$ gehörige Zwischenkörper von L/K.
 b) Ist f irreduzibel und vom Grad 3, so gilt

$$G = \begin{cases} S_3 & \text{falls } \Delta \notin K \\ A_3 & \text{falls } \Delta \in K \end{cases}$$

7) Das Polynom $f := X^4 + X + 1 \in \mathbf{Q}[X]$ besitzt keine reelle Nullstellen. Ist $z = u + iv$ ($u, v \in \mathbf{R}$) eine Wurzel von f, so ist $g := X^3 - 4X + 1$ das Minimalpolynom von $-4u^2$ über $\mathbf{Q}$. Daher besitzt $G(f)$ ein Element der Ordnung 3. Ist z aus der Menge $M = \{0, 1\}$ mit Zirkel und Lineal konstruierbar?

8) Sei K ein Körper, $f \in K[X]$ ein normiertes irreduzibles Polynom und α eine Wurzel von f. Es sei auch $f(\alpha + 1) = 0$.
   a) Es gilt Char $K =: p > 0$.
   b) Ist $\alpha^p - \alpha \in K$, so ist $f = X^p - X - \alpha^p + \alpha$ und $K(\alpha)/K$ ist eine zyklische Erweiterung.

9)
   a) Wie viele Zwischenkörper besitzt $\mathbf{Q}(\sqrt{2}, \sqrt{3}, \sqrt{5})/\mathbf{Q}$?
   b) Galoiserweiterungen vom Grad 45 besitzen höchstens 12 Zwischenkörper.

10) Die Galoisgruppe eines irreduziblen separablen Polynoms f sei abelsch. Dann ist jede Wurzel von f ein primitives Element des Zerfällungskörpers von f.

11) Sei $L/\mathbf{Q}$ ein galoisscher Zahlkörper ($L \subset \mathbf{C}$) und sei $L' := L \cap \mathbf{R}$. Dann ist $[L : L'] \leq 2$. Unter welcher Bedingung ist $L'/\mathbf{Q}$ galoissch?

12) Sei $L = K_0(T)$ der Körper der rationalen Funktionen in einer Unbestimmten T über einem Körper K_0 der Charakteristik $p > 2$. Ferner seien σ_1 und σ_2 die durch $\sigma_1(T) = -T$, $\sigma_2(T) = 1 - T$ bestimmten Automorphismen von L/K_0 und K der Fixkörper der von σ_1 und σ_2 erzeugten Untergruppe G von $\mathrm{Aut}(L/K_0)$.
   a) G besitzt die Ordnung $2p$. Ist G abelsch?
   b) $(X^p - X)^2 - (T^p - T)^2 \in K[X]$ ist das Minimalpolynom von T über K. Geben Sie auch das Minimalpolynom von $1 - T$ über K an.
   c) Betrachten Sie σ_1 und σ_2 als Endomorphismen von L als K-Vektorraum, bestimmen Sie das Minimalpolynom von σ_i und die Eigenräume von σ_i ($i = 1, 2$).

13)
   a) Welche endlichen Untergruppen besitzt $\mathrm{Aut}(\mathbf{Q}[X]/\mathbf{Q})$?
   b) Sei $f \in \mathbf{Q}[X]$ ein nichtkonstantes Polynom. Dann ist $\mathbf{Q}(X)/\mathbf{Q}(f)$ endlich. Jeder Automorphismus von $\mathbf{Q}(X)/\mathbf{Q}(f)$ bildet $\mathbf{Q}[X]$ auf sich ab.
   c) Falls $\deg f \geq 3$ ist, ist $\mathbf{Q}(X)/\mathbf{Q}(f)$ nicht normal.

14)
   a) Für jedes $a \in \mathbf{Z}$ besitzt das Polynom $f = X^3 + aX^2 + (a-3)X - 1$ keine rationale Nullstelle.
   b) Ist x eine Wurzel von f, so auch $\frac{-1}{1+x}$.
   c) Durch $x \mapsto \frac{-1}{1+x}$ wird eine fixpunktfreie Permutation von $\mathbf{R} \setminus \{0, -1\}$ gegeben, welche die Ordnung 3 besitzt.
   d) f besitzt 3 verschiedene reelle Nullstellen und es ist $G(f) \cong \mathbf{Z}/(3)$.

15) **Die Charaktere der Galoisgruppe.** Sei G die Galoisgruppe einer Galoiserweiterung L/K und G' die Gruppe der Charaktere $\sigma : G \to K^*$ (§ 11, Aufg. 45)).

a) Für jedes $\sigma \in G'$ gibt es ein $a \in L$, so daß $\alpha := \sum_{g \in G} \sigma(g) \cdot g(a) \neq 0$ ist. Es gilt dann $\sigma(g) = \frac{\alpha}{g(\alpha)}$ für jedes $g \in G$ und α ist durch diese Bedingung bis auf Multiplikation mit einem Element aus K^* eindeutig bestimmt.

b) Existiert ein $\alpha \in L^*$, so daß $\frac{\alpha}{g(\alpha)} \in K$ für jedes $g \in G$, dann wird durch $g \mapsto \frac{\alpha}{g(\alpha)}$ ein Charakter von G in K gegeben.

c) Man hat einen injektiven Gruppenhomomorphismus
$$i: G' \to L^*/K^*$$

d) Besitzt G den Exponenten r (§ 11, Aufg. 44)), so ist $i(G') \subset W_r/K^*$, wobei $W_r \subset L^*$ die Untergruppe aller $\alpha \in L^*$ mit $\alpha^r \in K^*$ ist.

16) (Körpererweiterungen vom Grad 4 ohne echte Zwischenkörper) Für $a \in \mathbf{Z} \setminus \{0\}$ ist $f := X^4 - aX - 1$ über $\mathbf{Q}$ irreduzibel. Sei $L := \mathbf{Q}(\alpha)$ mit einer Wurzel α von f.

a) Sei $Z = \mathbf{Q}(\sqrt{d})$ mit einer quadratfreien Zahl $d \in \mathbf{Z} \setminus \{0\}$ ein echter Zwischenkörper von $L/\mathbf{Q}$, d.h. $\mathbf{Q} \subsetneq Z \subsetneq L$. Sei $X^2 + uX + v \in Z[X]$ das Minimalpolynom von α über Z und sei σ der nichttriviale $\mathbf{Q}$-Automorphismus von $Z/\mathbf{Q}$, $\sigma(\sqrt{d}) = -\sqrt{d}$. Es gilt $f = (X^2 + uX + v)(X^2 + \sigma(u)X + \sigma(v))$, wobei $u = r\sqrt{d}$ mit $r \in \mathbf{Q}$ und $a^2 = (r^4 d^2 + 4)r^2 d$.

b) Es ist $r \in \mathbf{Z}$.

c) Für jede Primzahl $a \geq 3$ besitzt $L/\mathbf{Q}$ keine echten Zwischenkörper.

§ 13. Einheitswurzelkörper (Kreisteilungskörper)

Dies sind die Körper, die aus einem Grundkörper durch Adjunktion von Einheitswurzeln entstehen. Für den Grundkörper $\mathbf{Q}$ sind sie für die Konstruktion von regulären n-Ecken (Kreisteilung) von Bedeutung, worauf schon vielfach hingewiesen wurde. Sie spielen auch eine sehr wichtige Rolle in der Zahlentheorie, wo sie Gegenstand eingehender Untersuchungen sind.

Sei K ein Körper und $n \in \mathbf{N}_+$

13.1. DEFINITION: Der n-te **Einheitswurzelkörper** über K ist der Zerfällungskörper L des Polynoms $X^n - 1 \in K[X]$. Die Nullstellen von $X^n - 1$ in L heißen n-te **Einheitswurzeln** über K.

Die n-ten Einheitswurzeln in L bilden offensichtlich eine Untergruppe von L^*. Nach 11.25 ist sie zyklisch. Daher ist

$$L = K(\xi)$$

wenn ξ ein primitives Element dieser Gruppe ist. Im Fall $K = \mathbf{Q}$ ist $L = \mathbf{Q}(e^{\frac{2\pi i}{n}})$. Ist dagegen Char $K =: p > 0$ und $n = p^\nu \cdot h$ ($\nu, h \in \mathbf{N}, p \nmid h$), so gilt für jede n-te Einheitswurzel $x \in L$

$$x^n - 1 = (x^h)^{p^\nu} - 1 = (x^h - 1)^{p^\nu} = 0$$

und somit $x^h - 1 = 0$, d.h. x ist schon eine h-te Einheitswurzel. Es genügt daher, die Einheitswurzelkörper für $n \not\equiv 0 \bmod p$ zu betrachten.

13.2. SATZ. *Sei $p :=$ Char K und sei $n \not\equiv 0 \bmod p$. Der n-te Einheitswurzelkörper L ist über K galoissch. Die n-ten Einheitswurzeln in L bilden eine zyklische Gruppe der Ordnung n.*

BEWEIS: Sei $f := X^n - 1$. Nach Voraussetzung zerfällt f in L in Linearfaktoren. Für jede n-te Einheitswurzel $\xi \in L$ ist $f'(\xi) = n \cdot \xi^{n-1} \neq 0$, da $n \not\equiv 0 \bmod p$, somit ist ξ eine einfache Nullstelle von f und daher f ein separables Polynom. Als Zerfällungskörper von f ist L über K galoissch. Da f genau n verschiedene Nullstellen besitzt, bilden die Einheitswurzeln in L eine zyklische Gruppe der Ordnung n.

Im folgenden sei $n \not\equiv 0 \bmod p$, wenn p die Charakteristik von K ist. Ein erzeugendes Element der Gruppe der n-ten Einheitswurzeln in L heißt eine **primitive n-te Einheitswurzel**. Da eine zyklische Gruppe der Ordnung n genau $\varphi(n)$ primitive Elemente besitzt, gibt es $\varphi(n)$ primitive Einheitswurzeln in L. Es seien dies $\xi_1, \ldots, \xi_{\varphi(n)}$. Wir setzen dann

$$\phi_n := (X - \xi_1) \cdot \ldots \cdot (X - \xi_{\varphi(n)})$$

und betrachten ϕ_n zunächst als Polynom in $L[X]$.

13.3.LEMMA. $X^n - 1 = \prod_{d|n} \phi_d$

BEWEIS: Ist ξ eine beliebige n–te Einheitswurzel und $d := \operatorname{ord}(\xi)$, so ist d ein Teiler von n und ξ ist eine primitive d-te Einheitswurzel.

13.4.LEMMA. *Die Koeffizienten von ϕ_n liegen im Primring von K.*

BEWEIS: Es ist $\phi_1 = X - 1$. Sei nun $n > 1$ und sei die Behauptung für alle echten Teiler von n schon bewiesen. Dann ist $X^n - 1 = \phi_n \cdot g$ nach 13.3, wobei g ein normiertes Polynom mit Koeffizienten aus dem Primring von K ist. Man erhält ϕ_n, indem man $X^n - 1$ durch g dividiert. Folglich hat auch ϕ_n nur Koeffizienten aus diesem Primring.

13.5.DEFINITION: ϕ_n heißt n–tes **Kreisteilungspolynom**.

Im Fall $K = \mathbf{Q}$ ist $\phi_n \in \mathbf{Z}[X]$ für alle $n \in \mathbf{N}_+$. Ist $n = p$ eine Primzahl, so gilt

$$\phi_p = \frac{X^p - 1}{X - 1} = X^{p-1} + \cdots + X + 1$$

ein Polynom, von dem wir schon lange wissen, daß es über $\mathbf{Q}$ irreduzibel ist (5.3).

13.6.SATZ. *Sei L der n-te Einheitswurzelkörper über K, wobei $n \not\equiv 0 \bmod p$. Dann ist $G(L/K)$ isomorph zu einer Untergruppe von $E(\mathbf{Z}/(n))$, der primen Restklassengruppe modulo n. Insbesondere ist $G(L/K)$ abelsch.*

BEWEIS: Jedes $\sigma \in G(L/K)$ permutiert die primitiven n-ten Einheitswurzeln. Ist ξ eine von ihnen, so ist σ durch Angabe von $\sigma(\xi)$ eindeutig bestimmt: Falls $\sigma(\xi) = \xi^r$ ($r \in \{1, \ldots, n\}, \operatorname{ggT}(r, n) = 1$), so ist $\sigma(\xi^\rho) = (\xi^\rho)^r = \xi^{\rho r}$ für jedes $\rho \in \{1, \ldots, n\}$ mit $\operatorname{ggT}(\rho, n) = 1$. Man hat somit eine Injektion

$$\alpha \colon G(L/K) \to E(\mathbf{Z}/(n)) \qquad (\sigma \mapsto r + (n))$$

und α ist ein Gruppenhomomorphismus, denn ist $\tau \in G(L/K)$ und $\tau(\xi) = \xi^s$ ($s \in \{1, \ldots, n\}, \operatorname{ggT}(s, n) = 1$), so gilt $(\tau \circ \sigma)(\xi) = \tau(\xi^r) = \xi^{rs}$, also $\alpha(\tau \circ \sigma) = \alpha(\tau) \cdot \alpha(\sigma)$.

Im Fall $K = \mathbf{Q}$ gilt genauer

13.7.SATZ. *Die Kreisteilungspolynome ϕ_n sind über $\mathbf{Q}$ irreduzibel. Daher ist*

$$[\mathbf{Q}(e^{\frac{2\pi i}{n}}) : \mathbf{Q}] = \varphi(n)$$

und $G(\mathbf{Q}(e^{\frac{2\pi i}{n}})/\mathbf{Q})$ ist isomorph zur primen Restklassengruppe modulo n.

BEWEIS: Wenn die Irreduzibilität von ϕ_n gezeigt ist, folgen die weiteren Aussagen des Satzes unmittelbar aus 13.6.

Sei ξ eine primitive n-te Einheitswurzel über $\mathbf{Q}$ und f ihr Minimalpolynom über $\mathbf{Q}$. Es gilt dann $f \mid \phi_n$. Wir werden zuerst zeigen, daß für jede Primzahl p mit $p \nmid n$ auch ξ^p eine Nullstelle von f ist. Ist dann ξ^r irgendeine primitive n-te Einheitswurzel, so ist $\mathrm{ggT}(r,n) = 1$ und r ist ein Produkt von Primzahlen, welche n nicht teilen. Es folgt induktiv, daß auch ξ^r eine Nullstelle von f ist. Aus Gradgründen muß dann $f = \phi_n$ sein und die Irreduzibilität von ϕ_n ist bewiesen.

Sei also p eine Primzahl, die n nicht teilt, und sei g das Minimalpolynom von ξ^p über $\mathbf{Q}$. Als Teiler von $X^n - 1$ haben f und g Koeffizienten aus $\mathbf{Z}$. Wir wollen $f = g$ zeigen. Wäre dies nicht richtig, so hätte man

(1) $$X^n - 1 = f \cdot g \cdot h \qquad (h \in \mathbf{Z}[X])$$

Da $g(X^p)$ die Nullstelle ξ besitzt, wäre ferner

(2) $$g(X^p) = f \cdot j \qquad (j \in \mathbf{Z}[X])$$

Auf die Gleichungen (1) und (2) wenden wir nun den kanonischen Epimorphismus (Reduktion mod p)

$$\alpha\colon \mathbf{Z}[X] \to \mathbf{Z}/(p)[X]$$

an. Wir benutzen, daß der Frobenius-Endomorphismus $\mathbf{Z}/(p) \to \mathbf{Z}/(p)$ die identische Abbildung ist (11.26b). Es ist somit

$$\alpha(g(X^p)) = [\alpha(g(X))]^p$$

und aus (2) folgt

$$[\alpha(g(X))]^p = \alpha(f(X)) \cdot \alpha(j(X))$$

Jedes irreduzible Polynom $\gamma \in \mathbf{Z}/(p)[X]$, welches $\alpha(f)$ teilt, teilt somit auch $\alpha(g)$. Wegen (1) teilt dann γ^2 das Polynom $\varphi := X^n - 1 \in \mathbf{Z}/(p)[X]$. Wegen $p \nmid n$ ist φ ein separables Polynom und kann nicht vom Quadrat eines Polynoms aus $\mathbf{Z}/(p)[X]$ geteilt werden. Dieser Widerspruch zeigt, daß $f = g$ ist, q.e.d.

Wir beantworten jetzt die Frage, welche n-Ecke mit Zirkel und Lineal konstruierbar sind und beenden damit gleichzeitig die Diskussion der Konstruktionsprobleme.

13.8.SATZ. (Gauß) *Für $n \in \mathbf{N}_+$ ist das reguläre n-Eck genau dann mit Zirkel und Lineal konstruierbar, wenn n von der Form*

$$n = 2^\nu \cdot p_1 \cdot \ldots \cdot p_r$$

ist, wobei $\nu \in \mathbf{N}$ ist und $p_1, \ldots, p_r$ paarweise verschiedene Fermatsche Primzahlen sind ($r \geq 0$).

BEWEIS: Nach 12.12 ist zu prüfen, für welche n die Zahl $\varphi(n) = [\mathbf{Q}(e^{\frac{2\pi i}{n}}) : \mathbf{Q}]$ eine Potenz von 2 ist. Sei $n = 2^\nu \cdot p_1^{\alpha_1} \cdot \ldots \cdot p_s^{\alpha_s}$ ($p_i \neq 2$) die Primzahlzerlegung von n. Dann gilt nach 6.35

$$\varphi(n) = \begin{cases} 2^{\nu-1} \cdot p_1^{\alpha_1 - 1}(p_1 - 1) \cdot \ldots \cdot p_s^{\alpha_s - 1}(p_s - 1) & \text{für } \nu > 0 \\ p_1^{\alpha_1 - 1}(p_1 - 1) \cdot \ldots \cdot p_s^{\alpha_s - 1}(p_s - 1) & \text{für } \nu = 0 \end{cases}$$

Damit dies eine Potenz von 2 ist, muß $\alpha_1 = \cdots = \alpha_s = 1$ sein und die p_i müssen Fermatsche Primzahlen sein.

Das Umkehrproblem der Galoistheorie (vgl. § 12) läßt sich für abelsche Gruppen auf folgende Weise lösen.

13.9. SATZ. *Zu jeder endlichen abelschen Gruppe G existiert eine Galoiserweiterung $L/\mathbf{Q}$ mit $G(L/\mathbf{Q}) \cong G$.*

BEWEIS: Nach dem Hauptsatz für abelsche Gruppen (11.30) ist

$$G \cong Z_1 \times \cdots \times Z_r$$

wobei die Z_i zyklische Gruppen von Primzahlpotenzordnung q_i sind ($i = 1, \ldots, r$). Wir verwenden, daß es in jeder Restklasse $1 + (q_i)$ unendlich viele Primzahlen p_i gibt. Dies ist ein Spezialfall des Dirichletschen Primzahlsatzes aus der analytischen Zahlentheorie (Satz von der arithmetischen Progression). Man kann daher paarweise verschiedene Primzahlen p_i wählen mit $p_i - 1 \in (q_i)$ ($i = 1, \ldots, r$). Daher existiert ein Gruppenepimorphismus

$$H := \mathbf{Z}/(p_1 - 1) \times \cdots \times \mathbf{Z}/(p_r - 1) \to \mathbf{Z}/(q_1) \times \cdots \times \mathbf{Z}/(q_r) = G$$

Sei N sein Kern. Mit $n := p_1 \cdot \ldots \cdot p_r$ ist $E(\mathbf{Z}/(n)) \cong \mathbf{Z}/(p_1 - 1) \times \cdots \times \mathbf{Z}/(p_r - 1)$ nach 13.7 isomorph zur Galoisgruppe des n-ten Kreisteilungskörpers $\mathbf{Q}(e^{\frac{2\pi i}{n}})$. Sei L der Fixkörper von N. Nach 10.5b) ist $L/\mathbf{Q}$ galoissch und nach 12.1 ist $G(L/\mathbf{Q})$ isomorph zur Restklassengruppe $H/N \cong G$, q.e.d.

ÜBUNGEN:

1) Sei α eine primitive $(2n+1)$-te Einheitswurzel über $\mathbf{Q}$ ($n \in \mathbf{N}$). Dann ist $\beta := -\alpha^2$ eine primitive $(4n+2)$-te Einheitswurzel und $\mathbf{Q}(\alpha) = \mathbf{Q}(\beta)$.
2) Geben Sie eine komplexe Zahl z an, so daß $\mathbf{Q}(z)/\mathbf{Q}$ eine galoissche Körpererweiterung mit einer zyklischen Galoisgruppe der Ordnung 11 ist.
3) $\xi \in \mathbf{C}$ sei eine primitive n-te Einheitswurzel mit $n > 1$. Es sei $N: \mathbf{Q}(\xi) \to \mathbf{Q}$ die Norm und $\mathbf{Z}_{(p)} = \{\frac{a}{b} \mid a, b \in \mathbf{Z}, p \nmid b\}$ für eine Primzahl $p \not\equiv 0 \bmod n$.
   a) Das Minimalpolynom von $1 - \xi$ über $\mathbf{Q}$ ist ein Teiler von $(1 - X)^n - 1$ in $\mathbf{Z}[X]$.

b) $N(1-\xi)$ ist ganzzahlig und teilt n.

c) $1-\xi$ ist eine Einheit in $\mathbf{Z}_{(p)}[\xi]$.

4) Beweisen Sie, daß man einen Winkel von 120 Grad nicht mit Zirkel und Lineal dreiteilen kann.

5) Der Körper $\mathbf{Q}(e^{\frac{\pi i}{3}}, e^{\frac{\pi i}{5}}, e^{\frac{2\pi i}{15}})$ ist galoissch über $\mathbf{Q}$. Ist seine Galoisgruppe abelsch?

6) Sei K ein Körper, X eine Unbestimmte und $n \in \mathbf{N}_+$.

   a) Die Gruppe G aller Automorphismen von $K(X)/K(X^n)$ ist zyklisch.

   b) Bestimmen Sie den Fixkörper F von G und alle Teilkörper von $K(X)$, welche F umfassen.

   c) Geben Sie eine notwendige und hinreichende Bedingung dafür an, daß $K(X)/K(X^n)$ galoissch ist.

7) Sei p eine ungerade Primzahl und ξ eine primitive p-te Einheitswurzel. $\mathbf{Q}(\xi)/\mathbf{Q}$ besitzt genau einen Zwischenkörper Z mit $[Z:\mathbf{Q}] = 2$. Genau dann ist $Z \subset \mathbf{R}$, wenn $p \equiv 1 \bmod 4$ ist.

8) Das Polynom $X^4 - X^3 + X^2 - X + 1 \in \mathbf{Q}[X]$ besitzt gerade die primitiven 10-ten Einheitswurzeln als Nullstellen. Geben Sie die primitiven 10-ten Einheitswurzeln an und beschreiben Sie $G(f)$ als deren Permutationsgruppe.

9) Wie viele (maximale) Ideale besitzt der Ring $\mathbf{Q}[X]/(X^{1991} - 1)$?

10) Sei p eine Primzahl der Form $p = 2^i + 1$ ($i \in \mathbf{N}$) und sei ξ eine primitive p-te Einheitswurzel.

    a) $\mathbf{Q}(\xi)/\mathbf{Q}$ enthält genau einen minimalen Zwischenkörper $Z \neq \mathbf{Q}$.

    b) Für $p = 5$ ist $Z = \mathbf{Q}(\sqrt{5})$.

    c) Bestimmen Sie für $n = 20$ die minimalen Zwischenkörper $Z \neq \mathbf{Q}$ des n-ten Kreisteilungskörpers.

11) Sei ξ eine primitive 13-te (49-te) Einheitswurzel. Wie viele Zwischenkörper besitzt $\mathbf{Q}(\xi)/\mathbf{Q}$?

12) Berechnen Sie das Kreisteilungspolynom ϕ_{45} über $\mathbf{Q}$.

13) Sei p eine Primzahl und $\nu \in \mathbf{N}_+$.

    a) Berechnen Sie das Kreisteilungspolynom ϕ_{p^ν} über $\mathbf{Q}$.

    b) Zeigen Sie, daß $\phi_{p^\nu}(1) = p$ ist, und folgern Sie hieraus die Irreduzibilität von ϕ_{p^ν}.

14)
    a) Welchen Grad hat der Zerfällungskörper L von $X^6 + 1$ über $\mathbf{Q}$?

    b) Bestimmen Sie $G(L/\mathbf{Q})$ und alle Zwischenkörper von $L/\mathbf{Q}$.

    c) Geben Sie ein $z \in L$ mit $L = \mathbf{Q}(z)$ an.

15) Sei $K/\mathbf{Q}$ eine endliche Körpererweiterung und sei W_K die Gruppe der in K enthaltenen Einheitswurzeln.

    a) W_K ist eine endliche Gruppe.

b) Für welche quadratfreien ganzen Zahlen d enthält der Körper $K = \mathbf{Q}(\sqrt{d})$ Einheitswurzeln $\neq \pm 1$?

16) Sei K ein Körper und $n \in \mathbf{N}$. Die Restklasse von X in $K[X]/(X^n - 1)$ werde mit ξ bezeichnet.

a) Die Abbildung

$$\phi: K^n \to K[X]/(X^n - 1) \qquad ((c_0, \ldots, c_{n-1}) \mapsto \sum_{i=0}^{n-1} c_i \xi^i)$$

ist ein Isomorphismus von K-Vektorräumen.

b) Für einen Untervektorraum $C \subset K^n$ sind folgende Aussagen äquivalent:

α) Für alle $(c_0, \ldots, c_{n-1}) \in C$ ist auch $(c_{n-1}, c_0, \ldots, c_{n-2}) \in C$.

β) $\phi(C)$ ist ein Ideal in $K[\xi]$.

γ) Es gibt einen Teiler f von $X^n - 1$, so daß

$$C = \{(c_0, \ldots, c_{n-1}) \in K^n \mid \sum_{i=0}^{n-1} c_i X^i = f \cdot h,\ h \in K[X]\}$$

17) Sei $\mathbf{C}(X)$ der Körper der rationalen Funktionen in einer Unbestimmten X über $\mathbf{C}$ und $n \in \mathbf{N}$.

a) Zeigen Sie (induktiv), daß $X^n + X^{-n} = f_n(X + X^{-1})$ gilt mit einem ganzzahligen Polynom f_n vom Grad n.

b) f_n besitzt n reelle Nullstellen.

c) $G(f_n)$ ist isomorph zur Galoisgruppe des reellen Teils des $4n$-ten Kreisteilungskörpers über $\mathbf{Q}$.

d) Für welche n ist $G(f_n)$ zyklisch?

18) Sei $K := \mathbf{C}(t, u)$, wobei t transzendent über $\mathbf{C}$ ist und u der Gleichung $u^2 + t^2 = 1$ genügt.

a) Berechnen Sie für $m \in \mathbf{N}_+$ die Galoisgruppe G von $\mathbf{C}(t,u)/\mathbf{C}(t^m, u^m)$.

b) Zeigen Sie, daß $\frac{1}{2}((t+iu)^m + (t-iu)^m) \in \mathbf{C}(t^m, u^m)$ und folgern Sie, daß $\cos mx$ eine rationale Funktion von $\cos^m x$ und $\sin^m x$ ist.

c) Für welche m ist $\sin mx$ eine rationale Funktion von $\cos^m x$ und $\sin^m x$?

19) Sei K der Körper der 24. Einheitswurzeln über $\mathbf{Q}$. Dann gilt

$$K = \mathbf{Q}(\sqrt{-1}, \sqrt{-2}, \sqrt{-3})$$

§ 14. Endliche Körper (Galois-Felder)

Es folgt eine kurze Zusammenstellung der wichtigsten Aussagen über endliche Körper. Sie ergeben sich sehr schnell aus den bisherigen Sätzen. Zahlreiche weitere Tatsachen kann man den Übungsaufgaben entnehmen.

K sei ein endlicher Körper, p seine Charakteristik. Wir identifizieren den Primkörper von K mit F_p. Nach 8.18 ist jeder endliche Körper vollkommen und nach 11.26a) ist seine multiplikative Gruppe zyklisch.

14.1.SATZ. *Ist $[K : \mathsf{F}_p] = m$, so besitzt K genau p^m verschiedene Elemente. Ferner ist K/F_p eine Galoiserweiterung.*

BEWEIS: K besitzt über F_p eine Basis der Länge m und hat daher p^m Elemente. K^* ist eine zyklische Gruppe der Ordnung $p^m - 1$. Daher gilt $x^{p^m-1} = 1$ für jedes $x \in K^*$ und $x^{p^m} - x = 0$ für jedes $x \in K$. Da es p^m Elemente in K gibt, ist K der Zerfällungskörper des separablen Polynoms $X^{p^m} - X \in \mathsf{F}_p[X]$ und somit über F_p galoissch.

14.2.SATZ. *Für jede Primzahl p und jedes $m \in \mathsf{N}_+$ gibt es einen Körper mit p^m Elementen. Er ist bis auf Isomorphie eindeutig.*

BEWEIS: Sei K der Zerfällungskörper des Polynoms $f := X^{p^m} - X \in \mathsf{F}_p[X]$. Da $f' = -1$ ist, hat dieses Polynom p^m verschiedene Nullstellen in K. Die Nullstellen $x \neq 0$ von f genügen der Gleichung $x^{p^m-1} = 1$, sie bilden daher bzgl. der Multiplikation eine Gruppe. Sind x und y zwei Nullstellen von f, so gilt nach Frobenius

$$(x \pm y)^{p^m} = x^{p^m} \pm y^{p^m} = x \pm y$$

und somit ist $x \pm y$ auch eine Nullstelle von f. Die Nullstellen von f bilden somit schon selbst einen Körper mit p^m Elementen, der notwendigerweise mit K übereinstimmt. Außerdem ist K der $(p^m - 1)$-te Einheitswurzelkörper über F_p und somit bis auf Isomorphie eindeutig.

Der Körper mit $q = p^m$ Elementen wird mit F_q bezeichnet und auch **Galoisfeld der Ordnung q** genannt.

Der Frobeniusendomorphismus

$$F: \mathsf{F}_q \to \mathsf{F}_q \qquad (x \mapsto x^p)$$

ist injektiv, daher ein Automorphismus von F_q. Nach 11.26b) läßt F den Primkörper F_p elementweise fest und ist somit ein Element von $G(\mathsf{F}_q/\mathsf{F}_p)$.

14.3.SATZ. *Die Galoisgruppe von F_q/F_p ist zyklisch von der Ordnung m. Sie wird vom Frobenius-Automorphismus $F: F_q \to F_q$ ($x \mapsto x^p$) erzeugt.*

BEWEIS: Es sei x ein primitives Element von F_q^*. Dann ist $F^i(x) = x^{p^i}$ für jedes $i \in \mathbb{N}$. Da die Elemente x^{p^i} ($i = 1, \ldots, m$) paarweise verschieden sind, sind die F^i ($i = 1, \ldots, m$) paarweise verschiedene Automorphismen von F_q/F_p. Da $[F_q : F_p] = m$ ist, ergibt sich $G(F_q/F_p) = \{F, F^2, \ldots, F^m\}$.

14.4.KOROLLAR. *Sei L/K eine Körpererweiterung vom Grad m, wobei L ein endlicher Körper ist. Dann ist L/K galoissch und $G(L/K)$ zyklisch von der Ordnung m. Die Zwischenkörper von L/K entsprechen eineindeutig den Teilern von m.*

BEWEIS: Da L/F_p galoissch ist, ist es auch L/K. Die Galoisgruppe $G(L/K)$ ist eine Untergruppe von $G(L/F_p)$, also ebenfalls zyklisch.

14.5.KOROLLAR. *Sei K ein endlicher Körper und $f \in K[X]$ ein irreduzibles Polynom vom Grad m. Dann ist f separabel und $G(f)$ ist zyklisch von der Ordnung m.*

BEWEIS: $L := K[X]/(f)$ ist ein Erweiterungskörper von K vom Grad m. Da L/K galoissch ist, ist L der Zerfällungskörper von f über K, folglich ist f separabel und $G(f) = G(L/K)$.

ÜBUNGEN:
1) Gibt es einen Integritätsring mit genau 6 Elementen?
2) Geben Sie explizit ein Polynom $f \in F_2[X]$ an, so daß $F_2[X]/(f)$ ein Körper mit 8 Elementen ist.
3) Sei K ein endlicher Körper. Für ein Ideal $I \subset K[X]$ sei $\delta(I)$ das Minimum der Grade der Polynome $f \neq 0$ aus I. Sind M_1 und M_2 maximale Ideale mit $\delta(M_1) = \delta(M_2)$, so sind $K[X]/M_1$ und $K[X]/M_2$ K-isomorph.
4) Sei K ein Körper mit q Elementen und seien $p_1, \ldots, p_r \in K[X]$ paarweise verschiedene normierte irreduzible Polynome mit $\deg p_i =: n_i$ ($i = 1, \ldots, r$). Wie viele Elemente besitzt die Einheitengruppe des Restklassenrings $K[X]/(p_1 \cdot \ldots \cdot p_r)$?
5) Sei $K \neq F_2$ ein endlicher Körper. Dann ist $\sum_{x \in K} x = 0$ und $\prod_{x \in K^*} x = -1$. Insbesondere ist $(p-1)! \equiv -1 \bmod p$ für jede Primzahl p (Wilsonscher Satz).
6) Sei K ein Körper und $m \in K$.
   a) Die 2×2-Matrizen $\begin{bmatrix} a & b \\ mb & a \end{bmatrix}$ ($a, b \in K$) bilden bzgl. der Matrizenaddition und -multiplikation einen kommutativen Ring L_m.
   b) Genau dann ist L_m ein Körper, wenn m kein Quadrat in K ist.

c) Ist in diesem Fall $K = \mathsf{F}_p$ mit einer ungeraden Primzahl p, so ist $L_m \cong \mathsf{F}_{p^2}$.

7) Sei K ein Körper mit q Elementen. Bestimmen Sie die Ordnungen der folgenden Gruppen:
   a) Der Gruppe $\mathrm{Gl}(2, K)$ aller invertierbaren 2×2-Matrizen über K.
   b) Der Gruppe $\mathrm{Sl}(2, K)$ aller $A \in \mathrm{Gl}(2, K)$ mit $\det A = 1$.
   c) Des Zentrums von $\mathrm{Sl}(2, K)$.

8) Geben Sie eine Gruppe G von 3×3-Matrizen über einem geeigneten Körper an, welche folgende Eigenschaften besitzt: Es ist $|G| = 27$, G ist nicht abelsch und $x^3 = 1$ für alle $x \in G$.

9) Eine **Derivation** eines Rings R ist eine Abbildung $d: R \to R$ mit
$d(x+y) = dx + dy$, $d(x \cdot y) = x \cdot dy + y \cdot dx$ für $x, y \in R$.
   a) $\ker d := \{x \in R \mid dx = 0\}$ ist ein Unterring von R mit $1 \in \ker d$.
   b) Es gilt $dx^n = nx^{n-1}dx$ für $x \in R$, $n \in \mathsf{N}_+$.
   c) Jede Derivation eines endlichen Körpers ist die Nullabbildung.
   d) Der Ring $\mathsf{Z}[X]/(X^2)$ besitzt nichttriviale Derivationen.

10) Sei $R := \mathsf{F}_4[X]/(X^5 - X^2)$. Wie viele Elemente, Primideale, Einheiten, Nullteiler besitzt R?

11)
   a) Zerlegen Sie $f := X^5 + X^2 - X + 1$ über F_3 in irreduzible Faktoren.
   b) Ist die Einheitengruppe des Rings $\mathsf{F}_3[X]/(f)$ zyklisch?

12) Für welche $n \in \mathsf{N}_+$ gilt $(n+10)^{n+10} \equiv n^n \bmod 10$?

13) Sei K ein endlicher Körper.
   a) Gibt es in $K[X]$ irreduzible Polynome jeden Grades?
   b) Gibt es ein irreduzibles Polynom über dem rationalen Funktionenkörper $K(t)$, das im algebraischen Abschluß von $K(t)$ mehrfache Nullstellen besitzt?

14) Sei p eine Primzahl. Für $n \in \mathsf{N}$ sei I_n die Menge der normierten irreduziblen Polynome aus $\mathsf{F}_p[X]$ vom Grad n und u_n ihre Anzahl. Ferner sei $g := X^{p^n} - X \in \mathsf{F}_p[X]$.
   a) Es gilt $g = \prod\limits_{\substack{f \in I_d \\ d \mid n}} f$ und $p^n = \sum\limits_{d \mid n} du_d$.
   b) Berechnen Sie u_4 für $p = 2$ und u_9 für $p = 3$.

15) Welche Ordnung hat die Galoisgruppe des Polynoms $X^4 + X + 1$ über F_2 und über F_3?

16)
   a) Bestimmen Sie den Zerfällungskörper und die Galoisgruppe des Polynoms $f := X^6 + X^4 + X^2 + 1$ über Q.
   b) Bestimmen Sie die Galoisgruppe von f über F_5.

17) Für eine Primzahl p sei $f_p := X^p - X - 1 \in \mathsf{Q}[X]$.
   a) f_p bezeichne auch die Reduktion des Polynoms in $\mathsf{F}_p[X]$. Keine Wurzel a von f_p ist in F_p enthalten und es gilt $f_p(a+1) = 0$. Die Galoisgruppe von f_p über

F_p ist zyklisch von der Ordnung p.

b) Als Polynom in $\mathbf{Q}[X]$ ist f_p irreduzibel.

18) Für $f := X^5 + aX^4 - b \in \mathsf{F}_5[X]$ mit $b \neq 0$ sei α eine Wurzel von f im algebraischen Abschluß L von F_5 und $K := \mathsf{F}_5(\alpha)$. Ferner bezeichne $F: L \to L$ den Frobeniusendomorphismus.
   a) $F(\alpha)$ läßt sich in der Form $\frac{b_0 + b_1 \alpha}{a_0 + a_1 \alpha}$ mit $a_i, b_i \in \mathsf{F}_5$ ($i = 0, 1$) schreiben.
   b) Bestimmen Sie die Nullstellen von f in F_5.
   c) Für welche $a, b \in \mathsf{F}_5$ ist f irreduzibel?
   d) Berechnen Sie für irreduzibles f die Nullstellen von f in K.

19) Der Zerfällungskörper des Polynoms $X^9 - X + 1$ über F_3 ist zu F_{3^6} isomorph.

20) Seien $K \subset L$ zwei endliche Körper, wobei $|K| =: q = p^r$ ($p := \operatorname{Char} K$) ist und $[L:K] =: n$. Es sei $N: L \to K$ die Norm, $m := \frac{q^n - 1}{q - 1}$ und $F: L \to L$ bezeichne den Frobeniusautomorphismus.
   a) $G(L/K)$ wird von F^r erzeugt.
   b) Für alle $a \in L$ gilt $N(a) = a^m$.
   c) N definiert einen Epimorphismus von L^* auf K^*.

21)
   a) $X^4 + X^3 + 1$ ist irreduzibel über F_2.
   b) Sei α das Bild von X in $\mathsf{F}_{16} := \mathsf{F}_2[X]/(X^4 + X^3 + 1)$. Dann ist α eine primitive 15. Einheitswurzel über F_2 und $(\alpha, \alpha^2, \alpha^4, \alpha^8)$ ist eine F_2-Basis von F_{16}.
   c) Sei $S: \mathsf{F}_{16} \to \mathsf{F}_2$ die Spurabbildung. Für $a_i \in \mathsf{F}_2$ ($i = 0, \ldots, 3$) gilt
   $$S(a_0 \alpha + a_1 \alpha^2 + a_2 \alpha^4 + a_3 \alpha^8) = a_0 + a_1 + a_2 + a_3$$
   d) Für $\beta \in \mathsf{F}_{16}$ hat $X^2 + X + \beta$ keine Nullstelle in F_{16}, falls $S(\beta) \neq 0$ ist, und genau 2 Nullstellen, falls $S(\beta) = 0$.

22) Sei K ein Körper der Charakteristik $p > 0$ und $\wp: K \to K$ die durch $\wp(x) = x^p - x$ für $x \in K$ gegebene Abbildung.
   a) $\wp$ ist ein Endomorphismus von $(K, +)$, dessen Kern der Primkörper von K ist.
   b) Ist K separabel abgeschlossen (d.h. jedes über K separabel algebraische Element schon in K enthalten), dann ist $\wp$ surjektiv.

23) Sei p eine Primzahl und $q := p^m$ mit $m \in \mathsf{N}_+$. Ferner bezeichne F_p den Primkörper von F_q. Es sei $S: \mathsf{F}_q \to \mathsf{F}_p$ die Spur und $\wp: \mathsf{F}_q \to \mathsf{F}_q$ die in Aufg.22) eingeführte Abbildung.
   a) S ist surjektiv.
   b) $\ker S = \operatorname{im} \wp$.

24) Sei p eine Primzahl und $K = \mathsf{F}_q$ der Körper mit $q := p^m$ Elementen und L der Zerfällungskörper von $X^n - 1$ über K ($n \in \mathsf{N}_+, p \nmid n$).
   a) Die Ordnung der Galoisgruppe $G(L/K)$ ist gleich der Ordnung des Bildes $\bar{q}$ von q in der Einheitengruppe von $\mathbf{Z}/(n)$.

b) Genau dann ist das n-te Kreisteilungspolynom $\phi_n \in K[X]$ irreduzibel, wenn $\bar{q}$ die Einheitengruppe von $\mathbf{Z}/(n)$ erzeugt.

c) ϕ_{12} ist für alle p über F_p reduzibel.

25) Seien $p \neq q$ Primzahlen und sei K der algebraische Abschluß von F_q. Ferner sei $\tilde{\phi}_{p^\nu} = \Pi(X - \xi)$, wobei ξ die primitiven p^ν-ten Einheitswurzeln in K durchläuft, und L sei der Zerfällungskörper von $\tilde{\phi}_{p^\nu}$ über F_q.

a) Wie läßt sich $[L : \mathsf{F}_q]$ berechnen?

b) Berechnen Sie $[L : \mathsf{F}_q]$ für $q = 5, p = 3, \nu = 2$.

c) Ist $\tilde{\phi}_9$ irreduzibel über F_5?

26)

a) Für welche Primzahlen p ist $X^2 + X + 1$ modulo p reduzibel?

b) Bestimmen Sie alle maximalen Ideale von $\mathbf{Z}[X]$, welche $X^2 + X + 1$ enthalten.

27) Geben Sie alle ganzzahligen Lösungen der Gleichung $X^2 + XY + Y^2 = 667$ an.

28) Es gibt keinen kommutativen Ring mit Eins, der genau 5 Einheiten besitzt.

29)

a) Es gibt bis auf Isomorphie genau eine Gruppe der Ordnung 1295.

b) Jeder Ring mit 1, der aus 1295 Elementen besteht, ist direktes Produkt von 3 Körpern.

30) Sei K der algebraische Abschluß von F_2 und $\mathcal{P}$ die Menge aller Primzahlen.

a) Für jedes $k \in \mathbf{N}$ enthält K genau einen Körper mit 2^k Elementen. Er wird im folgenden mit F_{2^k} bezeichnet.

b) Für $p \in \mathcal{P}$ ist $K_p := \bigcup_{\ell \in \mathbf{N}} \mathsf{F}_{2^{p^\ell}}$ ein Teilkörper von K. Bestimmen Sie alle Teilkörper von K_p.

c) K wird von $\bigcup_{p \in \mathcal{P}} K_p$ erzeugt.

d) Jeder nichtidentische Automorphismus von K hat unendliche Ordnung.

31) **Quadratische Reste.** Sei $n \in \mathbf{N}$, $n > 1$. Eine Zahl $a \in \mathbf{Z}$ heißt quadratischer Rest modulo n, wenn $\mathrm{ggT}(a, n) = 1$ ist und ein $x \in \mathbf{Z}$ existiert, so daß $x^2 \equiv a \bmod n$.

a) Sei $n = p_1^{\alpha_1} \cdot \ldots \cdot p_s^{\alpha_s}$ die Primzahlzerlegung von n. Genau dann ist $a \in \mathbf{Z}$ quadratischer Rest modulo n, wenn a quadratischer Rest modulo $p_i^{\alpha_i}$ ist für $i = 1, \ldots, s$.

b) Welche zu 30 teilerfremden Zahlen a mit $1 \leq a < 30$ sind quadratische Reste modulo 30?

c) Geben Sie alle Lösungen der Kongruenz $X^2 \equiv 217 \bmod 1992$ an.

32) Sei p eine ungerade Primzahl und $q = p^m$ ($m \in \mathbf{N}_+$).

a) Genau die Hälfte der Elemente von F_q^* sind Quadrate.

b) Für $a \in \mathsf{F}_q^*$ ist $a^{\frac{q-1}{2}} = 1$ oder $a^{\frac{q-1}{2}} = -1$. Der zweite Fall tritt genau dann ein, wenn a kein Quadrat in F_q^* ist.

c) Sind $a, b \in \mathsf{F}_q^*$ keine Quadrate, so ist ab ein Quadrat.

33) Die Voraussetzungen seien wie in Aufg. 32).
   a) Für welche q ist -1 ein Quadrat in F_q^*?
   b) Ist -1 ein Quadrat in F_q^*, so ist die Summe aller Quadrate aus F_q^* gleich 0.
34) Sei $q = p^m$ mit einer Primzahl p ($m \in \mathsf{N}_+$).
   a) Jede der Gleichungen $X^2 - Y^2 = a$ und $X^2 + Y^2 = a$ ist für $a \in \mathsf{F}_q$ in F_q lösbar.
   b) In welchem Fall besteht $\{X^2 + Y^2 \mid X, Y \in \mathsf{F}_q\}$ nur aus Quadraten?
35) Für jede Primzahl $p \not\equiv 1 \bmod 4$ ist $X^2 = 2$ oder $X^2 = -2$ in F_p lösbar.
36) Das Polynom $X^4 - 16X^2 + 4$ ist über jedem endlichen Körper reduzibel.

§ 15. Auflösung algebraischer Gleichungen durch Radikale

In diesem abschließenden Paragraphen wird noch gezeigt, daß die auflösbaren Polynome gerade die sind, die eine Wurzel in einer Radikalerweiterung besitzen. Es schließt sich damit der Kreis, der in § 2 seinen Anfang nahm.

Sei K ein Körper. Eine Gleichung $X^n - a = 0$ $(a \in K^*)$ wird eine **reine Gleichung** genannt. Ist $p := \operatorname{Char} K$ und gilt $p \nmid n$, so ist $f := X^n - a$ ein separables Polynom. Wir interessieren uns für seine Galoisgruppe.

15.1.SATZ. *Für ein $n \in \mathbb{N}_+$ mit $p \nmid n$ seien die n-ten Einheitswurzeln schon in K enthalten. Dann gilt:*
a) *Die Galoisgruppe des Polynoms $f = X^n - a$ $(a \in K^*)$ ist zyklisch.*
b) *Zu jeder zyklischen Erweiterung L/K vom Grad n gibt es ein $\alpha \in L$ mit $L = K[\alpha]$ und $\alpha^n \in K$.*

BEWEIS: a) Sei L der Zerfällungskörper von f und sei $\xi \in K$ eine primitive n-te Einheitswurzel. Wenn $\alpha \in L$ eine Nullstelle von f ist, dann ist $\{\alpha, \xi\alpha, \ldots, \xi^{n-1}\alpha\}$ die Menge aller Nullstellen von f. Daher ist $L = K[\alpha]$. Jedes σ aus der Galoisgruppe G von L/K ist durch $\sigma(\alpha) = \xi^\nu \alpha$ schon eindeutig bestimmt, also durch die Restklasse $\nu + (n) \in \mathbb{Z}/(n)$. Man hat daher eine injektive Abbildung

$$\varphi : G \to \mathbb{Z}/(n) \quad (\varphi(\sigma) = \nu + (n), \text{ wenn } \sigma(\alpha) = \xi^\nu \alpha)$$

φ ist ein Homomorphismus von G in $(\mathbb{Z}/(n), +)$: Für $\tau \in G$ mit $\tau(\alpha) = \xi^\mu \alpha$ gilt $(\tau \circ \sigma)(\alpha) = \tau(\xi^\nu \alpha) = \xi^\nu \tau(\alpha) = \xi^{\nu+\mu}\alpha$ und somit

$$\varphi(\tau \circ \sigma) = \nu + \mu + (n) = [\nu + (n)] + [\mu + (n)] = \varphi(\tau) + \varphi(\sigma)$$

Als Untergruppe einer zyklischen Gruppe ist G selbst zyklisch.
b) Es sei σ ein erzeugendes Element von G und $\xi \in K$ eine primitive n-te Einheitswurzel. Die Automorphismen $1, \sigma, \ldots, \sigma^{n-1}$ sind nach 10.2 linear unabhängig über K. Es gibt daher ein $x \in L$, so daß die "Lagrangesche Resolvente"

$$(\xi, x) := x + \xi \cdot \sigma(x) + \xi^2 \sigma^2(x) + \cdots + \xi^{n-1} \sigma^{n-1}(x)$$

nicht verschwindet. Aus

$$\sigma(\xi, x) := \sigma(x) + \xi \sigma^2(x) + \cdots + \xi^{n-2} \sigma^{n-1}(x) + \xi^{n-1} x = \xi^{-1} \cdot (\xi, x)$$

ergibt sich

$$\sigma((\xi, x)^n) = (\sigma(\xi, x))^n = (\xi, x)^n \quad \text{für alle } \sigma \in G(L/K)$$

Somit ist $(\xi, x)^n \in K$.
Aus $\sigma^\nu(\xi, x) = \xi^{-\nu}(\xi, x)$ $(\nu = 0, \ldots, n-1)$ sieht man, daß es n verschiedene K-Automorphismen von $K[(\xi, x)]/K$ gibt. Da aber $[L : K] = n$ ist, muß $L = K[\alpha]$ mit $\alpha := (\xi, x)$ sein,
q.e.d.

15.2.KOROLLAR. *Ist unter den Voraussetzungen des Satzes $f = X^n - a$ irreduzibel, so ist $G(f)$ zyklisch von der Ordnung n.*

15.3.BEISPIEL: Sei K ein algebraisch abgeschlossener Körper. Die Zahl $n \in \mathbb{N}_+$ werde nicht von der Charakteristik von K geteilt und $K(X)$ sei der rationale Funktionenkörper über K. Dann ist $K(X)/K(X^n)$ eine zyklische Erweiterung vom Grad n. In der Tat ist $Y^n - t$ mit $t := X^n$ das Minimalpolynom von X über $K(t)$ und 15.2 ist anwendbar.

Die Galoistheorie liefert nun das folgende hinreichende Kriterium für die Auflösbarkeit algebraischer Gleichungen durch Radikale, das im Fall abelscher Gruppen zuerst von Abel bewiesen worden ist.

15.4.SATZ. *K sei ein Körper, $f \in K[X]$ ein irreduzibles separables Polynom mit auflösbarer Galoisgruppe $G(f)$. Die Ordnung von $G(f)$ werde nicht von der Charakteristik von K geteilt. Dann ist die Gleichung $f = 0$ durch Radikale auflösbar und alle Lösungen sind Radikale.*

BEWEIS: Sei L der Zerfällungskörper von f über K. Da $G(f)$ auflösbar ist, existiert nach 11.66 eine Untergruppenkette

(1) $$G(f) = N_\ell \supset N_{\ell-1} \supset \cdots \supset N_1 \supset N_0 = \{e\}$$

wobei N_{i-1} Normalteiler in N_i ist und N_i/N_{i-1} zyklisch von Primzahlordnung für $i = 1, \ldots, \ell$. Nach dem Hauptsatz der Galoistheorie und nach 12.1 entspricht (1) eine Kette von Zwischenkörpern von L/K

(2) $$K = Z_0 \subset Z_1 \subset \cdots \subset Z_\ell = L$$

wobei Z_i/Z_{i-1} eine zyklische Erweiterung vom Primzahlgrad p_i ist ($i = 1, \ldots, \ell$). Sei $n := [L : K]$, sei K' der n-te Einheitswurzelkörper über K und $L' := K' \cdot L$ das Kompositum von K' und L im algebraischen Abschluß von K. Da $n = p_1 \cdot \ldots \cdot p_\ell$ ist und da n nicht von $p := \text{Char } K$ geteilt wird, gilt $p_i \neq p$ für $i = 1, \ldots, \ell$. Ferner enthält K' die p_i-ten Einheitswurzeln für $i = 1, \ldots, \ell$.

In der Körperkette

(3) $$K' = K' \cdot Z_0 \subset K' \cdot Z_1 \subset \cdots \subset K' \cdot Z_\ell = L'$$

sind die Erweiterungen $K' \cdot Z_i/K' \cdot Z_{i-1}$ nach 12.7 zyklisch ($i = 1, \ldots, \ell$). Nach 15.1b) existiert ein $\alpha_i \in K' \cdot Z_i$ und ein $\mu_i \in \mathbb{N}_+$, so daß $\alpha_i^{\mu_i} \in K' \cdot Z_{i-1}$ ($i = 1, \ldots, \ell$). Mit andern Worten: L'/K' ist eine Radikalerweiterung (vgl. Def. 2.1). Da auch K'/K eine Radikalerweiterung ist, ist L'/K eine. Alle Nullstellen von f liegen aber in L'. Somit ist der Satz gezeigt.

Der nächste Satz gibt eine notwendige Bedingung für die Auflösbarkeit durch Radikale.

15.5.SATZ. *K sei ein Körper der Charakteristik 0 und $f \in K[X]$ ein irreduzibles Polynom. Wenn die Gleichung $f = 0$ durch Radikale auflösbar ist, dann ist $G(f)$ auflösbar.*

BEWEIS: Nach Voraussetzung besitzt f eine Nullstelle in einer Radikalerweiterung L von K. Es gibt dann Elemente $\alpha_1, \ldots, \alpha_\ell \in L$ und Zahlen $r_1, \ldots, r_\ell \in \mathbb{N}_+$, so daß $L = K(\alpha_1, \ldots, \alpha_\ell)$, $\alpha_1^{r_1} \in K, \ldots, \alpha_{i+1}^{r_{i+1}} \in K(\alpha_1, \ldots, \alpha_i)$ für $i = 1, \ldots, \ell - 1$. Setze $Z_i := K(\alpha_1, \ldots, \alpha_i)$ $(i = 0, \ldots, \ell)$.

Sei $n := r_1 \cdot \ldots \cdot r_\ell$ und sei K' der Körper der n-ten Einheitswurzeln über K. Er enthält die r_i-ten Einheitswurzeln für $i = 1, \ldots, \ell$. In der Körperkette

$$K \subset K' \subset K' \cdot Z_1 \subset \cdots \subset K' \cdot Z_\ell = L'$$

sind die Erweiterungen $K' \cdot Z_i / K' \cdot Z_{i-1}$ $(i = 1, \ldots, \ell)$ nach 15.1a) jeweils zyklisch und K'/K ist abelsch nach 13.6. Daher ist L'/K eine metazyklische Erweiterung. Die galoissche Hülle N von L'/K ist dann auflösbar nach 12.10. Der Zerfällungskörper $Z \subset N$ von f über K ist galoissch über K und seine Galoisgruppe ist nach 12.1 eine Restklassengruppe von $G(N/K)$. Mit $G(N/K)$ ist dann auch $G(f) = G(Z/K)$ auflösbar nach 11.65. Der Satz ist bewiesen.

Da die Galoisgruppe der allgemeinen Gleichung n-ten Grades für $n \geq 5$ nicht auflösbar ist (11.67), ergibt sich

15.6.KOROLLAR. *(Abel) Für $n \geq 5$ ist die allgemeine Gleichung n-ten Grades nicht durch Radikale auflösbar.*

In 12.4b) wurde ein Polynom 5.Grades über $\mathbb{Q}$ angegeben, das die Galoisgruppe S_5 besitzt, nämlich $X^5 - 4X + 2$. Daher gilt

15.7.KOROLLAR. *(Galois) Es gibt irreduzible Polynome 5.Grades in $\mathbb{Q}[X]$, die nicht durch Radikale auflösbar sind.*

Galois hat einen genaueren Satz über die Auflösbarkeit irreduzibler Polynome vom Primzahlgrad angegeben (vgl. Aufg.11)). Wie sich die Auflösungsformeln für die Gleichungen 3. und 4.Grades mit Hilfe der Galoistheorie herleiten lassen, ist ausführlich bei van der Waerden [vdW₁] behandelt. Mit den abelschen Körpererweiterungen vom Exponenten r beschäftigt sich die **Kummertheorie** ([A], Abschnitt M). Dies wären weitere Themen, denen wir uns jetzt zuwenden könnten. Da wir aber die in § 1 und § 2 gesteckten Ziele nun erreicht und darüberhinaus auch viel Basiswissen aus der Algebra angesammelt haben, soll jetzt Schluß sein.

ÜBUNGEN:

1) Bestimmen Sie den Grad des Zerfällungskörpers von $X^5 - 7$ über $\mathbf{Q}$ und die Galoisgruppe von $\mathbf{Q}(\alpha, \xi)/\mathbf{Q}(\xi)$, wenn $\alpha := \sqrt[5]{7}$ und ξ eine primitive 5. Einheitswurzel ist.

2) Sei $K := \mathbf{Q}(t)$ der Körper der rationalen Funktionen in der Unbestimmten t über $\mathbf{Q}$. Bestimmen Sie die Galoisgruppe $G(f)$ von $f := X^n - t \in K[X]$.

3) Die Galoisgruppe des Polynoms $X^6 + 3 \in \mathbf{Q}[X]$ ist zu S_3 isomorph. Die Galoisgruppe von $X^5 - 5 \in \mathbf{Q}[X]$ ist auflösbar.

4) Die Galoisgruppe des Polynoms $X^4 + 2 \in \mathbf{Q}[X]$ ist zur Diedergruppe D_4 isomorph. Welche Galoisgruppe ergibt sich, wenn man das Polynom über $\mathbf{F}_5$ betrachtet?

5) Zeigen Sie, daß der Zerfällungskörper des Polynoms $X^6 - 2$ über $\mathbf{Q}$ genau 3 quadratische Zwischenkörper besitzt und bestimmen Sie diese.

6) K sei ein Körper der Charakteristik 0, der eine primitive n-te Einheitswurzel enthält. Für $a_1, \ldots, a_r \in K$ sei

$$f = (X^n - a_1)(X^n - a_2) \cdot \ldots \cdot (X^n - a_r)$$

   a) $G(f)$ ist abelsch.
   b) Die Ordnung jedes $\sigma \in G(f)$ teilt n.

7) Sei K ein Körper der Charakteristik 0, welcher die n-ten Einheitswurzeln enthält, sei $f := X^n - a \in K[X]$ ein irreduzibles Polynom, L sein Zerfällungskörper und α eine Wurzel von f. Sei $n = k \cdot \ell$ ($k, \ell \in \mathbf{N}$). Dann ist $K(\alpha^\ell)$ der einzige Zwischenkörper Z von L/K mit $[Z : K] = k$.

8) Sei K ein Körper der Charakteristik $\neq 2$ und sei $a \in K$ kein Quadrat in K.
   a) Ist c ein Element eines Erweiterungskörpers von K mit $c^2 = a$, so ist c genau dann in $K(c)$ ein Quadrat, wenn $-4a$ eine vierte Potenz in K ist.
   b) $X^4 - a$ ist genau dann irreduzibel über K, wenn $-4a$ keine vierte Potenz in K ist.
   c) Wie viele Elemente besitzt der Zerfällungskörper von $X^4 - 3$ über $\mathbf{F}_5$?

9)
   a) Sei $X^4 - a \in \mathbf{Q}[X]$ irreduzibel. Für eine Wurzel b von $f := X^4 - a$ sei $b_t := i^t \cdot b$ ($t \in \mathbf{Z}$). Dann ist $W = \{b_1, \ldots, b_4\}$ die Menge aller Wurzeln von f. Für $r, u \in \mathbf{Z}$, u ungerade, sei $\sigma_{r,u} : W \to W$ die durch $\sigma_{r,u}(b_t) = b_{ut+r}$ ($t \in \mathbf{Z}$) definierte Abbildung. Dann ist $D := \{\sigma_{r,u} \mid r, u \in \mathbf{Z}, u \text{ ungerade}\}$ eine Untergruppe der Ordnung 8 von $S(W)$, der Permutationsgruppe von W, und es ist $G(f) \subset D$.
   b) Falls $a > 0$ ist, gilt $G(f) = D$, falls $a = -1$ ist, gilt $G(f) \cong \mathbf{Z}/(2) \times \mathbf{Z}/(2)$.

10) Sei $K := \mathbf{Q}(i)$ und $L := K[\alpha]$, wobei α eine Nullstelle von $f := X^8 - 2$ ist.
   a) f ist über K irreduzibel.
   b) L ist ein Zerfällungskörper von f über K.

c) Es gibt genau einen Automorphismus σ von L/K mit $\sigma(\alpha) = (1+i)\alpha^{-3}$ und dieser erzeugt die Galoisgruppe von L/K.

d) Bestimmen Sie alle Zwischenkörper von L/K.

11) **Der Satz von Galois über auflösbare Polynome vom Primzahlgrad.**

a) Sei K ein Körper und $f \in K[X]$ ein irreduzibles separables Polynom vom Primzahlgrad p, dessen Galoisgruppe $G(f)$ auflösbar ist. Es soll gezeigt werden, daß $G(f)$ isomorph ist zu einer Untergruppe der Gruppe der linearen Abbildungen von F_p (§ 11, Aufg. 90).

α) Zeigen Sie, daß es in $G(f)$ eine Untergruppenkette

$$G(f) = N_\ell \supset N_{\ell-1} \supset \cdots \supset N_1 \supset N_1 \supset N_0 = \{e\}$$

wie in § 11, Aufg. 82c) gibt. Identifiziert man die Menge der Wurzeln von f mit F_p und faßt $G(f)$ als Untergruppe von $S_p = S(\mathsf{F}_p)$ auf, so wird N_1 bei geeigneter Numerierung der Wurzeln von f von der Abbildung $\sigma \colon \mathsf{F}_p \to \mathsf{F}_p$ mit $\sigma(x) = x+1$ für alle $x \in \mathsf{F}_p$ erzeugt.

β) Sei $H \subset G(f)$ eine Untergruppe und N ein Normalteiler von H, der σ enthält und ganz aus linearen Abbildungen besteht. Für jedes $\tau \in H$ gilt dann $\tau\sigma\tau^{-1} = \sigma^\alpha$ mit $\alpha \in \{1,\ldots,p-1\}$ und es folgt $\tau(x) = ax+b$ mit der Restklasse a von α in F_p und $b := \tau(0)$.

γ) Folgern Sie, daß ganz $G(f)$ aus linearen Abbildungen besteht.

b) Unter den Voraussetzungen von a) soll gezeigt werden: Sind $\alpha \neq \beta$ zwei beliebige Wurzeln von f, so ist $K(\alpha,\beta)$ der Zerfällungskörper von f über K.

α) Wie viele Fixpunkte können lineare Abbildungen $\tau \colon \mathsf{F}_p \to \mathsf{F}_p$ besitzen?

β) Betrachten Sie nun die Isotropiegruppe von $K(\alpha,\beta)$ unter der Operation der Galoisgruppe auf dem Zerfällungskörper von f.

c) Sei $K \subset \mathbb{R}$ ein Teilkörper und $f \in K[X]$ ein irreduzibles Polynom vom Primzahlgrad $p \neq 2$ mit auflösbarer Galoisgruppe. Dann sind nur die folgenden Fälle möglich:

α) f besitzt genau eine reelle Wurzel.

β) Alle Wurzeln von f sind reell.

Hinweise zu den Übungsaufgaben

Die Hinweise sollen Hilfen sein, um die Lösung der Aufgaben zu erleichtern oder um die Richtigkeit der eigenen Lösung nachzuprüfen. Es ist auf jeden Fall empfehlenswert, zunächst die Lösung ohne diese Hilfen zu versuchen. Der folgende Teil des Textes war für den Autor und seine Mitarbeiter etwas mühevoll und die Gefahr von Irrtümern ist hier groß. Für eventuelle Fehlleistungen hofft der Autor auf Nachsicht. In Klausuren werden gewöhnlich ausführlichere Antworten auf die gestellten Fragen erwartet. Die hier angebotenen "Lösungen" könnten wohl nicht mit der Bestnote bewertet werden.

ÜBUNGEN ZU § 1:
1) Mit den Bezeichnungen von § 1 zeigt man induktiv, daß die Mengen M_n abzählbar sind. Dann ist es auch $\hat{M} = \bigcup_{n \in \mathbb{N}} M_n$. Ist die Abzählbarkeit von M_n schon gezeigt, so folgt, daß auch $G(M_n)$ und $K(M_n)$ abzählbare Mengen sind, und es ergibt sich die Abzählbarkeit von $M_{n+1} = M_n'$.

2)
  a) Verwenden Sie $\frac{1}{\sqrt{a}+\sqrt{b}} = \frac{\sqrt{a}-\sqrt{b}}{a-b}$ $(a \neq b)$.
  b) Sei $K := \mathbb{Q}(\sqrt{2}+\sqrt{3}+\sqrt{5})$. Aus
  $$(\sqrt{2}+\sqrt{3}+\sqrt{5})^2(\sqrt{2}+\sqrt{3}-\sqrt{5})^2 = 24$$
  folgt $(\sqrt{2}+\sqrt{3}-\sqrt{5})^2 \in K$ und somit auch
  $$(\sqrt{2}+\sqrt{3}-\sqrt{5})^2 + (\sqrt{2}+\sqrt{3}+\sqrt{5})^2 = 20 + 4\sqrt{6} \in K$$
  Nacheinander findet man nun $\sqrt{5} \in K$, $\sqrt{2}, \sqrt{3} \in K$ und damit $K = \mathbb{Q}(\sqrt{2}, \sqrt{3}, \sqrt{5})$.

3) Wegen $M \subset W$ genügt es, $\sqrt{r} \in \mathbb{Q}(M)$ für jedes $r \in \mathbb{Q}$ zu zeigen. Schreibe nun $\sqrt{r} = a\sqrt{1-b^2}$ mit $a, b \in \mathbb{Q}$, falls $r \neq -1$. ($a = \frac{r+1}{2}, b = \frac{r-1}{r+1}$).

4)
  a) Wenn die Geraden parallel sind, so liefert viermalige Anwendung des Strahlensatzes, daß C' der Mittelpunkt der Strecke AB ist. Wird dies vorausgesetzt, so betrachte man die Parallele zu AB durch A' und wende die schon gezeigte Aussage an. Es folgt dann, daß $A'B'$ zu AB parallel ist.
  b) Durch die Konstruktionsdaten sind zwei Paare paralleler Geraden gegeben, die man dazu verwendet, mittels a) Parallelen zu konstruieren. Schritt für Schritt führt man nun die gewünschten Konstruktionen durch.

Übungen zu §2

c) Daß M_L ein $M \cup \overline{M}$ umfassender Körper ist, folgt aus b). Verwende nun 1.10.

d) Eine Gerade ist genau dann konstruierbar, wenn sie eine Gleichung $aX + bY = c$ $((a,b) \neq (0,0))$ besitzt mit $a, b, c \in M_L$. Die Parallele durch einen konstruierbaren Punkt und das Lot von einem konstruierbaren Punkt auf die Gerade haben wieder solche Gleichungen und müssen daher ebenfalls konstruierbar sein.

5) Es genügt zu zeigen, daß man Winkel halbieren kann (klar) und daß man zu einer konstruierten Zahl $r \in \mathbb{R}_+$ auch $\sqrt{r}$ konstruieren kann. Mit dem Strahlensatz führt man dies auf den Fall $0 < r < 1$ zurück und geht dann wie im Beweis von 1.5 vor.

ÜBUNGEN ZU § 2:

1) $X^4 + X - \frac{1}{4}$ besitzt die kubische Resolvente $X^3 + X + 1$ mit den Nullstellen

$$x_1 := \tfrac{1}{3}(A - B) \in \mathbb{R}$$
$$x_2 := \tfrac{1}{3}(\rho^2 A + \rho B) \notin \mathbb{R}$$
$$x_3 := \tfrac{1}{3}(\rho A + \rho^2 B) \notin \mathbb{R}$$

wobei $A := \sqrt[3]{-\frac{27}{2} + \frac{3}{2}\sqrt{93}}$, $B := -\sqrt[3]{\frac{27}{2} + \frac{3}{2}\sqrt{93}}$ mit positiven 3. Wurzeln und $\rho := e^{\frac{2\pi i}{3}}$. Das Polynom $X^4 + X - \frac{1}{4}$ hat zwei reelle und zwei konjugiert-komplexe Nullstellen.

2)
a) $q^n f(\frac{p}{q}) = a_0 q^n + a_1 p q^{n-1} + \cdots + a_{n-1} p^{n-1} q + a_n p^n = 0$.
b) Nach a) sind $\pm 4, \pm 2, \pm 1, \pm \frac{1}{2}, \pm \frac{1}{4}$ mögliche rationale Nullstellen. Einsetzen!
c) Das Polynom besitzt die rationalen Nullstellen -3 und $\frac{5}{3}$.
d) Nein.

3)
a) Konstruktion von $\sqrt[3]{r}$ für $r \in \mathbb{R}$: Schneide P mit dem (konstruierbaren) Kreis $(X - \frac{r}{2})^2 + (Y - \frac{1}{2})^2 = \frac{1}{4}(1 + r^2)$.
b) Dreiteilung eines Winkels φ: Schneide P mit dem Kreis mit dem Mittelpunkt $(\frac{1}{8}\cos\varphi, \frac{7}{8})$ und dem Radius $\frac{1}{8}\sqrt{\cos^2\varphi + 49}$.
c) ergibt sich aus a) und b).

4) Die Bestimmung der Schnittpunkte schon konstruierter Geraden oder Kreise mit der Parabel führt auf Gleichungen vom Grad ≤ 4. Nach den Cardanoschen Formeln sind die Schnittpunkte durch Quadratwurzeln und Kubikwurzeln darstellbar.

5) Ist $\xi := e^{\frac{2\pi i}{7}}$, so erfüllt $\xi + \xi^{-1}$ die Gleichung $X^3 + X^2 - 2X - 1 = 0$ und ξ die Gleichung $X^2 - (\xi + \xi^{-1})X + 1 = 0$.

6)
a) Der Ansatz $f = x_0 + x_1 X + \cdots + x_n X^n$ mit unbekannten x_i führt auf ein lineares Gleichungssystem mit einer van der Mondeschen Determinante.
b) Für jedes $a \in K$ existiert ein $\delta_a \in K[X]$ mit $\delta_a(a) = 1$, $\delta_a(b) = 0$ für $b \neq a$. Das gesuchte f ist eine Linearkombination der δ_a ($a \in K$).

7) Man findet f mit $f(a_1,\ldots,a_n) = 1$, $f(x_1,\ldots,x_n) = 0$ für $(x_1,\ldots,x_n) \neq (a_1,\ldots,a_n)$ mittels 6b) und vollständiger Induktion nach n. Dann bildet man wieder eine geeignete Linearkombination solcher Polynome.

8)
   a) Subtrahieren Sie ein geeignetes Vielfaches von $\binom{X}{n}$ von f, um den Grad zu erniedrigen.
   b) Für $g = \binom{X}{i}$ gilt $\Delta g = \binom{X}{i-1}$.
   c) Die Eigenschaft von f vererbt sich auf Δf. Wenden Sie Induktion nach dem Grad an.

9) Sei $A := (0,\ldots,0,-1)$ der "Südpol" der $(n-1)$-Sphäre S^{n-1}: $\sum_{i=1}^{n} X_i^2 = 1$. Die Gerade
$$g = \{(0,\ldots,0,-1) + \lambda(t_1,\ldots,t_{n-1},1) \mid \lambda \in \mathbf{R}\}$$
schneidet die Hyperebene $H: X_n = 0$ im Punkt $B := (t_1,\ldots,t_{n-1},0)$ und S^{n-1} in
$$C := \left(\frac{2t_1}{1+\sum_{i=1}^{n-1} t_i^2},\ldots,\frac{2t_{n-1}}{1+\sum_{i=1}^{n-1} t_i^2},\frac{1-\sum_{i=1}^{n-1} t_i^2}{1+\sum_{i=1}^{n-1} t_i^2}\right)$$

Umgekehrt: Ist $C = (x_1,\ldots,x_n) \in S^{n-1}$, $C \neq A$ gegeben, so schneidet die Gerade durch A und C die Hyperebene H im Punkt $B = (\frac{x_1}{1+x_n},\ldots,\frac{x_{n-1}}{1+x_n},0)$. Man hat eine Bijektion $S^{n-1} \setminus \{A\} \xrightarrow{\sim} H$ $(C \mapsto B)$. Sie heißt die **stereographische Projektion** und liefert die gewünschte Parameterdarstellung.

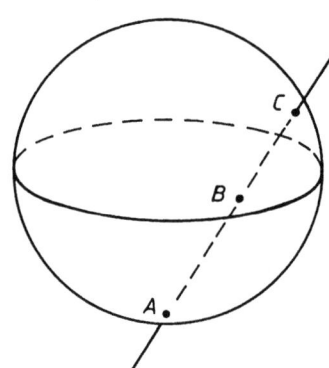

Hat B Koordinaten in einem Teilkörper $K \subset \mathbf{R}$, so auch C; hiervon gilt auch die Umkehrung.

10) Die Gleichung $p^2 + q^2 = 3r^2$ hat keine Lösung $(p,q,r) \in \mathbf{Z}^3 \setminus \{(0,0,0)\}$. Diskutieren Sie die möglichen Fälle für gerade und ungerade Zahlen p,q,r. Kürzer geht

es, wenn man die Gleichung "modulo 3" betrachtet.

ÜBUNGEN ZU § 3:

1) Ist $f \in \mathbf{Q}[X] \setminus \{0\}$ und $f(z) = 0$, so ist auch $f(\bar{z}) = 0$. Dann sind $z \pm \bar{z}$ ebenfalls algebraisch.
2) $[z : \mathbf{Q}] = 2$.
3) $[\mathbf{Q}(\sqrt{2}, i) : \mathbf{Q}] = 4$. Minimalpolynom: $X^4 - 2X^2 + 9$.
4) Sei L/K eine Körpererweiterung vom Primzahlgrad p. Nach der Gradformel besitzt L/K keinen echten Zwischenkörper und es ist $L = K(x)$ für jedes $x \in L \setminus K$.
5) Die Formel (2) aus dem Beweis von 3.8 zeigt, daß jedes $y \in R \setminus \{0\}$ in R ein Inverses besitzt.
6) Gradformel.
7) Mit $n = 2m$ gilt
$$X^{n-1} + X^{n-2} + \cdots + X + 1 = (X^{m-1} + X^{m-2} + \cdots + X + 1) \cdot (X^m + 1)$$

8)
   b) $a^{-1} = z^2 + 2z + 1$.
   c) $z^4 = z^2 - z$, $z^6 = z^2 - 2z + 1$.
      Minimalpolynom von z^2: $X^3 - 2X^2 + X - 1$.

9)
   b) Sei $\overline{K}$ die algebraische Abschließung von K in L. Aus $Z_i \subset \overline{K}$ ($i = 1, 2$) folgt $Z_1 \cdot Z_2 \subset \overline{K}$.
   c) Es gilt $n_i | [Z_1 \cdot Z_2 : K]$ ($i = 1, 2$) nach der Gradformel. Ferner ist $[Z_1 \cdot Z_2 : Z_1] \leq [Z_2 : K]$, da Elemente von Z_2, die über Z_1 linear unabhängig sind, erst recht über K linear unabhängig sind. Nach der Gradformel folgt $[Z_1 \cdot Z_2 : K] \leq n_1 \cdot n_2$. Sind n_1, n_2 teilerfremd, so folgt aus $n_i | [Z_1 \cdot Z_2 : K]$ ($i = 1, 2$) die Gleichheit: $n_1 \cdot n_2 = [Z_1 \cdot Z_2 : K]$.

10) Elemente von Z, die über $K(x)$ linear unabhängig sind, sind es erst recht über K.

11)
   a) Es ist klar, daß $\mathbf{Q}(M) \subset K$. Umgekehrt enthält $\mathbf{Q}(M)$ nach der Auflösungsformel für quadratische Gleichungen alle Lösungen solcher Gleichungen.
   b) Es gibt Elemente $a_1, \ldots, a_n \in K$ mit $[a_i : \mathbf{Q}] = 2$ und $Z = \mathbf{Q}(a_1, \ldots, a_n)$.
   c) Gradformel.

12) Falls $a \neq 0$, $b \neq 0$, so gilt $\mathbf{Q}(\sqrt{a}) = \mathbf{Q}(\sqrt{b})$ genau dann, wenn $\sqrt{\frac{a}{b}} \in \mathbf{Q}$.

13) Nein: $(\sqrt[3]{p})^2$ läßt sich nicht in der Form $a + b\sqrt[3]{p}$ ($a, b \in \mathbf{Q}$) schreiben. Verwenden Sie, daß $\sqrt[3]{p}$ irrational ist.

14) a)–d) dürften im wesentlichen aus der linearen Algebra bekannt sein.

e) Wählen Sie eine Basis $(\omega_1,\ldots,\omega_m)$ von $K(a)$ über K und eine Basis $(\eta_1,\ldots,\eta_n)$ von L über $K(a)$. Dann ist $(\eta_i\omega_j)_{i=1,\ldots,n, j=1,\ldots,m}$ eine von L/K. Wenden Sie nun c) auf diese Basis an.

15) Anwendung bekannter Tatsachen der linearen Algebra.

16) $\chi_a = X^2 - 2\alpha_0 X + \alpha_0^2 - \alpha_1^2 d$.

ÜBUNGEN ZU § 4:

1)
   b) Die Nullteiler sind die Matrizen $\begin{bmatrix} a & b \\ 0 & a \end{bmatrix}$ mit $a = 0$, die Einheiten die mit $a \neq 0$.

   c) Sei $B := \begin{bmatrix} 0 & 1 \\ 0 & 0 \end{bmatrix}$ und $E := \begin{bmatrix} 1 & 0 \\ 0 & 1 \end{bmatrix}$. Dann ist $(BX + E)(-BX + E) = E$.

2) Ist $f \cdot g = 0$ mit einem $g \in R \setminus \{0\}$, so existiert ein nichtleeres offenes Intervall $I \subset (a, b)$, auf dem g nicht verschwindet, und es muß $f = 0$ auf I gelten.

$$f := \begin{cases} e^{-\frac{1}{x^2}} & \text{für } x > 0 \\ 0 & \text{für } x \leq 0 \end{cases}$$

ist eine C^∞-Funktion, die Nullteiler in $C(-1, 1)$ ist.

3)
   a) Induktion nach n.

   b) $(1 + X)^{n+m} = (1 + X)^n \cdot (1 + X)^m$. Anwendung der binomischen Formel und Koeffizientenvergleich.

4)
   a) Ist $x^n = 0$, $y^m = 0$, so gilt $(x - y)^{n+m} = 0$. Nun Anwendung des Untergruppenkriteriums.

   b) Sei $x^n = 0$ und $\varepsilon \cdot \varepsilon' = 1$ ($\varepsilon' \in R$). Dann gilt $(\varepsilon + x) \cdot \varepsilon' \cdot \sum_{\nu=0}^{n-1}(-1)^\nu(\varepsilon' x)^\nu = 1$.

   c) Verwenden Sie 4a) und Induktion nach n.

5) Für alle $c \in R$ gilt $abc = ac$ und somit $bc = c$.

6) Angenommen, $\{p_1, \ldots, p_r\}$ wäre ein Repräsentantensystem für die Klassen assoziierter Primelemente von $K[X]$. Betrachten Sie wie Euklid $p_1 \cdot \ldots \cdot p_r + 1$.

7)
   a) Wäre $n = n_1 \cdot n_2$ ($n_i \in \mathbb{N}_+$), so wäre $2^n - 1 = (2^{n_1} - 1) \cdot \sum_{i=0}^{n_2-1}(2^{n_1})^i$ zerlegbar.

   b) Satz 12.14.

   c) Sei $m < n$ und sei p eine Primzahl, die $2^{2^m} + 1$ teilt. Dann teilt p auch $(2^{2^m} + 1)(2^{2^m} - 1) = 2^{2^{m+1}} - 1$ und $2^{2^n} - 1$ für jedes $n > m$. Folglich kann p nicht auch $2^{2^n} + 1$ teilen.

8) Angenommen, die Wurzel wäre rational: $p_1 \cdot \ldots \cdot p_r = (\frac{a}{b})^m$ mit $a, b \in \mathbb{Z}$, $b \neq 0$. Aus $p_1 \cdot \ldots \cdot p_r b^m = a^m$ ergibt sich mit Hilfe des Satzes von der eindeutigen Primzahlzerlegung ein Widerspruch.

Übungen zu §4

9)
- b) $\exp(z)$ ist eine Einheit in R, aber nicht konstant.
- c) Sei f eine ganze Funktion mit genau einer Nullstelle 1.Ordnung, etwa $a \in \mathbb{C}$. Wenn f ein Produkt $g \cdot h$ ganzer Funktionen teilt, so muß einer der Faktoren die Nullstelle a besitzen, etwa g. Dann gilt $g = f \cdot \frac{g}{f}$, wobei $\frac{g}{f}$ nach dem Riemannschen Hebbarkeitssatz eine ganze Funktion ist.
- d) Nach dem Weierstraßschen Produktsatz gibt es für jedes $n \in \mathbb{N}$ eine ganze Funktion f_n, so daß alle $m \in \mathbb{N}$ mit $m \geq n$ Nullstellen 1. Ordnung von f_n sind und f_n sonst keine Nullstellen besitzt. Es gilt dann $f_{n+1} \mid f_n$ und $f_{n+1} \not\sim f_n$ für alle $n \in \mathbb{N}$.

10) In $\mathbb{Q}[X] : X^2 + X + 1 = \frac{1}{4}(-3X + 1)f + \frac{1}{4}(3X^2 - 5X + 7)g$.

In $\mathbb{F}_2[X] : X^3 + 1 = f - X \cdot g$.

11) Die Polynome sind teilerfremd und können daher keine gemeinsame Nullstelle besitzen.

12) f und seine Ableitung f' haben die Nullstelle a, sie sind daher nicht teilerfremd. $\operatorname{ggT}(f, f')$ ist ein echter Teiler von f in $K[X]$.

13)
- a) Sei $n = p_1^{\nu_1} \cdots p_r^{\nu_r}$ die Primzahlzerlegung von n. Es genügt, die Teiler von $p_1 \cdot \ldots \cdot p_r$ zu betrachten, also die Teilmengen von $\{1, \ldots, r\}$. Es ist aber

$$\sum_{d \mid p_1 \cdots p_r} \mu(d) = \sum_{i=0}^{r} \binom{r}{i}(-1)^i = (-1+1)^r = 0.$$

- b) $\alpha) \to \beta)$. Es ist

$$\sum_{d \mid n} \mu(d) g(\tfrac{n}{d}) = \sum_{d \mid n} \mu(d) \sum_{d' \mid \frac{n}{d}} f(d') = \sum_{dd' \mid n} \mu(d) f(d') = \sum_{d' \mid n} f(d') \cdot \sum_{d \mid \frac{n}{d'}} \mu(d) = f(n)$$

nach a). Der Beweis von $\beta) \to \alpha)$ ist ähnlich.

14)
- a) Wäre $a = 2p+1$, $b = 2q+1$ ($p, q \in \mathbb{Z}$), so wäre $a^2 + b^2 = 2 + 4(p+q) + 4(p^2 + q^2)$. Diese Zahl ist kein Quadrat.
- b) Nach § 2, Aufg. 9) existiert ein $t \in \mathbb{Q}$, so daß

$$\frac{a}{c} = \frac{2t}{1+t^2}, \quad \frac{b}{c} = \frac{1-t^2}{1+t^2}$$

Schreibe $t = \frac{u}{v}$ mit teilerfremden $u, v \in \mathbb{Z}$. Es sind dann auch $2uv, u^2 - v^2$ und $u^2 + v^2$ teilerfremd, wobei $u^2 - v^2$ und $u^2 + v^2$ ungerade sind, und es folgt $a = 2uv$, $b = u^2 - v^2$, $c = u^2 + v^2$.

15)
- a) Für $a + b\sqrt{n}, c + d\sqrt{n} \in R_n$ mit $(c, d) \neq (0, 0)$ ist

$$\frac{a + b\sqrt{n}}{c + d\sqrt{n}} = \frac{ac - bdn}{c^2 + d^2 n} + \frac{bc - ad}{c^2 + d^2 n} \sqrt{n} \in Q_n$$

woraus $Q(R_n) = Q_n$ folgt.

b) Es ist $N(xy) = N(x) \cdot N(y)$ für $x, y \in Q_n$. Ist $x, y \in R_n$ und $x \cdot y = 1$, so folgt $N(x) \cdot N(y) = 1$, $N(x), N(y) \in \mathbb{Z}$, und daher $N(x) = \pm 1$. Für $n < 0$ entsprechen die Einheiten von R_n eineindeutig den Gitterpunkten auf der Ellipse $X^2 - nY^2 = 1$, für $n > 0$ den Gitterpunkten auf dem Hyperbelpaar $X^2 - nY^2 = \pm 1$ (Pellsche Gleichung). Es gilt $E(R_{-1}) = \{\pm 1, \pm i\}$ und $E(R_n) = \{\pm 1\}$ für $n < -1$.

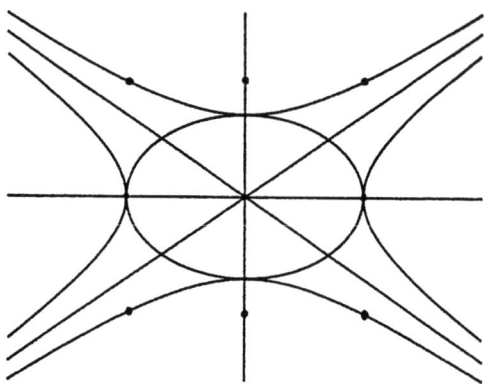

16)
a) Mit Hilfe der Norm sieht man, daß die Zahlen keine echten Teiler besitzen.

b) In R_n gilt für alle n der Teilerkettensatz für Elemente.

c) Ein größter gemeinsamer Teiler müßte von der Form $2(a + b\sqrt{-5})$ sein und seine Norm $4(a^2 + 5b^2)$ müßte $N(2(1 + \sqrt{-5})) = 24$ teilen. Es folgte $a, b \in \{\pm 1\}$. Aber $2(1 \pm \sqrt{-5})$ ist kein Teiler von 6.

17)
a) Man argumentiert wie in 4.27 mit φ für deg.

b) Man zeigt, daß jedes irreduzible Element p von R ein Primelement ist: Angenommen für $a, b \in R$ gilt $p \mid ab$, $p \nmid a$. Schreibe 1 als Linearkombination von a und p, multipliziere mit b und erhalte $p|b$.

18)
a) Für $z, w \in \mathbb{Z}[i]$, $w \neq 0$, schreibe $\frac{z}{w} = a + bi$ ($a, b \in \mathbb{Q}$) und wähle $m, n \in \mathbb{Z}$ mit $|a - m| \leq \frac{1}{2}$, $|b - n| \leq \frac{1}{2}$. Setze $q := m + ni$. Dann gilt $z = q \cdot w + r$ mit $N(r) < N(w)$ oder $r = 0$.

b) Aufg.17).

c) Aus $p = a^2 + b^2$ ($a, b \in \mathbb{Z}$) folgt $p = (a + ib)(a - ib)$. Dabei sind $a + ib$ und $a - ib$ nicht zu p assoziiert. Ist umgekehrt $a + ib$ ein echter Teiler von p in $\mathbb{Z}[i]$, so auch $a - ib$, und daher ist $a^2 + b^2$ ein Teiler von p in $\mathbb{Z}$. Es folgt $p = a^2 + b^2$.

d) $210 = -i(1 + i)^2 \cdot 3 \cdot (1 + 2i)(1 - 2i) \cdot 7$.

19) a), b) Analog zu 18a).

Übungen zu §4

c) $19 = (1 + 3\sqrt{-2})(1 - 3\sqrt{-2})$.

20) Es ist $N(x) = (a + b\rho)(a + b\overline{\rho})$ und es gilt $N(xy) = N(x) \cdot N(y)$ für $x, y \in \mathbb{Z}[\rho]$.
   a) $E(R) = \{\pm 1, \pm \rho, \pm \overline{\rho}\}$.
   b) Analog zu 18a).
   c) Da x ein Teiler von $N(x)$ ist, wird einer der Primfaktoren p von $N(x)$ in $\mathbb{Z}$ von x geteilt. Es folgt $N(x) = p$ oder $N(x) = p^2$. Wäre im ersten Fall x zu einer Primzahl q assoziiert, so wäre $q^2 = p$. Im zweiten Fall wird p in $\mathbb{Z}[\rho]$ von $x = a + b\rho$ und von $a + b\overline{\rho}$ geteilt.
   d) Hätte x einen echten Teiler y in $\mathbb{Z}[\rho]$, so wäre $N(y)$ ein echter Teiler von $N(x) = p$.
   e) Sei $a + b\rho$ ein Primelement von $\mathbb{Z}[\rho]$, welches p teilt ($a, b \in \mathbb{Z}, b \neq 0$). Dann ist auch $a + b\overline{\rho}$ ein Teiler von p und es folgt $p = a^2 - ab + b^2 = (a + b)^2 - 3ab$. Da $(a + b)^2 - 2$ niemals durch 3 teilbar ist, ergibt sich ein Widerspruch.

21) Beide Ringe sind nicht faktoriell.

22) Seien $p_1, \ldots, p_n$ paarweise verschiedene Primzahlen aus $\mathbb{Z}$ und N die Menge aller nicht durch p_i ($i = 1, \ldots, n$) teilbaren ganzen Zahlen. Der Quotientenring $R := \mathbb{Z}_N$ hat die gewünschte Eigenschaft.

23) Seien $f, g \neq 0$. Mit $\deg f =: p$ sei $f_p := \sum_{\nu_1 + \cdots + \nu_n = p} a_{\nu_1 \cdots \nu_n} X_1^{\nu_1} \cdots X_n^{\nu_n}$. Entsprechend sei g_q mit $q := \deg g$ definiert. Es ist $f_p \cdot g_q \neq 0$ und daher $\deg(f \cdot g) = p + q$.

24)
   a) Für jedes $x \in \mathbb{Z}$ hat man eine Relation $x = \sum_{i=1}^{t} z_i a_i$ mit $z_i \in \mathbb{Z}$. Dividiere nun z_i für $i = 2, \ldots, t$ durch a_1 mit Rest.
   b) Schreibe $r = \sum_{i=1}^{t} z_i^r a_i$ ($z_1^r \in \mathbb{Z}$, $z_2^r, \ldots, z_t^r \in \mathbb{N}$) für $r \in \{0, \ldots, a_1 - 1\}$. Mit $-z := \mathrm{Min}\{z_1^r \mid r = 0, \ldots, a_1 - 1\}$ erfüllt $c := z \cdot a_1$ die Bedingung.
   c) Jedes $x \in \mathbb{Z}$ besitzt eine **eindeutige** Darstellung

   $$x = z_1 a_1 + z_2 a_2 \quad \text{mit} \quad z_1, z_2 \in \mathbb{Z}, 0 \leq z_2 < a_1$$

   Hierbei gilt $x \in H$ genau dann, wenn $z_1 \in \mathbb{N}$. Es folgt, daß $c - 1 - x = (-z_1 - 1)a_1 + (a_1 - z_2 - 1)a_2$ genau dann zu H gehört, wenn $z_1 < 0$ ist, d.h. wenn $x \notin H$. Speziell ist $c - 1 \notin H$, aber $c + \mathbb{N} \subset H$.

ÜBUNGEN ZU § 5:

2) Der Ansatz mit Teilern der Form $X + a$, $X^2 + aX + b$ ($a, b \in \mathbb{Z}$) führt zu einem Widerspruch.

3) $n = -4$ und $n = 2$.

4) Alle Polynome vom Grad 1 und alle Polynome $aX^2 + bX + c$ ($a, b, c \in \mathbb{R}$) mit $b^2 - 4ac < 0$.

5) Es gibt genau 14 solche Polynome.
6) Reduzibel ist nur $X^4 - 6X^2 + 5$ und $X^3 - Y^3$.
7) Sei $g \in \mathbb{Z}[X]$ irgendein Polynom 5. Grades mit 1 bzw. 3 bzw. 5 einfachen Nullstellen, wobei 0 eine der Nullstellen ist. Für eine Primzahl p ist dann $f := g + \frac{1}{p}$ irreduzibel (s. etwa Aufg. 22). Wenn p genügend groß gewählt wird, hat f ebensoviele Nullstellen wie g.
8) Man kann annehmen (4.30), daß alle $a_i \neq 0$ sind ($i = 1, \ldots, n$). Im Fall $n = 2$ ist $a_1 X_1^{m_1} + a_2 X_2^{m_2} + 1$ ein Eisensteinpolynom, da $a_2 X_2^{m_2} + 1$ nur einfache Nullstellen besitzt. Für $m \geq 3$ ist $f = a_1 X_1^{m_1} + p$, wobei $p := \sum_{i=2}^{n} a_i X_i^{m_i} + 1$ nach Induktionsvoraussetzung irreduzibel ist. Speziell sind die Quadriken definierenden Polynome $\sum_{i=1}^{n} a_i X_i^2 + 1$ (mindestens zwei $a_i \neq 0$) irreduzibel, ebenso die "Fermatpolynome" $X^n + Y^n - 1$.
9) $X^2 + Y^3$ ist in $K[Y][X]$ irreduzibel, da es von keinem Polynom geteilt wird, das in X vom Grad 1 ist. Jetzt Anwendung des Eisenstein-Kriteriums und des Gaußschen Satzes.
10) Mit z ist auch $\bar{z} = \frac{1}{z}$ eine Nullstelle von f. Da f keine reellen Nullstellen besitzt, ist die Anzahl aller Nullstellen gerade.
11)
   a) Ein Primelement p von R teilt genau dann alle Koeffizienten von $f \cdot g$, wenn es alle Koeffizienten von f oder alle Koeffizienten von g teilt.
   b) Schreibe $f = g \cdot h$ mit echten Teilern $g, h \in K[X]$, beseitige Nenner in g und h und wende a) an.
   c) geht ähnlich wie b) und d) wie § 2, Aufg. 2a).
12) $X^3 - 3$ besitzt keine Nullstelle der Form $a + b\sqrt{2}$ ($a, b \in \mathbb{Q}$).
13) Man hat Zerlegungen

$$X^4 - 16X^2 + 4 = (X^2 - 8 - 2\sqrt{15})(X^2 - 8 + 2\sqrt{15})$$
$$= \left(X - \sqrt{8 - 2\sqrt{15}}\right)\left(X + \sqrt{8 - 2\sqrt{15}}\right)\left(X - \sqrt{8 + 2\sqrt{15}}\right)\left(X + \sqrt{8 + 2\sqrt{15}}\right)$$
$$= (X^2 + 2\sqrt{3}X - 2)(X^2 - 2\sqrt{3}X - 2) = (X^2 + 2\sqrt{5}X + 2)(X^2 - 2\sqrt{5}X + 2)$$

Verwende nun § 3, Aufg. 12).

14) Schreibe $\sum_{i=1}^{n} \alpha_i \beta_i = -1$ mit geeigneten $\beta_i \in \mathbb{Z}$. Betrachte mit einer weiteren Unbestimmten Y den Polynomring $K(Y)[X_1]$. Die Substitution $X_i \mapsto X_1 Y^{\beta_i}$ ($i = 1, \ldots, n$) führt das gegebene Polynom über in $X_1^{\Sigma \alpha_i} \cdot Y^{-1} - 1$, welches in $K(Y)[X_1]$ irreduzibel ist.
15) Wegen $f(\rho X) = f(X)$ können für die Zerlegung von f über $\mathbb{Q}(\rho)$ nur folgende Fälle auftreten:
   a) f zerfällt in 2 irreduzible Faktoren g vom Grad 3, wobei $g(\rho X) = g(X)$.

Übungen zu §5

b) f besitzt einen Linearfaktor $X - c$ ($c \in \mathbf{Q}(\rho)$). Dann sind auch $X - \rho c$ und $X - \rho^2 c$ Faktoren von f und $X^3 - c^3$ teilt f. Entweder zerfällt f ganz in Linearfaktoren oder es hat noch einen irreduziblen Faktor vom Grad 3.

c) f besitzt einen irreduziblen Faktor $g = X^2 + cX + d \in \mathbf{Q}(\rho)[X]$. Dann sind auch $g(\rho X)$ und $g(\rho^2 X)$ irreduzible Faktoren und es ist $b = d^3$.

Ist $Y^2 + aY + b$ irreduzibel, so besitzt f keine irreduziblen Faktoren der Form $X^3 - u$ ($u \in \mathbf{Z}$). Die obigen Fälle a) und b) sind nicht möglich. Es bleibt nur c) mit $g \in \mathbf{Q}(X)$ und $b = d^3$ ($d \in \mathbf{Z}$).

16)
a) Schreibe $f = X^2(Y+1) + X + (Y+1)^3$. Substituiere $Y \mapsto Y - 1$ und verwende Eisenstein bzgl. X.

b) Analog.

17) $X^n - p$ ($n \in \mathbf{N}_+$, p Primzahl).

18) $X^4 - 10X^2 + 1$ bzw. $X^3 + 9X^2 + 3X + 3$

19) Verwende § 2, Aufg.2a). Für beliebiges $a_0 \neq 0$ wird eine grobe Abschätzung durch Min $\{n, 2\tau(a_0)\}$ gegeben, wobei $\tau(a_0)$ die Anzahl der Teiler von a_0 ist. Diese Abschätzung kann aber verbessert werden.

20)
a) Sei $a = \frac{f}{g} \in L$ über K algebraisch, wobei $f, g \in K[X]$ teilerfremd sind. Sei $Y^n + a_{n-1}Y^{n-1} + \cdots + a_0$ das Minimalpolynom von a über K. Die Gleichung $f^n + a_{n-1}f^{n-1}g + \cdots + a_0 g^n = 0$ zeigt, daß f und g konstant sind.

b) Die Zwischenkörper $K(X^n)$ ($n \in \mathbf{N}_+$) sind paarweise verschieden: $[L : K(X^n)] = n$.

21) f_1 besitzt den gleichen Grad wie f und die Nullstelle z_2. Es folgt $f_1 = f$ und damit $f_n = f$ für alle $n \in \mathbf{N}$. Wäre $q \neq 0$, so besäße f unendlich viele verschiedene Nullstellen.

22) Man kann analog wie im Beweis des Eisensteinschen Kriteriums schließen. Alternativ: Es ist $F := X^{\deg f} \cdot f(\frac{1}{X}) \in R[X]$ ein Eisensteinpolynom. Wäre $f = g \cdot h$ eine Zerlegung von f, so wäre $F = X^{\deg g} \cdot g(\frac{1}{X}) \cdot X^{\deg h} \cdot h(\frac{1}{X})$ eine von F.

23) $b = -a^3 + a + 1$. Minimalpolynom: $X^4 - X^3 + 4X^2 - 4X + 1$.

24) $X^m - p_1 \cdot \ldots \cdot p_r$ ist nach Eisenstein und Gauß in $\mathbf{Q}[X]$ irreduzibel. Daher kann $\sqrt[m]{p_1 \cdot \ldots \cdot p_r}$ keine rationale Zahl sein.

25)
a) Zerlege f und g in irreduzible Faktoren f_i bzw. g_j. Es genügt zu zeigen, daß die Systeme $f_i = g_j = 0$ nur endlich viele Lösungen haben.

b) Euklidischer Algorithmus und Nennerbeseitigung.

c) Für eine Lösung $(x, y) \in \mathbf{C}^2$ ist x eine Nullstelle des Polynoms D aus b). Vertausche nun die Rollen von X und Y.

ÜBUNGEN ZU § 6:

1)
- b) Sei J ein beidseitiges Ideal aus $M(n \times n; R)$ und sei I_{jk} die Menge der Elemente a_{jk} der Matrizen $(a_{rs})_{r,s=1,\ldots,n} \in J$. Dann ist I_{jk} ein beidseitiges Ideal von R. Ferner stimmen die I_{jk} überein: $I_{jk} = I$ für alle $j,k = 1,\ldots,n$, und es ist $J = M(n \times n; I)$.

2)
- a) Ist die Bedingung erfüllt, so schreibt man $1 = r_1 c + r_2 d$ $(r_1, r_2 \in R)$. Mit $x := r_1 a + r_2 b$ ergibt sich $(a,b) = (x)$. Umgekehrt folgt aus $a = cx, b = dx$, daß $(c,d) = R$ und $\frac{a}{b} = \frac{c}{d}$ ist.
- b) Für $a \in R \setminus \{0\}$ wird $(a) \supset (a^2) \supset \ldots$ stationär, also $a^{n+1} = \varepsilon a^n$ mit einem $\varepsilon \in E(R)$. Es folgt, daß $a = \varepsilon$ invertierbar ist.
- c) Sei (R, φ) wie in § 4, Aufg. 17). Jedes Ideal $I \subset R$, $I \neq (0)$ wird von einem $a \in I \setminus \{0\}$ mit minimalem $\varphi(a)$ erzeugt.

3)
- a) Nach der binomischen Formel ist die Summe nilpotenter Elemente nilpotent.
- b) Rad J ist das Urbild in R der Menge der nilpotenten Elemente von R/J.
- c) Für die Ideale $(p_1 \cdot \ldots \cdot p_t)$ mit paarweise verschiedenen Primzahlen $p_1, \ldots, p_t$ und das Nullideal.

4) $R/(x)$ besitzt genau dann Nullteiler $\neq 0$, wenn $x \neq 0$ und kein Primelement von R ist. $R/(x)$ besitzt genau dann nilpotente Elemente $\neq 0$, wenn x vom Quadrat eines Primelements geteilt wird.

5)
- a) $e'^2 = (1-e)(1-e) = 1 - 2e + e^2 = 1 - e = e'$.
- b) Da $1 = e + e'$ ist, gilt $r = re + re'$ für alle $r \in R$. Aus $r = r_1 e + r_2 e'$ $(r_1, r_2 \in R)$ folgt wegen $e \cdot e' = 0$, daß $r_1 e = re$, $r_2 e' = re'$ ist.

6) Nein, denn $\mathsf{R} \times \mathsf{R}$ besitzt Nullteiler $\neq 0$.

7)
- a) $\mathsf{Z}/(n)$ besitzt $\tau(n)$ Ideale, wenn $\tau(n)$ die Anzahl der Teiler von n ist.
- b) 2^s.

8) $\mathsf{Z}/(3)[X]$ besitzt 2 Einheiten, $\mathsf{Z}/(4)[X]$ unendlich viele.

9)
- a) Es gibt genau 28 verschiedene irreduzible Polynome in $\mathsf{F}_3[X]$ vom Grad ≤ 3.
- b) Seien $\overline{f} \in \mathsf{F}_2[X]$ und $\tilde{f} \in \mathsf{F}_3[X]$ die Reduktion von f. Dann ist $\overline{f} = (X+1)(X^3 + X + 1)$ und $\tilde{f} = X^4 + X^2 + X + 1$ hat keine Nullstelle in F_3. Würde f zerfallen, so müßte ein Faktor vom Grad 3 und einer vom Grad 1 sein. $\tilde{f}$ zeigt, daß dies nicht geht.

10) Wäre $h := f^m + pg$ zerlegbar, so gäbe es eine Zerlegung $h = (f^{m_1} + p\varphi_1)(f^{m_2} + p\varphi_2)$ mit $m_1, m_2 \in \mathsf{N}_+$, $\varphi_1, \varphi_2 \in \mathsf{Z}[X]$ und es wäre $g = \varphi_2 f^{m_1} + \varphi_1 f^{m_2} + p\varphi_1\varphi_2$ modulo p durch f teilbar.

Übungen zu §6

11) Die Polynome $(X-2)^i$ sind gemeinsame Teiler der drei gegebenen Polynome. Nach Kürzung bleiben teilerfremde Polynome zurück.

12) Sei R ein kommutativer Ring mit 1, der genau 4 Elemente besitzt, $\rho: \mathbb{Z} \to R$ der kanonische Homomorphismus. Dann ist ker $\rho = (n)$ mit $n = 2, 3$ oder 4. Für $n = 3$ ist $\mathsf{F}_3 \subset R$ und R ist ein F_3-Vektorraum. Die Anzahl der Elemente von R wäre dann 3^d mit $d := \dim_{\mathsf{F}_3} R$. Der Fall $n = 3$ kann nicht eintreten. Im Fall $n = 4$ ist $R \cong \mathbb{Z}/(4)$. Im Fall $n = 2$ ist $\mathsf{F}_2 \subset R$ und R ein F_2-Vektorraum der Dimension 2. Wähle $x \in R \setminus \mathsf{F}_2$ und betrachte den Einsetzungshomomorphismus $\alpha: \mathsf{F}_2[X] \to R$ ($X \mapsto x$). Es ist ker $\alpha = (f)$ mit einem Polynom $f \in \mathsf{F}_2[X]$ vom Grad 2, folglich $R \cong K[X]/(f)$. Es ergeben sich 3 Isomorphieklassen von Algebren, je nachdem ob f irreduzibel ist, zwei verschiedene oder eine doppelte Nullstelle besitzt.

13) Sei $\frac{1}{x} = \sum_{i=0}^{n} a_i x^i$. Dann ist $\sum_{i=0}^{n} a_i x^{i+1} - 1 = 0$, d.h. x ist über K algebraisch.

14) $\mathbb{Q} + \mathbb{Q}i$ ist der Quotientenkörper von $\mathbb{Z} + \mathbb{Z}i$ (§ 4, Aufg. 15)). Der $\mathbb{Q}$-Homomorphismus $\mathbb{Q}[X] \to \mathbb{Q} + \mathbb{Q}i$ mit $X \mapsto i$ ist surjektiv und besitzt den Kern $(X^2 + 1)$. Anwendung des Homomorphiesatzes liefert die Behauptung.

15)
  a) $(X^2 + 2)$ ist ein Primideal, da $X^2 + 2$ irreduzibel in $\mathbb{Z}[X]$ ist, es ist aber nicht maximal, weil $\mathbb{Z}[X]/(X^2 + 2) \cong \mathbb{Z} + \mathbb{Z}\sqrt{-2}$ kein Körper ist.
  b) $(X^2 + 1, 3)$ ist maximal: $\mathbb{Z}[X]/(X^2+1, 3) \cong \mathsf{F}_3[X]/(X^2 + 1)$ und $X^2 + 1$ ist irreduzibel in $\mathsf{F}_3[X]$. Ferner ist $(2, X^2 + X + 1)$ ein maximales Ideal von $\mathbb{Z}[X]$.

16) $(f, g) = (X - 1)$ ist ein maximales Ideal von $\mathbb{Q}[X]$.

17) Sei $I \subset \mathbb{Z}[X]$ ein Ideal, welches die Primzahl p enthält und sei $\bar{I} \subset \mathsf{F}_p[X]$ das Bild von I. Dann ist $\bar{I}$ ein Hauptideal von $\mathsf{F}_p[X]$: Es gibt ein $f \in I$, dessen Bild $\bar{f}$ in $\bar{I}$ dieses Ideal erzeugt, und es folgt $I = (p, f)$.

18) $I = (X^2)$ ist kein Primideal.

19)
  a) Für $a \in R$ folgt aus $a^2 = a$ und $(a+1)^2 = a+1$, daß $2a = 0$ ist.
  b) Aus $a(a-1) = 0$ folgt, daß $a = 1$ oder a Nullteiler ist.
  c) Auch in $R/\mathfrak{p}$ ist jedes Element idempotent. Da $R/\mathfrak{p}$ Integritätsring ist, kann $R/\mathfrak{p}$ nur aus 0 und 1 bestehen.
  Beispiele: F_2 und $\mathsf{F}_2 \times \mathsf{F}_2$.

20)
  a) $R = \left\{ \begin{bmatrix} a & -2c \\ c & a+c \end{bmatrix} \mid a, b \in K \right\}$.
  b) K wird durch $a \mapsto \begin{bmatrix} a & 0 \\ 0 & a \end{bmatrix}$ in R eingebettet und R wird als K-Algebra von $A := \begin{bmatrix} 0 & -2 \\ 1 & 1 \end{bmatrix}$ erzeugt. A besitzt über K das Minimalpolynom $X^2 - X + 2$, somit ist $R \cong K[X]/(X^2 - X + 2)$.

c) $X^2 - X + 2$ ist mod 3 irreduzibel, mod 11 jedoch nicht.

21)
   a) $\dim_K R = 8$.
   b) Seien x und y die Restklassen von X bzw. Y in R. Sie erzeugen ein maximales Ideal von R. Da x und y nilpotent sind, muß jedes $\mathfrak{p} \in \operatorname{Spec} R$ die Elemente x, y enthalten, d.h. $\mathfrak{p} = (x, y)$.

22)
   a) 2 ist irreduzibel in $\mathbf{Z}[\sqrt{-5}]$ und erzeugt $\mathfrak{p}$ nicht.
   b) Es ist $\mathbf{Z}[\sqrt{-5}] \cong \mathbf{Z}[X]/(X^2+5)$ und $\mathbf{Z}[\sqrt{-5}]/\mathfrak{p} \cong \mathsf{F}_2[X]/(X^2+1, X+1) \cong \mathsf{F}_2$, daher ist $\mathfrak{p}$ ein maximales Ideal. Jedes 2 enthaltende Primideal $\mathfrak{q}$ von $\mathbf{Z}[\sqrt{-5}]$ muß wegen $(1 + \sqrt{-5})(1 - \sqrt{-5}) = 6 \in \mathfrak{q}$ eine der Zahlen $1 \pm \sqrt{-5}$ enthalten, d.h. $\mathfrak{q} = \mathfrak{p}$.

23) Für $\mathfrak{p} \in \operatorname{Spec} R$ und $\bar{a} \in R/\mathfrak{p}$ gilt $\bar{a}(\bar{a}^{n-1} - 1) = 0$ mit einem $n \in \mathbb{N}$, $n \geq 2$. Es folgt, daß $\bar{a} = 0$ oder eine Einheit ist.

24)
   a) Wenn die Nichteinheiten von R ein Ideal $\mathfrak{m}$ bilden, so ist dieses maximal. Es kann kein weiteres maximales Ideal geben, denn dieses würde eine Einheit enthalten. Ist umgekehrt R lokal mit dem maximalen Ideal $\mathfrak{m}$ und $a \in R \setminus \mathfrak{m}$, so ist $(a) = R$, denn sonst wäre a in einem maximalen Ideal $\neq \mathfrak{m}$ enthalten (6.25).
   b) Ist $\operatorname{Max} R = \{\mathfrak{m}\}$, so ist $I \subset \mathfrak{m}$ und $\mathfrak{m}/I$ ist das einzige maximale Ideal von R/I.
   c) Die nilpotenten Elemente von R bilden ein Ideal (Aufg. 3a)).
   d) Sei $\operatorname{Max} R = \{\mathfrak{m}\}$ und $e^2 = e$ für ein $e \in R$, ferner $e' := 1 - e$. Aus $e \cdot e' = 0$ folgt $e \in \mathfrak{m}$, $e' \notin \mathfrak{m}$ oder $e' \in \mathfrak{m}$, $e \notin \mathfrak{m}$. Mithin ist e oder e' eine Einheit und es folgt $e = 0$ oder $e' = 0$.
   e) Die Nichteinheiten von R_N sind die Elemente der Form $\frac{p}{s}$ ($p \in \mathfrak{p}, s \notin \mathfrak{p}$). Sie bilden ein Ideal von R_N.

25)
   a) Sei $\overline{R} := R/I$. Aus $\overline{R}/\mathfrak{p} \cong R/\mathfrak{P}$ folgt die Aussage über $\mathfrak{P}$.
   b) Für $\mathfrak{P} \in \operatorname{Spec} R$ ($\mathfrak{P} \in \operatorname{Max} R$) mit $I \subset \mathfrak{P}$ ist $\mathfrak{p} := \mathfrak{P}/I \in \operatorname{Spec} R/I$ ($\mathfrak{p} \in \operatorname{Max} R/I$).
   c) $S/\mathfrak{p} \cong K[X, Y, Z]/(XY - Z^2)/(X, Z)/(XY - Z^2) \cong K[X, Y, Z]/(X, Z) \cong K[Y]$ ist ein Integritätsring.
   d) Sei $\mathfrak{m} \in \operatorname{Max} R$ und $K := R/\mathfrak{m}$. Der Polynomring $K[X] \cong R[X]/\mathfrak{m} R[X]$ besitzt unendlich viele Primideale (§ 4, Aufg. 6)), daher auch $R[X]$.

26)
   a) Es gilt $E(R) = \{(x_n) \in R \mid x_n \neq 0 \text{ für alle } n \in \mathbb{N}\}$. Sei $x = (x_n)$ und $u = (u_n)$ mit $u_n = x_n^{-1}$ für $x_n \neq 0$ und $u_n = 1$, falls $x_n = 0$. Dann ist $x = x^2 u$.

b) I werde von $a^{(1)},\ldots,a^{(t)} \in R$ erzeugt. Sei $x = (x_n) \in R$ das Element mit $x_n = 0$, falls alle $a^{(i)}$ die n-te Komponente 0 besitzen und $x_n = 1$ sonst. Dann ist $I = (x)$ und x ist idempotent.

c) $\mathfrak{M}$ ist ein Ideal, das die Elemente $e^{(k)} = (e_n^k)_{n \in \mathbb{N}}$ mit $e_n^k = \delta_{kn}$ enthält. Für $y = (y_n) \in R \setminus \mathfrak{M}$ ist $y_n \neq 0$ für große n und es ergibt sich $(\mathfrak{M}, y) = R$. Daher ist $\mathfrak{M}$ maximal. Angenommen, $\mathfrak{M}$ wäre endlich erzeugt, also $\mathfrak{M} = (x)$ mit einem $x = (x_n) \in R$. Sei $x_n = 0$ für $n \geq n_0$. Dann wäre $e^{(n_0)} \notin \mathfrak{M}$.

d) $\mathfrak{M}$ ist endlich erzeugt und daher gilt $\mathfrak{M} = (x)$ mit einem idempotenten Element $x = (x_n)$, $x_n = 0$ oder 1. Enthielte x zwei Nullen, so besäße $R/\mathfrak{M}$ Nullteiler.

27) a) Für $a, b \in R$ mit $ab \in \text{Rad}(I)$ existiert ein $\rho \in \mathbb{N}$ mit $a^\rho b^\rho \in I$. Da I ein Primärideal ist, gibt es ein $\sigma \in \mathbb{N}$ mit $a^{\rho\sigma} \in I$ oder $b^{\rho\sigma} \in I$.

b) Die Ideale (p^n), wobei p eine Primzahl und $n \in \mathbb{N}_+$ ist, ferner (0).

28) a) Da $R/\mathfrak{p}$ ein endlich-dimensionaler Vektorraum über K ist, besitzt jedes $a \in R/\mathfrak{p}$ ($a \neq 0$) ein Inverses in $R/\mathfrak{p}$: Man verwendet das Minimalpolynom von a über K.

b) Sind $\mathfrak{m}_1, \ldots, \mathfrak{m}_t$ die maximalen Ideale von R, so ist nach 6.27

$$\mathfrak{m}_1 \cap \cdots \cap \mathfrak{m}_{i+1} \neq \mathfrak{m}_1 \cap \cdots \cap \mathfrak{m}_i \quad (i = 0, \ldots, t-1)$$

Die Durchschnitte sind Untervektorräume von R und es folgt $t \leq d$.

29) a) 96, b) 324, c) 2, d) 16, e) 24, f) 4, g) 4. Es gilt $a^{-1} = 11 + (420)$.

30) R besitzt 16 Elemente, 2 Primideale, 4 Einheiten und 4 nilpotente Elemente.

31) Durchlaufen die Matrizen $\begin{bmatrix} a & 0 \\ b & c \end{bmatrix}$ ein zweiseitiges Ideal von R, so durchlaufen a, b und c voneinander unabhängig Ideale I_a, I_b und I_c von $\mathbb{Z}$, wobei $I_a + I_c \subset I_b$. Gibt man sich umgekehrt Ideale in $\mathbb{Z}$ mit dieser Eigenschaft vor, so bilden die Matrizen $\begin{bmatrix} a & 0 \\ b & c \end{bmatrix}$ mit $a \in I_a$, $b \in I_b$ und $c \in I_c$ ein zweiseitiges Ideal I von R. Genau dann ist I maximal, wenn $I_a = I_b = \mathbb{Z}$ und $I_c = (p)$ mit einer Primzahl p oder $I_c = I_b = \mathbb{Z}$ und $I_a = (p)$. Für ein zweiseitiges Ideal I von R ist R/I genau dann kommutativ, wenn $\begin{bmatrix} 0 & 0 \\ 1 & 0 \end{bmatrix} \in I$. Dann ist $R/I \cong \mathbb{Z}/(a) \times \mathbb{Z}/(c)$ für gewisse $a, c \in \mathbb{Z}$.

32) a) Es ist $x_n^{2^{n+1}} = x_{n-1}^{2^n} = \cdots = x_0^2 = 0$. Da $\mathfrak{m}$ von den x_i erzeugt wird, ist jedes $r \in \mathfrak{m}$ nilpotent (binomische Formel).

b) Das Urbild von $\mathfrak{m}$ in P ist $\mathfrak{M} := (X_0, X_1, \ldots)$ und es ist $P/\mathfrak{M} \cong K$, folglich ist nach dem Noetherschen Isomorphiesatz auch $R/\mathfrak{m} \cong K$ und $\mathfrak{m} \in \text{Max}(R)$. Jedes Primideal $\mathfrak{p}$ von R enthält die nilpotenten Elemente von R, also ist $\mathfrak{p} = \mathfrak{m}$.

c) Die Einheiten von R sind die Elemente aus $R \setminus \mathfrak{m}$.

d) $r \in R$ ist Restklasse eines Polynoms $f \in K[X_0, \ldots, X_n]$, also $r = f(x_0, \ldots, x_n)$. Hierbei ist $x_i = x_n^{2^{n-i}}$ $(i = 0, \ldots, n)$, also $r = f(x_n^{2^n}, x_n^{2^{n-1}}, \ldots, x_n)$. Mit c) folgt die Behauptung.

e) ergibt sich aus d).

33)
   a) $\mathfrak{m}_a$ ist der Kern des surjektiven $\mathbf{R}$-Homomorphismus $R \to \mathbf{R}$ mit $f \mapsto f(a)$.

   b) Hätten die $f \in I$ keine gemeinsame Nullstelle in $[0,1]$, so gäbe es wegen der Kompaktheit von $[0,1]$ Elemente $f_1, \ldots, f_n \in I$ ohne gemeinsame Nullstelle und $f := f_1^2 + \cdots + f_n^2$ wäre eine in I enthaltene Einheit von R.

34)
   a) Es ist $h(i) = i$ und $h'(i) = 0$. Aus der Taylorentwicklung von h an der Stelle i folgt, daß $h - i$ von $(X - i)^2$ geteilt wird. Dann wird $h^2 + 1 = (h+i)(h-i)$ in $\mathbf{Q}[X]$ von $(X^2 + 1)^2 = [(X+i)(X-i)]^2$ geteilt. Folglich ist $h(\xi)^2 + 1 = 0$ und der $\mathbf{Q}$-Homomorphismus $\mathbf{Q}[Y] \to R$ mit $Y \mapsto h(\xi)$ besitzt den Kern $(X^2 + 1)$. Sein Bild ist nach dem Homomorphiesatz ein zu $\mathbf{Q}(i)$ $\mathbf{Q}$-isomorpher Körper K.

   b) Da $\xi^2 + 1$ nilpotent ist, ist $K \cap K \cdot (\xi^2 + 1) = \{0\}$. Aus $\dim_{\mathbf{Q}} R = 4$ folgt nun $R = K \oplus K(\xi^2 + 1)$. Der K-Homomorphismus $K[Z] \to R$ mit $Z \mapsto \xi^2 + 1$ ist surjektiv. Aus Dimensionsgründen ist (Z^2) sein Kern.

35) $x \equiv 77 \bmod 360$.

36)
   a) Nach dem chinesischen Restsatz ist φ_n surjektiv und $\ker \varphi_n = (\prod_{p \in \mathbf{P}_n} p)$. Da jedes $x \in \mathbf{Z} \setminus \{0\}$ nur endlich viele Primteiler besitzt, ist φ injektiv. Da R nicht abzählbar ist, kann φ nicht surjektiv sein.

   c) Für $x \in \mathbf{Z} \setminus \{0\}$ ist $\varphi(x) \notin I$, da x nur endlich viele Primteiler besitzt, daher ist $\overline{\varphi}$ injektiv. Immer noch ist $\overline{R}$ überabzählbar.

37) Nach dem chinesischen Restsatz ist $\mathbf{Z}/(6) \cong \mathbf{F}_2 \times \mathbf{F}_3$. Ferner ist

$$(\mathbf{F}_2 \times \mathbf{F}_3)[X] \cong \mathbf{F}_2[X] \times \mathbf{F}_3[X] \quad (\Sigma(a_i, b_i)X^i \mapsto (\Sigma a_i X^i, \Sigma b_i X^i))$$

38) Unendlich viele der Zahlen der Folge gehören zur gleichen Restklasse modulo a. Die Differenz zweier Zahlen dieser Restklasse ist von der Form $b \cdot 10^m$ mit einem b aus der Folge und $m \in \mathbf{N}$. Da a zu 10 teilerfremd ist, folgt $a | b$.

39) $\mathbf{Z}/(30) \cong \mathbf{Z}/(2) \times \mathbf{Z}/(3) \times \mathbf{Z}/(5)$. Betrachten Sie die 4. Potenzen der Elemente aus $\mathbf{Z}/(2)$, $\mathbf{Z}/(3)$ und $\mathbf{Z}/(5)$.

40) Vgl. die Diskussion nach 4.29.

41) Nein.

42) a) $2m$, b) $2^{1000} \equiv 4 \bmod 12$.

43)
   a) Nach dem chinesischen Restsatz ist $E(\mathbf{Z}/(m_1 \cdot m_2)) = E(\mathbf{Z}/(m_1)) \times E(\mathbf{Z}/(m_2))$. Vergleichen Sie die Ordnungen dieser Gruppen.

b) $m = 1$ oder $m = 2$.

c) $m = 1$ oder $m = 2^\alpha 3^\beta$ $(\alpha \geq 1, \beta \geq 0)$

d) Für $M \in \mathbb{R}$ gibt es nur endlich viele Primzahlen $p \leq M$, etwa $p_1, \ldots, p_t$. Es gibt auch nur endlich viele Zahlen $n = p_1^{\alpha_1} \cdots p_t^{\alpha_t}$ $(\alpha_i \in \mathbb{N})$ mit $\varphi(n) \leq M$.

44) Setze $\varphi(a_1, \ldots, a_n) = \sum_{i=1}^{n} a_i m_i$ für alle $(a_1, \ldots, a_n) \in R^n$. Die Aussage $M \cong R^n/U$ folgt aus dem Homomorphiesatz für Moduln.

45)

a) Die Entwicklung einer $(n-k)$-reihigen Determinante nach der ersten Zeile liefert eine Linearkombination von $(n - k - 1)$-reihigen Unterdeterminanten.

b) Sei $B = (s_{\nu i})_{\nu \in N, i=1,\ldots,n}$ eine weitere Relationenmatrix von M bzgl. $m_1, \ldots, m_n$. Sei $v_\nu := (s_{\nu 1}, \ldots, s_{\nu n})$ die ν-te Zeile von B und $u_\lambda := (r_{\lambda 1}, \ldots, r_{\lambda n})$ die λ-te Zeile von A. Schreibe $v_\nu = \sum_{\lambda \in \Lambda} a_{\nu\lambda} u_\lambda$ $(a_{\nu\lambda} \in R)$. Jeder $(n - k)$-Minor von B ist wegen der Multilinearität der Determinante eine Linearkombination von $(n - k)$-Minoren von A und umgekehrt.

c) Sind $\{m_1, \ldots, m_n\}$ und $\{m_1', \ldots, m_t'\}$ Erzeugendensysteme von M, so sind es auch die Systeme $\{m_1, \ldots, m_n, m_1', \ldots, m_i'\}$ $(i = 0, \ldots, t)$ und $\{m_j, \ldots, m_n, m_1', \ldots, m_t'\}$ $(j = 1, \ldots, n+1)$. Zwei aufeinanderfolgende Systeme unterscheiden sich jeweils nur um ein Element, so daß es genügt, die im Hinweis angegebene Situation zu betrachten. Prüfe, daß die angegebene Matrix eine Relationenmatrix ist. Die $(n+1-k)$-Minoren dieser Matrix sind $= 0$ oder (bis auf den Faktor -1) die $(n - k)$-Minoren von A.

46) $F_m(M) = (\varepsilon_1 \cdot \ldots \cdot \varepsilon_{n-m})$ $(m = 0, \ldots, n - 1)$.

ÜBUNGEN ZU § 7:

1)

a) Ein normiertes Polynom kleinsten Grades aus $\mathbb{Z}[X]$ mit der Nullstelle z ist irreduzibel und damit das Minimalpolynom von z über $\mathbb{Q}$.

b) Mit z ist auch $\bar{z}$ Nullstelle des Minimalpolynoms von z.

2) Sei R faktoriell und $\frac{r}{s} \in Q(R)$ ($r, s \in R$ teilerfremd) ein über R ganzes Element. Mittels einer Ganzheitsgleichung für $\frac{r}{s}$ über R ergibt sich $s|r$ und damit ist s eine Einheit in R.

3) Sei $f = \sum_{i=0}^{n} a_i X^i$ $(a_i \in K, a_n \neq 0)$. Dann ist $g := \frac{1}{a_n}(\sum_{i=0}^{n} a_i Y^i - f)$ ein normiertes Polynom aus $K[f][Y]$, von dem X eine Nullstelle ist. Somit ist X ganz über $K[f]$ und algebraisch über $K(f)$, daher ist $K[X]/K[f]$ ganz und $K(X)/K(f)$ algebraisch. Das Polynom g ist irreduzibel, da es in f linear ist, folglich ist $[K(X) : K(f)] = n$.

4)

a) I ist der Kern des K-Homomorphismus $K[X, Y] \to K[T]$ mit $X \mapsto f$, $Y \mapsto g$. Da $K[T]$ ein Integritätsring ist und $K[X, Y]/I \subset K[T]$, ist I ein Primideal.

b) f und g müssen konstant sein.

5) R_d besteht aus ganzen algebraischen Zahlen, denn für $d = 1 + 4m$ ($m \in \mathbb{N}$) genügt $z := \frac{1+\sqrt{d}}{2}$ der Gleichung $X^2 - X - m = 0$. Ist umgekehrt $z = a + b\sqrt{d}$ ($a, b \in \mathbb{Q}, b \neq 0$) ganz über $\mathbb{Z}$, so muß $S(z) := 2a \in \mathbb{Z}$ und $N(z) := a^2 - b^2 d \in \mathbb{Z}$ gelten. Hieraus folgt die Behauptung.

6)
- a) Wäre $p \cdot R = R$, so wäre $\frac{1}{p}$ ganz über $\mathbb{Z}$. Es ist (p) ein maximales Ideal von $\mathbb{Z}$ mit $(p) \subset \mathfrak{m} \cap \mathbb{Z}$ und daher muß $\mathfrak{m} \cap \mathbb{Z} = (p)$ sein.
- b) Für $x \in \mathfrak{m}$ gibt es eine Gleichung $x^n + a_{n-1} x^{n-1} + \cdots + a_0 = 0$ ($a_i \in \mathbb{Z}, a_0 \neq 0$) (vgl. 1a)). Dann ist $a_0 \in \mathfrak{m} \cap \mathbb{Z}$ und folglich $\mathfrak{m} \cap \mathbb{Z} \neq (0)$, also $\mathfrak{m} \cap \mathbb{Z} = (p)$ mit einer Primzahl p. Es folgt, daß $k \cong \mathbb{F}_p$ der Primkörper von K ist. Da R ganz über $\mathbb{Z}$ ist, muß K über k algebraisch sein.
- c) Jedes normierte Polynom aus $R[X]$ zerfällt in Linearfaktoren der Form $X - a$ ($a \in R$).

7)
- a) Sei a eine Wurzel von f und g das Minimalpolynom von a über K. Dann gilt $f|g$, weil f das Minimalpolynom von a über L ist. Umgekehrt folgt für ein normiertes irreduzibles $g \in K[X]$ aus $f|g$, daß $g(a) = 0$ ist und somit ist g das Minimalpolynom von a über K.
- b) Zerlege f in irreduzible Faktoren und wende a) auf jeden Faktor an.

8)
- a) f ist irreduzibel, daher (f) Primideal und A Integritätsring.
- b) Für $g \in \ker \alpha$ gilt $f|g$. Da Y in g nicht auftritt, ergibt sich $g = 0$.
- c) $Q(A)$ enthält $\mathbb{Q}(X)$ und ist somit nicht algebraisch über $\mathbb{Q}$.

9)
- a) f und $\sum_{\nu=0}^{n} a_\nu (-1)^\nu X^\nu$ sind Minimalpolynome von α über K. Daher muß $a_\nu = 0$ für alle ungeraden ν gelten.
- b) $\beta = \alpha^{-1}$.

10) Verwende § 4, Aufg. 6).

11) Für $\alpha \in \mathbb{C}$ sei K_α die algebraische Abschließung von $\mathbb{Q}(\alpha)$ in $\mathbb{C}$. Dann enthält K_α nur abzählbar viele Zahlen und es gibt daher überabzählbar viele verschiedene K_α.

12)
- a) Ist $a > 0$, so ist $a^2 > 0$. Ist $-a > 0$, so ist $a^2 = (-a)^2 > 0$.
- b) Es ist $1 = 1^2 > 0$ und $n \cdot 1 = \underbrace{1 + \cdots + 1}_{n} > 0$ für alle $n \in \mathbb{N}_+$. Somit ist Char $K = 0$.
- c) Betrachte $i \in K$ mit $i^2 = -1$.
- d) $f \in \mathbb{R}(X) \setminus \{0\}$ besitzt nur endlich viele Nullstellen und Polstellen. Außerhalb der Polstellen ist f stetig. Für große $a \in \mathbb{R}$ ist somit stets $f(a) > 0$ oder

Übungen zu §8   213

$(-f)(a) > 0$.

e) Das Archimedische Axiom gilt nicht.

13) Man hat der Reihe nach folgende Zerfällungskörper

$$\mathbf{Q}(\sqrt{2},i),\ \mathbf{Q}(\sqrt{3},\sqrt{5}),\ \mathbf{Q}(i),\ \mathbf{Q}(\sqrt[3]{7},\sqrt{-3}),\ \mathbf{Q}(\sqrt{-3})$$

mit den Graden $4, 4, 2, 6, 2$.

14) Für eine Wurzel α von f sind $\pm\alpha, \pm\frac{1}{\alpha}$ alle Wurzeln. Ferner ist f irreduzibel.

15) Sei α eine Nullstelle von $X^4 - 7$. Dann wäre $P(\alpha)$ eine Nullstelle des irreduziblen Polynoms $X^3 - X + 2$ und es müßte $[P(\alpha) : \mathbf{Q}] = 3$ ein Teiler von $[\mathbf{Q}(\alpha) : \mathbf{Q}] = 4$ sein.

16) Für $(a_1,\ldots,a_n) \in K^n$ ist $(X_1-a_1,\ldots,X_n-a_n)$ der Kern des K-Homomorphismus $K[X_1,\ldots,X_n] \to K$ mit $X_i \mapsto a_i$ $(i = 1,\ldots,n)$, somit ist das Ideal maximal. Umgekehrt ist nach dem Nullstellensatz für jedes $\mathfrak{M} \in \mathrm{Max}(K[X_1,\ldots,X_n])$ der Körper $K[X_1,\ldots,X_n]/\mathfrak{M}$ algebraisch über K, also gleich K. Sind $a_1,\ldots,a_n \in K$ die Bilder der X_i, so ist $\mathfrak{M} = (X_1 - a_1,\ldots,X_n - a_n)$.

17) Sei I das von den Polynomen $a_{i0} + \sum_{k=1}^{n} a_{ik}X_k$ $(i = 1,\ldots,m)$ in $K[X_1,\ldots,X_n]$ erzeugte Ideal. Die Rangbedingung ist äquivalent damit, daß $I \neq K[X_1,\ldots,X_n]$ ist. Man findet dann lineare Polynome $\ell_1,\ldots,\ell_t$, so daß $\mathfrak{M} = (I, \ell_1,\ldots,\ell_t)$ ein maximales Ideal mit dem Restklassenkörper K ist, woraus die Lösbarkeit des Systems folgt.

18)

a) Jedes $g \in K[X_1,\ldots,X_n]$ läßt sich in der Form $g = g_0 + \cdots + g_p$ schreiben, wobei g_i homogen vom Grad i und $g_p \neq 0$ ist. Sei f homogen vom Grad d und $f = g \cdot h$ mit $h = h_0 + \cdots + h_q$ (h_j homogen vom Grad j, $h_q \neq 0$). Aus $f = \sum_\rho \sum_{i+j=\rho} g_i h_j$ folgert man $g = g_p$.

b) Sei $f \in K[X,Y]$ homogen vom Grad d. Dann ist $f = Y^d f(\frac{X}{Y}, 1)$. Das Polynom $f(T,1)$ zerfällt in Faktoren $aT+b$ und somit f in Faktoren $Y \cdot (a\frac{X}{Y}+b) = aX+bY$.

ÜBUNGEN ZU § 8:

1) $R = K[t]/(t^2)$ mit einem unendlichen Körper K der Charakteristik 2. Ist $\tau := t + (t^2)$, so sind die Elemente $1 + a\tau$ $(a \in K)$ Nullstellen von $X^2 + 1$.

2) $X \equiv 7 \bmod 11$, siehe 11.26b). Hoffentlich haben Sie sich nicht zu viel Mühe gemacht.

3) Nein: L_1/K ist inseparabel, L_2/K separabel.

4) Für $x \in K(u,v)$ ist $x^p \in K$ und daher $[K(x) : K] \leq p$.

5)

a) Daß L/L_{sep} rein inseparabel ist, folgt aus der Definition von L_{sep} und der Transitivität der Separabilität. Für jedes $x \in L$ ist $\xi := x^p \in K[L^p]$ und x

ist Nullstelle von $X^p - \xi$. Es folgt, daß $x \in K[L^p]$ oder daß x über $K[L^p]$ inseparabel ist.

b) Sei $L = K[x_1, \ldots, x_t]$. Es gibt ein $e \in \mathbb{N}$, so daß $x_i^{p^e} \in K$ für $i = 1, \ldots, t$, also $K[L^{p^e}] = K$. Betrachte die Körperkette
$K = K[L^{p^e}] \subset K[L^{p^{e-1}}] \subset \cdots \subset K[L^p] \subset L$. Es genügt, die Behauptung für $L/K[L^p]$ zu zeigen. Setze $K_i := K[L^p][x_1, \ldots, x_i]$ $(i = 0, \ldots, t)$. Dann ist $K_i = K_{i+1}$ oder $[K_{i+1} : K_i] = p$.

c) Für das Minimalpolynom f von x über K gilt $f(X) = g(X^{p^e})$ mit einem irreduziblen separablen Polynom $g \in K[X]$ und $e \in \mathbb{N}$. Es ist dann x^{p^e} separabel über K, folglich $x^{p^e} \in K$. Somit besitzt g die Form $X - \xi$ $(\xi \in K)$ und es ist $f = X^{p^e} - \xi$.

6) Wäre $L \neq K[L^p]$, so wäre $L/K[L^p]$ gleichzeitig separabel und inseparabel (Aufg. 5)).

7)
a) Nachrechnen mit Hilfe der Formel aus § 4, Aufg. 3b).

b) Sei $f = \sum_i \alpha_i X^i$. Dann ist $f(X+a) = \sum_i \alpha_i (X+a)^i = \sum_\rho (\sum_i \alpha_i \binom{i}{\rho} a^{i-\rho}) X^\rho = \sum_\rho \Delta_\rho(f)(a) X^\rho$.

c) Aus $f(X) = f(X - a + a) = \sum_\rho \Delta_\rho(f)(a)(X-a)^\rho$ folgt die Behauptung.

d) 2 ist für Char $K = 7$ eine vierfache Nullstelle, sonst eine dreifache Nullstelle. Ferner ist -5 für Char $K \neq 7$ eine einfache Nullstelle.

8)
a) Sei $\{w_1, \ldots, w_r\}$ eine Basis von L/Z und $\{v_1, \ldots, v_s\}$ eine von Z/K. Dann ist $\{w_i v_j\}_{i=1,\ldots,r;\, j=1,\ldots,s}$ eine von L/K. Für $a \in L$ sei $aw_i = \sum_{k=1}^r z_k^i w_k$ $(i = 1, \ldots, r)$ mit $z_k^i \in Z$, also $\mathrm{Sp}_{L/Z}(a) = \sum_{k=1}^r z_k^k$. Sei $z_k^i v_j = \sum_{\ell=1}^s x_{k\ell}^{ij} v_\ell$ $(j = 1, \ldots, s, x_{k\ell}^{ij} \in K)$, also $\mathrm{Sp}_{Z/K}(z_k^i) = \sum_{\ell=1}^s x_{k\ell}^{i\ell}$. Aus $aw_i v_j = \sum_{k,\ell} x_{k\ell}^{ij} w_k v_\ell$ folgt
$$\mathrm{Sp}_{L/K}(a) = \sum_{k,\ell} x_{k\ell}^{k\ell} = \mathrm{Sp}_{Z/K}(\sum_k z_k^k) = \mathrm{Sp}_{Z/K}(\mathrm{Sp}_{L/Z}(a))$$

b) folgt aus § 3, Aufg. 15d).

c) Wegen a) und Aufg. 5) genügt es, eine einfache Erweiterung $L = K[a]$ zu betrachten, wobei a über K inseparabel vom Grad p ist $(p := \mathrm{Char}\, K)$. Dann ist $\mathrm{Sp}_{L/K}(x) = px = 0$ für $x \in K$ und $\mathrm{Sp}_{L/K}(b) = 0$ für $b \in L \setminus K$ nach b).

9)
a) Vgl. § 5, Aufg. 20).

b) $f(X) - Ug(X)$ ist in $K[U,X]$ irreduzibel.

c) Nach b) ist $[K(T) : K(U)] = \mathrm{Max}\,\{\deg f, \deg g\}$.

d) $K(T)/K(U)$ ist genau dann separabel, wenn $f' \neq 0$ oder $g' \neq 0$ ist.

ÜBUNGEN ZU § 9:

1) Sei L/K eine Körpererweiterung vom Grad 2 und $a \in L \setminus K$. Dann ist L ein Zerfällungskörper des Minimalpolynoms von a über K. Dieses ist separabel, wenn L/K es ist.

2) Verwende 9.5b) für $Z_1 \cdot Z_2$ und 9.5c) für $Z_1 \cap Z_2$.

3) Ja, denn für $x \in L$ besitzt das Minimalpolynom von x über K die Form $X^{p^e} - \xi$ ($\xi \in K$), siehe § 8, Aufg. 5c). Ferner ist x die einzige Wurzel dieses Polynoms und L wird natürlich über K von allen $x \in L$ erzeugt.

4)
  a) Jeder K-Automorphismus σ von $K[X]$ ist durch $\sigma(X)$ eindeutig bestimmt. Sei $\sigma(X) = a_0 + a_1 X + \cdots + a_d X^d$ ($a_0, \ldots, a_d \in K, a_d \neq 0$) und sei $\sigma^{-1}(X) = g \in K[X]$. Dann ist $X = \sigma^{-1}(\sigma(X)) = a_0 + a_1 g + \cdots + a_d g^d$ und es folgt $d = 1$. Andererseits besitzt jeder K-Homomorphismus $\sigma \colon K[X] \to K[X]$ mit $\sigma(X) = aX + b$ ($a \in K^*, b \in K$) die durch $X \mapsto a^{-1}X - a^{-1}b$ gegebene Abbildung als Umkehrung.
  b) Sei $\sigma(X) = \frac{f}{g}$ ($f, g \in K[X]$ teilerfremd). Nach § 8, Aufg. 9c) ist Max $\{\deg f, \deg g\} = 1$.

5) $\mathbf{Q}(i + \sqrt{2}) = \mathbf{Q}(i, \sqrt{2})$ ist der Zerfällungskörper des Polynoms $(X^2+1)(X^2-2)$, ähnlich schließt man für $\mathbf{Q}(\sqrt{2}, \sqrt{5})$ und $\mathbf{Q}(\sqrt{2}, \sqrt{3}, \sqrt{5})$. Die Automorphismen aus der Galoisgruppe bilden die Quadratwurzeln auf sich oder ihr Negatives ab. In den ersten beiden Fällen ergibt sich eine zu $\mathbf{Z}/(2) \times \mathbf{Z}/(2)$ isomorphe, im letzten eine zu $\mathbf{Z}/(2) \times \mathbf{Z}/(2) \times \mathbf{Z}(2)$ isomorphe Galoisgruppe.

6) Der erste Körper ist isomorph zum Zerfällungskörper von $X^7 - 1$. Sei $a := \sqrt[6]{-432}$ eine Wurzel, für die $a^2 = \sqrt[3]{-432}$ reell ist: $\sqrt[3]{-432} = -6 \cdot \sqrt[3]{2}$. Man findet, daß $[\mathbf{Q}(\sqrt[6]{-432}) : \mathbf{Q}] = 6$ ist. Ferner ist $a^3 = \sqrt{-432} = -12\sqrt{-3}$ und $\mathbf{Q}(\sqrt[6]{-432})$ enthält die 6. Einheitswurzeln. Es handelt sich somit um den Zerfällungskörper von $X^6 + 432$.

7) Die ersten beiden Aussagen ergeben sich aus Aufg. 1), die letzte gilt, weil $i \notin \mathbf{Q}(\sqrt[4]{2})$.

8) $X^4 - 4$ besitzt die Wurzeln $\pm\sqrt{2}, \pm\sqrt{-2}$. Wie in Aufg. 5) ist die Galoisgruppe zu $\mathbf{Z}/(2) \times \mathbf{Z}/(2)$ isomorph. $X^4 - 6X^2 + 5$ besitzt einen Zerfällungskörper vom Grad 2 über $\mathbf{Q}$.

9) Für $a = 0$ ist die Galoisgruppe trivial. Ist $\sqrt[3]{a} \in \mathbf{Q} \setminus \{0\}$, dann hat der Zerfällungskörper von $X^3 - a$ den Grad 2 über $\mathbf{Q}$. Ist $\sqrt[3]{a} \notin \mathbf{Q}$, so hat der Zerfällungskörper den Grad 6 über $\mathbf{Q}$ und die Galoisgruppe ist zu S_3 isomorph.

10) Die Polynome besitzen keine rationale Nullstellen und sind daher irreduzibel. Ihre Ableitungen verschwinden nirgends in $\mathbf{R}$, somit besitzen die Polynome genau eine reelle Nullstelle und zwei konjugiert-komplexe. Die Galoisgruppe ist zu S_3 isomorph.

11) Ähnlich zum 2. Teil von Aufg. 6).

12) Die Galoisgruppe von $L/K[a]$ besteht aus den $\sigma \in G(L/K)$, die a festlassen. Da nur $\sigma = \mathrm{id}$ dies tut, ist $G(L/K[a]) = \{\mathrm{id}\}$ und $L = K[a]$.

ÜBUNGEN ZU § 10:

1) Seien $x = x_1, x_2, \ldots, x_n$ die Konjugierten von x.

   a) Ist $f \in R[X]$ ein normiertes Polynom mit der Nullstelle x, dann sind auch die x_i Nullstellen von f ($i = 1, \ldots, n$).

   b) Ist $g \in K[X]$ das Minimalpolynom von x über K. Seine Koeffizienten lassen sich durch die elementarsymmetrischen Funktionen in $x_1, \ldots, x_n$ ausdrücken. Sie sind ganz über R und in K enthalten, also aus R.

2)
   a) Vgl. § 8, Aufg. 8b). Im Beweis von 10.3 wird gezeigt, daß S surjektiv ist.

   b) Sei N/K eine normale Hülle von L/K. Nach a) ist $S_{N/K}$ surjektiv. Wegen $S_{N/K} = S_{L/K} \circ S_{N/L}$ muß auch $S_{L/K}$ surjektiv sein.

3) $X_1^2 + X_2^2 + X_3^2 = \varepsilon_1^2 - 2\varepsilon_2$.

4)
   a) $\Delta(f)$ ist symmetrisch in $x_1, \ldots, x_n$, also ein Polynom in den elementarsymmetrischen Funktionen in $x_1, \ldots, x_n$, folglich auch in $a_1, \ldots, a_n$.

   b) $\Delta(f)$ verschwindet genau dann, wenn f eine mehrfache Nullstelle besitzt.

   c) $\sqrt{\Delta(f)} = \prod_{i<j}(x_i - x_j) \in L$.

5) $n = 2 : \Delta(f) = a_1^2 - 4a_2$

   $n = 3 : \Delta(f) = -4a_1^3 a_3 + a_1^2 a_2^2 + 18 a_1 a_2 a_3 - 4a_2^3 - 27 a_3^2$.

6)
   a) $\hat{L}$ ist der Zerfällungskörper von f über $\hat{K}$ und f ist auch über $\hat{K}$ separabel.

   b) σ permutiert $a_1, \ldots, a_n$ und läßt K fest.

   c) $G(\hat{L}/\hat{K}) \to G(L/K)$ mit $\sigma \mapsto \sigma|_L$ ist wohldefiniert nach b) und bijektiv, da sich jedes $\tau \in G(L/K)$ zu einem $\hat{\tau} \in G(\hat{L}/\hat{K})$ fortsetzen läßt.

   d) Klar wegen $\sigma(\ell) = \sum_{i=1}^{n} \sigma(a_i) X_i$.

   e) § 9, Aufg. 12).

7)
   a) Es ist $L^p = K(X^p, Y^p)$ und $[L : L^p] = p^2$.

   b) Es gilt $L = \bigcup_{a \in L \setminus L^p} L^p[a]$. Hierbei ist $[L^p[a] : L^p] = p < [L : L^p]$. Gäbe es nur endlich viele Zwischenkörper von L/L^p, so wäre die Vereinigung endlich. Nach einem Satz der linearen Algebra kann aber der L^p-Vektorraum L nicht Vereinigung von endlich vielen echten Untervektorräumen sein.

8) $L := K[a_1, \ldots, a_n]$ ist eine Galoiserweiterung von K. Die Elemente $\varepsilon_i(a_1, \ldots, a_n)$ ($i = 1, \ldots, n$) bleiben bei allen Automorphismen von L/K invariant, liegen somit in K.

Übungen zu §11

9)
- a) Es ist $\tilde{r}(\sigma) \neq 0$, da σ bijektiv ist. Für $\sigma, \tau \in \Gamma$ gilt
  $(\sigma \circ \tau)(r) = \tilde{r}(\sigma) \cdot \tilde{r}(\tau) \cdot r = \tilde{r}(\sigma \circ \tau) \cdot r$.
- b) Für $r, s \in L_\Gamma$ gilt $\sigma(rs) = \tilde{r}(\sigma) \cdot \tilde{s}(\sigma) \cdot r \cdot s$ und $\sigma(s^{-1}) = \tilde{s}(\sigma^{-1}) \cdot s^{-1}$.
- c) G läßt $K[X]$ invariant. Aus $\frac{\sigma(p)}{\sigma(q)} = \sigma(\frac{p}{q}) = \kappa \cdot \frac{p}{q}$ $(\kappa \in K^*)$ folgt $\sigma(p) \cdot q = \kappa \cdot \sigma(q) \cdot p$ und wegen der Teilerfremdheit von p und q ergibt sich $\sigma(p) = \kappa_1 p$, $\sigma(q) = \kappa_2 q$ mit $\kappa_1, \kappa_2 \in K^*$.
- d) Wegen c) genügt es, Polynome zu betrachten. Sei $f = \Sigma a_\nu X^\nu$ $(a_\nu \in K)$. Aus $f(\alpha X) = \kappa_\alpha \cdot f(X)$ für $\alpha \in K^*$, $\kappa_\alpha \in K^*$ folgt $a_\nu \alpha^\nu = \kappa_\alpha a_\nu$ und $\alpha^\nu = \kappa_\alpha$ für $a_\nu \neq 0$. Da K^* unendlich ist, ergibt sich, daß $a_\nu \neq 0$ nur für ein $\nu \in \mathbb{N}$ möglich ist. Sei $n := \deg f$. Aus $f(X + \beta) = \kappa_\beta \cdot f(X)$ mit $\beta \in K$, $\kappa_\beta \in K^*$ folgt $a_n = \kappa_\beta \cdot a_n$ und $f(X + \beta) = f(X)$. Da K unendlich ist, kann dies nur für konstante Polynome gelten.
- e) Angenommen, $f \in K[X]$ mit $n = \deg f > 0$ sei Γ-invariant. Für $\tau_{\alpha,\beta} \in \Gamma$ würde $f(\alpha X + \beta) = f(X)$ und somit $\alpha^n = 1$ folgen. Γ enthielte Automorphismen $\tau_{\alpha,\beta}$ mit unendlich vielen verschiedenen $\beta \in K$. Die Gleichung $f(\alpha X + \beta) = f(X)$ ergibt einen Widerspruch.

10) Außer der direkten Anwendung des Hauptsatzes für symmetrische Funktionen werden nur elementare Aussagen der Analysis für komplexwertige Funktionen einer Veränderlichen benutzt.

ÜBUNGEN ZU § 11:

1) Mit $h = g$ ergibt sich $e \in U$ und mit $g = e$ die Existenz des Inversen von h in U. Ferner ist $g \cdot h \in U$ für alle $g, h \in U$.

2)
- a) folgt aus dem Untergruppenkriterium.
- b) Für $u \in \ker \alpha$ und $g \in G$ ist $\alpha(gug^{-1}) = \alpha(g) \cdot \alpha(u) \cdot \alpha(g)^{-1} = \alpha(g) \cdot \alpha(g)^{-1} = e$.
- c) Ist $U = \{e\}$ und $\alpha(g) = \alpha(h)$ für $g, h \in G$, so ist $\alpha(gh^{-1}) = e$, also $gh^{-1} = e$ und $g = h$.

3)
- b) Sei $\alpha: G \to H$ ein Gruppenisomorphismus und seien $h_1 = \alpha(g_1)$, $h_2 = \alpha(g_2)$ Elemente aus H. Dann ist
  $\alpha^{-1}(h_1 \cdot h_2) = \alpha^{-1}(\alpha(g_1) \cdot \alpha(g_2)) = \alpha^{-1}(\alpha(g_1 g_2)) = g_1 g_2 = \alpha^{-1}(h_1) \cdot \alpha^{-1}(h_2)$.
- d) Etwa $(\mathbb{Z}, +) \to (\mathbb{Z}, +)$ mit $m \mapsto -m$.

4)
- a) Für $g \in G$ sind $gg_1, \ldots, gg_n$ bzw. $g_1 g, \ldots, g_n g$ gerade wieder alle Elemente von G.
- b) Gehe von g in der ersten Spalte nach rechts bis zu e und dann nach oben in die erste Zeile. Finde g^{-1}.
- c) Symmetrie der Matrix.

5) Die erste Matrix ist die Gruppentafel der Gruppe $(\mathbf{F}_2 \oplus \mathbf{F}_2, +)$, die zweite die der Drehungsgruppe eines Quadrats. Im ersten Fall gilt $\sigma^2 = e$ für jedes σ aus der Gruppe, im zweiten Fall gilt das nicht. Daß jede Gruppe mit 4 Elementen eine der beiden Gruppentafeln besitzt, läßt sich leicht nachprüfen.

6)
   a) Untergruppenkriterium.
   b) Die "Worte" bilden eine Untergruppe, welche alle g_λ enthält, und jede Untergruppe, die $\{g_\lambda\}$ umfaßt, enthält auch alle "Worte".
   c) $\{a, b\}$ bzw. $\{a\}$.

7) G_λ identifiziert sich mit der Menge aller Familien $\{g_{\lambda'}\}_{\lambda' \in \Lambda} \in \prod_{\lambda' \in \Lambda} G_{\lambda'}$ mit $g_{\lambda'} = e$ für $\lambda' \neq \lambda$. Es ist klar, daß dies ein Normalteiler des direkten Produkts ist. Ferner ist $p_\lambda: \Pi G_{\lambda'} \to G_\lambda$ ($\{g_{\lambda'}\}_{\lambda' \in \Lambda} \mapsto g_\lambda$) ein Gruppenepimorphismus. Ist H eine beliebige Gruppe und $\varphi_\lambda: H \to G_\lambda$ ($\lambda \in \Lambda$) eine Familie von Gruppenhomomorphismen, so gibt es genau einen Gruppenhomomorphismus $\varphi: H \to \Pi G_\lambda$ mit $\varphi_\lambda = p_\lambda \circ \varphi$ für alle $\lambda \in \Lambda$.

8) Sind N_1 und N_2 Normalteiler in G mit $N_1 \cap N_2 = \{e\}$, so ist $\alpha: N_1 \times N_2 \to G$ $((a, b) \mapsto ab)$ ein Gruppenhomomorphismus mit
   $\ker \alpha = \{(a, a^{-1}) \mid a \in N_1 \cap N_2\} = \{(e, e)\}$, also ist α injektiv. α ist genau dann surjektiv, wenn G von $N_1 \cup N_2$ erzeugt wird. Ist umgekehrt α ein Isomorphismus, so sind N_1 und N_2 Normalteiler in G, weil $N_1 \times \{e\}$ und $\{e\} \times N_2$ Normalteiler in $N_1 \times N_2$ sind, und es ist $N_1 \cap N_2 = \{e\}$.

9) Die Gruppe G operiere auf der Menge M. Sei $x \in M$ und $y := g(x)$ für ein $g \in G$. Ist U die Isotropiegruppe von x, so ist gUg^{-1} die von y.

10) Für $g \in G$ und $\alpha \in \operatorname{Aut}(G)$ ist $\alpha \circ c_g \circ \alpha^{-1} = c_{\alpha(g)}$.

11) Die Bahnen besitzen $1, 5, 11$ oder 55 Elemente, wobei der letzte Fall nicht eintreten kann. Besäße die Operation keinen Fixpunkt, so wäre $39 = 5a + 11b$ mit $a, b \in \mathbf{N}$. Diese Gleichung ist aber nicht lösbar.

12)
   a) U_L operiert auf L und $M \setminus L$ transitiv. Läßt U_L eine Menge $L' \subset M$, $L' \neq \emptyset$ fest, so gilt $L \subset L'$ oder $M \setminus L \subset L'$ oder $M = L'$. Die gefragten Mengen sind $\emptyset, L, M \setminus L$ und M.
   b) $gU_L g^{-1} = U_{g(L)}$.
   c) Für $g \in N(U_L)$ ist $g(L) = L$ oder $g(L) = M \setminus L$. Für $|L| \neq \frac{n}{2}$ ist $|g(L)| = |L| \neq |M \setminus L|$, folglich $N(U_L) = U_L$. Für $|L| = \frac{n}{2}$ gibt es ein $h \in G$ mit $h(L) = M \setminus L$ und es gilt $N(U_L) = U_L \cup U_L h$, also $[N(U_L) : U_L] = 2$.

13) Für $g \in N$, $u \in U$ gilt $gug^{-1} =: u' \in U$, da $N \subset N(U)$. Es folgt $gug^{-1}u^{-1} = u' \cdot u^{-1} \in U \cap N = \{e\}$, da $ug^{-1}u^{-1} \in N$, also $u' = u$. Damit ist $N \subset Z(U) = \{x \in G \mid xux^{-1} = u \text{ für alle } u \in U\}$.

14) Ist $U \subset G$ eine Untergruppe mit $[G : U] = 2$, so ist $G = U \,\dot\cup\, gU = U \,\dot\cup\, Ug$ für jedes $g \in G \setminus U$, folglich $gU = Ug$. Beim kanonischen Epimorphismus $G \to G/U$

Übungen zu §11

gehen Elemente ungerader Ordnung in das neutrale Element über, sie sind daher in U enthalten.

15)
- a) Für $u \in U$ ist $|uV| = |V|$. Ferner hat bei der Abbildung $u \mapsto uV$ jede Linksnebenklasse uV genau $|U \cap V|$ Urbilder.
- b) Für $u_i \in U, v_i \in V$ $(i = 1, 2)$ gilt $(u_1v_1)(u_2v_2)^{-1} = u_1v_1v_2^{-1}u_2^{-1} \in UV$, somit ist UV eine Untergruppe von G. Ferner ist $[UV : V] = \frac{|U|}{|U \cap V|} = \frac{|UV|}{|V|}$ ein Teiler von $|U|$ und von $[G : V]$. Sind $|U|$ und $[G : V]$ teilerfremd, so folgt $[UV : V] = 1$ und damit $U \subset V$.
- c) Für $h \in H$ ist $U := hVh^{-1} \subset hGh^{-1} = G$ eine Untergruppe von G mit $|U| = |V|$. Aus b) ergibt sich $U \subset V$, also $hVh^{-1} = V$.

16)
- a) Für $a, b, c \in G$ gilt $c[a, b]c^{-1} = [cac^{-1}, cbc^{-1}]$ und in $G/[G : G]$ hat man $ab[G, G] = ba[G, G]$ wegen $aba^{-1}b^{-1} \in [G, G]$.
- b) Es ist $[G, G] \subset \ker \varphi$. Anwendung des Homomorphiesatzes.

17) Die Operation induziert einen Gruppenhomomorphismus $\alpha \colon G \to S(M)$ in die Permutationsgruppe $S(M)$ von M. Sei $N := \ker \alpha$. Für $x \in N$ und $g \in G$ ist dann $xgU = gU$, speziell $xU = U$ und somit $N \subset U$. Als Untergruppe von $S(M)$ ist G/N endlich.

18)
- a) Für $A, B \in \Gamma_R$ ist auch $A \cdot B \in \Gamma_R$ und $A^{-1} \in \Gamma_R$. Die Aussage über Homomorphismen ist klar nach Definition der Matrizenaddition und -multiplikation.
- b) $\Gamma(n)$ ist der Kern von $\alpha \colon \Gamma \to \Gamma_{\mathbf{Z}/(n)}$. Ist p eine Primzahl, so ist $\Gamma_{\mathbf{Z}/(p)} = \mathrm{Sl}(2, \mathbf{F}_p)$ die Gruppe der 2×2-Matrizen A über $\mathbf{F}_p$ mit $\det A = 1$. Ferner ist α surjektiv, da $\mathrm{Sl}(2, \mathbf{F}_p)$ von den folgenden Matrizen erzeugt wird (elementare Umformungen):

$$\begin{bmatrix} 1 & t \\ 0 & 1 \end{bmatrix}, \begin{bmatrix} 1 & 0 \\ t & 1 \end{bmatrix}, \begin{bmatrix} 0 & 1 \\ -1 & 0 \end{bmatrix} \text{ und } \begin{bmatrix} x & 0 \\ 0 & y \end{bmatrix} \quad (t, x, y \in \mathbf{F}_p, xy = 1)$$

Mit dem Homomorphiesatz ergibt sich $[\Gamma : \Gamma(p)] = |\mathrm{Sl}(2, \mathbf{F}_p)| = p(p^2 - 1)$.

19)
- a) Seien U_1, U_2 echte Untergruppen einer Gruppe G und sei $G = U_1 \cup U_2$. Aus $|G| = |U_1| + |U_2| - |U_1 \cap U_2|$ ergibt sich ein Widerspruch. Alternativ: Für $x_1 \in U_1 \setminus U_2, x_2 \in U_2 \setminus U_1$ ist $x_1x_2 \notin U_1 \cup U_2$.
- b) Angenommen, $U_2 \cap U_3 \not\subset U_1$. Wähle $x_1 \in U_1 \setminus (U_2 \cup U_3)$, $x_2 \in (U_2 \cap U_3) \setminus U_1$. Dann wäre $x_1x_2 \notin U_1 \cup U_2 \cup U_3$. Es ergibt sich $U_2 \cap U_3 = U_1 \cap U_2 \cap U_3$, entsprechendes gilt für $U_1 \cap U_2$ und $U_1 \cap U_3$. Aus

$$|G| = |U_1| + |U_2| + |U_3| - |U_1 \cap U_2| - |U_1 \cap U_3| - |U_2 \cap U_3| + |U_1 \cap U_2 \cap U_3|$$
$$= |U_1| + |U_2| + |U_3| - 2|U_1 \cap U_2 \cap U_3|$$

folgt zunächst, daß $[G : U_i] = 2$ für ein $i \in \{1, 2, 3\}$, etwa $i = 1$. Da

$$U_j/U_j \cap U_1 \cong U_j + U_1/U_1 = G/U_1$$

für $j \neq 1$, ergibt sich

$$|G/U_1 \cap U_2 \cap U_3| = |G/U_j| \cdot |U_j/U_1 \cap U_j| = 2|G/U_j|$$

und $2|U_1 \cap U_2 \cap U_3| = |U_j|$, also $|G| = \frac{1}{2}|G| + |U_j|$ und damit $[G : U_j] = 2$ für $j = 1, 2, 3$. Ferner ist $G/U_1 \cap U_2 \cap U_3$ eine Kleinsche Vierergruppe.

20) Für $\frac{r}{s} \in G$ und $\varphi \in \text{Aut}(G)$ findet man, daß $\varphi(\frac{r}{s}) = \frac{r}{s} \cdot \varphi(1)$ gilt. Sei $\varphi(1) = \frac{r_0}{s_0}$ mit teilerfremden $r_0, s_0 \in \mathbf{Z}$, wobei s_0 quadratfrei ist. Aus $\varphi(\frac{1}{s_0}) = \frac{r_0}{s_0^2}$ folgt $s_0 = \pm 1$. Ist analog $\varphi^{-1}(1) = \frac{r_0'}{1}$ ($r_0' \in \mathbf{Z}$), so ist $1 = \varphi^{-1}(\varphi(1)) = \pm r_0 r_0'$ und $r_0' = \pm 1$.

21)
  a) Ist $|\mathbf{Q}/U| =: n < \infty$, so ist $n \cdot \mathbf{Q} \subset U$. Für jedes $q \in \mathbf{Q}$ ist dann $q = n \cdot \frac{q}{n} \in U$.
  b) Angenommen, es sei $\mathbf{Q}/U = (x)$ mit $x = \frac{a}{b} + U$ ($a, b \in \mathbf{Z}, b \neq 0$). Sei $r \in U \cap \mathbf{N}_+$. Dann ist $(rb)\frac{a}{b} = ra \in U$, d.h. $|\mathbf{Q}/U| \leq rb$. Aus a) folgt $\mathbf{Q} = U$.
  c) U und V enthalten ganze Zahlen $p, q \neq 0$ und es ist $p \cdot q \in U \cap V$.
  d) Für eine maximale Untergruppe $U \subset \mathbf{Q}$ wäre $\mathbf{Q}/U$ zyklisch.

22)
  a) U bestehe aus den "Translationen" $\tau_a : X \mapsto X + a$ ($a \in \mathbf{Q}$) und V aus den "Streckungen" $\sigma_b : X \mapsto bX$ ($b \in \mathbf{Q}^*$).
  b) Jeder Automorphismus von $\mathbf{Q}[X]$ ist von der Form $\tau_a \circ \sigma_b$ (§ 9, Aufg. 4a)). Ferner gilt $\sigma_b \tau_a \sigma_b^{-1} = \tau_{ab}$.

23) Wegen $d \cdot v \sim m \cdot n$ sind $(m)/(v)$ und $(d)/(n)$ zyklische Gruppen derselben Ordnung.

24)
  a) Sei gZ ein primitives Element von G/Z ($g \in G$). Für $a, b \in G$ gilt dann $a = g^{n_1} z_1$, $b = g^{n_2} z_2$ mit geeigneten $n_1, n_2 \in \mathbf{Z}$ und $z_1, z_2 \in Z$ und es folgt $ab = ba$.
  b) Für die Gruppe $I(G)$ der inneren Automorphismen von G gilt $I(G) \cong G/Z(G)$. Wende nun a) an.

25) $|\text{Aut}(\mathbf{Z}/(m))| = \varphi(m)$, denn $\mathbf{Z}/(m)$ hat $\varphi(m)$ primitive Elemente und jeder Automorphismus führt ein primitives Element in ein primitives Element über. Die Gruppe $(\mathbf{Z}, +)$ besitzt genau zwei Automorphismen. Jeder Automorphismus des Rings $\mathbf{Z}$ ist trivial.

26)
  a) Neutrales Element von $G_1 \times_\varphi G_2$ ist (e, e) und zu $(a, b) \in G_1 \times_\varphi G_2$ ist $(\varphi(b^{-1})(a^{-1}), b^{-1})$ das Inverse.
  b) gilt offensichtlich nach Definition der Multiplikation.

Übungen zu §11

c) Damit $G_1 \times_\varphi G_2$ abelsch ist, müssen es G_1 und G_2 sein und φ muß der triviale Homomorphismus sein. Dann ist $G_1 \times_\varphi G_2 = G_1 \times G_2$.

27)
  a) $x = 7$.
  b) $E(\mathbf{Z}/(30)) \cong \mathbf{Z}_2 \times \mathbf{Z}_4$ ist nicht zyklisch.
  c) $E(\mathbf{Z}/(45)) \cong E(\mathbf{Z}/(9)) \times E(\mathbf{Z}/(5)) \cong \mathbf{Z}_2 \times \mathbf{Z}_3 \times \mathbf{Z}_4$ ist ebenfalls nicht zyklisch.

28) a)$\to$c)$\to$b) sind evident. Besitzt G nur eine maximale Untergruppe U und ist $g \in G \setminus U$, so ist $G = (g)$ zyklisch, notwendigerweise von Primzahlpotenzordnung.

29) Für jeden Teiler d von n sei $\psi(d)$ die Anzahl der Elemente d-ter Ordnung von G. Dann ist $\psi(d) \leq \varphi(d)$, weil G höchstens eine Untergruppe der Ordnung d besitzt. Es ist $n = \sum_{d|n} \psi(d) \leq \sum_{d|n} \varphi(d) = n$, wobei die letzte Gleichung gilt, weil $\mathbf{Z}_n$ genau $\varphi(d)$ Elemente der Ordnung d besitzt. Es folgt $\psi(n) = \varphi(n) \geq 1$ und somit enthält G ein Element der Ordnung n.

30) $T(G)$ ist eine Untergruppe von G nach dem Untergruppenkriterium. Hat $x + T(G) \in G/T(G)$ endliche Ordnung n, so ist $nx \in T(G)$, also $m(nx) = 0$ für ein $m \in \mathbf{N}_+$ und somit $x \in T(G)$.

31) a) ist trivial und b) ergibt sich aus der Formel $(a^m)^{\frac{n}{m}} = a^n$.
  c) Für $a, b \in G$ ist $aba^{-1}b^{-1} = a^2(a^{-1}b)^2(b^{-1})^2$, daher ist $[G, G] \subset G_2$ und G/G_2 ist abelsch, weil $G/[G,G]$ es ist.

32) p^5 Endomorphismen, $p^3(p-1)^2$ Automorphismen.

33)
  a) Je zwei Elemente von $\mathbf{Q}$ sind linear abhängig über $\mathbf{Z}$. Wäre $(\mathbf{Q}, +)$ eine freie abelsche Gruppe, so müßte $(\mathbf{Q}, +) \cong (\mathbf{Z}, +)$ sein. Kein Element von $\mathbf{Q}$ erzeugt aber $\mathbf{Q}$ als $\mathbf{Z}$-Modul.
  b) Wird die Untergruppe von $\{\frac{r_1}{s}, \ldots, \frac{r_n}{s}\}$ ($s \in \mathbf{Z} \setminus \{0\}, r_1, \ldots, r_n \in \mathbf{Z}$) erzeugt, so auch von $\frac{t}{s}$ mit $t := \mathrm{ggT}(r_1, \ldots, r_n)$.
  c) ist klar.
  d) Sei $\varphi: U \to V$ ein solcher Homomorphismus und sei $U \neq (0)$. Wähle $a \in U \setminus \{0\}$. Dann wird φ durch die Multiplikation mit $\frac{\varphi(a)}{a}$ gegeben.
  e) Für $x \in \mathbf{Q} \setminus \{0\}$ und jede Primzahl p sei $\nu_p(x)$ die Ordnung von x an der Stelle p (vgl. § 4, III). Für eine Untergruppe $U \subset \mathbf{Q}$, $U \neq \{0\}$, sei $\nu_U(p) := \inf\{\nu_p(x) \mid x \in U \setminus \{0\}\}$. Für eine Untergruppe $V \subset U$, $V \neq \{0\}$, gilt $\nu_V(p) \geq \nu_U(p)$ für alle Primzahlen p. Man zeigt, daß $[U : V]$ genau dann endlich ist, wenn $\nu_V(p) = \nu_U(p)$ für fast alle p gilt. Seien nun $U, V \subset \mathbf{Q}$ nichttriviale Untergruppen. Ist $U = \frac{r}{s} \cdot V$ ($\frac{r}{s} \in \mathbf{Q}$), so gilt $\nu_U(p) = \nu_V(p)$ für alle p, die r und s nicht teilen, und es folgt $[U : U \cap V] < \infty$, $[V : U \cap V] < \infty$. Wenn diese Bedingungen erfüllt sind, gilt $\nu_U(p) = \nu_V(p)$ für fast alle p und es ergibt sich $U = xV$ mit $x := \prod p^{\nu_U(p) - \nu_V(p)}$.

34)
a) $b_1 = (-2,1,1)$, $b_2 = (0,1,0)$, $b_3 = (1,0,0)$, $e_1 = 1$, $e_2 = 2$, $e_3 = 6$.
$$Z^3/U \cong Z/(2) \oplus Z/(2) \oplus Z/(3)$$
b) $b_1 = (1,0,-1)$, $b_2 = (0,1,1)$, $b_3 = (0,0,1)$, $e_1 = e_2 = 1$, $e_3 = 3$.
$$Z^3/U \cong Z/(3)$$

35) Es ist $F_m(G) = \prod_{i=1}^{\rho-m} \varepsilon_i$ (vgl. § 6, Aufg. 46)), daher sind die Produkte $\prod_{i=1}^{\rho-m} \varepsilon_i$ Invarianten von G und folglich auch die ε_i selbst. Um die Anzahl der Isomorphieklassen abelscher Gruppen der Ordnung n zu bestimmen, hat man festzustellen, auf wie viele Weisen sich n in der Form $n = \varepsilon_1 \cdot \ldots \cdot \varepsilon_\rho$ ($\varepsilon_i \in N, \varepsilon_1 > 1, \varepsilon_i \mid \varepsilon_{i+1}$ ($i = 1, \ldots, m-1$)) schreiben läßt.

36)
a) Jede abelsche Gruppe der Ordnung $1991 = 11 \cdot 181$ ist zyklisch. Es gibt 3 Isomorphieklassen abelscher Gruppen der Ordnung $1992 = 2^3 \cdot 3 \cdot 83$ und 56 Klassen von abelschen Gruppen der Ordnung $2048 = 2^{11}$.
b) $n = 72$.

37) G ist endlich erzeugt, sonst gäbe es eine echt aufsteigende, nicht abbrechende Kette von Untergruppen. Wäre G nicht endlich, so enthielte G ein Element unendlicher Ordnung und es gäbe eine echt absteigende, nicht abbrechende Kette von Untergruppen.

38) Folgt aus der Eindeutigkeitsaussage im Hauptsatz für abelsche Gruppen.

39)
a) Sei $n = p_1^{\alpha_1} \cdot \ldots \cdot p_s^{\alpha_s}$ die Primzahlzerlegung von $n \in N$, $n > 1$. Die minimalen (maximalen) Untergruppen von Z_n entsprechen eineindeutig den Zahlen p_i (bzw. $\frac{n}{p_i}$) ($i = 1, \ldots, s$).
b) Zyklische Gruppen von Primzahlpotenzordnung.

40)
a) folgt aus 11.23.
b) Eine solche Gruppe ist zu $Z_{p^2q^2}$ oder $Z_p \times Z_{pq^2}$ oder $Z_q \times Z_{p^2q}$ oder $Z_{pq} \times Z_{pq}$ isomorph.

41)
a) Jeder Endomorphismus φ von $Z/(n)^+$ ist eindeutig bestimmt durch seine Wirkung auf $1+(n)$. Ist $\varphi(1+(n)) = a+(n)$, so wird durch $\mathrm{End}(Z/(n)^+) \to Z/(n)$ ($\varphi \mapsto a + (n)$) ein Ringisomorphismus gegeben.
b) Ist $G \cong Z/(p)^+$, so ist $\mathrm{End}(G) \cong Z/(p)$ ein Körper. Sei umgekehrt $\mathrm{End}(G)$ ein Körper. Jeder Endomorphismus $\varphi \neq 0$ ist dann ein Automorphismus. Zerlege G in ein direktes Produkt zyklischer Gruppen von Primzahlpotenzordnung. Man findet immer nichttriviale Endomorphismen, die nicht Automorphismen

Übungen zu §11

sind (Multiplikation mit ganzen Zahlen), außer wenn G zyklisch von Primzahlordnung ist.

42) Bei endlichen Körpern ist dies klar. Ist K ein Körper der Charakteristik 0, so hat $(K,+)$ keine Elemente $\neq 0$ von endlicher Ordnung, aber $(K^*,\cdot)$ hat solche. Ist Char $K = p > 0$, so besitzt $(K,+)$ unendlich viele Elemente der Ordnung p, aber $(K^*,\cdot)$ nur endlich viele, da $X^p - 1$ höchstens p Nullstellen besitzt.

43) Es genügt, Systeme zu betrachten, die in $\mathbf{Q}^n$ auflösbar sind. Man kann auch annehmen, daß die Linearformen $\sum_{k=1}^{n} a_{ik} X_k$ ($i = 1, \ldots, m$) linear unabhängig über $\mathbf{Q}$ sind, also $m \leq n$. Sei $A = (a_{ik})$. Es gibt invertierbare Matrizen S und T mit Koeffizienten aus $\mathbf{Z}$, so daß

$$\text{SAT} = \begin{bmatrix} \varepsilon_1 & & & 0 \\ & \varepsilon_2 & & \\ & & \ddots & \\ 0 & & & \varepsilon_m \end{bmatrix}$$

und das gegebene System ist äquivalent zu einem der Form $\varepsilon_i Y_i = c_i$ ($i = 1, \ldots, m$). Dies gilt auch für die Systeme, die man durch Reduktion modulo d für $d \in \mathbf{Z}$ erhält. Das letzte System ist genau dann lösbar, wenn $\varepsilon_i \mid c_i$ ($i = 1, \ldots, m$), d.h. wenn das System modulo ε_i lösbar ist.

44)
   a) folgt aus dem Hauptsatz für abelsche Gruppen.
   b) Wähle Zerlegung $G = G_1 \times G_2$ gemäß a). Sei g ein erzeugendes Element von G_2. Dann ist $\varphi(g) = g^n$ für ein eindeutiges $n \in \mathbf{N}$ mit $0 \leq n < m$. Ferner ist für jedes $h \in G$ auch $\varphi(h) = h^\alpha$ mit einem $\alpha \in \mathbf{N}$. Schreibe $h = g_1 \cdot g^i$ ($g_1 \in G_1, i \in \mathbf{N}$) und wende φ an. Es ergibt sich leicht, daß $\varphi(h) = h^n$ für alle $h \in G$.

45)
   a) Neutrales Element von G' ist der **triviale** Charakter σ mit $\sigma(g) = 1$ für alle $g \in G$. Der zu $\tau \in G'$ inverse Charakter ist durch $\tau^{-1}(g) = \tau(g)^{-1}$ gegeben.
   b) Sei G zyklisch von der Ordnung m, sei g ein primitives Element von G und ξ eine primitive m-te Einheitswurzel. Dann ist der durch $\sigma(g^i) = \xi^i$ ($i = 0, \ldots, m-1$) gegebene Charakter ein erzeugendes Element der Ordnung m von G'. Ist $G = G_1 \times \cdots \times G_r$ direktes Produkt endlicher zyklischer Gruppen und σ_i die Beschränkung von $\sigma \in G'$ auf G_i, so ist $G' \to G'_1 \times \cdots \times G'_r$ ($\sigma \mapsto (\sigma_1, \ldots, \sigma_r)$) ein Gruppenisomorphismus, also $G' \cong G'_1 \times \cdots \times G'_r \cong G_1 \times \cdots \times G_r \cong G$.

46) Für $g, h \in G$ und $\sigma \in G'$ gilt $\alpha(gh)(\sigma) = \sigma(gh) = \sigma(g) \cdot \sigma(h) = \alpha(g)(\sigma) \cdot \alpha(h)(\sigma)$, somit ist α ein Gruppenhomomorphismus. Für $g \in \ker \alpha$ gilt $\sigma(g) = 1$ für alle $\sigma \in G'$. Es gibt aber zu jedem $g \neq e$ einen Charakter σ mit $\sigma(g) \neq 1$. (Hier

benutzt man die Voraussetzung über Char K). Daher ist ker $\alpha = \{e\}$. Wegen $|G| = |G'| = |G''|$ muß α ein Isomorphismus sein.

47)
   a) Zyklische Gruppen von Primzahlpotenzordnung.
   b) Je zwei nichttriviale Untergruppen haben nichttrivialen Durchschnitt.
   c) Sei $U := \{\frac{r}{p^s} \mid r \in \mathbb{Z}, s \in \mathbb{N}\}$ und $U' := \{\frac{a}{b} \mid a, b \in \mathbb{Z}, p \nmid b\}$. Dann sind U und U' Untergruppen von $(\mathbb{Q}, +)$ mit $U \cap U' = \mathbb{Z}$. Für $\frac{x}{y} \in \mathbb{Q}$ ($x, y \in \mathbb{Z}, y \neq 0$) schreibe $y = p^s \cdot z$ ($s \in \mathbb{N}, z \in \mathbb{Z}, p \nmid z$) und $x = az + bp^s$. Dann ist $\frac{x}{y} = \frac{a}{p^s} + \frac{b}{z} \in U + U'$.

48) Sei $s = \{s_p + (p)\}_{p \in \mathcal{P}} \in P$ ($s_p \in \mathbb{Z}$).
   a) Ist $s \in S$, so gibt es nur endlich viele $p \in \mathcal{P}$ mit $s_p \not\equiv 0 \bmod p$, etwa $p_1, \ldots, p_t$. Dann ist $p_1 \cdot \ldots \cdot p_t s = 0$. Ist dagegen $s \notin S$, so gibt es kein $n \in \mathbb{N}_+$ mit $n \cdot s = 0$, da n nur endlich viele Primteiler besitzt.
   b) Sei $s_p \neq 0$. Dann ist $s_p + (p)$ kein Vielfaches von p.
   c) Man zeigt $p \cdot P + S = P$.
   d) Wäre $P = S \oplus U$ mit einer Untergruppe $U \subset P$, so wäre $pU = U$ für jede Primzahl p. Hieraus würde aber $U = \{0\}$ folgen.

49) a) p^m. b) $\underbrace{\mathbb{Z}/(p) \oplus \cdots \oplus \mathbb{Z}/(p)}_{m}$.

50)
   a) Wegen $2g = 0$ für $g \in G_2$ ist G_2 ein $\mathbb{F}_2$-Vektorraum, also $G \cong \mathbb{F}_2^r$ mit einem $r \in \mathbb{N}$.
   b) In $\sum_{g \in G} g$ heben sich für $g \in G \setminus G_2$ die Summanden g und $-g$ weg. Die Aussage $2 \cdot \sum_{g \in G} g = 0$ folgt nun nach a).
   c) Man braucht nach a) und b) nur den Fall $G = G_2 = \mathbb{F}_2^r$ zu betrachten. Ist $r > 1$, so haben jeweils 2^{r-1} Elemente von G die i-te Koordinate 0 und ebenso viele die i-te Koordinate 1. Es folgt dann $\sum_{g \in G} g = 0$.

51) Ist $n > 1$, so ist $G_n \cong G_{n-1}/\ker f_{n-1} = G_{n-1}/\operatorname{im} f_{n-2}$ und
$$\{0\} \to G_1 \to G_2 \to \cdots \to G_{n-2} \to \operatorname{im} f_{n-2} \to \{0\}$$
ist exakt. Für endliche Gruppen ergibt sich die Behauptung sofort durch Induktion. Für freie abelsche Gruppen zeigt man zuerst, daß $G_{n-1} \cong G_n \oplus \operatorname{im} f_{n-2}$ ist, wobei $\operatorname{im} f_{n-2}$ frei vom Rang $r_n - r_{n-1}$ ist, und wendet nun Induktion an.

52)
   a) Sei G eine endliche abelsche Gruppe mit genau zwei maximalen Untergruppen. Ist G zyklisch, so wird $|G|$ von genau 2 Primzahlen geteilt. Zerfällt G in eine direkte Summe, so können nur 2 Summanden auftreten und diese müssen zyklisch von Primzahlpotenzordnung sein zu verschiedenen Primzahlen. Dann ist G aber selbst zyklisch (Aufg. 40a)).

b) S_3.

53) Betrachte die zyklischen Untergruppen der Gruppe. Jede Gruppe mit genau 4 Untergruppen ist zu $\mathbf{Z}_{pq}$ mit verschiedenen Primzahlen p,q oder zu $\mathbf{Z}_{p^3}$ mit einer Primzahl p isomorph.

54)
  a) $\tau = (1,3,7)(2,10)(4,8,6,5)$, $\text{sign}(\tau) = +1$, $\text{ord}(\tau) = 12$.
  b) 151200.
  c) Zerlege σ in disjunkte Zahlen. Dann ist $p = \text{ord}\,\sigma$ das kleinste gemeinsame Vielfache der Ordnungen dieser Zyklen. Es kann daher nur ein p-Zyklus auftreten.

55)
  a) $\text{sign}: G \to \{1,-1\}$ ist ein Gruppenepimorphismus mit dem Kern $G \cap A_n$.
  b) $Z(S_n) = S_n$ für $n = 1, 2$, $Z(S_n) = \{\text{id}\}$ für $n \geq 3$.

56)
  a) Sei $\sigma := (1,2,\ldots,n)$. Dann ist $\sigma^i \circ (1,2) \circ \sigma^{-i} = (i+1, i+2)$ für $i = 0, \ldots, n-1$. Da S_n von den Transpositionen benachbarter Elemente erzeugt wird, folgt die Behauptung.
  b) Es ist $\sigma^i = (1, i, \ldots)$ ein n-Zyklus, da n eine Primzahl ist. Wende nun a) an.
  c) $(1,3)$ und $(1,2,3,4)$ erzeugen in S_4 eine Diedergruppe D_4.

57) Drehungen im $\mathbf{R}^3$ besitzen eine Drehachse. Für die Drehungen eines regulären Tetraeders sind folgende Fälle möglich:

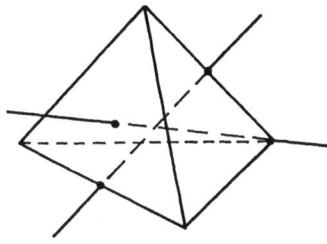

α) Die Drehachse führt durch eine Ecke und den Mittelpunkt der gegenüberliegenden Seite. Ohne die Identität sind das 8 Drehungen.

β) Die Drehachse geht durch die Mittelpunkte zweier gegenüberliegender Kanten (3 Drehungen $\neq$ id).

Alle diese Drehungen liefern gerade Permutationen der vier Ecken des Tetraeder. Da $|A_4| = 12$ ist, folgt die Behauptung.

58) 12.

59) a) 2, b) n, c) 2 für ungerades n, 4 für gerades n.

60) Es gilt $|N \cdot P| \cdot |P \cap N| = |N| \cdot |P|$ (Aufg. 15) und P ist eine Sylowuntergruppe von $N \cdot P$. Daher ist $|P \cap N|$ die höchste p-Potenz, welche $|N|$ teilt.

61)
  a) Sei M die Menge der Linksnebenklassen von G modulo H. Die Gruppe N ist der Kern des Gruppenhomomorphismus $G \to S(M)$, der $x \in G$ die durch $gH \mapsto xgH$ definierte Permutation von M zuordnet.
  b) ist klar.
  c) Sei $H \subset G$ eine Untergruppe mit $[G:H] = p$. Für N wie in a) gilt $[G:N] = [G:H] \cdot [H:N] = p \cdot [H:N]$ und $[G:N]$ ist ein Teiler von $p!$, also $[H:N]$ einer von $(p-1)!$. Nach Wahl von p muß $H = N$ sein.
  d) folgt aus a), da die p-Sylowuntergruppen von G konjugiert sind, und jede p-Untergruppe in einer p-Sylowuntergruppe liegt.

62) Sei s_p die Zahl der p-Sylowuntergruppen von G, entsprechend sei s_q definiert. Es ist $s_p = 1$ oder $s_p = q$, wobei $p \mid q-1$. Ferner ist $s_q = 1$ oder $s_q = p$, wobei $q \mid p-1$ oder $s_q = p^2$, wobei $q \mid p^2 - 1$. Die Fälle $s_p = q$, $s_q = p$ und $s_p = q$, $s_q = p^2$ führen zu Widersprüchen. Daher muß $s_p = 1$ oder $s_q = 1$ sein.

63) Es ist $200 = 8 \cdot 25$. Aus den Sylowsätzen folgt, daß eine Gruppe mit $|G| = 200$ genau eine 5-Sylowuntergruppe besitzt. Diese ist Normalteiler in G und von der Ordnung 25, also abelsch (Aufg. 83a)).

64) Die Gruppe muß zyklisch von der Ordnung n sein. n ist nicht durch das Quadrat einer Primzahl teilbar, denn sonst gäbe es eine abelsche, nicht zyklische Gruppe der Ordnung n. Gibt es Primteiler p und q von n mit $p \mid q-1$, so ist $\mathbf{Z}_p$ eine Untergruppe der Automorphismengruppe von $\mathbf{Z}_q$ und es gibt eine nichtabelsche Gruppe der Ordnung $p \cdot q$ (Aufg. 26)), folglich auch eine der Ordnung n.

65)
  a) Es ist $ga^m g^{-1}$ für jeden Teiler m von n und jedes $g \in D_n$ ein Element der Ordnung $\frac{m}{n}$ von (a), also $g(a^m)g^{-1} = (a^m)$.
  b) $aba^{-1}b^{-1} = a^2$ ist ein Kommutator. Ferner ist wegen $b^2 = e$, $ba = a^{-1}b$ jeder Kommutator in (a^2) enthalten.
  c) (a^m) besitzt die Ordnung p^k und ist nach a) Normalteiler in D_n.

66) Aus den Sylowsätzen ergibt sich, daß G genau eine 3-Sylowuntergruppe und genau eine 5-Sylowuntergruppe besitzt. Diese sind Normalteiler in G und G ist ihr direktes Produkt (vgl. Aufg. 8)). Jede Gruppe der Ordnung 9 ist abelsch und daher zu $\mathbf{Z}_9$ oder zu $\mathbf{Z}_3 \times \mathbf{Z}_3$ isomorph. Daher ist $G \cong \mathbf{Z}_{45}$ oder $G \cong \mathbf{Z}_3 \times \mathbf{Z}_{15}$. Im ersten Fall besitzt G genau 6 Untergruppen, im zweiten genau 12.

67) $s_p := [S_p : N]$ ist die Anzahl der p-Sylowuntergruppen von S_p. Es gibt $\frac{p!}{p} = (p-1)!$ Elemente der Ordnung p in S_p (p-Zyklen) und somit $(p-2)!$ p-Sylowuntergruppen von S_p. Es folgt $|N| = p(p-1)$.

68)
  a) Operation durch Linkstranslation.
  b) $\varphi(g) = \text{id}$ gilt dann und nur dann, wenn $ghU = hU$ für alle $h \in G$. Mit $h = e$ folgt $g \in U$. Ist $t := [G:U]$ endlich, so ist es auch $S(G/U)$. Da G/N nach

dem Homomorphiesatz eine Untergruppe von $S(G/U)$ ist, ist $[G:N]$ ein Teiler von $|S(G/U)| = t!$ und ferner gilt $[G:N] = t \cdot [U:N]$.

c) Es ist $392 = 2^3 \cdot 7^2$. Wende b) an mit einer 7-Sylowuntergruppe U von G.

69)
   a) Sei $G = U \times U'$. Dann ist $|U'| = [G:U]$. Hätten $|U|$ und $[G:U]$ einen gemeinsamen Primteiler p, so wäre die Untergruppe der Ordnung p von G in $U \cap U'$ enthalten.

   b) $U \times U'$ und G haben die gleiche Ordnung. Der Kern des Homomorphismus $U \times U' \to G$ $((u,u') \mapsto u \cdot u'^{-1})$ ist trivial, weil $U \cap U' = \{e\}$ ist wegen der Teilerfremdheit von $|U|$ und $|U'|$.

   c) folgt aus dem Hauptsatz für abelsche Gruppen (11.30).

70) a) und b) sind analog zu Aufg. 30).

   c) Zerlege G in ein direktes Produkt zyklischer Gruppen von Primzahlpotenzordnung. Dann ist $T_p(G)$ die Summe der zyklischen Summanden von der Ordnung p^n ($n \in \mathbb{N}$).

   d) Nach dem chinesischen Restsatz ist $\mathbb{Z}/(n) \cong \mathbb{Z}/(p^k) \oplus \mathbb{Z}/(m)$.

   e) Untergruppenkriterium.

   f) Sei $x = q + \mathbb{Z} \in \mathbb{Q}/\mathbb{Z}$ ($q \in \mathbb{Q}$). Genau dann gilt $p^n x = 0$, wenn $p^n q \in \mathbb{Z}$, d.h. wenn $q \in A$.

   g) Jede echte Untergruppe von $T_p(G)$ ist von der Form $U/\mathbb{Z}$ mit einer Untergruppe $U \subsetneq A$, $\mathbb{Z} \subsetneq U$. Es gibt ein $k \in \mathbb{N}_+$, so daß $\frac{1}{p^k} \in U$, $\frac{1}{p^{k+1}} \notin U$. Ist $r = \frac{z}{p^e} \in U$ ($z \in \mathbb{Z} \setminus \{0\}, p \nmid z$), so gibt es Elemente $a, b \in \mathbb{Z}$ mit $ap^e + bz = 1$ und es folgt $a + b \cdot r = \frac{1}{p^e} \in U$, also $e \leq k$. Somit ist $U = \frac{1}{p^k}\mathbb{Z}$.

71)
   a) S_4 besitzt 3 Untergruppen der Ordnung 8, welche konjugiert und somit isomorph sind.

   b) U ist die Isotropiegruppe von $\{4\}$, aber kein Normalteiler von S_4.

   c) Nein.

   d) Es sind die Untergruppen, welche eine Zahl aus $\{1, 2, 3, 4\}$ festlassen.

   e) Ist $U \subset S_4$ eine Untergruppe mit $|U| = 12$, so ist U Normalteiler von S_4 (Aufg. 14)) und U enthält alle Elemente ungerader Ordnung von S_4, also insbesondere die Dreierzyklen, die A_4 erzeugen.

   f) Es gibt nur triviale Gruppenhomomorphismen $\mathbb{Z}/(5) \to S_4$.

   g) Untergruppen der Ordnung 2 und 3 sind nicht Normalteiler. Es bleiben nur noch die Untergruppen der Ordnung 4 zu betrachten. Zyklische Untergruppen der Ordnung 4 sind ebenfalls keine Normalteiler. Es bleibt nur noch die Untergruppe $V := \{\text{id}, \sigma_1, \sigma_2, \sigma_3\}$ mit $\sigma_1 = (12)(34)$, $\sigma_2 = (13)(24)$, $\sigma_3 = (14)(23)$. Diese ist Normalteiler und eine Kleinsche Vierergruppe.

72)
   a) Eine Untergruppe $U \subset A_4$ mit $|U| = 6$ würde einen 3-Zyklus $\tau = (a,b,c)$ und ein Element σ_1 der Ordnung 2 enthalten, etwa $\sigma_1 = (12)(34)$. Ist o.B.d.A. $\tau(1) = 1$, so enthält U auch $\sigma_2 = (13)(24)$ und $\sigma_3 = (14)(23)$. Dann wäre $\{id, \sigma_1, \sigma_2, \sigma_3\}$ eine Untergruppe von U, ein Widerspruch.

   b) Sei $|G| = 12$ und G enthalte keine Untergruppe der Ordnung 6. Die Gruppe G besitzt eine oder 4 3-Sylowuntergruppen U. Im ersten Fall wäre U ein Normalteiler mit $|G/U| = 4$ und G hätte doch eine Untergruppe der Ordnung 6. Sei $M = \{P_1, P_2, P_3, P_4\}$ die Menge der 3-Sylowuntergruppen von G. Dann operiert G auf M transitiv durch Konjugation. Ist N der Kern des entsprechenden Homomorphismus $G \to S(M)$, so ist $|G/N| \geq 4$. Es folgt $N = \{e\}$ und $G \subset S(M) \cong S_4$. Wende 71e) an.

73) $S_4 \to \mathrm{Aut}(A_4)$ ordne jedem $\sigma \in S_4$ den durch σ bewirkten inneren Automorphismus i_σ zu. Ist $i_\sigma = id$, so findet man leicht, daß $\sigma = id$ ist, also $S_4 \subset \mathrm{Aut}(A_4)$. Die Gruppe A_4 wird von (123) und $(12)(34)$ erzeugt. A_4 besitzt 8 Elemente 3. Ordnung und 3 Elemente von der Ordnung 2. Die Gruppe $\mathrm{Aut}(A_4)$ kann somit nur 24 Elemente besitzen, d.h. es ist $S_4 = \mathrm{Aut}(A_4)$.

Jeder Automorphismus $\beta \in \mathrm{Aut}(S_4)$ läßt A_4 invariant. Wenn $\beta|_{A_4} = id$ ist, dann gilt $\beta(\sigma\tau) = \beta(\sigma) \cdot \beta(\tau) = id$ für alle ungeraden Permutationen σ, τ und es folgt $\beta = id$, somit $\mathrm{Aut}(S_4) = \mathrm{Aut}(A_4) = S_4$.

74) Untergruppen der Ordnung 3 und 6 von S_4 operieren nicht transitiv und A_4 ist die einzige Untergruppe der Ordnung 12 von S_4. Es kommen somit nur A_4 und S_4 in Frage.

75)
   a) Es ist $D_4 \subset S_5$ und $|D_4| = 8$, also sind die 2-Sylowuntergruppen zu D_4 isomorph. Es gibt 15 solche Untergruppen und 6 5-Sylowuntergruppen in S_5.

   b) Eine Untergruppe $G \subset S_5$ mit $|G| = 10$ wird erzeugt von einem 5-Zyklus $\sigma = (12345)$ und einem Element τ der Ordnung 2. Ist τ eine Transposition, so könnte $\tau = (12)$ angenommen werden und es würde $G = S_5$ folgen. Somit muß τ eine gerade Permutation sein.

   c) Gruppen der Ordnung 15 sind zyklisch und daher nicht in S_5 enthalten. Eine Untergruppe $U \subset S_5$ mit $|U| = 30$ enthielte einen 3-Zyklus, sowie einen 5-Zyklus und würde von diesen erzeugt. Es wäre $U \subset A_5$ vom Index 2, also Normalteiler, im Widerspruch zur Einfachheit von A_5.

   d) Eine Untergruppe $U \subset S_5$ mit $|U| = 60$ wird von einem 3-Zyklus und einem 5-Zyklus erzeugt, d.h. $U = A_5$.

   e) Ja.

76) Man kann $G \subset S_5 \times S_6$ annehmen. $M \cdot N$ ist Normalteiler in G und $G/M \cdot N$ eine Restklassengruppe von $G/M \cong S_5$. Somit besitzt $M \cdot N$ in G den Index 1 oder 2. Im ersten Fall findet man $G = S_5 \times S_6$, im zweiten

Übungen zu §11

$G = \{(a,b) \in S_5 \times S_6 \mid \text{sign}(a) = \text{sign}(b)\}$.

77) Die Sylowuntergruppen sind auflösbar und ein direktes Produkt auflösbarer Gruppen ist auflösbar.

78) Sei G eine solche Gruppe und seien $P_1, \ldots, P_t$ Sylowuntergruppen zu den verschiedenen Primteilern von $|G|$. Betrachte den Gruppenhomomorphismus $\alpha: P_1 \times \cdots \times P_t \to G$ mit $\alpha(p_1, \ldots, p_t) = p_1 \cdot \ldots \cdot p_t$ ($p_i \in P_i$). Dann ist ker $\alpha = \{e\}$, da $\text{ord}(p_1 \cdot \ldots \cdot p_t) = \prod_{i=1}^{t} \text{ord}(p_i)$ nach 11.23. Aus $|P_1 \times \cdots \times P_t| = |G|$ ergibt sich, daß α ein Isomorphismus ist.

79) $n = 4$.

80)
  a) N ist direktes Produkt von Gruppen $\mathbb{Z}_q$ mit Primzahlen $q \mid n$ und der durch g bewirkte Automorphismus von N läßt alle Faktoren invariant. Da $|\text{Aut}(\mathbb{Z}_q)| = q - 1$ ist und p kein Teiler von $q - 1$, ist der Automorphismus trivial.

  b) Sei $G = N_\ell \supset N_{\ell-1} \supset \cdots \supset N_0 = \{e\}$ eine Untergruppenkette wie in 11.63, wobei $N_\ell/N_{\ell-1}$ zyklisch von Primzahlordnung p ist (11.66). Weiterhin kann man durch Induktion annehmen, daß $N_{\ell-1}$ zyklisch ist. Es ist p kein Teiler von $|N_{\ell-1}|$, daher wird G von $N_{\ell-1}$ und einem $g \in G$ mit $\text{ord}(g) = p$ erzeugt. Nach a) ist $N_{\ell-1} \subset Z(G)$ und nach 24a) ist G abelsch: $G \cong \mathbb{Z}_{p_1} \times \cdots \times \mathbb{Z}_{p_\ell} \cong \mathbb{Z}_n$.

81)
  a) Die angegebene Formel zeigt, daß Dreizyklen Kommutatoren sind. Weil U/N abelsch ist, sind sie in N enthalten, wenn sie in U enthalten sind.

  b) Wäre S_n auflösbar, so würde aus a) folgen, daß alle Dreizyklen = id sind, was absurd ist.

82)
  a) G ist Untergruppe der Permutationsgruppe $S(M) \cong S_p$. Nach 11.5 wird $|G|$ von p geteilt und G enthält nach Cauchy einen p-Zyklus.

  b) Daß N treu operiert, ist klar. Ferner besitzen alle Bahnen von M unter der Operation von N gleich viele Elemente, denn ist U die Isotropiegruppe eines $x \in M$, so ist gUg^{-1} die Isotropiegruppe von $g(x)$ für jedes $g \in G$. Da $|M| = p$ eine Primzahl ist, kann es nur eine Bahn geben.

  c) Aus a) und b) folgt durch Induktion, daß N_1 ein Element der Ordnung p enthalten muß.

83)
  a) Jede endliche p-Gruppe hat ein nichttriviales Zentrum. Wende 24a) an.

  b) Da G nicht abelsch ist, gibt es $a, b \in G$, so daß $aba^{-1}b^{-1} \neq e$. Dann gilt $G = \langle a, b \rangle$. Ferner ist $|Z(G)| = p$.

  c) Die Diedergruppe D_7 hat triviales Zentrum und $|D_7| = 14$. Da jede Gruppe der Ordnung 15 zyklisch ist, kann $|G/Z(G)| = 15$ nach 24a) nicht eintreten.

84) $D_6 \times \mathbb{Z}_3$ oder $\mathbb{Z}_6 \times S_3$.

85) Lasse G auf N durch Konjugation operieren und wende 11.51 an.

86) Bette G mit Hilfe der Permutationsdarstellung in S_n ($n := 2(2m+1)$) ein. Sei $\sigma \in G$ ein Element der Ordnung 2. Als Permutation ist σ Produkt disjunkter Transpositionen. Die Bilder der Elemente aus $G \setminus \{e\}$ in S_n sind fixpunktfreie Permutationen nach der Kürzungsregel in G. Daher ist σ Produkt von $2m+1$ Transpositionen, also sign $\sigma = -1$ und somit $G \not\subset A_n$. Daher besitzt G den Normalteiler $A_n \cap G \neq G$.

87)
  a) Untergruppenkriterium.
  b) Für $(g,e) \in U \cap G_1$ und $(h,e) \in G_1$ ist $(h,h) \in D \subset U$ und $(h^{-1}, h^{-1}) \in D \subset U$. Es folgt $(h,e)(g,e)(h^{-1},e) = (hgh^{-1}, e) = (h,h)(g,e)(h^{-1}, h^{-1}) \in U$.
  c) Ist N ein von $\{e\}$ und G verschiedener Normalteiler von G, so ist $U := \{(g,h) \mid gh^{-1} \in N\}$ eine Untergruppe von P mit $D \subsetneq U \subsetneq P$. Ist umgekehrt G einfach und $U \subset P$ eine Untergruppe mit $D \subsetneq U$, so ist $U \cap G_i = G_i$ nach b) und es folgt $U = P$.

88)
  a) $333 = 3^2 \cdot 37$. Wende Aufg. 62) an.
  b) $\mathbb{Z}_3 \times \mathbb{Z}_{111}$.
  c) Man hat einen injektiven Gruppenhomomorphismus $\varphi: \mathbb{Z}_9 \to \text{Aut}(\mathbb{Z}_{37})$. Sei $G := \mathbb{Z}_9 \times_\varphi \mathbb{Z}_{37}$ das semidirekte Produkt bzgl. φ (vgl. Aufg. 26)). Alternativ: Es gibt eine nichtabelsche Gruppe der Ordnung 111 (vgl. Aufg. 64)).

89)
  a) folgt aus 11.5 (wobei G keine p-Gruppe sein muß).
  b) Nach a) besitzt jede Konjugationsklasse p^i Elemente mit einem $i \leq n$. Da $\{e\}$ eine Konjugationsklasse ist, kann G keine sein, d.h. $i = n$ tritt nicht auf. Da G die disjunkte Vereinigung von Konjugationsklassen ist, folgt die angegebene Formel.
  c) Es ist $|Z(G)| \geq p$ nach b). Für $g \in Z(G)$ ist $Z(g) = G$. Ist $g \in G \setminus Z(G)$, so ist $g \in Z(g)$, also $Z(g) \supsetneq Z(G)$. Die Gleichung $a_{n-1} = 0$ folgt, weil $[G : Z(g)]$ die Anzahl der Elemente in der Konjugationsklasse von g ist.

90) Schreibe im folgenden $\ell =: \tau_{a,b}$.
  a) ist klar.
  b) Es ist $\tau_{a,b}^i(x) = a^i x + (1 + a + \cdots + a^{i-1})b$ ($i \in \mathbb{N}$). Hieraus folgt
  $$\text{ord}\,\tau_{a,b} = \begin{cases} 1 & a = 1, b = 0 \\ p & a = 1, b \neq 0 \\ \text{ord}\,a & a \neq 1 \end{cases}$$
  c) $U = \{\tau_{1,b} \in G \mid b \in \mathbb{F}_p\}$. Beachte, daß es in G nach b) nur $p-1$ Elemente der Ordnung p gibt.

d) Durch $\tau_{ab} \mapsto a$ wird ein Gruppenepimorphismus $G \to \mathsf{F}_p^*$ mit dem Kern U gegeben.

e) G ist für $p > 2$ nicht abelsch, aber auflösbar, da U und G/U zyklisch sind.

91) Betrachte den Kern des kanonischen Ringhomomorphismus $\rho: \mathsf{Z} \to R$. Ist ρ surjektiv, so ist $R \cong \mathsf{Z}/(p^2)$. Andernfalls ist $\ker \rho = (p)$ und R eine F_p-Algebra. Für ein $x \in R \setminus \mathsf{F}_p$ gilt dann $R = \mathsf{F}_p \oplus \mathsf{F}_p x$. Sei $f := X^2 + aX + b \in \mathsf{F}_p[X]$ das Minimalpolynom von x über F_p. Die drei weiteren Fälle ergeben sich, je nachdem f irreduzibel ist, zwei verschiedene oder eine doppelte Nullstelle besitzt (vgl. § 6, Aufg. 12)).

92)
a) Die Bestimmung des Reziproken von $z = a_0 + a_1 i + a_2 j + a_3 k$ $((a_0, a_1, a_2, a_3) \in \mathsf{Q}^4 \setminus \{0\})$ führt auf ein lineares Gleichungssystem mit nichtverschwindender Determinante.

b) ist klar.

c) Jede Untergruppe $U \neq \{1\}$ von Q enthält -1. Für $x \in G \setminus \{1\}$ ist $x^{-1} = -x$. Für $y \in Q$ gilt $xyx^{-1} = -xyx = \pm y$.

93)

Ordnung	Gruppen
1	$\{e\}$
2	Z_2
3	Z_3
4	$\mathsf{Z}_4, \mathsf{Z}_2 \times \mathsf{Z}_2$
5	Z_5
6	Z_6, S_3
7	Z_7
8	$\mathsf{Z}_8, \mathsf{Z}_4 \times \mathsf{Z}_2, \mathsf{Z}_2 \times \mathsf{Z}_2 \times \mathsf{Z}_2, D_4$, Quaternionengruppe
9	$\mathsf{Z}_9, \mathsf{Z}_3 \times \mathsf{Z}_3$
10	Z_{10}, D_5
11	Z_{11}
12	$\mathsf{Z}_{12}, \mathsf{Z}_2 \times \mathsf{Z}_6, A_4, D_6, \mathsf{Z}_3 \times_\varphi \mathsf{Z}_4$ (semidirektes Produkt)
13	Z_{13}
14	Z_{14}, D_7
15	Z_{15}

ÜBUNGEN ZU § 12:

1) Klar, da die Galoisgruppe die Wurzeln der irreduziblen Faktoren des Polynoms unter sich permutiert.

2) $f = X^4 - 2X^2 + 2$
Zerfällungskörper $\mathsf{Q}[\sqrt{1+i} + 2\sqrt{1-i}]$, $G(f) = D_4$.
$f = X^4 + 5X^2 + 5$
Zerfällungskörper $\mathsf{Q}[\sqrt{-10 - 2\sqrt{5}}]$, $G(f) = \mathsf{Z}_4$.

$f = X^4 + 6X^2 + 1$
Zerfällungskörper $\mathbf{Q}[\sqrt{-3+\sqrt{8}}]$, $G(f) = \mathbf{Z}_2 \times \mathbf{Z}_2$.
$f = X^6 + 2X^5 + 2X^4 + X^2 + 2X + 2 = (X^2 + 2X + 2)(X^4 + 1)$
Zerfällungskörper $\mathbf{Q}[i + \sqrt{2}]$, $G(f) = \mathbf{Z}_2 \times \mathbf{Z}_2$.

3) $\mathbf{Q}[\sqrt{1+2i}, \sqrt{1-2i}]$ ist der Zerfällungskörper von $X^4 - 2X^2 + 5$ über $\mathbf{Q}$ und folglich galoissch. Die Galoisgruppe ist zu D_4 isomorph.
$\mathbf{Q}[\sqrt{6+2\sqrt{-7}}, \sqrt{6-2\sqrt{-7}}]$ ist der Zerfällungskörper von $X^4 - 3X^2 + 4$. Die Galoisgruppe ist zu $\mathbf{Z}_2 \times \mathbf{Z}_2$ isomorph.

4) $\mathbf{Z}_2 \times \mathbf{Z}_2$ in beiden Fällen.

5) Es ist

$$f := (X+1)^8 + X^8 + 1 = 2(X^2 + X + 1)(X^6 + 3X^5 + 10X^4 + 15X^3 + 10X^2 + 3X + 1)$$

Sei h der letzte Faktor und L sein Zerfällungskörper über $\mathbf{Q}$. Ist x eine Nullstelle von h, so sind $x' := -\frac{1}{1+x}$ und $x'' := -\frac{1+x}{x}$ weitere Nullstellen. Der durch $x \mapsto x'$ gegebene Automorphismus besitzt die Ordnung 3. Ferner erzeugt $a := x + x' + x''$ den quadratischen Zahlkörper $\mathbf{Q}[\sqrt{-43}] \subset L$, daher ist $G(h) \cong S_3$. Der Zerfällungskörper $\mathbf{Q}[\sqrt{-3}]$ von $X^2 + X + 1$ ist nicht in L enthalten. Somit ist $G(f) \cong \mathbf{Z}_2 \times S_3$.

6)
  a) Δ ist invariant unter allen geraden Permutationen der Wurzeln und wechselt das Vorzeichen bei ungeraden Permutationen. Ferner ist $\Delta^2 \in K$. Die Gruppe $G \cap A_n$ ist ein Normalteiler von G vom Index 2 oder 1. In jedem Fall ist $K(\Delta)$ der Fixkörper von $G \cap A_n$.
  b) Es ist $|G|$ durch 3 teilbar. Die Behauptung folgt aus a).

7) $f' = 4X^3 + 1$ verschwindet im Reellen nur für $x = -\sqrt[3]{\frac{1}{4}}$ und f hat dort ein lokales Minimum > 0. Mit z ist auch $\bar{z} = u - iv$ eine Wurzel von f und daher wird f von $X^2 - 2uX + u^2 + v^2$ geteilt. Dividiert man f durch dieses Polynom, so findet man, daß $g(-4u^2) = 0$ sein muß. Da g irreduzibel ist, muß es das Minimalpolynom von $-4u^2$ über $\mathbf{Q}$ sein. Der Zerfällungskörper von f über $\mathbf{Q}$ enthält den Zwischenkörper $Z := \mathbf{Q}(u^2)$ mit $[Z:\mathbf{Q}] = 3$. Daher ist $G(f)$ keine 2-Gruppe und z ist nicht aus M konstruierbar.

8)
  a) Andernfalls hätte f unendlich viele Nullstellen.
  b) Das Polynom $X^p - X - \alpha^p + \alpha$ hat die p Nullstellen $\alpha + \beta$ ($\beta \in \mathbf{F}_p$), die auch Nullstellen von f sind. Es folgt $f = X^p - X - \alpha^p + \alpha$ und $K[\alpha]/K$ ist der Zerfällungskörper von f. Ferner ist $G(f) \cong (\mathbf{F}_p, +)$.

9) a) 15, b) Vgl. § 11, Aufg. 66).

10) Sei $f \in K[X]$ mit einem Körper K und sei α eine Wurzel von f. Dann ist $K[\alpha]/K$ galoissch, weil $G(f)$ abelsch ist. $K[\alpha]$ muß dann schon der Zerfällungskörper von f sein.

Übungen zu §12

11) Der Fixkörper der komplexen Konjugation σ liegt in L', daher ist $[L:L'] \leq 2$. Genau dann ist $[L':\mathbf{Q}]$ galoissch, wenn σ einen Normalteiler von $G(L/\mathbf{Q})$ erzeugt.

12)
   a) Es ist $(\sigma_2 \circ \sigma_1)(T) = T+1$, $(\sigma_1 \circ \sigma_2)(T) = T-1$, daher ist G nicht abelsch. G wird von σ_1 und $\sigma_2 \circ \sigma_1$ erzeugt und es ist $\operatorname{ord}(\sigma_1) = 2$, $\operatorname{ord}(\sigma_2 \circ \sigma_1) = p$. Daher ist $|G| \geq 2p$. Für $\tau \in G$ ist andererseits $\tau(T) = \pm T + \alpha$ ($\alpha \in \mathbf{F}_p$) und somit $|G| \leq 2p$.
   b) Es ist $[K_0(T):K] = 2p$. Da T eine Nullstelle des gegebenen Polynoms ist, muß es das Minimalpolynom sein. $1-T$ besitzt das gleiche Minimalpolynom.
   c) Als Endomorphismen haben σ_1 und σ_2 beide das Minimalpolynom $X^2 - 1$. Für den Eigenwert 1 erhält man die Eigenräume

$$\bigoplus_{i=0}^{p-1} KT^{2i} \quad \text{bzw} \quad \bigoplus_{i=0}^{p-1} K(T-\tfrac{1}{2})^{2i}$$

und für den Eigenwert -1 die Eigenräume

$$\bigoplus_{i=0}^{p-1} KT^{2i+1} \quad \text{bzw.} \quad \bigoplus_{i=0}^{p-1} K(T-\tfrac{1}{2})^{2i+1}$$

13)
   a) Die von den "Spiegelungen" $X \mapsto -X + \beta$ ($\beta \in \mathbf{R}$) erzeugten Untergruppen der Ordnung 2 und $\{\operatorname{id}\}$.
   b) X ist Nullstelle des Polynoms $g := f(Y) - f \in \mathbf{Q}(f)[Y]$. Als Polynom in $\mathbf{Q}[f,Y]$ ist g irreduzibel, denn es ist linear in f. Folglich ist g auch in $\mathbf{Q}(f)[Y]$ irreduzibel und $[\mathbf{Q}(X):\mathbf{Q}(f)] = \deg f$. Da $\mathbf{Q}[X]$ über $\mathbf{Q}[f]$ ganz ist und $\mathbf{Q}[X]$ ganzabgeschlossen in $\mathbf{Q}(X)$, gilt $\sigma(X) \in \mathbf{Q}[X]$ für jedes $\sigma \in \operatorname{Aut}(\mathbf{Q}(X)/\mathbf{Q}(f))$.
   c) folgt aus a) wegen $[\mathbf{Q}(X):\mathbf{Q}(f)] = \deg f$.

14)
   a) Vgl. § 2, Aufg. 2a).
   b) , c) Nachrechnen.
   d) f besitzt eine reelle Nullstelle x und nach c) drei verschiedene Nullstellen. Der Zerfällungskörper von f über $\mathbf{Q}$ ist $\mathbf{Q}[x]$. Da f nach a) keine rationale Nullstelle besitzt, ist f irreduzibel. Es folgt $G(f) \cong \mathbf{Z}/(3)$.

15)
   a) Die Existenz von α ergibt sich aus der linearen Unabhängigkeit der Charaktere (10.2). Für $g \in G$ ist $g(\alpha) = g(\sum_{h \in G} \sigma(h) \cdot h(a)) = \sum_{h \in G} \sigma(h)(g \circ h)(a)$ und folglich $\sigma(g) \cdot g(\alpha) = \alpha$. Aus $\frac{\alpha}{g(\alpha)} = \frac{\beta}{g(\beta)}$ für alle $g \in G$ folgt $\frac{\alpha}{\beta} \in K^*$.
   b) Für $g,h \in G$ ist $\frac{\alpha}{(g \circ h)(\alpha)} = \frac{g(\alpha) \cdot \alpha}{g(\alpha) \cdot g(h(\alpha))} = \frac{\alpha}{g(\alpha)} \cdot \frac{\alpha}{h(\alpha)}$.
   c) Ordne $\sigma \in G'$ die Restklasse $\alpha \cdot K^*$ mit α wie in a) zu.

d) Sei $i(\sigma) = \alpha \cdot K^*$. Es ist $\sigma(g)^r = 1$ für jedes $g \in G$, also $\frac{\alpha^r}{g(\alpha)^r} = 1$ und somit $\alpha^r = g(\alpha^r)$, folglich $\alpha^r \in K^*$.

16) Aus $f = (X^2 + uX + v)(X^2 + u'X + v')$ ergibt sich durch Koeffizientenvergleich

$$u + u' = 0,\ v + v' + uu' = 0,\ uv' + u'v = -a,\ vv' = -1$$

Dieses System ist über $\mathbf{Z}$ nicht lösbar, folglich ist f in $\mathbf{Q}[X]$ irreduzibel. Ist $X^2 + uX + v$ das Minimalpolynom von α über $\mathbf{Z}$, so ist auch $X^2 + \sigma(u)X + \sigma(v)$ ein Teiler von f, also o.B.d.A. $u' = \sigma(u)$, $v' = \sigma(v)$. Man erhält $u = r\sqrt{d}$ ($r \in \mathbf{Q}$) aus $u + u' = 0$ und die weiteren Bedingungen liefern $a^2 = (r^4 d^2 + 4)r^2 d$. Diese Gleichung ist für $r \in \mathbf{Q} \setminus \mathbf{Z}$ nicht erfüllbar. Wenn a eine Primzahl ≥ 3 ist, kann sie auch mit $r \in \mathbf{Z}$ nicht erfüllt werden.

ÜBUNGEN ZU § 13:

1) Es ist $\beta^{2(2n+1)} = \alpha^{4(2n+1)} = 1$. Ist $t \in \mathbf{N}$ ein Teiler von $2n + 1$, so ist $\beta^t = -\alpha^{2t} \neq 1$, und $\beta^{2t} = \alpha^{4t} = 1$ gilt nur für $t = 2n + 1$. Da $\beta^2 = \alpha^4$ eine primitive $(2n+1)$-te Einheitswurzel ist, ergibt sich $\mathbf{Q}(\alpha) = \mathbf{Q}(\beta)$.

2) Sei ξ eine primitive 23-te Einheitswurzel. Wähle $z := \xi + \xi^{-1}$.

3)
  a) Klar, da $1 - \xi$ Nullstelle des Polynoms $(1 - X)^n - 1$ ist und dieses den Gradkoeffizienten ± 1 besitzt.

  b) $N(1 - \xi)$ ist bis auf das Vorzeichen das konstante Glied des Minimalpolynoms und $(1 - X)^n - 1 = X(-n + \dots)$.

  c) n ist eine Einheit von $\mathbf{Z}_{(p)}$, da $p \nmid n$. Da $1 - \xi$ ein Teiler von $N(1 - \xi)$ in $\mathbf{Z}_{(p)}[\xi]$ ist und $N(1 - \xi)$ ein Teiler von n in $\mathbf{Z}$, ergibt sich, daß $1 - \xi$ Einheit in $\mathbf{Z}_{(p)}[\xi]$ ist.

4) Könnte man einen Winkel von 120 Grad dreiteilen, so könnte man auch das reguläre 9-Eck mit Zirkel und Lineal konstruieren. Alternativ: $[\mathbf{Q}(e^{\frac{2\pi i}{9}}) : \mathbf{Q}(e^{\frac{2\pi i}{3}})] = 3$.

5) $\mathbf{Q}(e^{\frac{\pi i}{3}}, e^{\frac{\pi i}{5}}, e^{\frac{\pi i}{15}})$ ist ein Teilkörper von $\mathbf{Q}(e^{\frac{2\pi i}{30}})$ und daher galoissch mit abelscher Galoisgruppe.

6)
  a) Die Automorphismen von $K(X)/K(X^n)$ werden durch $X \mapsto \xi X$ gegeben, wobei ξ die in K enthaltenen n-ten Einheitswurzeln durchläuft. G ist isomorph zur Gruppe der in K enthaltenen n-ten Einheitswurzeln.

  b) Sei $|G| =: d$. Dann gilt $d | n$ und $F = K(X^d)$. Die Zwischenkörper von $K(X)/F$ sind die Körper $K(X^m)$ mit $m \in \mathbf{N}_+$, $m | d$.

  c) Genau dann ist $K(X)/K(X^n)$ galoissch, wenn Char $K \nmid n$ und wenn K die n-ten Einheitswurzeln enthält.

7) Die Galoisgruppe von $\mathbf{Q}(\xi)/\mathbf{Q}$ ist zyklisch von der Ordnung $p - 1$ und hat genau eine Untergruppe U vom Index 2. Genau dann ist $Z \subset \mathbf{R}$, wenn die komplexe Konjugation $\xi \mapsto \xi^{-1}$ zu U gehört, d.h. wenn $(-1)^{\frac{p-1}{2}} = 1$ ist.

Übungen zu §13

8) $X^4 + X^3 + X^2 + X + 1$ hat die primitiven 5-ten Einheitswurzeln $(e^{\frac{2\pi i}{5}})^\nu$ ($\nu = 1,2,3,4$) als Nullstellen und daher hat $X^4 - X^3 + X^2 - X + 1$ die primitiven 10-ten Einheitswurzeln $\xi_\nu := -(e^{\frac{2\pi i}{5}})^\nu$ ($\nu = 1,2,3,4$) als Wurzeln. Die entsprechenden Permutationen werden durch id, (1243), (1342) und (14)(23) gegeben.

9) Da 1991 die Teiler $1, 11, 181$ und 1991 besitzt, hat $X^{1991} - 1$ vier nichtassoziierte irreduzible Faktoren und $R := \mathbf{Q}[X]/(X^{1991} - 1)$ genau 4 maximale Ideale. R ist das direkte Produkt von vier Körpern und hat $2^4 = 16$ Ideale (§ 6, Aufg. 7b)).

10)
   a) Die Galoisgruppe von $\mathbf{Q}(\xi)/\mathbf{Q}$ ist zyklisch von der Ordnung 2^i.
   b) $z := \xi + \xi^{-1}$ genügt der Gleichung $z^2 + z - 1 = 0$, d.h. es ist $z = -\frac{1}{2}(1 - \sqrt{5})$ und $\mathbf{Q}(\sqrt{5}) \subset \mathbf{Q}(\xi)$.
   c) Der 20-te Kreisteilungskörper besitzt die Galoisgruppe $\mathbf{Z}_2 \times \mathbf{Z}_4$ und hat drei minimale Zwischenkörper: $\mathbf{Q}(\sqrt{5}), \mathbf{Q}(i)$ und $\mathbf{Q}(\sqrt{-5})$.

11) Es gibt 6 bzw. 8 Zwischenkörper. Benutze, daß $E(\mathbf{Z}/(49))$ zyklisch ist.

12) $\phi_{45} = \frac{X^{45}-1}{(X^{15}-1)(X^6+X^3+1)} = X^{24} - X^{21} + X^{15} - X^{12} + X^9 - X^3 + 1$.

13)
   a) $\phi_{p^\nu} = \frac{X^{p^\nu}-1}{X^{p^{\nu-1}}-1} = \sum_{i=0}^{p-1}(X^{p^{\nu-1}})^i$.
   b) $\phi_{p^\nu}(1) = p$ folgt unmittelbar. Angenommen, ϕ_{p^ν} besitzt ein normiertes Polynom $g \in \mathbf{Z}[X]$ als echten Teiler. Dann kann $g(1) = \pm 1$ angenommen werden. Die Nullstellen von g sind gewisse primitive p^ν-te Einheitswurzeln. Daher ist ϕ_{p^ν} ein Teiler von $h := \prod_{0<j<p^\nu} g(X^j)$. Aus $\phi_{p^\nu}(1) = p$ und $h(1) = \pm 1$ ergibt sich ein Widerspruch.

14)
   a) , c) $X^6 + 1 = (X^2 + 1)(X^4 - X^2 + 1)$. Es gilt $L = \mathbf{Q}(e^{\frac{\pi i}{6}})$ und $[L : \mathbf{Q}] = 4$.
   b) $G(L/\mathbf{Q}) \cong \mathbf{Z}_2 \times \mathbf{Z}_2$. Die nichttrivialen Zwischenkörper von $L/\mathbf{Q}$ sind $\mathbf{Q}(i)$, $\mathbf{Q}(\sqrt{3})$, $\mathbf{Q}(\sqrt{-3})$.

15)
   a) Ist $\xi \in K$ eine primitive n-te Einheitswurzel, so ist
   $\varphi(n) = [\mathbf{Q}(\xi) : \mathbf{Q}] \leq [K : \mathbf{Q}]$. Da $\lim_{n \to \infty} \varphi(n) = \infty$ (§ 6, Aufg. 43)) folgt die Endlichkeit von W_K.
   b) $d = -1$ und $d = -3$.

16)
   a) Klar, da $(1, \xi, \ldots, \xi^{n-1})$ eine Basis von $K[\xi]$ über K.
   b) Die Ideale von $K[X]/(X^n - 1)$ sind von der Form $(f)/(X^n - 1)$, wobei f ein Teiler von $X^n - 1$ ist. Die Elemente eines solchen Ideals lassen sich eindeutig repräsentieren durch die $f \cdot h$ mit $h \in K[X]$, $\deg f + \deg h \leq n - 1$. Ein Untervektorraum $U \subset K[\xi]$ ist genau dann ein Ideal von $K[\xi]$, wenn $\xi U \subset U$. Hieraus folgt $\alpha) \leftrightarrow \beta)$.

17)
- a) Aus $X^{n+1} + X^{-(n+1)} = (X + X^{-1})(X^n + X^{-n}) - (X^{n-1} + X^{-(n-1)})$ ergibt sich eine Rekursionsformel zur Bestimmung von f_n.
- b) f_n besitzt die Nullstellenmenge $\{z + z^{-1} \mid z \in \mathbf{C}^*,\ z^n + z^{-n} = 0\}$. Dies sind n verschiedene reelle Zahlen.
- c) Ist $z + z^{-1}$ eine Nullstelle von f_n, so ist z eine $4n$-te Einheitswurzel. Der Zerfällungskörper von f_n ist der reelle Teil des $4n$-ten Einheitswurzelkörpers, d.h. der Fixkörper der komplexen Konjugation $\xi \mapsto \xi^{-1}$, wenn ξ eine primitive $4n$-te Einheitswurzel ist.
- d) Genau dann, wenn n eine Primzahlpotenz ist.

18)
- a) Für $\sigma \in G$ ist $\sigma(t) = \xi t$, $\sigma(u) = \eta t$ mit m-ten Einheitswurzeln ξ, η, wobei $\xi^2 t^t + \eta^2 u^2 = 1$ ist. Man findet $G = \{\mathrm{id}\}$, falls m ungerade, und $G \cong \mathbf{Z}_2 \times \mathbf{Z}_2$, wenn m gerade, wobei die Automorphismen aus G durch $t \mapsto \pm t$, $u \mapsto \pm u$ gegeben werden. Insbesondere ist $\mathbf{C}(t^m, u^m) = \mathbf{C}(t, u)$ für ungerades m und $\mathbf{C}(t^m, u^m) = \mathbf{C}(t^2)$ für gerades m.
- b) $\frac{1}{2}((t+iu)^m + (t-iu)^m)$ ist invariant unter G und damit in $\mathbf{C}(t^m, u^m)$ enthalten. Die Funktion $\cos x$ ist transzendent über $\mathbf{C}$. Man hat einen $\mathbf{C}$-Isomorphismus $\mathbf{C}(t, u) \xrightarrow{\sim} \mathbf{C}(\cos x, \sin x)$ mit $t \mapsto \cos x$, $u \mapsto \sin x$. Bei diesem wird $\frac{1}{2}((t+iu)^m + (t-iu)^m)$ auf $\frac{1}{2}(e^{imx} + e^{-imx}) = \cos mx$ abgebildet, folglich ist $\cos mx \in \mathbf{C}(\cos^m x, \sin^m x)$.
- c) $\sin mx$ ist das Bild von $\frac{1}{2i}((t+iu)^m - (t-iu)^m)$ in $\mathbf{C}(\cos x, \sin x)$. Für gerades m ist dieses Element nicht invariant unter G.

19) K enthält die 8. und die 3. Einheitswurzeln und damit $\sqrt{-1}, \sqrt{-2}$ und $\sqrt{-3}$. Umgkehrt ist in $\mathbf{Q}(\sqrt{-1}, \sqrt{-2}, \sqrt{-3})$ eine primitive 3. und 8. Einheitswurzel enthalten, also auch eine primitive 24. Einheitswurzel.

ÜBUNGEN ZU § 14:

1) Nein, denn ein endlicher Integritätsring ist ein Körper und es gibt keinen Körper mit genau 6 Elementen.
2) $f = X^3 + X + 1$.
3) Die M_i sind Hauptideale, erzeugt von irreduziblen Polynomen gleichen Grades $n := \delta(M_1) = \delta(M_2)$. Ist $|K| =: q$, so gilt $K[X]/M_1 \cong \mathbf{F}_{q^n} \cong K[X]/M_2$.
4) $\prod_{i=1}^{r}(q^{n_i} - 1)$.
5) Sei $|K| =: q$. Die Elemente von K (von K^*) sind die Wurzeln von $X^q - X$ (von $X^{q-1} - 1$), daher ist $\sum_{x \in K} x = 0$ und $\prod_{x \in K^*} x = -1$. Der Wilsonsche Satz folgt mit $K = \mathbf{F}_p$, falls p eine ungerade Primzahl ist. Für $p = 2$ ist er trivial.
6)
- a) Nachrechnen.

Übungen zu §14

b) Genau dann gilt $\det \begin{bmatrix} a & b \\ mb & a \end{bmatrix} = a^2 - mb^2 \neq 0$ für alle $(a,b) \neq (0,0)$, wenn m kein Quadrat ist. In diesem Fall ist das Gleichungssystem

$$ax + mby = 1$$
$$bx + ay = 0$$

für alle $(a,b) \neq (0,0)$ lösbar und liefert in L_m ein zu $\begin{bmatrix} a & b \\ mb & a \end{bmatrix}$ inverses Element.

c) ist klar, da $|L_m| = p^2$.

7) a) $q(q-1)(q^2-1)$, b) $q(q^2-1)$, c) 1 oder 2, je nachdem q gerade oder ungerade ist.

8) Die Gruppe der Matrizen $\begin{bmatrix} 1 & a & b \\ 0 & 1 & c \\ 0 & 0 & 1 \end{bmatrix}$ mit $a,b,c \in \mathsf{F}_3$.

9)
- a) ker d ist eine Untergruppe von $(R,+)$. Für $x,y \in \ker d$ ist auch $x \cdot y \in \ker d$ nach der Produktregel. Ferner ist $d(1) = d(1 \cdot 1) = d(1) + d(1)$ und somit $d(1) = 0$.
- b) Induktion nach n.
- c) Sei K ein Körper der Charakteristik $p > 0$. Nach Frobenius gibt es zu jedem $x \in K$ ein $y \in K$ mit $x = y^p$. Es folgt $dx = p \cdot y^{p-1} dy = 0$.
- d) Sei ξ die Restklasse von X in $R := \mathsf{Z}[X]/(X^2)$. Dann ist $R = \mathsf{Z} \oplus \mathsf{Z}\xi$. Durch $d(z_0 + z_1\xi) = z_1\xi$ $(z_0, z_1 \in \mathsf{Z})$ wird eine Derivation $d: R \to R$ gegeben.

10) Sei $\mathsf{F}_4 = \{0,1,a,b\}$. Dann ist $X^5 - X^2 = X^2(X-1)(X-a)(X-b)$ und $R \cong \mathsf{F}_4[X]/(X^2) \times \mathsf{F}_4 \times \mathsf{F}_4 \times \mathsf{F}_4$. Dieser Ring besitzt $4^5 = 1024$ Elemente, 4 Primideale, $4 \cdot 3^4 = 324$ Einheiten und $1024 - 324 = 700$ Nullteiler.

11)
- a) $f = (X^2+1)(X^3-X+1)$.
- b) $\mathsf{F}_3[X]/(f) \cong \mathsf{F}_9 \times \mathsf{F}_{27}$ besitzt eine zu $\mathsf{Z}_8 \times \mathsf{Z}_{26}$ isomorphe Einheitengruppe. Diese ist nicht zyklisch.

12) Für alle $n \in \mathsf{N}_+$ mit $n \equiv 0 \bmod 5$ oder $n \equiv \pm 1 \bmod 5$.

13)
- a) Ja. b) Ja: $X^p - t$, wenn $p := \operatorname{Char} K$.

14) Sei $K = \mathsf{F}_{p^n}$ der Zerfällungskörper von g über F_p.
- a) Ist $f \in I_d$ ein Teiler von g und $a \in K$ eine Nullstelle von f, so ist $d = [\mathsf{F}_p(a) : \mathsf{F}_p]$ ein Teiler von $n = [K : \mathsf{F}_p]$. Ist umgekehrt $f \in I_d$ für einen Teiler d von n, und ist L der Zerfällungskörper von f über F_p, so gilt $a^{p^d} = a$ für alle Wurzeln a von f, also auch $a^{p^n} = a$ und somit $f | g$. Die zweite Formel in a) folgt aus der ersten durch Gradvergleich.
- b) $u_4 = 3$, $u_9 = 2184$.

15) 4 bzw. 3.

16)
- a) $f = (X^2 + 1)(X^4 + 1)$ besitzt über $\mathbf{Q}$ den Zerfällungskörper $\mathbf{Q}(e^{\frac{2\pi i}{8}})$ und die Galoisgruppe $E(\mathbf{Z}/(8)) \cong \mathbf{Z}_2 \times \mathbf{Z}_2$.
- b) Für $\mathbf{F}_5$ ist $f = (X - 2)(X - 3)(X^2 - 2)(X^2 - 3)$ und $G(f) \cong \mathbf{Z}_2$.

17)
- a) Wäre $a \in \mathbf{F}_p$, so wäre $a^p = a$ und $f_p(a) = -1$. Es ist $f_p(a + 1) = a^p + 1 - (a + 1) - 1 = a^p - a - 1 = 0$. Folglich hat f_p die Wurzeln $a + x$ ($x \in \mathbf{F}_p$) und den Zerfällungskörper $\mathbf{F}_p[a]$ über $\mathbf{F}_p$. Ist $\sigma \in G(f_p) \setminus \{\mathrm{id}\}$, so ist $\sigma(a) = a + x$ mit $x \neq 0$ und $\sigma^i(a) = a + ix$ ($i = 0, \ldots, p - 1$). Es folgt, daß $G(f_p) = (\sigma)$ zyklisch von der Ordnung p ist.
- b) f_p ist über $\mathbf{F}_p$ irreduzibel, erst recht auch über $\mathbf{Q}$.

18)
- a) Es ist $\alpha^5(\alpha + a) = b\alpha \neq 0$ und somit $\alpha^5 = \frac{b\alpha}{a+\alpha}$.
- b) Genau dann besitzt f eine Nullstelle in $\mathbf{F}_5$, wenn $b \neq a$ ist, und $\alpha := b - a$ ist dann diese Nullstelle.
- c) Nach b) ist nur $f = X^5 + aX^4 - a$ mit $a \neq 0$ zu betrachten. Angenommen, f besitze einen irreduziblen quadratischen Faktor g. Ist α eine Wurzel von g, dann sind auch $F^i(\alpha) = \frac{a\alpha}{a+i\alpha}$ ($i = 0, \ldots, 4$) Wurzeln von g. Da $F^i(\alpha) = F^j(\alpha)$ nur für $i = j$ gilt, ergibt sich ein Widerspruch. Für $b = a$ ist f irreduzibel.
- d) Wenn f irreduzibel ist, dann sind $F^i(\alpha) = \frac{a\alpha}{a+i\alpha}$ ($i = 0, \ldots, 4$) die sämtlichen Nullstellen von f in K.

19) Ist α eine Wurzel von $X^9 - X + 1$, so ist $\alpha^{3^6} = (\alpha - 1)^{3^4} = \alpha^{3^4} - 1 = (\alpha - 1)^{3^2} - 1 = \alpha^9 + 1 = \alpha$, folglich ist $X^9 - X + 1$ ein Teiler von $X^{3^6} - X$ und $L \subset \mathbf{F}_{3^6}$. Dagegen gilt $\alpha^{3^5} = \alpha^3 + 1 \neq \alpha$, denn $X^3 - X + 1$ teilt $X^9 - X + 1$ nicht. Es folgt $L = \mathbf{F}_{3^6}$.

20)
- a) $G(L/\mathbf{F}_p)$ wird von F erzeugt und $G(K/\mathbf{F}_p)$ von $F|_K$. Da $(F|_K)^r = \mathrm{id}_K$, ist $F^r \in G(L/K)$. Ferner erzeugt F^r eine Untergruppe n-ter Ordnung von $G(L/\mathbf{F}_p)$, also $G(L/K)$.
- b) Für $a \in L$ ist $F^r(a) = a^{p^r} = a^q$ und daher $N(a) = a \cdot a^q \cdot \ldots \cdot a^{q^{n-1}} = a^m$.
- c) Der Gruppenhomomorphismus $L^* \to L^*$ ($a \mapsto a^m$) besitzt eine Untergruppe der Ordnung $\leq m$ als Kern. Sein Bild hat daher mindestens $\frac{1}{m}(q^n - 1) = q - 1$ Elemente und ist somit ganz K^*.

21)
- a) Das Polynom hat keine Nullstelle in $\mathbf{F}_2$ und wird nicht von $X^2 + X + 1$ geteilt.
- b) Da $\mathbf{F}_{16} = \mathbf{F}_2[\alpha]$, besitzt α in $\mathbf{F}_{16}^*$ die Ordnung 15. Die Elemente $\alpha, \alpha^2, \alpha^4 = \alpha^3 + 1, \alpha^8 = \alpha^3 + \alpha^2 + \alpha$ sind linear unabhängig über $\mathbf{F}_2$. Es sind die vier Wurzeln von $X^4 + X^3 + 1$.
- c) folgt aus $S(\alpha) = S(\alpha^2) = S(\alpha^4) = S(\alpha^8) = 1$ und der $\mathbf{F}_2$-Linearität der Spur.
- d) Sei $x = a_0\alpha + a_1\alpha^2 + a_2\alpha^4 + a_3\alpha^8$, $\beta = b_0\alpha + b_1\alpha^2 + b_2\alpha^4 + b_3\alpha^8$ ($a_i, b_i \in \mathbf{F}_2$). Die Gleichung $x^2 + x + \beta = 0$ ist wegen $a_i^2 = a_i$ ($i = 0, \ldots, 3$) äquivalent zu

dem System

$$a_0 + a_3 = b_0,\ a_0 + a_1 = b_1,\ a_1 + a_2 = b_2,\ a_2 + a_3 = b_3$$

welches genau dann lösbar ist, wenn $\sum_{i=0}^{3} b_i = S(\beta) = 0$ ist. Notwendigerweise besitzt die Gleichung $X^2 + X + \beta = 0$ dann zwei verschiedene Lösungen.

22)
  a) Daß φ ein Endomorphismus ist, folgt mit Hilfe des Frobenius-Endomorphismus. ker φ ist die Nullstellenmenge des Polynoms $X^p - X$, also F_p.
  b) Für $y \in K$ ist $X^p - X - y \in K[X]$ ein separables Polynom. Nach Voraussetzung liegen die Wurzeln des Polynoms schon in K, d.h. es gibt ein $x \in K$ mit $\varphi(x) = y$.

23)
  a) Da F_q/F_p separabel algebraisch ist, ist S surjektiv (§ 10, Aufg.2)).
  b) Für $y \in F_q$ ist $S(y) = 1 + y^p + y^{p^2} + \cdots + y^{p^m}$. Für $y = x^p - x$ mit $x \in F_q$ folgt $S(y) = 0$, also im $\varphi \subset$ ker S. Die Gleichheit folgt aus 22a) und 23a).

24)
  a) Es ist $L = F_{q^r}$, wobei $r \in \mathbb{N}$ die kleinste Zahl mit $n \mid q^r - 1$ ist, d.h. r ist die Ordnung von $q + (n)$ in $E(\mathbb{Z}/(n))$. Ferner ist $|G(L/K)| = [F_{q^r} : F_q] = r$.
  b) Es ist deg $\phi_n = \varphi(n) = |E(\mathbb{Z}/(n))|$.
  c) $E(\mathbb{Z}/(12))$ ist nicht zyklisch. Wende b) für $p \geq 5$ an.

25)
  a) Nach 24a) ist $[L : F_q]$ gleich der Ordnung von $q + (p^\nu)$ in $E(\mathbb{Z}/(p^\nu))$.
  b) $[L : F_5] = 6$.
  c) Ja, denn deg $\tilde{\phi}_9 = 6 = [L : F_5]$.

26)
  a) Das Polynom $f := X^2 + X + 1$ ist modulo 3 reduzibel. Für $p \neq 3$ ist es genau dann modulo p reduzibel, wenn F_p alle 3. Einheitswurzeln enthält, d.h. wenn $3 \mid p - 1$.
  b) Jedes maximale Ideal $\mathfrak{M}$ von $\mathbb{Z}[X]$ mit $X^2 + X + 1 \in \mathfrak{M}$ enthält eine Primzahl p. Ist $p \not\equiv 1 \bmod 3$, so ist $\mathfrak{M} = (p, X^2 + X + 1)$, sonst ist $\mathfrak{M}$ von der Form $\mathfrak{M} = (p, X - a)$ mit einem $a \in \mathbb{Z}$, für das $p \mid a^2 + a + 1$.

27) Die Gleichung besitzt keine ganzzahlige Lösung. Verwenden Sie $667 = 29 \cdot 23$ und zeigen Sie, daß die Gleichung mod 23 unlösbar ist, da F_{23} nicht alle 3. Einheitswurzeln enthält.

28) Betrachte den kanonischen Homomorphismus $\rho: \mathbb{Z} \to R$, wenn R ein Ring mit $|E(R)| = 5$ ist. Es muß $|E(\rho(\mathbb{Z}))|$ ein Teiler von 5 sein, hieraus folgt $\rho(\mathbb{Z}) \cong \mathbb{Z}/(2)$, also ist R eine F_2-Algebra. Ist x ein primitives Element von $E(R)$, dann ist $F_2[x]$ ein homomorphes Bild von $F_2[X]/(X^5 - 1)$ und nach dem chinesischen Restsatz ein direktes Produkt von Körpern, die über F_2 endlich sind.

Die Ordnung der Einheitengruppe eines solchen Produkts ist aber niemals durch 5 teilbar.

29)
  a) Aus den Sylowsätzen ergibt sich, daß jede Gruppe der Ordnung $1295 = 5 \cdot 7 \cdot 37$ zyklisch ist.
  b) Sei R ein Ring mit 1295 Elementen und (n) der Kern des Strukturhomomorphismus $\rho: \mathbf{Z} \to R$. Dann gilt $n|1295$. Für $n = 1295$ ergibt sich $R = \mathbf{Z}/(1295) \cong \mathsf{F}_5 \times \mathsf{F}_7 \times \mathsf{F}_{37}$. Ist etwa $n = 5 \cdot 7$, so ist $\mathbf{Z}/(n) \cong \mathbf{Z}/(5) \times \mathbf{Z}/(7) \subset R$. Seien e_1, e_2 die Bilder der Eins von $\mathbf{Z}/(5)$ bzw. $\mathbf{Z}/(7)$ in R. Dann ist $R = Re_1 \oplus Re_2$, wobei Re_1 ein F_5-Vektorraum ist und Re_2 ein F_7-Vektorraum. Somit ist $|Re_1|$ eine Potenz von 5 und $|Re_2|$ eine Potenz von 7, was einen Widerspruch ergibt. Ähnlich schließt man die anderen möglichen Teiler von 1295 aus.

30)
  a) Den Zerfällungskörper von $X^{2^k} - X$ über F_2.
  b) Nach der Galoisschen Theorie gilt $\mathsf{F}_{2^\ell} \subset \mathsf{F}_{2^k}$ für $k, \ell \in \mathbf{N}$ genau dann, wenn $\ell | k$. Wegen $\mathsf{F}_{2^{p^\ell}} \subset \mathsf{F}_{2^{p^{\ell+1}}}$ ist K_p ein Teilkörper von K. Seine Teilkörper sind K_p und die $\mathsf{F}_{2^{p^\ell}}$ ($\ell \in \mathbf{N}$).
  c) Sei $k = p_1^{\alpha_1} \cdot \ldots \cdot p_s^{\alpha_s}$ die Primzahlzerlegung von $k \in \mathbf{N}_+$ und $q_i := p_i^{\alpha_i}$ ($i = 1, \ldots, s$). Dann ist $\mathsf{F}_{2^k} = \mathsf{F}_{2^{q_1}} \cdot \ldots \cdot \mathsf{F}_{2^{q_s}}$ (Körperkompositum).
  d) Jedes $\sigma \in \mathrm{Aut}(K)$ läßt alle K_p invariant. Hat σ endliche Ordnung, so ist $\sigma|_{K_p} = \mathrm{id}$, denn in K_p gibt es nach b) keinen Teilkörper L mit $[K_p : L] < \infty$. Aus c) folgt $\sigma = \mathrm{id}$.

31)
  a) Chinesischer Restsatz.
  b) $a = 1$ und $a = 19$.
  c) Lösungen sind alle Zahlen, die $\mathrm{mod}\,1992$ zu einer der folgenden kongruent sind: $\pm 47, \pm 119, \pm 379, \pm 451, \pm 545, \pm 617, \pm 877, \pm 949$.

32)
  a) $\mathsf{F}_q^* \to \mathsf{F}_q^*$ ($x \mapsto x^2$) ist ein Gruppenhomomorphismus mit dem Kern $\{1, -1\}$.
  b) Der zweite Fall tritt genau dann ein, wenn a ein primitives Element von F_q^* ist.
  c) folgt aus b).

33)
  a) $q \equiv 1 \bmod 4$.
  b) Für $a \in \mathsf{F}_q^*$ ist $-a \neq a$ und $-a$ ist genau dann ein Quadrat, wenn a eines ist.

34) Der Fall $p = 2$ ist trivial. Sei nun p ungerade.
  a) Die Menge Q aller Quadrate aus F_q besteht aus $\frac{q+1}{2}$ Elementen. Für $a \in \mathsf{F}_q$ ist $Q \cap (a+Q) \neq \emptyset$ und $Q \cap (a-Q) \neq \emptyset$.
  b) Nur im Fall $p = 2$ (vgl. a)).

35) Verwende 32b): Ist $2^{\frac{p-1}{2}} \equiv -1 \bmod p$, so ist $(-2)^{\frac{p-1}{2}} \equiv 1 \bmod p$, da $\frac{p-1}{2}$ ungerade.

36) Es genügt, das Polynom über F_p mit einer Primzahl $p > 3$ zu betrachten. Ist $3 \equiv a^2 \bmod p$, so ist $f \equiv (X^2 + 2aX - 2)(X^2 - 2aX - 2) \bmod p$. Ist $5 \equiv a^2 \bmod p$, so ist $f \equiv (X^2 + 2aX + 2)(X^2 - 2aX + 2) \bmod p$. Wenn keiner der beiden Fälle vorliegt, ist 15 quadratischer Rest modulo p. In diesem Fall ergibt sich aus $f = (X^2 - 8)^2 - 4 \cdot 15$ eine Zerlegung von f modulo p.

ÜBUNGEN ZU § 15:

1) $[\mathbf{Q}(\alpha, \xi) : \mathbf{Q}] = 20$ und $G(\mathbf{Q}(\alpha, \xi) : \mathbf{Q}(\xi)) \cong \mathbf{Z}_5$.

2) Sei $\mathbf{Q}_n$ der n-te Kreisteilungskörper über $\mathbf{Q}$. Das Polynom f ist auch über $\mathbf{Q}_n(t)$ irreduzibel und $\mathbf{Q}_n(\sqrt[n]{t})$ ist sein Zerfällungskörper über K. Die $n \cdot \varphi(n)$ Automorphismen von $\mathbf{Q}_n(\sqrt[n]{t})/\mathbf{Q}(t)$ ergeben sich wie folgt: Wende die $\sigma \in G(\mathbf{Q}_n/\mathbf{Q})$ auf die Koeffizienten der rationalen Funktionen aus $\mathbf{Q}_n(\sqrt[n]{t})$ an und ersetze $\sqrt[n]{t}$ durch $\xi \sqrt[n]{t}$ mit einer beliebigen n-ten Einheitswurzel ξ. Die Galoisgruppe ist das semidirekte Produkt von $\mathbf{Z}_n$ mit $E(\mathbf{Z}/(n))$, wobei $E(\mathbf{Z}/(n))$ auf $\mathbf{Z}_n$ als Automorphismengruppe operiert.

3) Der Zerfällungskörper von $X^6 + 3$ über $\mathbf{Q}$ ist $\mathbf{Q}(\sqrt[6]{-3})$. Sei $\xi := \frac{1}{2} + \frac{1}{2}\sqrt{-3}$ und sei σ_i der durch $\sqrt[6]{-3} \mapsto \xi^i \sqrt[6]{-3}$ gegebene Automorphismus ($i = 0, \ldots, 5$). Dann ist $\sigma_i(\sqrt{-3}) = \sqrt{-3}$ für gerade i und $\sigma_i(\sqrt{-3}) = -\sqrt{-3}$ für ungerade i, d.h. $\sigma_i(\xi) = \xi$ für gerade i, $\sigma_i(\xi) = \xi^{-1}$ für ungerade i. Die Automorphismen $\sigma_1, \sigma_3, \sigma_5$ haben die Ordnung 2 und σ_2, σ_4 die Ordnung 3. Die Galoisgruppe ist somit zu S_3 isomorph. Die Galoisgruppe von $X^5 - 5$ über $\mathbf{Q}$ ist auflösbar, da die Gleichung $X^5 = 5$ durch Radikale auflösbar ist.

4)
   a) Ist α eine Wurzel von $f := X^4 + 2$, so ist $L := \mathbf{Q}(i, \alpha)$ der Zerfällungskörper von f über $\mathbf{Q}$. Er enthält $\sqrt{-2}$ und $\sqrt{2}$, daher auch eine primitive 8. Einheitswurzel und folglich $\sqrt[4]{2}$. Wegen $L = \mathbf{Q}(i, \sqrt[4]{2})$ ergibt sich $[L : \mathbf{Q}] = 8$. Da $G(f)$ eine Untergruppe der Ordnung 8 von S_4 ist, also eine 2-Sylowuntergruppe von S_4, folgt $G(f) \cong D_4$.

   b) f ist auch über F_5 irreduzibel und hat daher eine zu $\mathbf{Z}_4$ isomorphe Galoisgruppe über F_5.

5) Der Zerfällungskörper ist $\mathbf{Q}(\sqrt{-3}, \sqrt[3]{2})$, er ist vom Grad 12 über $\mathbf{Q}$. Die Galoisgruppe ist zu D_6 isomorph. Diese besitzt 3 Untergruppen der Ordnung 6: Die Drehungsgruppe des regulären 6-Ecks, die Symmetriegruppe eines einbeschriebenen Dreiecks und die Drehungsgruppe des Dreiecks zusammen mit den Spiegelungen, welche die beiden einbeschriebenen Dreiecke vertauschen. Die quadratischen Zwischenkörper sind $\mathbf{Q}(\sqrt{-3})$, $\mathbf{Q}(\sqrt{2})$ und $\mathbf{Q}(\sqrt{-6})$.

6) Sei ξ eine primitive n-te Einheitswurzel und α_i eine Wurzel von $X^n - a_i$ ($i = 1, \ldots, r$). Für $\sigma \in G(f)$ sei $\sigma(\alpha_i) = \xi^{\nu_i}\alpha_i$. Durch $G \to (\mathbf{Z}/(n))^r$, $\sigma \mapsto (\nu_1 + (n), \ldots, \nu_r + (n))$ wird ein injektiver Gruppenhomomorphismus gegeben. a) und b) folgen hieraus sofort.

7) $G(L/K)$ ist zyklisch von der Ordnung n, daher besitzt L/K genau einen Zwischenkörper Z mit $[Z:K] = k$, den Fixkörper des durch $\alpha \mapsto \xi^k \alpha$ gegebenen Automorphismus, wenn ξ eine primitive n-te Einheitswurzel ist. Dieser ist $K(\alpha^\ell)$.

8)
  a) $(1,c)$ ist eine Basis von $K(c)$ über K. Ist $c = (r+sc)^2$ mit $r,s \in K$, so ergibt sich $-4a = (2r)^4$. Wenn umgekehrt $-4a = (2r)^4$ ist $(r \in K)$, so findet man $c = (r+sc)^2$ mit $s := (2r)^{-1}$.

  b) Sei b eine Wurzel von $X^4 - a$. Dann ist $[K[b^2]:K] = 2$, da a kein Quadrat in K ist. Nach a) gilt $[K[b]:K] = 4$ genau dann, wenn $-4a$ keine 4. Potenz in K ist.

  c) $X^4 - 3$ ist nach b) über F_5 irreduzibel, sein Zerfällungskörper über F_5 hat 625 Elemente.

9)
  a) Für $r,s,u,v \in \mathsf{Z}$ mit ungeraden u,v gilt $\sigma_{r,u} \circ \sigma_{s,v} = \sigma_{us+r, uv}$. Ferner ist $\sigma_{r,u} \circ \sigma_{s,v} = \text{id}$, wenn s,v Lösungen der Kongruenzen $uv \equiv 1 \bmod 4$, $us + r \equiv 0 \bmod 4$ sind. Somit ist D eine Untergruppe von $S(W)$. Man findet schnell, daß $|D| = 8$. Für $\sigma \in G(f)$ ist $\sigma(i) = i^u$ (u ungerade) und $\sigma(b) = i^r b$ ($r \in \mathsf{Z}$). Durch $\sigma \mapsto \sigma_{r,u}$ wird ein injektiver Gruppenhomomorphismus $G(f) \to D$ gegeben.

  b) Ist $a > 0$, so kann man für b eine reelle Wurzel von $X^4 - a$ wählen. Man findet $[\mathbf{Q}(b,i):\mathbf{Q}] = 8$, also $|G| = 8 = |D|$. Für $a = -1$ ist b eine primitive 8. Einheitswurzel und $G(f) = E(\mathsf{Z}/(8)) = \mathsf{Z}_2 \times \mathsf{Z}_2$.

10)
  a) b) $L = \mathbf{Q}(\alpha, i)$ ist ein Zerfällungskörper von f über $\mathbf{Q}$, da L die primitive 8. Einheitswurzel $\xi := \frac{1}{2}(\sqrt{2} + \sqrt{2}i)$ enthält. Da $[L:\mathbf{Q}] = 16$ ist, muß f über $\mathbf{Q}(i)$ irreduzibel sein.

  c) $(1+i)\alpha^{-3} = \frac{1+i}{\alpha^4}\alpha = \xi \alpha$ ist eine Wurzel von f. Da $\sigma(\sqrt{2}) = \sigma(\alpha^4) = \xi^4 \sqrt{2} = -\sqrt{2}$ ist, gilt $\sigma(\xi) = -\xi$. Es folgt $\sigma^2(\alpha) = -\xi^2 \alpha$, $\sigma^4(\alpha) = -\alpha$. Notwendigerweise ist $\text{ord}\,\sigma = 8$.

  d) Die nichttrivialen Zwischenkörper sind $K(\sqrt{2})$ und $K(\sqrt[4]{2})$.

11)
  a) α) Die Voraussetzungen von § 11, Aufg.82) sind erfüllt, da $G(f)$ nach Cauchy ein Element der Ordnung p besitzt. Das erzeugende Element σ von N_1 ist ein p-Zyklus, bei geeigneter Numerierung der Wurzeln von f wird σ somit durch $\sigma(x) = x + 1$ ($x \in \mathsf{F}_p$) gegeben.

  β) $\tau \sigma \tau^{-1}$ ist nach Voraussetzung eine lineare Abbildung und ein Element der Ordnung p. Nach § 11, Aufg. 90c) ist $\tau \sigma \tau^{-1} = \sigma^a$ mit $a \in \{1, \ldots, p-1\}$. Aus $\tau \sigma = \sigma^a \tau$ ergibt sich $\tau(x+1) = a + \tau(x)$ für alle $x \in \mathsf{F}_p$ und folglich $\tau(x) = ax + b$ mit $b := \tau(0)$.

  γ) Mittels der Untergruppenkette aus α) folgert man aus β) induktiv, daß $G(f)$

aus linearen Abbildungen besteht.

b) α) Ist $\tau \neq \mathrm{id}$, so hat τ höchstens einen Fixpunkt.

β) Nach α) ist die Isotropiegruppe trivial, also $K(\alpha, \beta)$ schon der Zerfällungskörper.

c) Sind $\alpha \neq \beta$ zwei reelle Wurzeln von f, so ist $K(\alpha, \beta)$ nach b) der Zerfällungskörper von f und es sind alle Wurzeln reell.

Literatur

Das Literaturverzeichnis enthält nur Veröffentlichungen, auf die im Text direkt Bezug genommen wurde. Die Sätze und Beweise dieses Buches sind mathematisches Allgemeingut, nur selten wird der Name ihrer Entdecker erwähnt.

[A]   Artin, E. Galoissche Theorie. Zürich-Frankfurt 1966

[G]   Gorenstein, D. Finite Simple Groups: An Introduction to Their Classification. New York 1982

[F]   Fischer, G. Lineare Algebra. 9. Aufl. Braunschweig 1989

[Kr]   Krötenheerdt, O. Zur Theorie der Dreieckskonstruktionen. Eine vollständige Aufzählung aller unmöglichen Dreieckskonstruktionen aus Seiten, Winkeln, Höhen, Seitenhalbierenden und Winkelhalbierenden. Wiss. Zeitschrift Univ. Halle-Wittenberg 15 (1966), 677-700

[K]   Kunz, E. Introduction to Commutative Algebra and Algebraic Geometry. Boston-Basel-Stuttgart 1985

[M]   Matzat, B. Konstruktive Galoistheorie. Springer Lecture Notes in Math. 1284 (1987)

[N]   Neukirch, J. Class Field Theory. Berlin-Heidelberg-New York-Tokio 1986

[P]   Perron, O. Algebra II. Theorie der algebraischen Gleichungen. Berlin-Leipzig 1927.

[R]   Ribenboim, P. The Book of Prime Number Records. New York-Berlin-Heidelberg-London-Paris-Tokio 1988

[T_1]   Tropfke, J. Geschichte der Elementarmathematik. Band 1. Arithmetik und Algebra. 4. Aufl. Berlin 1980

[T_4]   — Band 4. Ebene Geometrie. 3. Auflage. Berlin 1940

[vdW$_1$] van der Waerden, B.L. Algebra I. Berlin-Heidelberg-New York 1971

[vdW$_2$] — Geometry and Algebra in Ancient Civilizations. Berlin-Heidelberg-New York-Tokio 1983

[vdW$_3$] — A History of Algebra. Berlin-Heidelberg-New York 1985

Sachwortverzeichnis

Abbildungsgruppe 127
Ableitung
   formale 102
   höhere 103, 109
Abzählbarkeit der Menge
   aller algebraischen Zahlen 24
   der konstruierbaren Punkte 14, 60
Adjunktion
   in Körpern 8
   in Ringen 80
   sukzessive, von Quadratwurzeln 11
   -, von Wurzeln 20
Algebra
   affine 81
   endlichen Typs 81
   kommutative 79
algebraisch abgeschlossen 93
algebraische
   Abschließung 29, 94
   Differentialrechnung 102
   Geometrie 16, 81, 99
   Gleichungen 18ff
   Gleichungssysteme 16, 63, 99
   Körpererweiterungen 25ff
   Zahl 24
   Zahlentheorie 29, 92
algebraischer
   Funktionenkörper 92
   Zahlkörper 29, 92
algebraisches
   Element 24
Algebraisierung der Konstruktion mit Zirkel und Lineal 5ff
Algebrenhomomorphismus 79
Algorismus Ratisbonensis 48

allgemeine Gleichung
   n-ten Grades 122ff
alternierende Gruppe 143
angeordneter Körper 100
Archimedisches Axiom 101
arithmetische Geometrie 17
assoziierte Elemente 35
auflösbar durch Radikale 20, 191ff
auflösbare
   Gleichung 167
   Gruppe 150ff
   Körpererweiterung 167
Automorphismengruppe
   einer Gruppe 153, 155, 156, 163
   einer Körpererweiterung 111ff
   eines Rings 116

Bahn einer Operation 129
Basissatz von Hilbert 66
Bestimmung der Galoisgruppe 115, 167, 176, 182ff, 186ff, 194
Bewertung 50
binomische Formel 52, 103
Bruchrechnungsregeln 48

Cardanosche Formeln 19
Charakter (linearer) 117
Charaktere der Galoisgruppe 177
Charaktergruppe 159
Charakteristik eines Rings 71
charakteristische Untergruppe 157
charakteristisches Polynom 31, 177
chinesischer Restsatz 75ff
Cosinus 184

Delisches Problem
   der Würfelverdoppelung 3, 13

Derivation 187
Diagonale 164
Diedergruppe 146, 161
diophantische
   Geometrie 17
   Gleichung (lineare) 44
direktes Produkt
   von Gruppen 154
   von Ringen 76
direkte Summe
   von Gruppen 160
Dirichletscher Primzahlsatz 182
disjunkte
   Permutationen 141
Diskriminante 19, 124
Division mit Rest 35
Divisionsalgorithmus 35
Dreieckskonstruktionen 2, 12, 61
Dreiteilung des Winkels 3, 13, 29,
   59ff

echter Teiler 36
Einbettung 105
Einheit 33
Einheitengruppe 33ff
Einheitswurzeln 24, 136, 179
Einheitswurzelkörper 179ff
Einsetzungshomomorphismus 58
Eisenstein
   -kriterium 56
   -polynom 57
elementarsymmetrische
   Funktionen (Polynome) 121
Elementarteiler 140
Endlichkeit
   der Lösungsmenge algebraischer
     Gleichungen 63
endlich erzeugte
   abelsche Gruppe 139

Körpererweiterung 92
endlich erzeugtes Ideal 65
Erweiterungskörper 24
Erzeugung
   einer Algebra 80
   einer Körpererweiterung 92
   eines Ideals 65
   eines Körpers 8
   einer Untergruppe 154
Euklidischer
   Algorithmus 43, 77, 172
   Ring 54, 81
Eulersche φ-Funktion 78, 86, 136, 180
exakte Sequenz 160
Exponent
   einer Gruppe 140, 159

faktorieller Ring 40
fast konstante Folge 84
Fehlstand 143
Fermatpolynom 204
Fermatproblem 17
Fermatsche Primzahl 175, 181
Fittingideale (-invarianten) 87
Fixkörper 119
Fixpunkt
   einer Operation 128
formale Potenzreihen VI
Formel
   binomische 52
   für die Eulersche
     φ-Funktion 79
Fortsetzung von
   Homomorphismen 95ff, 105ff
freie abelsche Gruppe 138
Frobenius-Endomorphismus 103ff, 185ff
Fundamentalsatz der Algebra 18,
   93, 98
Funktionenringe 34, 51, 85

Galois-Feld 185
Galoisgruppe 113ff
   eines Polynoms 114
galoissche
   Hülle 166
   Körpererweiterung 113
Galoistheorie 20, 113ff
   unendliche 113
ganzabgeschlossen 91
ganze
   Abschließung 91
   algebraische Zahl 88
   Funktion 52
   Gaußsche Zahl 54
   Ringerweiterung 88
ganzes Element 88
Ganzheitsgleichung 91
Gaußsche
   Zahlen 54, 82
   Zahlenebene 5
Gaußscher Satz über
   irreduzible Polynome 58
Gewicht eines Polynoms 62
Gleichheit von Brüchen 48
Grad
   einer Körpererweiterung 25
   eines Elements 25
   eines Polynoms VI, 55
Gradformel 27
Gradkoeffizient VI
größter gemeinsamer Teiler 42
Gruppe
   alternierende 143
   auflösbare 150ff
   einfache 144
   endlich erzeugte abelsche 139
   freie abelsche 138
   lokal zyklische 157
   nilpotente 163

   symmetrische 127, 141ff
   torsionsfreie abelsche 157
   zerlegbare 159
   zyklische 134ff
Gruppen-
   automorphismus 153
   homomorphismus 153
   isomorphismus 153
Gruppentafel 153

Halbgruppe
   numerische 55
Hauptideal 65
Hauptidealring 65
Hauptsatz
   der elementaren Zahlentheorie 33, 40
   der Galoistheorie 117ff
   für abelsche Gruppen 136, 138ff, 148
   über symmetrische Funktionen 120ff
Hilbertscher
   Basissatz 66, 81
   Nullstellensatz 88, 92, 98, 101
holomorphe Funktionen 52
homogenes Polynom 101
Homomorphiesatz
   für Gruppen 132
   für Moduln 211
   für Ringe 70

Ideal 64
   beidseitiges (zweiseitiges) 64
   maximales 73ff
   primäres 84
idempotentes Element 82
Index 130
induzierter Homomorphismus
   auf dem Restklassenring 69
   auf der Restklassengruppe 132
innerer Automorphismus 128

inseparable
　Körpererweiterung 105
inseparables
　Element 105
　Polynom 104
Integritätsring 33
invariante Faktoren 140
invertierbares Element 33
involutorischer Automorphismus 9
Irrationalzahl 52
Irreduzibilitätskriterien 56ff
irreduzibles
　Element 36
　Polynom 36
Isotropiegruppe 119, 128

kanonische Abbildung
　auf den Restklassenring 68
　auf die Restklassengruppe 132
　in den Quotientenring 47
　von Z in einen Ring mit Eins 70
Kern eines
　Gruppenhomomorphismus 153
　Ringhomomorphismus 64
Klassengleichung 131
Klassifikationssatz für
　endliche einfache Gruppen 145
Kleiner Fermatscher Satz 130
Kleinsche Vierergruppe 154
kleinstes gemeinsames Vielfaches 42
Kongruenz modulo
　einem Ideal 67
　einem Normalteiler 132
Kommutator 155
Kommutatorgruppe 155
Komplement
　einer Untergruppe 162
Konjugation 128
Konjugationsklasse 130

Konjugierte
　eines Elements 115
　eines Teilkörpers 166
　einer Untergruppe 130
konstantes Glied eines Polynoms VI
Konstruktion
　der Restklassengruppe 132
　des Quotientenrings 48
　des regulären 5-Ecks 13
　des regulären 7-Ecks 21
　des regulären n-Ecks 4, 13, 30,
　　61, 181
　des Restklassenrings 67
　mit dem Lineal allein 14ff
　mit Hilfe einer gezeichneten
　　Parabel 21
Körper
　angeordneter 100
　aller algebraischen Zahlen 29
　der rationalen Funktionen 59, 63,
　　99, 100, 110, 116, 121ff, 124, 177, 192,
　　194
　der symmetrischen Funktionen 121
　vollkommener 108
Körpererweiterung 24
　abelsche 167
　algebraische 25
　auflösbare 167
　einfache 25
　endliche 28
　endlich erzeugte 92
　galoissche 113
　inseparable 105
　metazyklische 173
　normale 112
　p-metazyklische 173
　rein inseparable 109
　separable 105
　transzendente 25

von endlichem Typ 92
zyklische 167
Körperkompositum 31, 166, 172ff
Kreisteilungs-
   körper 179ff
   polynom 180
kubische Resolvente 19
Kummertheorie 193
Kürzungsregel 33, 73

Lagrangesche Resolvente 191
Links-
   hauptideal 65
   ideal 64
   nebenklasse 130
   translation 128
lokaler Ring 83

Matrizenringe 51, 81, 85, 186
Maximal-
   bedingung für Ideale 66, 75
   spektrum 73
maximale Untergruppe 157, 158, 160
mehrfache Nullstellen 102, 109
metazyklische Körpererweiterung 173
Minimalpolynom 25
Möbiusfunktion 53
multiplikativ abgeschlossen 46ff, 73
Multiplizität von Wurzeln 94

Nenner 48
Nennermenge 47
nilpotente Gruppe 163
nilpotentes Element 52, 81
Noethersche Rekursion 38
Noetherscher
   Ring 65

Isomorphiesatz 73, 134
Norm
   einer endlichen Körpererwei-
   terung 32, 54, 110, 188
normale
   Hülle 113
   Körpererweiterung 112
Normalisator 129
Normalteiler 153
Nullteiler 33
numerische Halbgruppe 55

Operation
   durch Konjugation 128
   durch Linkstranslation 128
   einer Gruppe auf einer Menge 127ff
   transitive 129
   treue 127
Ordnung
   bzgl. eines Primelements 42
   einer Gruppe 111
   eines Elements einer Gruppe 135
Ordnungsfunktion 50

Parameterdarstellung der
   pythagoräischen Zahlentripel 53
Pellsche Gleichung 202
Permutation
   gerade, ungerade 143
Permutations-
   darstellung 128
   gruppe 127, 141ff
p-Gruppe 147ff, 150
Platonische Akademie 175
Polarkoordinaten 6
Polynom-
   algebra 79
   division 35

Polynomring VI
Prim-
    element 38ff
    ideal 73ff
    körper 8, 71
    ring 70
    zahl VII
Primelementzerlegung 39, 42
prime Restklassengruppe 78, 180
primitive
    n-te Einheitswurzel 136, 179
primitives Element
    einer Körpererweiterung 170
    einer zyklischen Gruppe 135
Primzahltabelle 51
Produktregel 102
p-Sylowuntergruppe 148ff
p-Torsion 148, 162
Pythagoräische Zahlentripel 53

quadratisch abgeschlossene
    Teilkörper 8
quadratische Reste 189
Quadratur des Kreises 4, 13, 30,
    125
Quadriken 204
Quaternionen-
    gruppe 165
    schiefkörper 165
Quotientenring 47
    voller 49
Quotientenkörper 49

Radikale 20
Radikal eines Ideals 82
Radikalerweiterung 20
Rang einer
    (freien) abelschen Gruppe 138,
    140

rationaler Funktionenkörper 99
Rechts-
    ideal 64
    nebenklasse 129
    translation 128
Reduktion der Koeffizienten
    eines Polynoms 57, 75
reguläre Darstellung 31
reine Gleichung 191
reines Polynom 115
rein inseparabel 109
Relationen-
    matrix 87
    modul 86
Resolvente
    kubische 19
    Lagrangesche 191
Restklasse 68
Restklassen-
    algebra 79
    gruppe 131
    ring 68
Riemannscher Hebbarkeitssatz 201
Ring VI
    euklidischer 54
    faktorieller 40
    ganzabgeschlossener 91
    lokaler 82
    noetherscher 65
Ring-
    adjunktion 80, 92
    homomorphismus VI, 57, 64, 88

Satz
    vom primitiven Element 170
    von Cauchy 147
    von Feit-Thompson 153
    von Galois über Polynome
        vom Primzahlgrad 195

von Gauß über irreduzible
    Polynome 58
von Jordan-Hölder 152
Sätze von Sylow 147ff
Schiefkörper 71
semidirektes Produkt 157
separabel abgeschlossen 188
separable
    Abschließung 107
    Körpererweiterung 105
separables
    Element 105
    Polynom 104
Separabilitätsgrad 107
Signum einer Permutation 143
simultane Kongruenzen 75ff
Sinus 184
Spektrum eines Rings 73
Spur 32, 110, 124, 188
stereographische Projektion 198
Strukturhomomorphismus
    einer Algebra 79
Summe von Idealen 76
Sylowuntergruppe 148
Symmetriegruppe 146
symmetrische
    Funktion 121
    Gruppe 127, 141ff

Teilbarkeit 33ff
Teiler 35
    echter 36
    größter gemeinsamer 42
teilerfremde
    Elemente 43
    Ideale 76
Teilerkette 37
Teilerkettensatz
    für Elemente 37, 52

für Ideale 66
Torsion 157
torsionsfrei 140
transitive Operation 129
Transitivität
    der Ganzheit 91
    der Separabilität 107
Transposition 141
transzendente
    Körpererweiterung 25
    Zahl 24
transzendentes
    Element 24
Transzendenz von π 30, 125
treue Operation 127
Tschirnhausen-Transformation 18

Umkehrproblem der Galoistheorie
    166, 182
universelle Eigenschaft
    der Polynomalgebra 80
    des Restklassengruppe 131
    des direkten Produkts 154
    des Quotientenrings 47
    des Restklassenrings 69
Unteralgebra 80
Untergruppe
    charakteristische 157
    maximale 156, 157, 158, 160, 164
    zyklische 135ff
Untergruppenkriterium 153

Variablentransformation 57
Verdoppelung des Würfels 3, 29, 59
Vielfaches 35
    kleinstes gemeinsames 42
Vielfachheit einer Wurzel 94
vollkommener Körper 108

Weierstraßscher Produktsatz 201
Wilsonscher Satz 186
Wurzel eines Polynoms 94
   mehrfache 102ff

Zahl
   algebraische 24
   ganze algebraische 88
   Gaußsche 54
   transzendente 24
Zähler 48

Zentralisator 129
Zentrum 129
Zerfällungskörper 97ff
Zerlegbarkeit von Gruppen 138, 159
ZPE-Ring 40
Zornsches Lemma 75, 95, 148
Zwischenkörper 27, 95, 117ff, 170
Zyklenzerlegung 142
Zyklische Gruppe 134ff
Zyklus 141

Symbolverzeichnis

$\mathbb{N} = \{0, 1, 2, \ldots\}$
$\mathbb{N}_+ = \{1, 2, \ldots\}$

$\mathbb{Z}$	Menge der ganzen Zahlen
$\mathbb{Q}$	— rationalen Zahlen
$\mathbb{R}$	— reellen Zahlen
$\mathbb{R}_+$	— reellen Zahlen > 0
$\mathbb{C}$	— komplexen Zahlen
$:=$	ist definiert durch
$\equiv$	kongruent
$\cong$	isomorph
$|M|$	Elementezahl der Menge M
$M \setminus N$	Komplementärmenge von N in M
K^*	multiplikative Gruppe eines Körpers K
$E(R)$	Einheitengruppe eines Rings R
$a|b$	a teilt b
$a\|\|b$	a ist echter Teiler von b
$a \sim b$	a und b sind assoziiert
ggT	größter gemeinsamer Teiler
kgV	kleinstes gemeinsames Vielfache
$R[X], R[X_1, \ldots, X_n]$	Polynomring über R
$\deg f$	Grad des Polynoms f
R_N	Quotientenring zur Nennermenge N
$Q(R)$	voller Quotientenring, Quotientenkörper
R/I	Restklassenring
Spec	Spektrum
Max	Maximalspektrum
$(a_1, \ldots, a_n)$	Ideal (oder Untergruppe), erzeugt von $a_1, \ldots, a_n$
$[L : K]$	Körpergrad
$\mathrm{Sp}_{L/K}$	Spur
$N_{L/K}$	Norm
$G(L/K)$	Automorphismengruppe (Galoisgruppe)
G_Z	Isotropiegruppe von Z
L_U	Fixkörper von U
$\mathbb{F}_q$	Körper mit q Elementen
$\varphi(n)$	Eulersche φ-Funktion
ϕ_n	n-tes Kreisteilungspolynom

$\oplus$	Zeichen für direkte Summe
$|G|$	Ordnung der Gruppe G
$\mathrm{ord}(x)$	Ordnung des Gruppenelements x
$[G:U]$	Index von U in G
c_g	Konjugation mit g
$Z(M)$	Zentralisator von M
$Z(G)$	Zentrum der Gruppe G
$N(U)$	Normalisator einer Untergruppe U
$[a,b] = aba^{-1}b^{-1}$	Kommutator
$[G,G]$	Kommutatorgruppe
$\mathbb{Z}_n$	zyklische Gruppe der Ordnung n
sign	Signum einer Permutation

If you have any concerns about our products,
you can contact us on
ProductSafety@springernature.com

In case Publisher is established outside the EU,
the EU authorized representative is:
Springer Nature Customer Service Center GmbH
Europaplatz 3, 69115 Heidelberg, Germany

Printed by Libri Plureos GmbH
in Hamburg, Germany